普通高等专科教育药学类规划教材

高 等 数 学

(供药学专业用)

主　　编　张德舜

主　　审　石中陆

编写人员　张德舜(中国人民解放军北京医学高等专科学校)

杨继泰(开封医学高等专科学校)

陈四平(沈阳药科大学)

尹　舲(湖北药检高等专科学校)

单华宁(中国人民解放军海军医学高等专科学校)

审稿人员　石中陆(北京医科大学)

赵立胜(沈阳药科大学)

倪永兴(中国药科大学)

中国医药科技出版社

普通高等专科教育药学类

规划教材建设委员会

序　言

我国药学高等专科教育历史悠久，建国后有了较大发展，但几十年来一直未能进行全国性的教材建设，在一定程度上影响了高等专科教育的质量和发展。改革开放以来，高等专科教育面临更大的发展，对教材的需求也更为迫切。

国家医药管理局科教司根据国家教委的(1991)25 号文，负责组织、规划药学高等专科教材的编审出版工作。在国家教委的指导下，在对全国药学高等专科教育情况调查的基础上，药学高等专科教材建设委员会于 1993 年底正式成立，并立即制订了“八五”教材编审出版规划，在全国 20 多所医药院校的支持下，成立了各门教材的编审专家组(共 51 人)和编写组(共 86 人)，随即投入了紧张的编审、出版工作。经 100 多位专家组、编写组的教师和中国医药科技出版社的团结协作、共同努力，建国以来第一套高等专科教育药学类规划教材终于面世了。

这套教材是国家教委“八五”教材建设的一个组成部分，编写原则是紧扣高等专科教育的培养目标，适应高等专科教育改革与发展的要求，保证教材质量，反映高等专科教育的特色。同时，由于我们组织了全国设有药学高等专科教育的大多数院校和大批教师参加编审工作，既强调专家编写与审稿把关的作用，也注意发挥中、青年教师的积极性，使这套教材能在较短时间内以较高质量出版，适应了当前药学高等专科教育发展的需求。在编写过程中，也充分注意到目前高等专科教育中有全日制教育、函授教育、自学高考等多种办学形式，力求使这套教材能具有通用性，以适应不同办学形式的教学要求。

根据国务院对各部委的责职分工和国家教委文件要求，我们还将组织这套教材的修订、评优及配套教材(实验指导、习题集)的编写工作，竭诚欢迎广大读者对这套教材提出宝贵意见。

普通高等专科教育药学类
规划教材建设委员会
1995 年 11 月

前　言

根据 1994 年 7 月国家医药管理局召开的"全国普通高等专科药学专业'八五'规划教材工作会议"的精神，参考有关专业教学大纲和各校教学实践的经验，我们组织编写了本教材，供三年制药学专业和医药开放大学使用。

为体现专业特点，贯彻"少而精"和"以应用为目的，以必需、够用为度"的原则，本教材着重于以下几个方面的工作：

1. 本教材在保证思想性、科学性，加强启发性、适用性的前提下，注意阐明概念，掌握方法，结合专业实际，减少数理推证，注重学生基本运算能力和分析问题、解决问题以及自学能力的培养。

2. 本教材努力实现整体优化，根据课程的内在联系，在一元和多元函数的微分部分按函数、极限、连续、导数(偏导数)、微分(偏微分、全微分)、导数(偏导数)应用的顺序，在一元和多元函数的积分部分按不定积分、定积分及其应用和二重积分及其应用的顺序，组成了较完整的理论体系，并根据专业需要，介绍了常微分方程和拉普拉斯变换。本书重点讨论微分法和积分法及其应用，努力在字数的控制、内容的取舍、框架的编排、概念的阐述、方法的介绍、理论的应用、例题的引用、习题的排选等诸方面体现层次特点和专业特色。

3. 本教材所列习题包括基本概念、基本方法和基本应用等方面内容，力求全面培养学生的数学素质。书中穿插有阶段性自测题，书后附有初等数学公式，平面、空间常用图形，不定积分、拉普拉斯变换简表，二、三阶行列式的计算和习题答案，便于学生进行学习和自检。

参加本书编写的有：尹舲(第一章)、陈四平(第二、三章)、张德舜(第四、五章)、单华宁(第七章)和杨继泰(第八、九章)，第六章由中国人民解放军北京医学高等专科学校冯丹编写。全稿由北京医科大学石中陆研究员、沈阳药科大学赵立胜副教授和中国药科大学倪永兴副教授审定。本书的编写始终得到国家医药管理局、普通高等学校药学类专科教材建设委员会和各有关院校领导的关心和支持，在此一并表示衷心的感谢。

由于编写时间仓促，加之编者水平有限，书中缺点、漏误在所难免，敬请读者赐教指正。

编　者

1995 年 9 月

目　　录

第一章　函数与极限

函数是高等数学研究的主要对象，极限是微积分学的奠基性概念，连续、微分、积分等重要概念及运算都要建立在极限概念的基础之上。本章对中学时学习的函数知识做必要的复习和补充，并介绍极限和连续的概念及运算。

第一节　函　　数

一、函数的概念

我们在观察和研究某一变化过程时，常会遇到两种不同的量：一种是该变化过程中保持数值不变的量，称为常量(constant quantity)；另一种是在该变化过程中可以取不同数值的量，称为变量(variable)。例如，圆的半径 R 变化时，圆的面积 S 也随之改变，而面积与半径的平方之比$\frac{S}{R^2}=\pi$ 是不变的。因此，S 和 R 是变量，而圆周率 π 是常量。

通常，在同一变化过程中，出现的各个变量并不都是独立变化的，而是按照一定的规律相互制约的。例如，圆面积 S 与圆半径 R 间的关系为 $S=\pi R^2$，S 是随 R 的变化而变化的，当 R 确定时，可通过 $S=\pi R^2$ 求出确定的对应值 S。分析这种变量间的对应关系，可抽象出所谓"函数"的概念。

定义 1　设在某一变化过程中有两个变量 x 和 y，如果对于 x 在某一范围 D 内的每一个取值，变量 y 按照一定的规律有确定值与之对应，那么称 y 为 x 的函数(function)，记作 $y=f(x)$，其中 x 称为自变量(independent variable)，y 称为因变量(dependent variable)。

因变量与自变量间的对应规律称为函数关系。自变量 x 的取值范围 D 称为函数的定义域(domain of definition)。当自变量 x 在定义域内取某一定值 x_0 时，函数 $f(x)$的对应值称为函数当 $x=x_0$ 时的函数值，记作 $f(x_0)$或$y\big|_{x=x_0}$，此时称 $f(x)$在 $x=x_0$ 有定义。所有函数值的集合称为函数的值域(range)。

函数关系除了用 $y=f(x)$表示外，还可以用别的字母来表示，如 $y=g(x)$，$y=\varphi(x)$等，也可用 $y=y(x)$表示。例如

$$y=\frac{x^2-3}{x+1}$$

或

$$f(x)=\frac{x^2-3}{x+1}$$

表示 y 是x 的函数。

例 1　求函数　$f(x)=\dfrac{x^2-3}{x+1}$　在 $x=2$，$x=a$，$x=\dfrac{1}{a}-1$ 处的函数值($a>0$ 为常数)。

解 $f(x)$在 $x=2, x=a, x=\frac{1}{a}-1$ 处的函数值分别为

$$f(2)=\frac{2^2-3}{2+1}=\frac{1}{3}$$

$$f(a)=\frac{a^2-3}{a+1}$$

$$f\left(\frac{1}{a}-1\right)=\frac{\left(\frac{1}{a}-1\right)^2-3}{\frac{1}{a}-1+1}$$

$$=\frac{1}{a}-2-2a$$

函数的定义域是自变量的取值范围。如果函数是用没有指明范围的数学式子给出的,那么函数的定义域就是指使表达式有意义的一切自变量取值的集合,即所谓"自然定义域"。要使表达式有意义,一般主要应考虑以下三个方面:

(1) 当函数含有偶次根式时,根号内的式子必须大于或等于零;

(2) 当函数为分式时,分母不能等于零;

(3) 当函数含有对数式时,真数必须大于零,如果函数含有三角函数,反三角函数时,要根据函数的定义来决定其自变量的范围,例如 $y=\arcsin x$,要求$|x|\leqslant 1$。

在实际问题中,函数的定义域则要由问题的实际意义来决定。

例 2 求下列函数的定义域:

(1) $y=\sqrt{4-x^2}$;

(2) $y=\ln\frac{x-2}{1-x}$。

解 (1) 只有根号内的式子 $4-x^2\geqslant 0$ 时函数才有意义,因此该函数的定义域为 $-2\leqslant x\leqslant 2$。

(2) 根据对数的定义,有$\frac{x-2}{1-x}>0$;又根据分式中分母不等于零的要求,$1-x\neq 0$。因此,求此函数的定义域,实际上是解不等式组

$$\begin{cases}1-x\neq 0\\ \frac{x-2}{1-x}>0\end{cases}$$

解之得 $1<x<2$,即 $y=\ln\frac{x-2}{1-x}$的定义域为 $1<x<2$。

例 3 已知自由落体运动规律为 $S=\frac{1}{2}gt^2$。假定物体经过时间 T 后着地,求此函数的定义域。

解 由实际情况知,此函数的定义域为 $0\leqslant t\leqslant T$。

函数定义域在很多情况下可用区间来表示。表 1-1 为不等式与区间的对照列表,表中 a, b 是确定的实数。

表 1-1　不等式与区间对照表

不等式	区间
$a\leqslant x\leqslant b$	闭区间$[a,b]$
$a<x<b$	开区间(a,b)
$a\leqslant x<b$	半开区间$[a,b)$
$a<x\leqslant b$	半开区间$(a,b]$
$x<b$	无穷区间$(-\infty,b)$
$x\leqslant b$	无穷区间$(-\infty,b]$
$x>a$	无穷区间$(a,+\infty)$
$x\geqslant a$	无穷区间$[a,+\infty)$
全体实数	无穷区间$(-\infty,+\infty)$

表 1-1 中的$+\infty$，$-\infty$分别读作“正无穷大”和“负无穷大”，它们不是数，仅仅是一种记号。

例 4　求下列函数的定义域，并用区间表示。

(1) $y=\dfrac{1}{3-x}\sqrt{x^2-1}$；

(2) $y=\sqrt{x^2-x-6}+\arcsin\dfrac{2x-1}{7}$。

解　(1)要使 y 有意义，必须有 $x^2-1\geqslant0$，且 $3-x\neq0$，因此函数的定义域为$x\leqslant-1$，$1\leqslant x<3$，$x>3$，用区间表示应为$(-\infty,-1]\cup[1,3)\cup(3,+\infty)$。

(2) 先由 $x^2-x-6=(x+2)(x-3)\geqslant0$ 解出 $x\leqslant-2$，$x\geqslant3$，再由$-1\leqslant\dfrac{2x-1}{7}\leqslant1$ 解出$-3\leqslant x\leqslant4$。因此，此函数的定义域用区间表示应为$[-3,-2]\cup[3,4]$。

此外，邻域也是以后常用的一个概念。我们把以 a 为中心，长度为 2δ 的开区间$(a-\delta,a+\delta)$称为点 a 的 δ 邻域，也可记为 $a-\delta<x<a+\delta$(或$|x-a|<\delta$)。

二、函数的表示法

根据上述函数的定义知，函数关系就是两个变量间的对应关系，这种对应关系可用不同的方法表示。

例 5　在药物动力学研究中，给健康人服用 Asp-AL 片后，测得血药浓度 C 和时间 t 的对应数据如下表：

t(时间)	0	1	2	2.5	3	4	6	12
C(血药浓度)	0	2.08	3.20	3.58	4.08	4.56	4.74	1.52

可见，给定一个服药后的时间 t，服药者血药浓度 C 就有一个确定的值与之对应，因此 C 是 t 的函数。

例 6 从某蒸馏塔顶部的温度自动记录仪，获得某班工作时间（8 时到 16 时）内塔内温度的变化曲线如图 1-1 所示。

从曲线上可直观地看到 8 时到 16 时各时刻 t 塔内温度 T 的高低，它形象地表示了温度 T 与时间 t 的对应关系——温度 T 是时间 t 的函数。

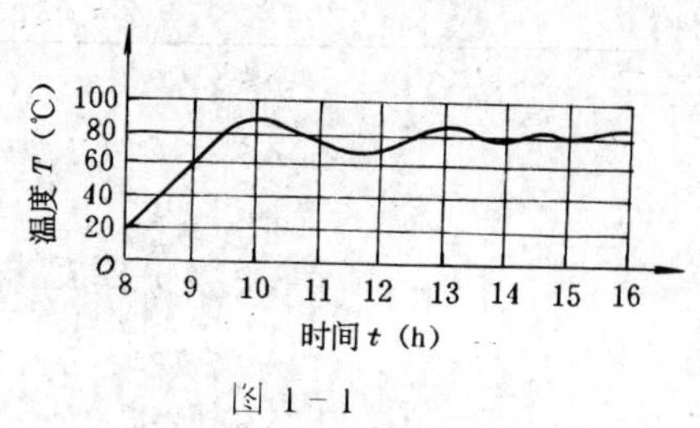

图 1-1

例 7 若某种细菌的繁殖方式属简单的细胞分裂，即经过一个繁殖周期 T_c 后由一个变成两个，两个变成四个，…，如果细菌生长环境是理想的，且开始时有 N_0 个细菌，试写出经过一段时间 t 后，细菌个数 N 与 t 的关系式。

解 由题意知，N 与 t 的关系可表示为

$$N = N_0 2^{\frac{t}{T_c}}$$

综上所述，函数关系主要有三种表示法：

1. *列表法* 用一个列有一系列自变量值与对应函数值的表格来表示函数关系的方法称为列表法，如例 5。列表法的特点是：可以避免烦琐的计算，而且可以表达用数学公式不便表达的函数，因此在医药科研中经常使用这种表示法。但是，它只能查出表上所列的函数值，不便作理论分析。

2. *图示法* 用坐标平面上的图形来表示函数关系的方法称为图示法，如例 6。图示法的特点是：直观性强，可以启迪思维，但不便作理论分析。

3. *解析法* 用包含自变量和函数的数学式子表示函数关系的方法称为解析法，如例 7。表示函数关系的数学式子称为解析表达式（或解析式）。解析法的特点是：便于理论分析和数值计算。今后我们在研究变量间的函数关系时，主要是用解析法。因此，找出函数的解析表达式是进一步研究和应用数量间关系的基础，也是将数学知识用于实践的第一步。

应当注意，两个用相同解析式表示的函数，如果定义域不同，就不能当成同一个函数。例如 $f(x)=\ln x^2$ 和 $g(x)=2\ln x$。$f(x)$ 与 $g(x)$ 的解析表达式相同，但是 $f(x)$ 的定义域为 $(-\infty,0)\cup(0,+\infty)$，而 $g(x)$ 的定义域为 $(0,+\infty)$，因此 $f(x)\neq g(x)$。

三、函数的几种特性

1. 单值性与多值性

对于自变量的每一个取值，函数 y 有唯一的确定值与之对应，这样的函数称为单值函数，否则称为多值函数。

例如，$y=x^2$ 是单值函数，而函数 $y=\pm\sqrt{x}$ 是多值函数。

本教材如无特别说明，均研究单值函数。

2. 单调性

设函数 $y=f(x)$ 定义在区间 (a,b) 上，若对任意 $x_1,x_2\in(a,b)$，当 $x_1<x_2$ 时，总有 $f(x_1)<f(x_2)$ 成立，则称函数 $f(x)$ 在 (a,b) 内是单调增加的；同理，若总有 $f(x_1)>f(x_2)$，则称函数 $f(x)$ 在 (a,b) 内是单调减少的。

在整个区间上单调增加或单调减少的函数称为单调函数。如 $y=x^2$ 在 $[0,+\infty)$ 内单调增加，在 $(-\infty,0]$ 内单调减少。

3. 有界性

函数 $y=f(x)$ 对于某区间内的一切 x 值，若存在一个正数 M，使 $|f(x)|\leqslant M$ 成立，则称 $y=f(x)$ 在该区间内有界，否则称 $y=f(x)$ 在该区间内无界。

例如，$y=\dfrac{1}{x}$ 在(1,2)内有界，在(0,1)内无界。

4. 奇偶性

在 $y=f(x)$ 的定义域内，若有 $f(-x)=-f(x)$ 成立，则称此函数为奇函数；若有 $f(-x)=f(x)$ 成立，则称此函数为偶函数；既不是奇函数，也不是偶函数的函数，称为非奇非偶函数。

例如，$y=x^3$ 及 $y=\sin x$ 都是奇函数；$y=x^2$ 及 $y=\cos x$ 都是偶函数；而 $y=1+\sin x$ 是非奇非偶函数。

奇函数的图形关于原点对称；偶函数的图形关于 y 轴对称。

5. 周期性

在 $y=f(x)$ 的定义域内，若存在正数 T，使 $y=f(x)$ 满足等式 $f(x+T)=f(x)$，则称 $y=f(x)$ 为周期函数。使上述关系成立的最小正数 T 称为最小正周期，简称周期。

例如，$y=\sin x$ 是周期函数，其周期为 2π。$y=\operatorname{tg}x$ 是周期函数，其周期为 π。

四、分段函数与反函数

1. 分段函数

一个函数在不同的定义范围内用不同的解析表达式表示，这样的函数称为分段函数。

例如，设婴儿出生时的体重平均为3000g，从出生起至6个月，每月长600g，6个月后至12个月，每月长500g，则婴儿从出生至1岁其体重 W 与月龄 m 的关系为

$$W=\begin{cases}3000+600m,0\leqslant m\leqslant 6\\3600+500m,6< m\leqslant 12\end{cases}$$

图1-2就是这个函数的图像。

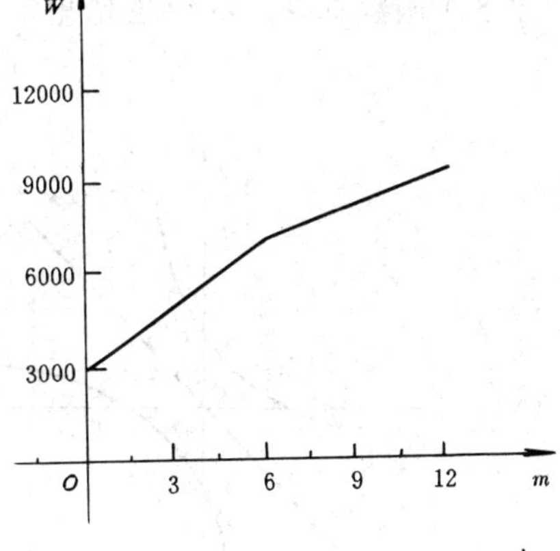

图1-2

显然，分段函数的图像是由各段不同的图形组成的。分段函数求函数值时，要由自变量所在的范围，用相应的解析式去计算。

例8 求函数

$$y=\begin{cases}x+\dfrac{1}{2},x\leqslant -1\\\sqrt{1-x^2},-1< x\leqslant 1\\0,x>1\end{cases}$$

在 $x=-2,x=\dfrac{1}{2},x=1,x=\dfrac{3}{2}$ 处的函数值。

解 $y|_{x=-2}=-2+\dfrac{1}{2}=-\dfrac{3}{2}$

$$y\big|_{x=\frac{1}{2}}=\sqrt{1-\left(\frac{1}{2}\right)^2}=\frac{\sqrt{3}}{2}$$

$$y\big|_{x=1}=\sqrt{1-1^2}=0$$

$$y\big|_{x=\frac{3}{2}}=0$$

2. *反函数*

如果已知 y 是 x 的函数，$y=f(x)$，则由它所确定的以 y 为自变量，x 为因变量的函数 $x=\varphi(y)$ 就是 $y=f(x)$ 的反函数，而 $y=f(x)$ 称为直接函数。

由于习惯上用字母 x 表示自变量，用字母 y 表示因变量，所以常把 $y=f(x)$ 的反函数 $x=\varphi(y)$ 写成 $y=\varphi(x)$，并用 $f^{-1}(x)$ 来表示（$y=\varphi(x)=f^{-1}(x)$），即 $y=f(x)$ 的反函数为 $y=f^{-1}(x)$。

例 9 求 $y=2x+3$ 的反函数。

解 由 $y=2x+3$ 解出 $x=\frac{y}{2}-\frac{3}{2}$，所以，$y=2x+3$ 的反函数为 $y=\frac{x}{2}-\frac{3}{2}$。

例 10 求 $y=x^2$ 的反函数。

解 由 $y=x^2$ 解出 $x=\pm\sqrt{y}$。$y=x^2$ 定义在 $(-\infty,0)$ 上时，其反函数为 $y=-\sqrt{x}$；$y=x^2$ 定义在 $(0,+\infty)$ 上时，其反函数为 $y=\sqrt{x}$。

在同一坐标系中，反函数 $y=f^{-1}(x)$ 与其直接函数 $y=f(x)$ 的图形是关于直线 $y=x$ 对称的（图 1－3）。所以，可以利用 $y=f(x)$ 图像的特点来讨论 $y=f^{-1}(x)$ 图像的特点。

例如，利用 $y=x^2$ 的图像作关于 $y=x$ 的对称图像，就可得到在相应区间上反函数 $y=\pm\sqrt{x}$ 的图像（图 1－4）。

五、基本初等函数的性质及图形

在中学已经学过幂函数、指数函数、对数函数、三角函数和反三角函数。这 5 种函数统称为基本初等函数(fundamental elementary function)。我们所接触的大多数函数都与这 5 个函数有关。表 1－2 给出了这 5 种基本初等函数的基本性质和图形。

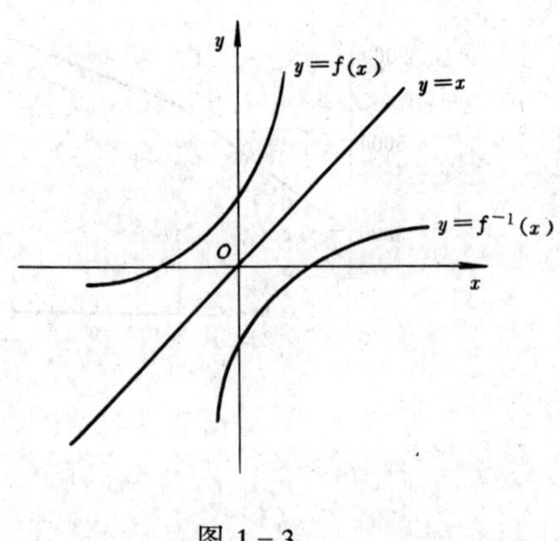

图 1－3

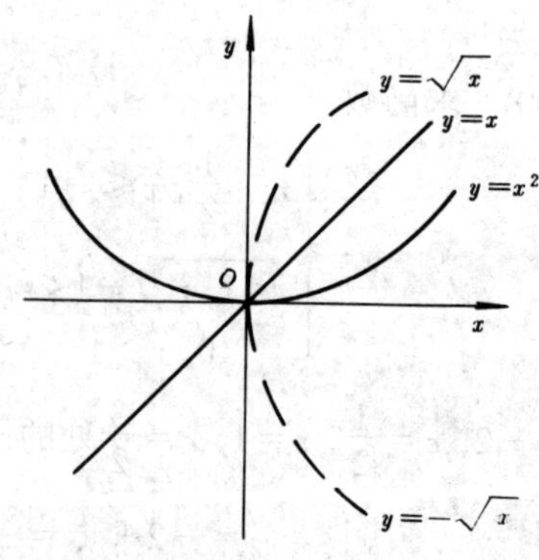

图 1－4

表 1-2　基本初等函数图形及主要性质

函数	图形	定义域	值域	主要性质
幂函数 $y=x^{\alpha}$ (α 为常数)	y, $\alpha=3$, $\alpha=2$, $\alpha=1$, $\alpha=-1$, O, 1, x	因 α 而异 $(0,+\infty)$ 是共同的定义域	同 α 有关 $(0,+\infty)$ 是共同值域	若 $\alpha>0$, x^{α} 在 $[0,+\infty)$ 内单调增加;若 $\alpha<0$, x^{α} 在 $(0,+\infty)$ 内单调减少
指数函数 $y=a^x$ (a 是常数, $a>0$, $a\neq1$)	y, $0<a<1$, $a>1$, 1, O, x	$(-\infty,+\infty)$	$(0,+\infty)$	$a^0=1$;若 $a>1$, a^x 单调增加;若 $0<a<1$, a^x 单调减少。直线 $y=0$ 为曲线的水平渐近线
对数函数 $y=\log_a x$ (a 是常数, $a>0, a\neq1$)	y, $a>1$, O, 1, x, $0<a<1$	$(0,+\infty)$	$(-\infty,+\infty)$	$\log_a 1=0$;若 $a>1$, $\log_a x$ 单调增加;若 $0<a<1$, $\log_a x$ 单调减少。直线 $x=0$ 为曲线的铅直渐近线
正弦函数 $y=\sin x$	y, 1, $-\pi$, $-\frac{\pi}{2}$, O, $\frac{\pi}{2}$, π, x, -1	$(-\infty,+\infty)$	$[-1,1]$	以 2π 为周期的周期函数。在 $[-\frac{\pi}{2}+2k\pi,\frac{\pi}{2}+2k\pi]$ $(k\in Z)$ 上单调增加;在 $[\frac{\pi}{2}+2k\pi,\frac{3\pi}{2}+2k\pi]$ $(k\in Z)$ 上单调减少;奇函数

续表

函数	图形	定义域	值域	主要性质
余弦函数 $y=\cos x$	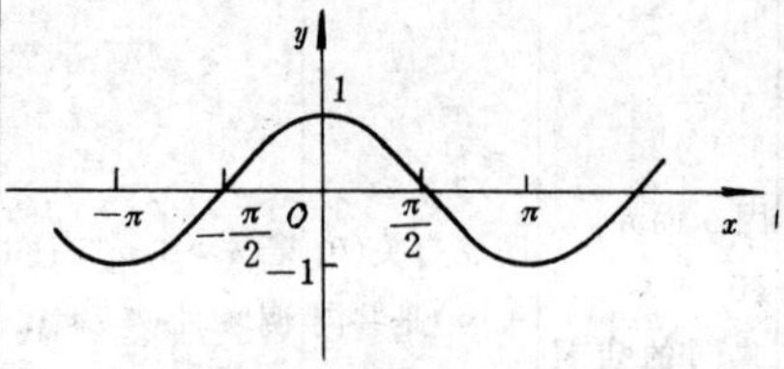	$(-\infty,+\infty)$	$[-1,1]$	以 2π 为周期的周期函数。在 $[(2k-1)\pi,2k\pi](k\in Z)$ 上单调增加；在 $[2k\pi,(2k+1)\pi](k\in Z)$ 上单调减少；偶函数
正切函数 $y=\mathrm{tg}x$	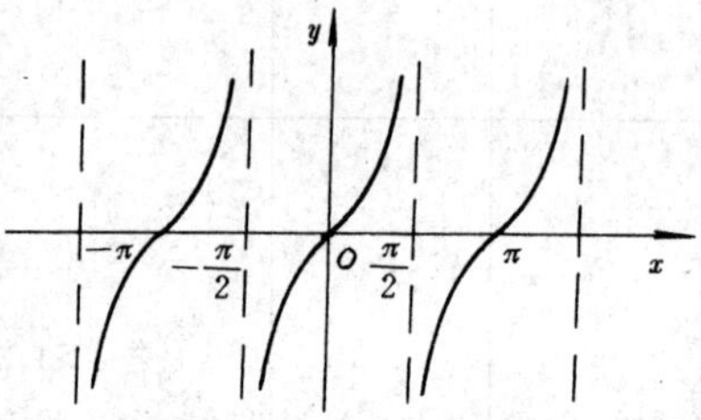	$(2k-1)\frac{\pi}{2}<x<(2k+1)\frac{\pi}{2}$ $(k\in z)$	$(-\infty,+\infty)$	以 π 为周期的周期函数。在 $(-\frac{\pi}{2}+k\pi,\frac{\pi}{2}+k\pi)(k\in Z)$ 上单调增加，奇函数。直线 $x=(2k+1)\frac{\pi}{2}$ 为曲线的铅直渐近线 $(k\in Z)$
余切函数 $y=\cot x$	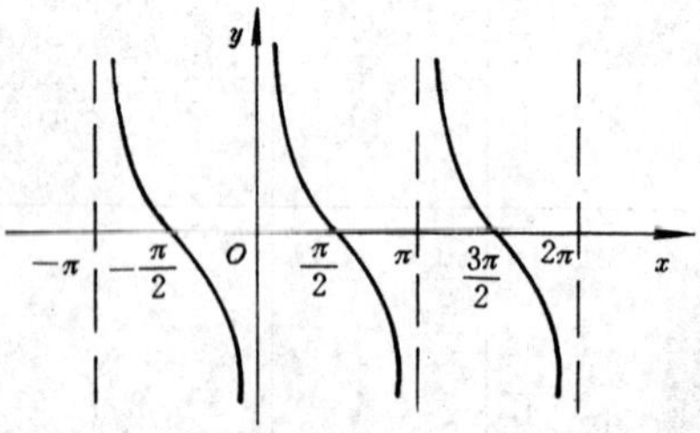	$k\pi<x<(k+1)\pi$ $(k\in z)$	$(-\infty,+\infty)$	以 π 为周期的周期函数。在 $(k\pi,(k+1)\pi)(k\in Z)$ 内单调减少，奇函数。直线 $x=k\pi$ 为曲线的铅直渐近线 $(k\in Z)$
反正弦函数 $y=\arcsin x$	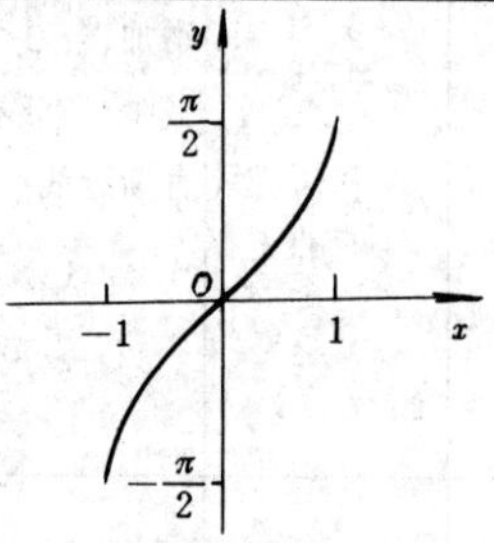	$[-1,1]$	$[-\frac{\pi}{2},\frac{\pi}{2}]$	单调增加，奇函数
反余弦函数 $y=\arccos x$	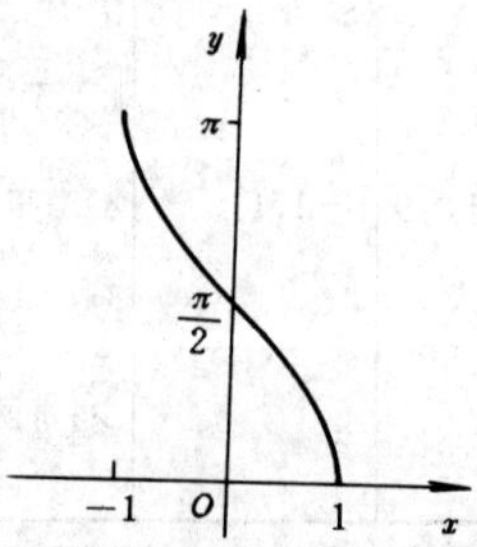	$[-1,1]$	$[0,\pi]$	单调减少

续表

函数	图形	定义域	值域	主要性质
反正切函数 $y = \mathrm{arctg}x$		$(-\infty, +\infty)$	$(-\frac{\pi}{2}, \frac{\pi}{2})$	单调增加，奇函数。$y = \pm\frac{\pi}{2}$ 为曲线的水平渐近线
反余切函数 $y = \mathrm{arccot}x$		$(-\infty, +\infty)$	$(0, \pi)$	单调减少。$y = 0, y = \pi$ 是曲线的水平渐近线

六、复合函数

定义 2 如果 y 是 u 的函数，$y=f(u)$，而 u 是 x 的函数，$u=\varphi(x)$，那么对于相应的 u 使 $f(u)$ 有意义的那些 x 值，函数 $y=f[\varphi(x)]=F(x)$ 称为由 $y=f(u)$ 与 $u=\varphi(x)$ 复合而成的复合函数，简称 y 是 x 的复合函数(compound function)，其中 u 称为中间变量。

例如，在物体下落时动能 E 是速度 v 的函数 $E=\frac{1}{2}mv^2$，而速度 v 又是时间 t 的函数 $v=v_0+gt$，于是 E 通过 v 而成为 t 的复合函数 $E=\frac{1}{2}m(v_0+gt)^2$。

又如，$y=u^2$，$u=\cos x$，对于 $(-\infty, +\infty)$ 中的所有 x，$y=\cos^2 x$ 都有意义，因此 $y=\cos^2 x$ 是 x 的复合函数，其定义域为 $(-\infty, +\infty)$。

必须注意的是，并不是任何两个函数都可以复合成一个复合函数。例如，$y=\arccos u$，$u=2+x^2$ 就不能复合成 $y=\arccos(2+x^2)$，因为 u 总是大于 1，而 $y=\arccos u$ 的定义域为 $[-1,1]$，因此对任意的实数 x 所对应的 u，都使 $y=\arccos u$ 无意义。

例 11 写出 $y=\lg u$，$u=1-x^2$ 的复合函数。

解 要使 $y=\lg u$ 有意义，必须有 $u>0$，而对应 $u=1-x^2>0$ 的 x 的定义范围为 $|x|<1$，所以 $y=\lg u$ 与 $u=1-x^2$ 的复合函数是 $y=\lg(1-x^2)$，其定义域为 $(-1,1)$。

以上例子是有一个中间变量的复合函数。复合函数的中间变量可以是两个或两个以上。

在微积分学中常常需要将一个比较复杂的函数分解成若干个简单的函数。

例 12 指出下列函数是由哪些函数复合而成的：

(1)$y=\lg(1-x)^4$; (2)$y=e^{\sqrt{1+x^2}}$。

解 (1)$x\neq1$ 时,$y=\lg(1-x)^4$ 是由函数 $y=\lg u, u=v^4, v=1-x$ 复合而成的。

(2)$y=e^{\sqrt{1+x^2}}$是由 $y=e^u, u=v^{\frac{1}{2}}, v=1+x^2$ 复合而成的,其定义域为$(-\infty,+\infty)$。

注意:在分解过程中,需要使分解后的函数是基本初等函数、多项式函数或有理分式的形式,才能中止分解。例如,$y=\ln\sin(x^2+1)$可分解为 $y=\ln u, u=\sin v, v=x^2+1$,它们分别是对数函数、三角函数和多项式函数。

七、初等函数

定义 3 由基本初等函数经过有限次四则运算和有限次复合而成,且能用一个解析式表示的函数,称为初等函数。

例如,$y=\ln(1+\sqrt{1+x^2})\cdot\arcsin^3 x$ 就是由基本初等函数的幂函数、反三角函数和对数函数经过若干步四则运算及复合运算而构成的,所以是初等函数。

应当注意的是,分段函数不是初等函数,虽然它在自变量变化的不同范围内有不同的表达式,但它只是一个函数。本课程要讨论的函数绝大多数是初等函数。

习 题 1-1

1. 填空题

(1)设 $f(x)=\begin{cases}2^x, & -1\leqslant x<0\\ 2, & 0\leqslant x<1\\ x-1, & 1\leqslant x<3\end{cases}$

则 $f(x)$的定义域是______;$f(0)=$______;$f(1)=$______。

(2)设 $f(x)=2\sin x-3\cos x$,对任一整数 n,则 $f(x+2n\pi)=$______。

(3)$y=\ln\sin x$ 的定义域是______。

(4)设 $f(x)=\dfrac{x}{x-1}$ $(x\neq0, x\neq1)$,则 $f\left(\dfrac{1}{f(x)}\right)=$______。

(5)函数 $y=2^x+1$ 的反函数是______。

2. 选择题

(1)区间$[a,+\infty)$表示不等式是______。

(A)$a<x<+\infty$; (B)$a\leqslant x<+\infty$;

(C)$a<x$; (D)$x\leqslant a$。

(2)函数 $f(x)=\ln\dfrac{1+x}{1-x}$的定义域是______。

(A)$(-\infty,-1)\cup(-1,+\infty)$;

(B)$(-1,1)\cup(1,+\infty)$;

(C)$(-\infty,-1)\cup(-1,1)\cup(1,+\infty)$;

(D)$(-1,1)$。

(3)$y=\arcsin(1-x)+\lg(\lg x)$的定义域是______。

(A)$1<x\leqslant2$; (B)$x>0$;

(C)$x>1$; (D)$0\leqslant x\leqslant2$。

(4)设 $f(x)=x^3+1$,则 $f(x^3+1)=$__________。

(A)x^3+1;　(B)x^6+2;　(C)x^9+2;　(D)$x^9+3x^6+3x^3+2$。

(5)在实数范围内,下列各对函数中表示完全相同的函数是__________。

(A)$f(x)=\frac{x}{x}, g(x)=1$;

(B)$f(x)=\sqrt[3]{x^4-x^3}, g(x)=x\sqrt[3]{x-1}$;

(C)$f(x)=\lg x^2, g(x)=2\lg x$;

(D)$f(x)=\frac{x^2-1}{x+1}, g(x)=x-1$。

(6)如果函数 $y=-\sqrt{x-1}$,那么它的反函数是______。

(A)$y=x^2+1$;　(B)$y=x^2+1(x\leqslant 0)$;

(C)$y=x^2+1\quad(x\geqslant 0)$;　(D)不存在。

(7)函数 $y=f(x)$与其反函数 $y=f^{-1}(x)$的图形对称于直线__________。

(A)$y=0$;　(B)$x=0$;　(C)$y=x$;　(D)$y=-x$。

(8)设 $f(x)=e^x$,则__________成立。

(A)$f(x)+f(y)=f(xy)$;

(B)$f(x)\cdot f(y)=f(xy)$;

(C)$f(x+y)=f(x)\cdot f(y)$;

(D)$f(xy)=f(x+y)$。

3. 判断题

(1)函数必须有自变量,因此 $y=1$ 不是函数。

(2)$y=|\sin x|$不是初等函数。

(3)$y=\arcsin\frac{x}{2}$是一个基本初等函数。

(4)$\lg\lg x$ 的定义域是 $x>0$。

(5)$y=\frac{\sqrt{x^2-1}}{\sqrt{1-x^2}}$的定义域是 $x\neq\pm 1$。

4. 计算题

(1)求下列函数的定义域:

①$y=\frac{1}{\sqrt{4x^2-2x-6}}$;

②$y=\ln(x+3)+\sqrt{6-x}$;

③$y=\sqrt{x^2-x-6}+\arcsin\frac{2x-1}{7}$;

④$y=\sqrt{\cos x}+\ln\sin x$。

(2)已知　$f(x)=x^2+2$,求 $f(x+1)$;$f(x)+1$;$f(x^2)$;$[f(x)]^2$。

(3)求下列函数的反函数:

①$y=\sqrt{x^2+1}$;

②$y=1+\lg(x+2)$。

(4)指出下列函数是怎样复合而成的:

①$y=\sin^2 x$； ②$y=\sqrt[3]{(4+3x)^2}$；

③$y=\ln\text{tg}\,\dfrac{x}{2}$； ④$y=\ln^3(x^2)$；

⑤$y=\text{arctg}\,e^{x^2}$； ⑥$y=\arccos\left(\dfrac{x}{a}+1\right)^2$；

⑦$y=3^{\cos x}$； ⑧$y=\lg\dfrac{x-1}{x+1}$。

5．证明题

(1)设 $f(x)=lg(x+1)$，试证明 $f(x^2-2)-f(x-2)=f(x)$。

(2)设 $f(x)$为定义在$(-\infty,+\infty)$内的任一函数，证明：$F_1(x)=f(x)+f(-x)$为偶函数；$F_2(x)=f(x)-f(-x)$为奇函数。

6．应用题

(1)有一圆柱形容器，底半径为 r，高为 h，设内盛溶液的高度为 x，溶液容积为 V。试求 V 和 x 之间的函数关系式，并写出函数的定义域。

(2)在温度计上，0℃对应华氏 32 度，100℃对应于华氏 212 度，求摄氏温标 C 与华氏温标 F 间的函数关系。

第二节　极限的概念

极限的概念是继函数概念之后，高等数学中又一个最基本、最重要的概念。函数的极限概念描述了函数的变化趋势。本节根据自变量的变化过程，分两种情况来讨论函数的极限，即 $x\to\infty$时函数的极限和 $x\to x_0$ 时函数的极限。

一、$x\to\infty$时函数的极限

为了更好地理解 $x\to\infty$时函数的极限，下面先讨论数列的极限。

1．数列的极限

(1)数列的概念　把按照一定顺序排列的无穷个数 $y_1,y_2,y_3,\cdots,y_n,\cdots$称为一个无穷数列(简称数列)，记为$\{y_n\}$。

称数列的第 n 项 y_n 为数列的通项。例如：

①$\{y_n\}:\dfrac{1}{2},\dfrac{1}{4},\dfrac{1}{8},\dfrac{1}{16},\cdots,$　　$y_n=\dfrac{1}{2^n}$

②$\{y_n\}:2,\dfrac{3}{2},\dfrac{4}{3},\dfrac{5}{4},\cdots,$　　$y_n=\dfrac{n+1}{n}$

③$\{y_n\}:0,1,0,1,\cdots,$　　$y_n=\dfrac{(-1)^n+1}{2}$

④$\{y_n\}:1,2,3,4,\cdots,$　　$y_n=n$

如果数列满足条件 $y_1\leqslant y_2\leqslant\cdots\leqslant y_n\leqslant\cdots$，那么称该数列为单调增加的数列。

如果数列满足条件 $y_1\geqslant y_2\geqslant\cdots\geqslant y_n\geqslant\cdots$，那么称该数列为单调减少的数列。

如果存在一个正数 M，使数列中所有的项都满足条件$\{y_n\}\leqslant M$，那么称该数列为有界数列。如：数列④是单调增加数列；数列①是单调减少数列；数列①、②、③都是有界数列。

(2)数列的极限　在观察数列的变化趋势时，发现有些数列随着 n 的增大，通项 y_n 趋

向于某个确定的常数，称之为极限。例如数列①，当 $n\to\infty$ 时，y_n 无限趋向于零，因此将零作为数列①的极限。同理，当 $n\to\infty$ 时，数列②的通项 y_n 无限趋向于1，因此，$n\to\infty$ 时，数列②的极限为1。而对于数列③和④，当 $n\to\infty$ 时，它们的通项不可能接近一个常数，因此，数列③、④的极限不存在。

下面给出数列极限的描述性定义：

定义1　对于数列 $\{y_n\}$，当 n 无限增大时，y_n 无限接近于常数 A，我们就称 A 为数列 $\{y_n\}$ 当 $n\to\infty$ 时的极限(limit)，记为 $\lim\limits_{n\to\infty}y_n=A$，或 $n\to\infty$ 时，$y_n\to A$。

如果数列 $\{y_n\}$ 的极限存在，那么称 $\{y_n\}$ 是收敛的；否则称 $\{y_n\}$ 是发散的。

根据极限的定义可知，$\lim\limits_{n\to\infty}\frac{1}{2^n}=0$；$\lim\limits_{n\to\infty}\frac{n+1}{n}=\lim\limits_{n\to\infty}\left(1+\frac{1}{n}\right)=1$。故数列①和②是收敛的。数列③中的各项都在0与1间来回跳跃，它是不会趋向于任何常数的。数列④又是另一种情况，随着 n 的增大，它的通项也无限增大，它也不会趋向于一个常数。因此，数列③和④是发散的。

从上面的分析可以看出，收敛数列是有界的，但有界数列不一定收敛。例如，数列③是有界数列，但它是发散的。这说明，数列有界是数列收敛的必要条件，但不是充分条件。显然，无界数列一定发散。

在数列极限的定义中，只是形象地描述为“当 n 无限增大时，y_n 无限接近于 A”。那么，如何对“y_n 无限接近于 A”做精确的数字描述呢？

我们不妨将数列 $\{y_n\}$ 看成定义在自然数集合上的函数 $y_n=f(n)$。例如：

⑤$2,\frac{3}{2},\frac{4}{3},\frac{5}{4},\cdots$，可看成 $f(n)=1+\frac{1}{n}$(图1-5)

⑥$0,\frac{1}{2},\frac{2}{3},\frac{3}{4},\cdots$，可看成 $f(n)=1-\frac{1}{n}$(图1-6)

⑦$0,\frac{3}{2},\frac{2}{3},\frac{5}{4},\cdots$，可看成 $f(n)=\frac{n+(-1)^n}{n}$(图1-7)

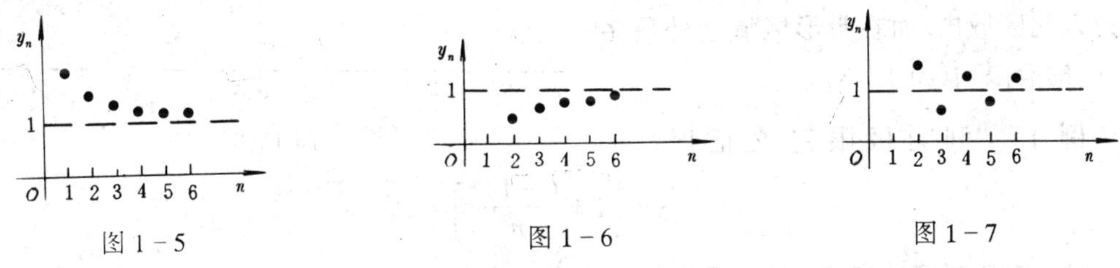

图1-5　　图1-6　　图1-7

如图所示，这三个数列当 n 无限增加时 y_n 都无限接近于1，即“当 $n\to\infty$ 时，$y_n\to1$”。显然，数列⑤的各项总是大于1，因此数列⑤各项与1的差总是大于0；数列⑥总是小于1，因而数列⑥各项与1的差总是小于0；数列⑦各项与1的差时而大于0，时而小于0。为了将这三种变化形式统一起来考虑，我们用 $|y_n-1|$(即数轴上 y_n 与1的距离)来表示 y_n 与1的差；“y_n 与1的差无限接近于0”，可用“$|y_n-1|$ 任意小”来刻画。“n 无限增大时，$|y_n-1|$ 可以任意小”，就是说，无论事先给定一个多么小的正数，在 n 无限增大的变化过程中，总有那么一个 $N>0$ 存在，在第 N 项以后 $|y_n-1|$ 一定小于事先给定的那个正数。

下面以数列⑤为例来说明“当 n 无限增大时，$|y_n-1|$ 可以任意小”。因为

$$|y_n-1|=\left|\left(1+\frac{1}{n}\right)-1\right|=\left|\frac{1}{n}\right|=\frac{1}{n}$$

如果指定一个小正数,例如$\frac{1}{10}$,要使$|y_n-1|<\frac{1}{10}$,即有$\frac{1}{n}<\frac{1}{10}$,则只要取 $n>10$ 即可。也就是说找到了一个 $N=10$,数列从第 $N+1$ 项开始,以后的各项都满足$|y_n-1|<\frac{1}{10}$。如果再指定一个更小的正数,例如$\frac{1}{100}$,要使$|y_n-1|<\frac{1}{100}$,即$\frac{1}{n}<\frac{1}{100}$,则只要取 $n>100$ 即可。数列从第 101 项开始($N=100$),以后的各项都满足$|y_n-1|<\frac{1}{100}$。

由此可见,数列⑤对事先给定的无论多小的正数 ε,在 n 无限增大的过程中,总存在一个 N,使第 N 项以后的各项($n>N$),$|y_n-1|$总小于事先给定的那个正数 ε。因此,我们说数列⑤以 1 为极限。

下面给出数列极限的精确定义。

定义 2　对于数列$\{y_n\}$,如果对预先给定的正数 ε(无论它多么小),它存在一个正整数 N,当 $n>N$ 时,恒有$|y_n-A|<\varepsilon$ 成立,那么称数列$\{y_n\}$以常数 A 为极限,记为 $\lim\limits_{n\to\infty}y_n=A$。此定义也称为数列极限的“$\varepsilon-N$”定义。

注意,定义中 ε 刻画 y_n 与 A 的接近程度;N 刻画 n 充分大的程度;ε 是任意给定的,N 是随 ε 而确定的。

还可以给出数列极限的几何解释。对任意给定的 $\varepsilon>0$,总存在一个 $N>0$,使数列 y_n 从第$N+1$ 项起,一切项 $y_{N+1},y_{N+2},\cdots$都落在 y 轴上点A 的ε 邻域$(A-\varepsilon,A+\varepsilon)$内,即由 $y=A-\varepsilon$,$y=A+\varepsilon$ 围成的带形区域中。这就是说,如果 y_n 收敛于A,则无论 ε 多小,即无论带形区域 $A-\varepsilon<y<A+\varepsilon$ 多窄,从某项后,数列的所有项都落入此区域内,而在带形区域之外最多有 y_n 的有限项(图 1-8)。

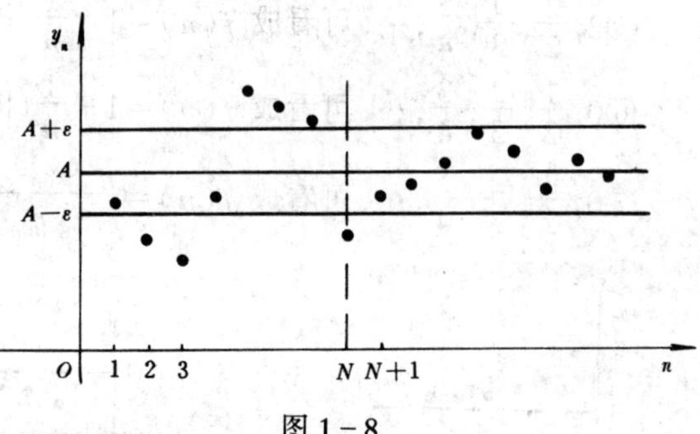

图 1-8

例 1　利用极限定义证明

$$\lim_{n\to\infty}\left[1+\frac{(-1)^n}{n}\right]=1。$$

证　对于任意给定的 $\varepsilon>0$,要使

$$\begin{aligned}|y_n-1|&=\left|1+\frac{(-1)^n}{n}-1\right|\\&=\left|\frac{(-1)^n}{n}\right|\\&=\frac{1}{n}<\varepsilon\end{aligned}$$

成立，只要取 $n>\frac{1}{\varepsilon}$ 就可以了。因此，对于任意给定的 $\varepsilon>0$，取 $N=\left[\frac{1}{\varepsilon}\right]^{*}$，则当 $n>N$ 时，$|y_n-1|<\varepsilon$ 恒成立。根据定义知 $\lim\limits_{n\to\infty}\left[1+\frac{(-1)^n}{n}\right]=1$。

2. $x\to\infty$ 时函数的极限

下面讨论定义在实数集合上的函数 $y=f(x)$ 的情形。

先看当 $x\to\infty$ 时 $f(x)=1+\frac{1}{x}$ 的极限。从图 1-9 可以看出，当 $|x|$ 无限增加时，$f(x)$ 无限接近于 1。根据这个例子，先给出 $x\to\infty$ 时 $f(x)$ 的极限的描述性定义。

定义 3　如果当 x 的绝对值无限增大时，函数 $f(x)$ 无限趋于一个确定的常数 A，则称 A 为函数 $f(x)$ 当 $x\to\infty$ 时的极限，记为 $\lim\limits_{x\to\infty}f(x)=A$，或 $x\to\infty$，$f(x)\to A$。

下面仿照讨论 $y_n=1+\frac{1}{n}$ 当 $n\to\infty$ 时极限的方式，讨论如何用数学语言描述 $y=1+\frac{1}{x}$，当 $x\to\infty$ 时的极限。

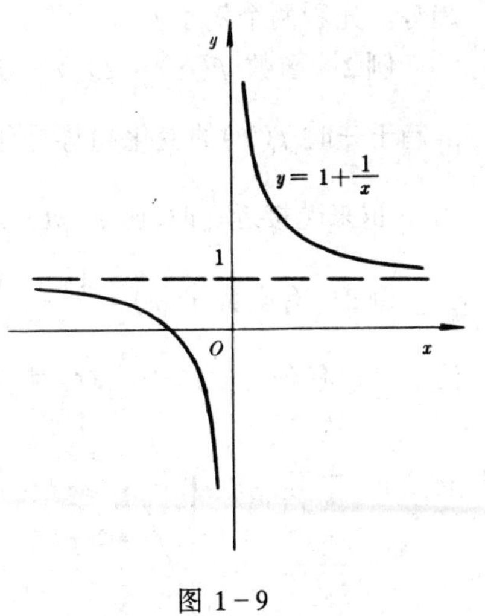

图 1-9

和数列极限一样，“当 $|x|$ 无限增大时，$y=1+\frac{1}{x}$ 无限接近于 1”，是指当 $|x|$ 无限增加时，$|y-1|$ 可以任意小。

对任意给定的 $\varepsilon>0$（无论 ε 多么小），要使 $|y-1|=\left|\left(1+\frac{1}{x}\right)-1\right|=\left|\frac{1}{x}\right|<\varepsilon$，只要使 $|x|>\frac{1}{\varepsilon}$ 即可。令 $M=\frac{1}{\varepsilon}$，即当 x 进入区间 $(-\infty,-M)$ 或 $(M,+\infty)$（$|x|>M$）时，$|y-1|<\varepsilon$ 成立，这时称当 $x\to\infty$ 时，$y=1+\frac{1}{x}$ 以 1 为极限。

下面给出 $x\to\infty$ 时函数 $f(x)$ 极限的精确定义。

定义 4　如果对于任意给定的正数 ε（无论它多么小），总存在一个正数 M，使得当 $|x|>M$ 时 $|f(x)-A|<\varepsilon$ 恒成立，则称当 x 趋于无穷大时 $f(x)$ 以常数 A 为极限，记为 $\lim\limits_{x\to\infty}f(x)=A$。此定义也称为函数极限的“$\varepsilon-M$”定义。

注意，定义中 ε 刻画 $f(x)$ 与 A 接近的程度；M 刻画 $|x|$ 充分大的程度。ε 是任意给定的，M 是随 ε 而确定的。

要强调指出的是，研究数列 $\{y_n\}$ 当 $n\to\infty$ 的极限时，求极限过程是 n 只可能取正值无限增大。而在讨论函数的极限时，求极限过程考虑了两种可能性：如果 x 从某一时刻起，往后总是取正值无限增大。则称 x 趋向于正无穷大，记为 $x\to+\infty$，此时定义 4 中的 $|x|>M$ 应改为 $x>M$；如果 x 从某一时刻起，往后总是取负值而 $|x|$ 无限增大，则称 x 趋向于负无穷大，记为 $x\to-\infty$，此时定义 4 中的 $|x|>M$ 应改成 $x<-M$。

* $N=\left[\frac{1}{\varepsilon}\right]$ 意为 N 取 $\frac{1}{\varepsilon}$ 的整数部分。

例如，对函数 $y=e^x$ 来说，有 $\lim\limits_{x\to+\infty} e^x=+\infty$，$\lim\limits_{x\to-\infty} e^x=0$。

$\lim\limits_{x\to\infty} f(x)=A$ 的几何意义是：如果 ε 是任意给定的一个小正数，作直线 $y=A-\varepsilon$ 和 $y=A+\varepsilon$，那么总存在一个正数 M，当 $x<-M$ 或 $x>M$ 时（$|x|>M$ 时），函数的图形都位于这两条直线之间（图 1－10）。

二、$x\to x_0$ 时函数 $f(x)$ 的极限

1. $x\to x_0$ 时，函数 $f(x)$ 的极限的定义

对于函数 $y=f(x)$，除了要研究 $x\to\infty$ 时函数的极限之外，还需要研究 x 趋于某个常数 x_0 时函数的变化趋势。先看两个例子。

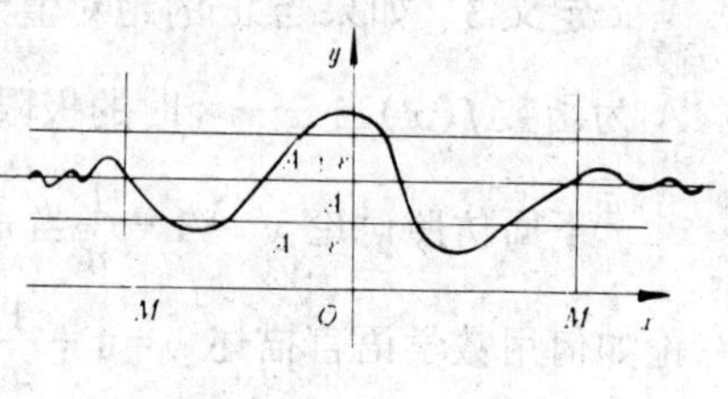

图 1－10

例 2　函数 $f(x)=2x+1$ 定义于 $(-\infty,+\infty)$，当 x 趋于 $\frac{1}{2}$ 时 $f(x)$ 的变化趋势是什么。如图 1－11 所示，当 x 越来越接近 $\frac{1}{2}$ 时，函数 $f(x)$ 就越来越接近于 2。

例 3　有函数 $f(x)=\frac{4x^2-1}{2x-1}$，当 $x=\frac{1}{2}$ 时该函数无定义，但从图 1－12 可以看出，当 x 沿 x 轴以任何方式趋于 $\frac{1}{2}$ 时，对应的函数值 $f(x)$ 总是无限接近于 2。

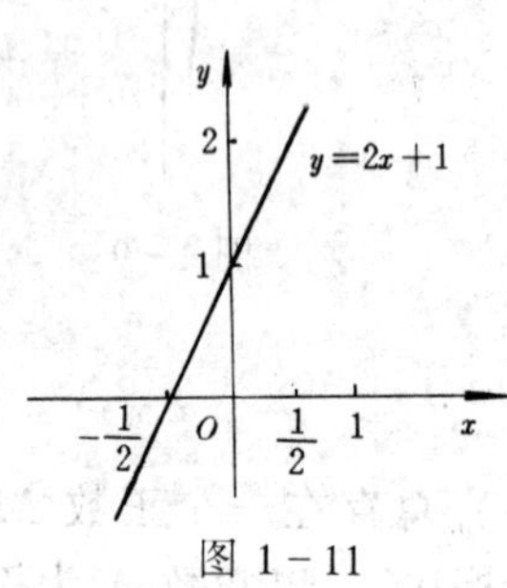

图 1－11

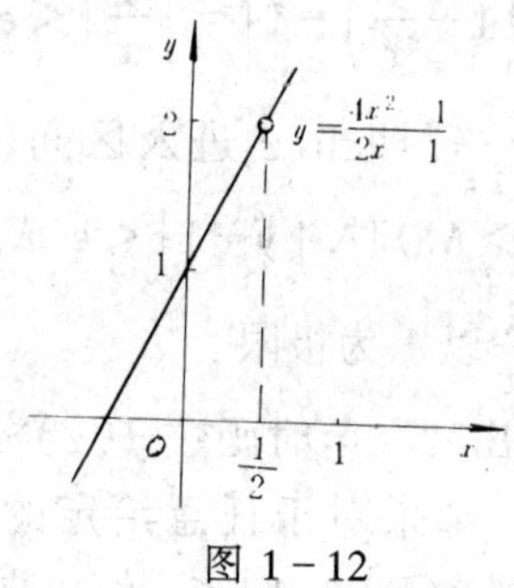

图 1－12

因此，可以给出 $x\to x_0$ 时函数 $f(x)$ 极限的描述性定义。

定义 5　设函数 $y=f(x)$ 在 x_0 附近有定义（x_0 可除外），如果当 x 无限趋向于 x_0 时 $f(x)$ 无限趋于某个常数 A，那么就称当 $x\to x_0$ 时函数 $f(x)$ 以 A 为极限，记为 $\lim\limits_{x\to x_0} f(x)=A$，或 $x\to x_0$，$f(x)\to A$。

根据这个定义，例 2 可以写成 $\lim\limits_{x\to\frac{1}{2}}(2x+1)=2$。也就是说，$x$ 无限趋于 $\frac{1}{2}$ 时，$f(x)$ 无限接近于 2。可以用 $\left|x-\frac{1}{2}\right|$ 充分小来表示 x 无限趋于 $\frac{1}{2}$，用 $|f(x)-2|$ 任意小来表示 $f(x)$ 无限接近于 2，即当 $x\to\frac{1}{2}$ 时，$f(x)\to 2$ 就意味着要用 $\left|x-\frac{1}{2}\right|$ 充分小来保证 $|f(x)-2|$ 任意小。例如，要使 $|f(x)-2|=|2x+1-2|=2\left|x-\frac{1}{2}\right|<0.01$，只要 $\left|x-\frac{1}{2}\right|<0.005$。

我们知道,任意小的正数很多,不可能无止境地列举下去,因此对上述数量关系,可以给出如下一般性描述:对于任意小的正数 ε,要使 $|f(x)-2|<\varepsilon$,就是要使 $2\left|x-\frac{1}{2}\right|<\varepsilon$,即 $\left|x-\frac{1}{2}\right|<\frac{\varepsilon}{2}$。这就是说,当 $\left|x-\frac{1}{2}\right|<\frac{\varepsilon}{2}$ 时,就有 $|f(x)-2|<\varepsilon$ 成立。令 $\delta=\frac{\varepsilon}{2}$,则可以说,对任意小的正数 ε(无论它多么小),都存在一个 $\delta>0$,使得当 $0<\left|x-\frac{1}{2}\right|<\delta$ 时,总有 $|f(x)-2|<\varepsilon$ 成立。

在此基础上,可给出 $x\to x_0$ 时 $f(x)$ 的极限的精确定义。

定义 6　设函数 $f(x)$ 在 $x=x_0$ 的一个邻域内有定义(x_0 可除外),如果对任意给定的无论多么小的正数 ε,总存在这样一个正数 δ,使得当 $0<|x-x_0|<\delta$ 时 $|f(x)-A|<\varepsilon$ 恒成立,则称 A 为 $x\to x_0$ 时 $f(x)$ 的极限,记为 $\lim\limits_{x\to x_0}f(x)=A$。

此定义称为函数极限的"$\varepsilon-\delta$"定义。根据这个定义可证明例 3 中所给的函数 $y=\frac{4x^2-1}{2x-1}$ 当 $x\to\frac{1}{2}$ 时,y 以 2 为极限。

对任意给定的正数 ε(无论它多么小),当 $x\neq\frac{1}{2}$ 时,要使

$$
\begin{aligned}
|f(x)-2| &= \left|\frac{4x^2-1}{2x-1}-2\right| \\
&= |2x+1-2| \\
&= 2\left|x-\frac{1}{2}\right|<\varepsilon
\end{aligned}
$$

成立,只要取 $\delta=\frac{\varepsilon}{2}$。于是,当 $0<\left|x-\frac{1}{2}\right|<\delta$ 时,总有 $|f(x)-2|<\varepsilon$ 恒成立。根据定义 6 知,$\lim\limits_{x\to\frac{1}{2}}\frac{4x^2-1}{2x-1}=2$。

由于函数 $f(x)=\frac{4x^2-1}{2x-1}$ 在 $x=\frac{1}{2}$ 处无定义,因此要在 $\left|x-\frac{1}{2}\right|<\delta$ 中将 $x=\frac{1}{2}$ 点挖去,所以将这个邻域写成 $0<\left|x-\frac{1}{2}\right|<\delta$。即使有的函数在 $x=x_0$ 有定义,但在讨论 $x\to x_0$ 的极限时,也是在 $0<|x-x_0|<\delta$ 中考虑问题的,因为我们关心的是 $f(x)$ 在 x_0 附近的变化趋势,而与它在 $x=x_0$ 处是否有定义无关。

$x\to x_0$ 时函数 $f(x)$ 的极限的几何意义是:对任意给定的 $\varepsilon>0$,总存在一个正数 δ,使得当 x 在区间 $(x_0-\delta, x_0+\delta)$ 内,但 $x\neq x_0$ 时,函数 $y=f(x)$ 的图形必定位于直线 $y=A-\varepsilon$ 和 $y=A+\varepsilon$ 之间(图 1-13)。

2. 函数的单侧极限

在考察函数当 $x\to x_0$ 的极限时,变量 x 既可以取小于 x_0 的值趋向于 x_0,也可取大于 x_0 的值趋向于 x_0。

如果只考虑当 x 从小于 x_0 的方向趋向于 x_0 时函数 $f(x)$ 趋于 A,那么称 A 为函数 $f(x)$ 在 x_0 处的左极限,记为 $\lim\limits_{x\to x_0^-}f(x)=A$。

同理,如果只考虑 x 从大于 x_0 的方向趋于 x_0 时函数 $f(x)$ 趋于 A,那么称 A 为函数

$f(x)$在 x_0 处的右极限,记为 $\lim\limits_{x\to x_0^+}f(x)=A$。

在定义 6 中,只要将 $0<|x-x_0|<\delta$ 换做 $-\delta<x-x_0<0(x_0-\delta<x<x_0)$,就可得左极限的"$\varepsilon-\delta$"定义;只要将 $0<|x-x_0|<\delta$ 换做 $0<x-x_0<\delta(x_0<x<x_0+\delta)$,就可得右极限的"$\varepsilon-\delta$"定义。

左极限和右极限统称为单侧极限。显然,函数 $f(x)$在 $x=x_0$ 处极限存在的充分必要条件是函数 $f(x)$在 $x=x_0$ 处的左、右极限都存在,并且相等,即 $\lim\limits_{x\to x_0^-}f(x)=\lim\limits_{x\to x_0^+}f(x)$。

因此,如果一个函数在某点处的两个单侧极限有一个不存在,或虽然两个都存在但不相等,那么这个函数在该点的极限一定不存在。

例 4 证明函数

$$f(x)=\begin{cases}-1, & x<0\\ 0, & x=0\\ 1, & x>0\end{cases}$$

当 $x\to 0$ 时极限不存在。

证 因为 $f(x)$在 $x=0$ 处的左极限 $\lim\limits_{x\to 0^-}f(x)=-1$,右极限 $\lim\limits_{x\to 0^+}f(x)=1$,左极限不等于右极限,所以$\lim\limits_{x\to 0}f(x)$不存在(图 1-14)。

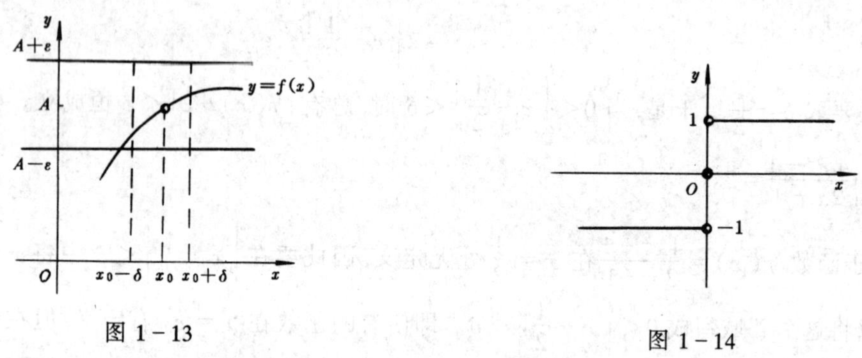

图 1-13　　图 1-14

习　　题　1-2

1. 填空题

(1)按一定顺序排列起来的无穷多个数 $x_1,x_2,x_3,\cdots,x_n\cdots$,称为________;而 x_n 称为________。

(2)用"$\varepsilon-N$"定义叙述 $\lim\limits_{n\to\infty}x_n=a$:________。

(3)如果一个数列$\{y_n\}$有极限,那么称这个数列是________;如果数列$\{y_n\}$没有极限,那么称这个数列是________。

(4)如果对一切正整数 n,都有$|y_n|\leqslant M$,那么称数列$\{y_n\}$是________。

(5)设数列$\{y_n\}$的通项是 $y_n=\dfrac{2n-1}{5n+2}$,对于预先给定的正数 ε,如果要使$\left|y_n-\dfrac{2}{5}\right|<\varepsilon$,

那么 n 应从__________开始。

(6)用“$\varepsilon-\delta$”定义叙述 $\lim\limits_{x\to x_0}f(x)=A$；__________。

(7)$\lim\limits_{x\to\infty}f(x)=A$ 的描述性定义是__________。

(8)当 $|x+2|<$__________时，不等式 $\left|\dfrac{x^2-4}{x+2}\right|<\varepsilon$ 成立($\varepsilon>0,x\neq\pm2$)。

2. 选择题

(1)已知数列 0,1,0,1,…，则其__________。

(A)收敛于零；　(B)收敛于 1；

(C)发散；　(D)以上结论都不对。

(2)数列 $\{2+(-1)^n\}$__________。

(A)收敛于 1；　(B)收敛于 3；

(C)发散；　(D)以上结论都不对。

(3)下面数列中收敛的是__________。

(A)$x_n=(-2)^n,n=1,2,\cdots$；

(B)$1,\dfrac{3}{2},\dfrac{5}{3},\dfrac{7}{4},\cdots$；

(C)$x_n=(-1)^{n+1},n=1,2,\cdots$；

(D)$1,\dfrac{1}{2},1,\dfrac{1}{4},1,\dfrac{1}{8},\cdots$。

(4)下面数列中发散的是__________。

(A)$x_n=\dfrac{1}{n}\sin\dfrac{\pi}{n},n=1,2,\cdots$；

(B)$x_n=2+\dfrac{1}{n^2},n=1,2,\cdots$；

(C)$x_n=\dfrac{n+1}{n+2},n=1,2,\cdots$；

(D)$x_n=(-1)^n n,n=1,2,\cdots$。

(5)如果当 $x\to\infty$ 时函数 $f(x)$ 的极限是 A，那么下列命题正确的是__________。

(A)对任意 $\varepsilon>0$，存在 $N>0$，当 $x>N$ 时，有 $|f(x)-A|<\varepsilon$；

(B)对任意 $\varepsilon>0$，存在 $N>0$，当 $x<-N$ 时，有 $|f(x)-A|<\varepsilon$；

(C)对任意 $\varepsilon>0$，存在 $N>0$，当 $|x|>N$ 时，有 $|f(x)-A|<\varepsilon$；

(D)对任意 $\varepsilon>0$，存在 $\delta>0$，当 $0<|x-x_0|<\delta$ 时，有 $|f(x)-A|<\varepsilon$。

(6)当 $x\to x_0$ 时，函数 $f(x)$ 的极限为 A 的“$\varepsilon-\delta$”定义中，下列说法正确的是__________。

(A)如果对无穷多个 $\varepsilon>0$，总有一个正数 δ，对适合 $0<|x-x_0|<\delta$ 的一切 x，总有 $|f(x)-A|<\varepsilon$，那么称常数 A 是 $f(x)$ 当 $x\to x_0$ 时的极限；

(B)要求 $f(x)$ 在点 x_0 有定义；

(C)对于给定的 $\varepsilon>0$，寻找满足定义的 δ，δ 是唯一的；

(D)$f(x)$ 在点 x_0 不一定要求有定义。

3. 判断题

(1)有界数列不一定收敛。

(2)收敛数列一定有界。

(3)无界数列一定发散。

(4)发散数列一定无界。

(5)如果当 $x\to x_0$ 时 $f(x)$的极限存在,那么 $f(x)$在 x_0 的某邻域(x_0 可除外)内一定有界。

(6)如果 $f(x)$在 x_0 的某邻域(x_0 可除外)内无界,那么 $\lim\limits_{x\to x_0}f(x)$一定不存在。

(7)如果函数的左、右极限 $\lim\limits_{x\to x_0^-}f(x)$与 $\lim\limits_{x\to x_0^+}f(x)$都存在,那么 $\lim\limits_{x\to x_0}f(x)$必存在。

4. 证明题

(1)用极限定义证明 $\lim\limits_{n\to\infty}\frac{n}{n+1}=1$。

(2)证明极限 $\lim\limits_{x\to 0}\frac{|x|}{x}$不存在。

第三节 无穷小与无穷大

一、无穷小量

定义 1 以零为极限的变量称为无穷小量,简称无穷小(infinitesimal)。无穷小常常用小写希腊字母 α,β,γ 等表示。例如,由于 $\lim\limits_{n\to\infty}\frac{1}{n}=0$,所以$\frac{1}{n}$是 $n\to\infty$时的无穷小量。又如,因为 $\lim\limits_{x\to a}(x^2-a^2)=0$,所以当 $x\to a$ 时 x^2-a^2 是无穷小量。

一个变量是不是无穷小量,要看其极限,例如 $f(x)=e^{-x}$,当 $x\to+\infty$时是无穷小量,而 $x\to 0$ 时就不是无穷小量。

除了零之外,任何一个无论多么小的常数都不是无穷小量。

注意,无穷小量是绝对值可以任意小的变量,去掉了“绝对值”三个字就会出现概念上的错误。例如,$f(x)=-x$,当 $x\to+\infty$时它的值就可以任意小(实际上是绝对值任意大的负值),但它不是 $x\to+\infty$时的无穷小量。

二、无穷大量

定义 2 在某一变化过程中,绝对值无限增大的变量,称为无穷大量(infinity),简称无穷大。例如,当 $n\to\infty$时,$|\ln n|$无限增大,所以当 $n\to\infty$时 $\ln n$ 是无穷大量。又如,当 $x\to 1$ 时$\left|\frac{1}{x-1}\right|$无限增大,所以 $x\to 1$ 时,$\frac{1}{x-1}$是无穷大量。

虽然按照极限的定义可知,无穷大量的极限不存在,但为了表示无穷大量的特殊性质,称此时函数的极限为无穷大,并记为 $\lim\limits_{\substack{x\to\infty\\(x\to x_0)}}f(x)=\infty$。

应当注意的是:如果在无穷大量中,对于 x_0 邻近的 x 或$|x|$相当大的 x,对应的函数值

$f(x)$总是取正值，那么称 $f(x)$为正无穷大，记为 $\lim f(x)=+\infty$；如果 $f(x)$总是取负值，那么称 $f(x)$为负无穷大，记为 $\lim f(x)=-\infty$。例如 $\lim\limits_{x\to+\infty}\ln x=+\infty$，$\lim\limits_{x\to0^+}\ln x=-\infty$。

容易看出，无穷小量与无穷大量有这样的关系：如果在同一极限过程中，函数 $f(x)$是无穷大量，那么$\dfrac{1}{f(x)}$是无穷小量；反之，如果在同一极限过程中，$f(x)$是无穷小量($f(x)\neq0$)，那么$\dfrac{1}{f(x)}$是无穷大量。无穷小量与无穷大量在必要时可以相互转换，不过，$f(x)$为无穷大时，它的极限不存在，而$\dfrac{1}{f(x)}$此时极限为 0，极限存在，从这个意义上讲，两者又是有区别的。

三、关于无穷小的几个定理

在以下的几个定理中，函数的极限仅仅用 lim 表示，略去 $x\to x_0$ 或 $x\to\infty$，这是因为定理对两种情况都成立。

定理 1 在某一极限过程中，函数 $f(x)$以 A 为极限($\lim f(x)=A$)的充分必要条件是 $f(x)-A$ 是同一极限过程中的无穷小量，即 $f(x)-A=\alpha$，或 $f(x)=A+\alpha$，其中 α 是同一极限过程中的无穷小量。

此定理也可看作极限的无穷小表示法。

关于无穷小量的运算有下面两个定理：

定理 2 有限个无穷小量的代数和也是无穷小量(证明从略)。

定理 3 有界函数与无穷小量的乘积为无穷小量(证明从略)。

例 1 求极限 $\lim\limits_{x\to0}x\sin\dfrac{1}{x}$。

解 因为$\left|\sin\dfrac{1}{x}\right|\leqslant1$，所以 $\sin\dfrac{1}{x}$是有界函数。由于 $\lim\limits_{x\to0}x=0$，因而 x 是 $x\to0$ 过程中的无穷小量。根据定理 3，$x\sin\dfrac{1}{x}$是 $x\to0$ 过程中的无穷小量，即 $\lim\limits_{x\to0}x\sin\dfrac{1}{x}=0$。

定理 3 还有如下两个推论：

推论 1 常量与无穷小量的乘积为无穷小量。

推论 2 有限个无穷小量的乘积为无穷小量。

习 题 1-3

1．思考题

(1)在某种趋势下，一个变量要么是无穷小量，要么是无穷大量，要么有非零极限，这种说法对吗？请举例说明。

(2)如果函数 $f(x)$在某条件下是无穷大量，则 $f(x)$是无界函数。问无界函数是不是无穷大量？举例说明。

2．填空题

(1)以零为极限的变量称为__________。

(2)在某个极限过程中，如果 $f(x)$有界，α 为无穷小量，那么 $\lim\alpha f(x)=$__________。

(3)如果 $f(x)=A+a$, a 是某个极限过程中的无穷小量,那么在同一极限过程中 $\lim f(x)=$________。

(4)如果在某个极限过程中 $f(x)$是无穷小量, $g(x)$是无穷大量,那么在同一极限过程中, $\lim\frac{1}{f(x)}=$________, $\lim\frac{1}{g(x)}=$________。

3. 选择题

(1)当 $x\to0$ 时, $\sin\frac{1}{x}$是________。

(A)无穷小量; (B)无穷大量;

(C)有界变量; (D)无界变量。

(2)当 $x\to\infty$时, $f(x)=\frac{1}{x}\sin x$ ________。

(A)没有极限; (B)是无穷小量;

(C)不是有界变量; (D)是没有意义的量。

(3)两个无穷大量之差一定是________。

(A)无穷大量; (B)常数;

(C)没有极限; (D)以上结论都不对。

(4)如果 x_n 是无穷小量, y_n 是无穷大量,那么$\frac{x_n}{y_n}$一定是________。

(A)无穷小量; (B)无穷大量;

(C)常数; (D)以上结论都不对。

4. 判断题

(1)无穷小量是很小很小的数。

(2) $-\infty$是无穷小量。

(3)0 是无穷小量。

(4)无穷小量就是零。

(5)无穷小量是极限定义中的 ε。

(6)在某一极限过程中,无穷多个无穷小之和不一定是无穷小。

(7)在某一极限过程中,有限多个无穷小之和仍为无穷小。

(8)如果数列 $\{x_n\}$有不为 0 的极限 a,那么当 $n\to\infty$时, x_n-a 是无穷小量。

第四节 极限的四则运算法则,两个重要极限

一、极限的四则运算法则

定理 1 如果变量, u, v 的极限都存在,那么

(1) $\lim(u\pm v)=\lim u\pm\lim v$

(2) $\lim(u\cdot v)=\lim u\cdot\lim v$

(3) $\lim\frac{u}{v}=\frac{\lim u}{\lim v}(\lim v\neq0)$

我们只证明运算法则(1)。

证　因为 $\lim u$ 与 $\lim v$ 都存在，不妨设 $\lim u=A$，$\lim v=B$。由无穷小定理 1 知，这两个极限还可表示为 $u-A=\alpha$，$v-B=\beta$（α,β 为同一极限过程中的无穷小量）。

则
$$\begin{aligned}u\pm v&=(\alpha+A)\pm(\beta+B)\\&=(A\pm B)+(\alpha\pm\beta)\end{aligned}$$

由无穷小的定理 2 知，两个无穷小 α,β 的代数和 $\alpha\pm\beta$ 仍为无穷小。再由无穷小的定理 1 知 $u\pm v$ 以 $A\pm B$ 为极限。即
$$\lim(u\pm v)=A\pm B=\lim u\pm\lim v$$

推论

(1) $\lim(ku)=k\lim u$（k 为常数，$k\neq0$）；

(2) $\lim u^n=(\lim u)^n$（n 为有限常数）。

定理 1 所给的运算法则(1)、(2)可推广到有限项的情况。

利用极限运算的这 5 个法则，可以求一些函数的极限。使用这些法则求极限时，一定要注意条件。

例 1　求 $\lim\limits_{x\to1}(3x^2-2x+1)$。

解
$$\begin{aligned}\lim_{x\to1}(3x^2-2x+1)&=\lim_{x\to1}3x^2-\lim_{x\to1}2x+\lim_{x\to1}1\\&=3\lim_{x\to1}x^2-2\lim_{x\to1}x+1\\&=3[\lim_{x\to1}x]^2-2\lim_{x\to1}x+1\\&=3\times1^2-2\times1+1\\&=2\end{aligned}$$

例 2　求极限 $\lim\limits_{n\to\infty}\left[\dfrac{1^2}{n^3}+\dfrac{2^2}{n^3}+\cdots+\dfrac{(n-1)^2}{n^3}\right]$。

解　虽然当 $n\to\infty$ 时，$\dfrac{1^2}{n^3},\dfrac{2^2}{n^3},\cdots,\dfrac{(n-1)^2}{n^3}$ 的极限都存在，但由于此题是无限项求和的极限，所以不能直接使用运算法则(1)将极限符号写进方括号内，我们采取先求和后求极限的方法来解决这个问题。

$$\begin{aligned}\lim_{n\to\infty}\left[\frac{1^2}{n^3}+\frac{2^2}{n^3}+\cdots\cdots+\frac{(n-1)^2}{n^3}\right]&=\lim_{n\to\infty}\frac{1}{n^3}[1^2+2^2+\cdots+(n-1)^2]\\&=\lim_{n\to\infty}\frac{1}{n^3}\frac{n(n-1)(2n-1)}{6}\\&=\lim_{n\to\infty}\frac{1}{6}\left(1-\frac{1}{n}\right)\left(2-\frac{1}{n}\right)\\&=\frac{1}{6}\lim_{n\to\infty}\left(1-\frac{1}{n}\right)\lim_{n\to\infty}\left(2-\frac{1}{n}\right)\\&=\frac{1}{6}\times1\times2\\&=\frac{1}{3}\end{aligned}$$

例 3 求 $\lim\limits_{x\to 2}\dfrac{2x^2+x-5}{3x-1}$。

解 因为

$$\begin{aligned}\lim_{x\to 2}(2x^2+x-5)&=\lim_{x\to 2}2x^2+\lim_{x\to 2}x-\lim_{x\to 2}5\\&=2\times 2^2+2-5\\&=5\end{aligned}$$

又因为 $\lim\limits_{x\to 2}(3x-1)=5\neq 0$,所以由法则(3)知

$$\begin{aligned}\lim_{x\to 2}\frac{2x^2+x-5}{3x-1}&=\frac{\lim\limits_{x\to 2}(2x^2+x-5)}{\lim\limits_{x\to 2}(3x-1)}\\&=\frac{5}{5}=1\end{aligned}$$

例 4 求 $\lim\limits_{x\to 2}\dfrac{5x}{x^2-4}$。

解 因为 $\lim\limits_{x\to 2}(x^2-4)=0$,所以不能直接用法则(3)。但是,由于 $\lim\limits_{x\to 2}5x=10\neq 0$,因此,可以求出

$$\begin{aligned}\lim_{x\to 2}\frac{x^2-4}{5x}&=\frac{\lim\limits_{x\to 2}(x^2-4)}{\lim\limits_{x\to 2}5x}\\&=\frac{0}{10}\\&=0\end{aligned}$$

也就是说,$x\to 2$ 时,$\dfrac{x^2-4}{5x}$是无穷小量。由无穷小与无穷大的关系知,$\dfrac{5x}{x^2-4}$必是 $x\to 2$ 过程中的无穷大量,所以

$$\lim_{x\to 2}\frac{5x}{x^2-4}=\infty$$

例 5 求 $\lim\limits_{x\to 1}\dfrac{x^2-1}{x-1}$。

解 由于 $\lim\limits_{x\to 1}(x^2-1)=0$,而且 $\lim\limits_{x\to 1}(x-1)=0$,所以不能直接利用法则(3),也不能用例 4 的方法求极限。考虑到 $x\to 1$ 时,$x\neq 1$,故可约去分式中分子和分母的非零公因子$(x-1)$,因此有

$$\begin{aligned}\lim_{x\to 1}\frac{x^2-1}{x-1}&=\lim_{x\to 1}\frac{(x-1)(x+1)}{x-1}\\&=\lim_{x\to 1}(x+1)\\&=2\end{aligned}$$

例 6 求 $\lim\limits_{n\to\infty}\dfrac{2n^2-2n+3}{3n^2+1}$。

解　由于当 $n\to\infty$ 时分子和分母的极限都不存在,所以不能直接使用极限运算法则。将分子和分母同除以 n^2,得

$$\lim_{n\to\infty}\frac{2n^2-2n+3}{3n^2+1}=\lim_{n\to\infty}\frac{2-\frac{2}{n}+\frac{3}{n^2}}{3+\frac{1}{n^2}}$$

$$=\frac{\lim\limits_{n\to\infty}\left(2-\frac{2}{n}+\frac{3}{n^2}\right)}{\lim\limits_{n\to\infty}\left(3+\frac{1}{n^2}\right)}$$

$$=\frac{2}{3}$$

例 7　求 $\lim\limits_{x\to\infty}\dfrac{4x^3+2x^2-1}{3x^4+1}$。

解　将分式中的分子和分母同除以 x^4,得

$$\lim_{x\to\infty}\frac{4x^3+2x^2-1}{3x^4+1}=\frac{\lim\limits_{x\to\infty}\left(\frac{4}{x}+\frac{2}{x^2}-\frac{1}{x^4}\right)}{\lim\limits_{x\to\infty}\left(3+\frac{1}{x^4}\right)}$$

$$=\frac{0}{3}=0$$

例 8　求 $\lim\limits_{x\to\infty}\dfrac{2x^3+1}{8x^2+7x}$。

解　将分式中的分子和分母同除以 x^3,得

$$\lim_{x\to\infty}\frac{2x^3+1}{8x^2+7x}=\lim_{x\to\infty}\frac{2+\frac{1}{x^3}}{\frac{8}{x}+\frac{7}{x^2}}$$

因为

$$\lim_{x\to\infty}\left(2+\frac{1}{x^3}\right)=2\neq0$$

$$\lim_{x\to\infty}\left(\frac{8}{x}+\frac{7}{x^2}\right)=0$$

所以

$$\lim_{x\to\infty}\frac{2x^3+1}{8x^2+7x}=\infty$$

从例 6、例 7 和例 8 可知,如果求 $x\to\infty$ 时有理分式的极限,可以用分子和分母中 x 的最高次幂同除分子和分母各式,然后再求极限。当 $x\to\infty$ 时,有理分式函数的极限有下面的规律:

$$\lim_{x\to\infty}\frac{a_mx^m+a_{m-1}x^{m-1}+\cdots+a_1x+a_0}{b_nx^n+b_{n-1}x^{n-1}+\cdots+b_1x+b_0}=\begin{cases}0,\ m<n\\ \dfrac{a_m}{b_n},\ m=n(a_m\neq0,b_n\neq0)\\ \infty,\ m>n\end{cases}$$

例 9 求$\lim\limits_{x\to\infty}\frac{1}{x}\sin x$。

解 由于 $x\to\infty$时,$\sin x$ 的极限不存在,所以此题不能用法则(2)来求解。但由于 $x\to\infty$时$\frac{1}{x}$是无穷小量,而对于任意的 x 值$|\sin x|\leqslant 1$, $\sin x$ 是有界函数,根据无穷小量定理,$\frac{1}{x}\sin x$ 是$x\to\infty$过程中的无穷小量,即有$\lim\limits_{x\to\infty}\frac{1}{x}\sin x=0$。

例 10 求$\lim\limits_{x\to+\infty}(\sqrt{x+1}-\sqrt{x})$。

解 因为 $x\to+\infty$时,$\sqrt{x+1}$, $\sqrt{x}$的极限都不存在,所以不能直接用法则(1)来求解。将被求极限的函数作恒等变形:

$$\begin{aligned}\lim_{x\to+\infty}(\sqrt{x+1}-\sqrt{x})&=\lim_{x\to+\infty}\frac{(\sqrt{x+1}-\sqrt{x})(\sqrt{x+1}+\sqrt{x})}{\sqrt{x+1}+\sqrt{x}}\\&=\lim_{x\to+\infty}\frac{1}{\sqrt{x+1}+\sqrt{x}}\\&=0\end{aligned}$$

例 11 设 $f(x)=\begin{cases}x & ,x\leqslant 1\\ ax^2+\frac{1}{2}, & x>1\end{cases}$ (a 为常数),求 a 值,使$\lim\limits_{x\to1}f(x)$存在。

解 分段函数衔接点左、右的函数解析表达式不同,因此在求分段函数衔接点极限时,一定要考虑其左、右极限。

例中,$x=1$ 是 $f(x)$的衔接点,

$$\lim_{x\to1^-}f(x)=\lim_{x\to1^-}x=1$$

$$\lim_{x\to1^+}f(x)=\lim_{x\to1^+}\left(ax^2+\frac{1}{2}\right)=a+\frac{1}{2}$$

要使$\lim\limits_{x\to1}f(x)$存在,必须有$\lim\limits_{x\to1^-}f(x)=\lim\limits_{x\to1^+}f(x)$,即 $a+\frac{1}{2}=1$, $a=\frac{1}{2}$。因此,当 $a=\frac{1}{2}$时,$\lim\limits_{x\to1}f(x)$存在且等于 1。

二、两个重要极限

1. $\lim\limits_{x\to0}\frac{\sin x}{x}=1$

为了证明这个重要极限,我们首先给出极限存在的一个准则。

准则 I(两边夹法则) 如果 $f(x)\leqslant h(x)\leqslant g(x)$,而 $\lim f(x)=\lim g(x)=A$,那么极限 $\lim h(x)$一定存在,且 $\lim h(x)=A$。

证明 因为$\lim f(x)=A$, $\lim g(x)=A$,所以对任意给定的正数 ε,总存在 $\delta>0$(或 $N>0$),使对于满足 $0<|x-x_0|<\delta$(或 $|x|>N$)的一切 x, $|f(x)-A|<\varepsilon$, $g(x)-A|<\varepsilon$成立,即 $A-\varepsilon<f(x)<A+\varepsilon$,即 $A-\varepsilon<g(x)<A+\varepsilon$。又因为 $f(x)\leqslant h(x)\leqslant g(x)$,所以不等式 $A-\varepsilon<f(x)\leqslant h(x)\leqslant g(x)<A+\varepsilon$ 成立,即 $A-\varepsilon<h(x)<$

$+\varepsilon$，所以 $|h(x)-A|<\varepsilon$ 成立。这就证明了 $h(x)$ 以 A 为极限 $\lim h(x)=A$。

下面用两边夹法则证明第一重要极限。

因为 $f(x)=\frac{\sin x}{x}$ 在 $x\neq0$ 均有定义，且当 x 改变符号时其函数值不变，所以只需讨论当 x 取正值趋向于 0 时的情况。

如图 1－15 所示，在单位圆内，圆心角 $x=\angle AOB(0<x<\frac{\pi}{2})$，点 A 处的切线为 AD，$\sin x=|BC|$，$x=\overset{\frown}{AB}$，$\mathrm{tg}x=|AD|$，因为 $S_{\triangle AOB}<S_{扇形AOB}<S_{\triangle AOD}$，而 $S_{\triangle AOB}=\frac{1}{2}\sin x$，$S_{\triangle AOD}=\frac{1}{2}\mathrm{tg}x$，$S_{扇形AOB}=\frac{1}{2}x$，所以 $\frac{1}{2}\sin x<\frac{1}{2}x<\frac{1}{2}\mathrm{tg}x$，即 $\sin x<x<\mathrm{tg}x$。将上式两端都除以 $\sin x$，得

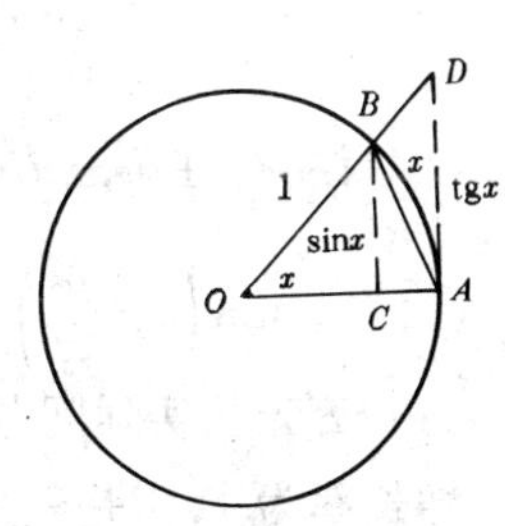

图 1－15

$$1<\frac{x}{\sin x}<\frac{1}{\cos x} \text{或} \cos x<\frac{\sin x}{x}<1$$

又因为 $\lim\limits_{x\to0}\cos x=1$，由两边夹法则知，$\lim\limits_{x\to0}\frac{\sin x}{x}=1$。

利用这个公式，便可以求出一些函数的极限。

例 12　求 $\lim\limits_{x\to0}\frac{\sin kx}{x}$（$k$ 为非零常数）。

解　将 kx 看成新的变量 t（即令 $t=kx$），则当 $x\to0$ 时，$t\to0$，于是有

$$\begin{aligned}\lim_{x\to0}\frac{\sin kx}{x}&=\lim_{x\to0}k\cdot\frac{\sin kx}{kx}\\&=k\lim_{t\to0}\frac{\sin t}{t}\\&=k\times1\\&=k\end{aligned}$$

例 13　求 $\lim\limits_{x\to0}\frac{\mathrm{tg}x}{x}$。

解

$$\begin{aligned}\lim_{x\to0}\frac{\mathrm{tg}x}{x}&=\lim_{x\to0}\frac{\sin x}{x\cos x}\\&=\lim_{x\to0}\frac{\frac{\sin x}{x}}{\cos x}\\&=\frac{\lim\limits_{x\to0}\frac{\sin x}{x}}{\lim\limits_{x\to0}\cos x}\\&=1\end{aligned}$$

例 14　求 $\lim\limits_{x\to\infty}x\sin\frac{1}{x}$。

解　令 $u=\frac{1}{x}$，则当 $x\to\infty$ 时，$u\to0$，于是有

$$\lim_{x\to\infty} x\cdot\sin\frac{1}{x}=\lim_{x\to\infty}\frac{\sin\frac{1}{x}}{\frac{1}{x}}$$

$$=\lim_{u\to 0}\frac{\sin u}{u}$$

$$=1$$

注意,在第三节例 1 中所求的极限$\lim\limits_{x\to 0}x\sin\frac{1}{x}$,与此题的极限过程是不同的。

2. $\lim\limits_{x\to\infty}\left(1+\frac{1}{x}\right)^x=e$ 其中 $e=2.71828\cdots$。

首先从实际问题来看这个极限的意义。例如细菌繁殖问题。设细菌原有数为 Q,每天增长率为 r,于是经过一天,细菌的个数就变为

$$y=Q+rQ=Q(1+r)$$

经过两天,变为

$$y=Q(1+r)+Q(1+r)\cdot r$$
$$=Q(1+r)^2$$

经过 x 天,细菌个数变为

$$y=Q(1+r)^x$$

如果细菌繁殖的时间以更短的$\frac{1}{m}$天来计算(繁殖率为$\frac{r}{m}$),则经过 x 天(mx 个$\frac{1}{m}$天),细菌繁殖个数为 $y=Q\left(1+\frac{r}{m}\right)^{mx}$。

实际上细菌随时都在繁殖,因此,应按瞬间来计算,即令 $m\to\infty$,或$\frac{1}{m}\to 0$,于是有

$$y=\lim_{m\to\infty}Q\left(1+\frac{r}{m}\right)^{mx}$$

令 $n=\frac{m}{r}$,则当 $m\to\infty$时,$n\to\infty$,上式变为

$$\lim_{m\to\infty}Q\left(1+\frac{r}{m}\right)^{mx}=Q\lim_{n\to\infty}\left(1+\frac{1}{n}\right)^{nrx}$$

$$=Q\left[\lim_{n\to\infty}\left(1+\frac{1}{n}\right)^n\right]^{rx}*$$

因此,要求 x 天中细菌繁殖到多少个,只要求极限$\lim\limits_{n\to\infty}\left(1+\frac{1}{n}\right)^n$,这是$\lim\limits_{x\to\infty}\left(1+\frac{1}{x}\right)^x$的特例。

在现实生活中有许多事物的运动可归结为第二个重要极限,如物体的冷却、镭的衰变、树木的生长等。因此,我们有必要研究极限$\lim\limits_{x\to\infty}\left(1+\frac{1}{x}\right)^x$。

为了证明第二个重要极限,先给出极限存在的另一个准则。

---

* 极限运算与指数运算交换,请参看第五节三、初等函数的连续性。

准则Ⅱ　单调有界数列必有极限。

前面曾经指出，有极限的数列必有界，但有界数列不一定有极限。在数列有界的基础上再加上单调的条件，就保证了极限的存在。

对准则Ⅱ我们不作严格证明，只作几何上的直观解释。就单调增加数列（单调减小的数列也一样）而言，动点沿数轴正方向移动（图 1－16），只有两种可能性。

(1)沿正向趋于无穷大，$y_n\to+\infty$；

(2)无限接近某一常数 A。

由于准则Ⅱ中要求数列单调有界 $|y_n|<M$，因此，$\{y_n\}$ 只能趋于常数 A，即单调有界数列必有极限。

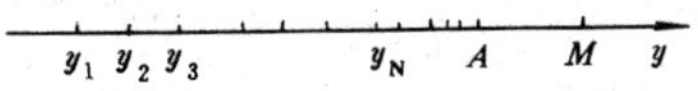

图 1－16

证明 $\lim\limits_{n\to\infty}\left(1+\dfrac{1}{n}\right)^n=e$。

将数列 $y_n=\left(1+\dfrac{1}{n}\right)^n$ 的值列表如下：

n	1	2	3	4	5	10	100	1000	10000…
$\left(1+\frac{1}{n}\right)^n$	2	2.250	2.370	2.441	2.488	2.594	2.705	2.717	2.7181…

由此可见 $\{y_n\}$ 是个单调增加的数列，当 n 增大时，y_n 也增大，但增大的速度越来越慢。不难猜想，$\{y_n\}$ 是个单调有界数列，那么由准则Ⅱ可知 $\lim\limits_{n\to\infty}\left(1+\dfrac{1}{n}\right)^n$ 一定存在。

先证 $\{y_n\}$ 是单调数列。由牛顿二项式定理知

$$\begin{aligned}
y_n &=\left(1+\frac{1}{n}\right)^n\\
&=1+\frac{n}{1!}\cdot\frac{1}{n}+\frac{n(n-1)}{2!}\cdot\frac{1}{n^2}+\frac{n(n-1)(n-2)}{3!}\cdot\frac{1}{n^3}+\cdots\\
&\quad+\frac{n(n-1)\cdots(n-n+1)}{n!}\cdot\frac{1}{n^n}\\
&=1+\frac{1}{1!}+\frac{1}{2!}\left(1-\frac{1}{n}\right)+\frac{1}{3!}\left(1-\frac{1}{n}\right)\left(1-\frac{2}{n}\right)+\cdots\\
&\quad+\frac{1}{n!}\left(1-\frac{1}{n}\right)\left(1-\frac{2}{n}\right)\cdots\left(1-\frac{n-1}{n}\right)
\end{aligned}$$

同理有

$$\begin{aligned}
y_{n+1}&=\left(1+\frac{1}{n+1}\right)^{n+1}\\
&=1+\frac{1}{1!}+\frac{1}{2!}\left(1-\frac{1}{n+1}\right)+\frac{1}{3!}\left(1-\frac{1}{n+1}\right)\left(1-\frac{2}{n+1}\right)+\cdots\\
&\quad+\frac{1}{n!}\left(1-\frac{1}{n+1}\right)\left(1-\frac{2}{n+1}\right)\cdots\left(1-\frac{n-1}{n+1}\right)\\
&\quad+\frac{1}{(n+1)!}\left(1-\frac{1}{n+1}\right)\left(1-\frac{2}{n+1}\right)\cdots\left(1-\frac{n-1}{n+1}\right)\left(1-\frac{n}{n+1}\right)
\end{aligned}$$

比较上面两个展开式的各项，除前两项外，从第三项开始 y_{n+1} 的每一项都大于 y_n 的对应

项，而且 y_{n+1} 还多出一个正的最后一项，因此，$y_n < y_{n+1}(n=1,2,\cdots)$。这就证明了 $\{y_n\}$ 是单调增加数列。

再证 $\{y_n\}$ 有界。将 y_n 展开式各括号内的数用 1 来替代，则可将 y_n 放大，

$$y_n < 1+1+\frac{1}{2!}+\frac{1}{3!}+\cdots+\frac{1}{n!}$$

因为 $k! > 2^{k-1}(k>2)$，所以用 2^{k-1} 代替上式中的分母 $k!$，得

$$\begin{aligned} y_n &< 1+1+\frac{1}{2}+\frac{1}{2^2}+\cdots+\frac{1}{2^{n-1}} = 1+\frac{1-\frac{1}{2^n}}{1-\frac{1}{2}} \\ &= 3-\frac{1}{2^{n-1}} < 3 \end{aligned}$$

由此可见，不论 n 多么大，y_n 的值总小于 3，即 $\{y_n\}$ 有界。$\{y_n\}$ 是单调有界数列，必有极限，即 $\lim\limits_{n\to\infty}\left(1+\dfrac{1}{n}\right)^n$ 存在。

这个极限是个无理数，用 e 表示，即

$$\lim_{n\to\infty}\left(1+\frac{1}{n}\right)^n = e$$

可以证明，对连续变量 x，也有

$$\lim_{x\to\infty}\left(1+\frac{1}{x}\right)^x = e$$

在这个重要极限中，令 $u=\dfrac{1}{x}$，则 $x\to\infty$ 时，$u\to 0$，此时

$$\begin{aligned} \lim_{x\to\infty}\left(1+\frac{1}{x}\right)^x &= \lim_{u\to 0}(1+u)^{\frac{1}{u}} \\ &= e \end{aligned}$$

所以，第二重要极限 $\lim\limits_{x\to\infty}\left(1+\dfrac{1}{x}\right)^x = e$ 还可以写成另一种形式 $\lim\limits_{x\to 0}(1+x)^{\frac{1}{x}} = e$

例 15 求 $\lim\limits_{x\to\infty}\left(1+\dfrac{k}{x}\right)^x$（$k$ 为不为零的常数）。

解 令 $t=\dfrac{x}{k}$，当 $x\to\infty$ 时，$t\to\infty$，则

$$\begin{aligned} \lim_{x\to\infty}\left(1+\frac{k}{x}\right)^x &= \lim_{x\to\infty}\left(1+\frac{1}{\frac{x}{k}}\right)^{\frac{x}{k}\cdot k} \\ &= \lim_{t\to\infty}\left[\left(1+\frac{1}{t}\right)^t\right]^k \\ &= \left[\lim_{t\to\infty}\left(1+\frac{1}{t}\right)^t\right]^k \\ &= e^k \end{aligned}$$

由上例可知

$$\lim_{x\to\infty}\left(1-\frac{3}{x}\right)^x=\lim_{x\to\infty}\left[1+\frac{(-3)}{x}\right]^x=e^{-3}$$

细菌繁殖问题中,x 天中细菌繁殖到的个数

$$\begin{aligned}y&=\lim_{m\to\infty}Q\left(1+\frac{r}{m}\right)^{mx}\\&=Q\left[\lim_{m\to\infty}\left(1+\frac{r}{m}\right)^m\right]^x\\&=Q[e^r]^x\\&=Qe^{rx}\end{aligned}$$

例 16　求 $\lim\limits_{x\to\infty}\left(\dfrac{x}{x-1}\right)^{3x-3}$。

解　$\lim\limits_{x\to\infty}\left(\dfrac{x}{x-1}\right)^{3x-3}=\lim\limits_{x\to\infty}\left(1+\dfrac{1}{x-1}\right)^{3(x-1)}$

令 $y=x-1$,当 $x\to\infty$ 时,$y\to\infty$,则

$$\begin{aligned}\lim_{x\to\infty}\left(\frac{x}{x-1}\right)^{3x-3}&=\lim_{x\to\infty}\left(1+\frac{1}{x-1}\right)^{3(x-1)}\\&=\lim_{y\to\infty}\left(1+\frac{1}{y}\right)^{3y}\\&=\left[\lim_{y\to\infty}\left(1+\frac{1}{y}\right)^y\right]^3\\&=e^3\end{aligned}$$

三、无穷小的比较

无穷小在微分学中占有很重要的地位,因此有必要对几个无穷小间的关系作进一步说明。由于事物的复杂性,在同一变化过程中可能涉及几个无穷小。尽管它们都趋向于零,但趋于零的速度可能不同。例如,当 $n\to\infty$ 时,$\dfrac{1}{n}$,$\dfrac{1}{n^2}$都是无穷小,但从下表可见,当 $n\to\infty$ 时,$\dfrac{1}{n^2}$比$\dfrac{1}{n}$趋于零的速度要快得多。

n	1	2	3	…	10	100	1000	…	
$\frac{1}{n}$	1	$\frac{1}{2}$	$\frac{1}{3}$	…	$\frac{1}{10}$	$\frac{1}{100}$	$\frac{1}{1000}$	…	
$\frac{1}{n^2}$	1	$\frac{1}{4}$	$\frac{1}{9}$	…	$\frac{1}{100}$	$\frac{1}{10000}$	$\frac{1}{1000000}$	…	

可以用两个无穷小比值的极限来比较它们趋于零速度的快慢。例如,$\lim\limits_{n\to\infty}\dfrac{\frac{1}{n^2}}{\frac{1}{n}}=\lim\limits_{n\to\infty}\dfrac{1}{n}=0$。这意味着当 $n\to\infty$ 时,$\dfrac{1}{n^2}$比$\dfrac{1}{n}$趋于零的速度快,或者说,$\dfrac{1}{n}$比$\dfrac{1}{n^2}$趋于零的速度慢。

为了说明两个无穷小趋于零的快慢程度,我们引进无穷小阶的概念。

定义 1 设在某个极限过程中,α 和 β 都是无穷小,且 $\alpha\neq0$,则

(1)如果 $\lim\frac{\beta}{\alpha}=0(\lim\frac{\alpha}{\beta}=\infty)$,那么 β 是比 α 高阶的无穷小,记为 $\beta=o(\alpha)$(或 α 是比 β 低阶的无穷小)。

(2)如果 $\lim\frac{\beta}{\alpha}=C$ (C 为不等于零的常数),那么 β 与 α 是同阶无穷小。

(3)如果 $\lim\frac{\beta}{\alpha}=1$,那么 α 与 β 是等价无穷小,记为 $\alpha\sim\beta$。

例如,因为 $\lim\limits_{x\to\infty}\frac{\frac{1}{x^2}}{\frac{1}{x}}=\lim\limits_{x\to\infty}\frac{1}{x}=0$,所以 $x\to\infty$ 时,$\frac{1}{x^2}$是比$\frac{1}{x}$高阶的无穷小量,$\frac{1}{x^2}=o\left(\frac{1}{x}\right)$。

因为 $\lim\limits_{x\to0}\frac{x}{\sin^2x}=\infty$,所以当 $x\to0$ 时,x 是比 $\sin^2x$ 低阶的无穷小。

因为 $\lim\limits_{x\to0}\frac{x}{5x}=\frac{1}{5}$,所以当 $x\to0$ 时,x 与 $5x$ 是同阶无穷小。

因为 $\lim\limits_{x\to0}\frac{\sin x}{x}=1,\lim\limits_{x\to0}\frac{\mathrm{tg}x}{x}=1$,所以当 $x\to0$ 时,$x,\sin x,\mathrm{tg}x$ 都是等价无穷小,即 $\sin x\sim x,\mathrm{tg}x\sim x$。

习 题 1-4

1. 求下列极限:

(1) $\lim\limits_{n\to\infty}\left(\frac{1}{n^2}+\frac{2}{n^2}+\cdots+\frac{n}{n^2}\right)$;

(2) $\lim\limits_{x\to2}(x^2+2x-1)$;

(3) $\lim\limits_{x\to\sqrt{3}}\frac{x^2-3}{x^2+1}$;

(4) $\lim\limits_{x\to1}\frac{8x}{x-1}$;

(5) $\lim\limits_{x\to1}\frac{x^2-2x+1}{x^2-1}$;

(6) $\lim\limits_{x\to0}\frac{4x^3-2x^2+x}{3x^2+2x}$;

(7) $\lim\limits_{x\to\infty}\frac{2x+3}{x^2+1}$;

(8) $\lim\limits_{x\to\infty}\frac{x^3+2x+1}{2x^2-1}$;

(9) $\lim\limits_{x\to\infty}\frac{x^2-1}{2x^2-x-1}$;

(10) $\lim\limits_{x\to0}x^2\sin\frac{1}{x}$;

(11) $\lim\limits_{x\to\infty}\frac{\mathrm{arctg}x}{x}$;

(12) $\lim\limits_{x\to0}\frac{\sqrt{1+x}-\sqrt{1-x}}{x}$;

(13) $\lim\limits_{x\to\infty}(\sqrt{x^2+1}-\sqrt{x^2-1})$;

(14) $\lim\limits_{x\to+\infty}\frac{1-e^{-x}}{1+e^{-x}}$。

2. 求下列函数的极限:

(1) $\lim\limits_{x\to0}\frac{x}{\sin3x}$;

(2) $\lim\limits_{x\to0}\frac{x}{\mathrm{tg}4x}$;

(3) $\lim\limits_{x\to0}\frac{\sin2x}{\sin5x}$;

(4) $\lim\limits_{x\to0}\frac{1-\cos2x}{x\sin x}$;

(5) $\lim\limits_{x\to0}\frac{\sin2x^2}{3x}$;

(6) $\lim\limits_{x\to a}\frac{\sin x-\sin a}{x-a}$;

(7) $\lim\limits_{x\to\infty}\left(1+\frac{4}{x}\right)^{x+3}$；　　(8) $\lim\limits_{x\to\infty}\left(\frac{x+3}{x+2}\right)^{x}$；

(9) $\lim\limits_{x\to1}(1+\ln x)^{\frac{1}{\ln x}}$；　　(10) $\lim\limits_{x\to0}(1-4x)^{\frac{1-x}{x}}$。

3．设 $f(x)=\frac{4x^2+3}{x-1}+ax+b$，且 $\lim\limits_{x\to\infty}f(x)=2$，试求 a,b。

4．设 $\lim\limits_{x\to2}\frac{x^2+ax+b}{x^2-x-2}=2$，试求 a,b。

5．设 $f(x)=\begin{cases}\frac{\sin x}{2x}, & x<0;\\ (1+ax)^{\frac{1}{x}}, & x>0,\end{cases}$

试确定 a 的值，使 $\lim\limits_{x\to0}f(x)$ 存在。

6．当 $x\to0$ 时，$x^2,\sin x,\sqrt[3]{x}$ 均为无穷小量，试将它们按阶从高到低顺序排列。

7．每隔时间 τ 注射一次剂量为 D_0 的药物，注射 n 次后，体内药量 D_n 与第 n 次注射的时间 t 的关系为

$$D_n(t)=\frac{1-e^{-nk\tau}}{1-e^{-k\tau}}D_0e^{-kt}\qquad(k\ 为常数)$$

求 $n\to\infty$ 时的体内药量 $D_{ss}=\lim\limits_{n\to\infty}D_n(t)$。

8．已知 n 次静脉注射某药后，血药浓度的最高水平和最低水平分别为

$$C_{\max}=\frac{a(1-r^n)}{1-r}\ 和\ C_{\min}=\frac{ar(1-r^n)}{1-r}$$

其中 $r=e^{-KT}$，a,K,T 均为正的常数。试求 $n\to\infty$ 时 $C_{\max}$ 和 $C_{\min}$ 的极限。若临床要求血药浓度达到稳定状态(即达到极限浓度)，最高血药浓度为 α，最低血药浓度为 β，问 a 和 T 应取什么值？

第五节　函数的连续性

微积分学所研究的函数主要是连续函数。本节用极限来描述函数连续的定义，并讨论连续函数的性质以及初等函数的连续性。

一、连续的概念

当把函数 $y=f(x)$ 用它的图像表示时，就会发现有的函数曲线的大部分是连续不断的，只是在某些地方是断开的。例如

$$y=\begin{cases}x+1, & -1\leqslant x\leqslant0\\ x, & 0<x\leqslant1\end{cases}$$

在 $x=0$ 是断开的，而在 $[-1,1]$ 的其它地方是连续不断的(图 1－17)。又如，$y=x^2$ 在 $(-\infty,+\infty)$ 内都是连续不断的。因此，可以认为，如果一个函数的图像在某一区间上是连续不断的，就称这个函数在这一区间上是连续的。

为了精确地描述函数连续的概念，先引进函数增量的概念。

1．函数的增量

如果变量 x 由 x_0 变到 x_1，则差值 x_1-x_0 称为自变量 x 在点 x_0 的增量，记为 $\Delta x=x_1-x_0$。Δx 可正、可负，如果 x 由 x_0 变到 x_1 是增加的，那么 Δx 是正的；如果由 x_0 变到 x_1 是减少的，那么 Δx 是负的。

在 $y=f(x)$ 的定义域中，自变量 x 由 x_0 变到 $x_0+\Delta x$，对应的函数值也从 $f(x_0)$ 变到 $f(x_0+\Delta x)$，用 Δy 来表示函数的改变量，即 $\Delta y=f(x_0+\Delta x)-f(x_0)$，称之为函数的增量（图 1－18）。

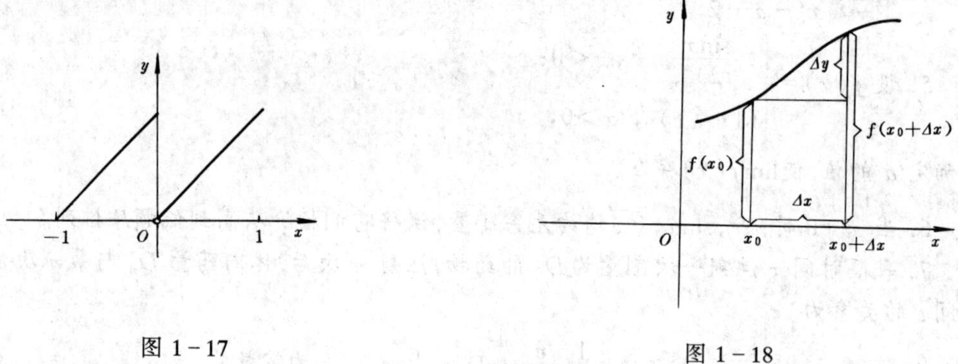

图 1－17　　图 1－18

我们说一个函数是连续的，就是说当自变量变化极其微小时，函数的相应变化也极其微小。对于函数 $y=f(x)$ 定义域内的一点 x_0，如果自变量在 x_0 处取得极其微小的改变量 Δx，函数 y 的相应改变量 Δy 也极其微小，即当 Δx 趋向于零时，Δy 也趋向于零，那么称函数 $y=f(x)$ 在点 x_0 处是连续的（图 1－19）。

如果函数 $f(x)$ 在点 x_0 处的增量 Δx 趋向于零时，Δy 不趋于零，那么它在点 x_0 不连续（图 1－20）。

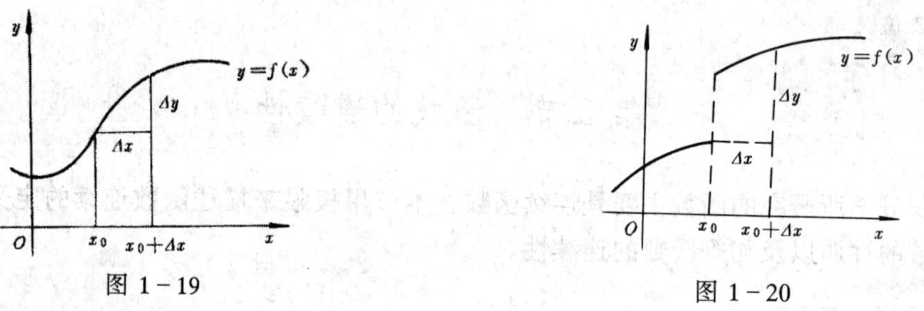

图 1－19　　图 1－20

2. 函数的连续性

下面给出函数在一点连续的定义。

定义 1　设函数 $y=f(x)$ 在点 x_0 的某个邻域内有定义，如果给自变量 x 以增量 $\Delta x=x-x_0$，当 Δx 趋向于零时，对应的函数增量 $\Delta y=f(x_0+\Delta x)-f(x_0)$ 也趋向于零，即

$$\lim_{\Delta x\to 0}\Delta y=\lim_{\Delta x\to 0}[f(x_0+\Delta x)-f(x_0)]=0$$

那么称函数 $y=f(x)$ 在点 x_0 处是连续(continuous)的。

在定义 1 中，令 $x=x_0+\Delta x$，则由

$$\lim_{\Delta x\to 0}[f(x_0+\Delta x)-f(x_0)]=0$$

有
$$\lim_{x\to x_0} f(x)=f(x_0)$$

如果函数 $y=f(x)$在 $x=x_0$ 连续,那么求该函数当 $x\to x_0$ 的极限时,只需求出函数在 x_0 处的函数值 $f(x_0)$即可。

因为 $\lim\limits_{x\to x_0} x=x_0$ 总成立,因此有

$$\lim_{x\to x_0} f(x)=f(x_0)$$
$$=f(\lim_{x\to x_0} x)$$

上式表明,连续函数求极限时,极限符号可以和函数符号交换次序。这可简化连续函数求极限的步骤。例如,函数 $f(x)=\ln(x+1)$在 $x=1$ 及其附近连续,因此

$$\begin{aligned}\lim_{x\to 1} f(x)&=\lim_{x\to 1}\ln(x+1)\\&=\ln[\lim_{x\to 1}(x+1)]\\&=\ln 2\\&=f(1)\end{aligned}$$

定义 1 只给出了函数 $y=f(x)$在一点 x_0 处的连续性,下面定义函数在一个区间上的连续性。

如果函数 $y=f(x)$在开区间(a,b)内每点处都连续,就称该函数在开区间(a,b)内连续;如果函数 $y=f(x)$在开区间(a,b)内连续,并且在区间的左端点 a 处右连续($\lim\limits_{x\to a^+} f(x)=f(a)$),在区间的右端点 b 处左连续($\lim\limits_{x\to b^-} f(x)=f(b)$),就称 $y=f(x)$在闭区间$[a,b]$上连续。

如果一个函数 $y=f(x)$在它定义域上每点处都连续,就称它是一个连续函数。

例 1 证明 $y=\sin x$ 在$(-\infty,+\infty)$内连续。

证 设 x_0 是$(-\infty,+\infty)$内任意一点,当 x 在 x_0 处有一增量 Δx 时,对应函数增量

$$\begin{aligned}\Delta y&=\sin(x_0+\Delta x)-\sin x_0\\&=2\sin\frac{\Delta x}{2}\cos\left(x_0+\frac{\Delta x}{2}\right)\end{aligned}$$

因为$\left|\cos\left(x_0+\frac{\Delta x}{2}\right)\right|\leqslant 1$, $\left|\sin\frac{\Delta x}{2}\right|\leqslant\frac{|\Delta x|}{2}$,所以

$$\begin{aligned}|\Delta y|&=2\left|\sin\frac{\Delta x}{2}\right|\cdot\left|\cos\left(x_0+\frac{\Delta x}{2}\right)\right|\\&\leqslant 2\frac{|\Delta x|}{2}=|\Delta x|\end{aligned}$$

于是当 $\Delta x\to 0$ 时,有 $\Delta y\to 0$。因此,$y=\sin x$ 在 $x=x_0$ 处连续。又因为 x_0 是$(-\infty,+\infty)$中任意一点,所以 $y=\sin x$ 在$(-\infty,+\infty)$内连续。

例 2 求$\lim\limits_{x\to\frac{\pi}{2}}\sin x$。

解 由例 1 知 $y=\sin x$ 是连续函数，所以有 $\lim\limits_{x\to\frac{\pi}{2}}\sin x=\sin\frac{\pi}{2}=1$。

二、函数的间断点

如果函数 $y=f(x)$ 在点 x_0 处不连续，则称 $y=f(x)$ 在 x_0 处间断，点 x_0 称为 $f(x)$ 的间断点(discontinuous point)。

显然，如果 $y=f(x)$ 在 x_0 处有以下三种情形之一，x_0 就是 $f(x)$ 的间断点：

(1)在点 x_0 处 $f(x)$ 无定义；

(2) $\lim\limits_{x\to x_0}f(x)$ 不存在；

(3)虽然 $f(x_0)$ 有定义，且 $\lim\limits_{x\to x_0}f(x)$ 存在，但 $\lim\limits_{x\to x_0}f(x)\neq f(x_0)$。

例 3 设 $f(x)=\dfrac{x^2-9}{x-3}$，考察 $f(x)$ 在点 $x=3$ 处的连续性。

因为 $f(x)$ 在 $x=3$ 处无定义，所以 $x=3$ 是 $f(x)$ 的间断点(图 1-21)。

例 4 设 $f(x)=\begin{cases}x+1, & x\neq 1\\ 1, & x=1\end{cases}$，考察函数 $f(x)$ 在点 $x=1$ 处的连续性。

解 因为 $f(x)$ 在 $x=1$ 有定义，$f(1)=1$，$\lim\limits_{x\to1}f(x)=\lim\limits_{x\to1}(x+1)=2$，$\lim\limits_{x\to1}f(x)\neq f(1)$，所以 $x=1$ 是 $f(x)$ 的间断点(图 1-22)。

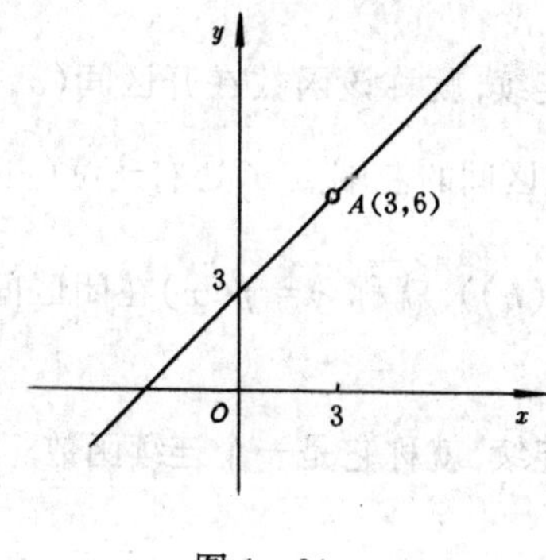

图 1-21

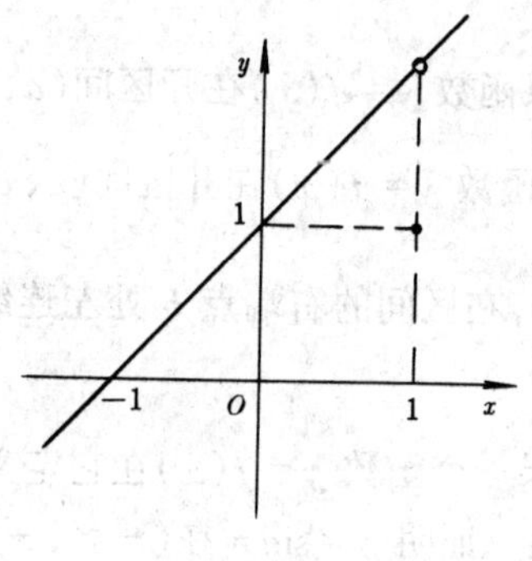

图 1-22

例 5 设 $f(x)=\begin{cases}x-1, & x<0\\ 0, & x=0\\ x+1, & x>0\end{cases}$，考察 $f(x)$ 在 $x=0$ 处的连续性。

解 $f(x)$ 在 $x=0$ 有定义，$f(0)=0$。因为 $\lim\limits_{x\to0^-}f(x)=-1$，$\lim\limits_{x\to0^+}f(x)=1$，$f(x)$ 在 $x=0$ 处左、右极限不相等，即 $\lim\limits_{x\to0}f(x)$ 不存在，所以 $x=0$ 是 $f(x)$ 的间断点(图 1-23)。

例 6 考察函数 $f(x)=\dfrac{1}{x}$ 在点 $x=0$ 处的连续性。

解 因为 $f(x)=\dfrac{1}{x}$ 在 $x=0$ 处无定义，所以 $f(x)=\dfrac{1}{x}$ 在 $x=0$ 间断，

$$\lim_{x\to0}f(x)=\lim_{x\to0}\frac{1}{x}=\infty$$

这种间断点称为无穷型间断点(图 1－24)。

例 7　考察函数 $y=\sin\frac{1}{x}$的间断点。

解　函数 $y=\sin\frac{1}{x}$在点 $x=0$ 处不仅没有定义,而且当 $x\to 0$ 时,函数永远在 $y=1$ 与 $y=-1$ 之间振荡,所以 $x=0$ 是 $y=\sin\frac{1}{x}$的间断点。

这种间断点也称为振荡型间断点(图 1－25)。

由上述诸例可知,函数在一点间断有很多种情况,将它们归结为两大类,即第一类间断点和第二类间断点。

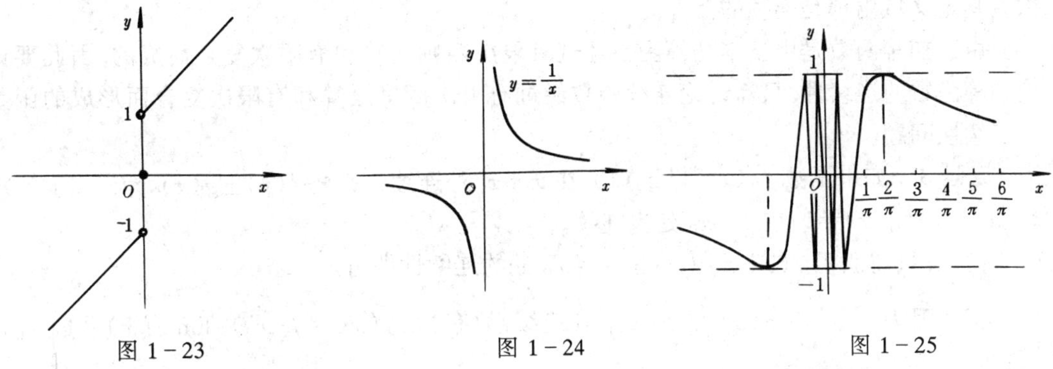

图 1－23　　图 1－24　　图 1－25

1. 第一类间断点

第一类间断点是指左、右极限都存在的间断点,它包括以下三种情况:

(1)函数在点 $x=x_0$ 处有定义且极限存在,但极限值不等于该点的函数值,如本节例 4。

(2)函数在点 $x=x_0$ 处的极限存在,但函数在这一点无意义,如本节例 3。

(3)函数在点 $x=x_0$ 处左极限、右极限都存在,但它们不相等,如本节例 5。

应该指出的是,在第一类间断点的前两种情况下,只要改变或补充函数在间断点处的函数值,使函数 $f(x_0)$的值等于极限值 $\lim\limits_{x\to x_0}f(x)$,函数在该点处就连续了。这样的第一类间断点称为可去间断点。例如,本节例 4 中改变 $f(1)$的值,令 $f(1)=2$,则 $f(x)$在 $x=1$ 处就连续了。在本节例 3 中,只要令 $f(3)=6$,则 $f(x)$在 $x=3$ 处就连续了。

例 8

$$\text{设 } f(x)=\begin{cases}\frac{1}{x}\sin x & ,x<0\\ k & ,x=0\\ x\cdot\sin\frac{1}{x}+1, & x>0\end{cases}\quad(k\text{ 为常数})$$

试确定 k 的值,使函数 $f(x)$在 $x=0$ 处连续。

解　因为 $\lim\limits_{x\to 0^-}f(x)=\lim\limits_{x\to 0^-}\frac{1}{x}\sin x=1$

$$\lim_{x\to 0^+}f(x)=\lim_{x\to 0^+}\left(x\sin\frac{1}{x}+1\right)=1$$

所以,要使 $f(x)$在 $x=0$ 连续,必须有

$$f(0)=\lim_{x\to 0}f(x)=1。$$

根据题意，$f(0)=k$，因此当 $k=1$ 时，函数在 $x=0$ 处连续。

2. 第二类间断点

第二类间断点是指左、右极限中至少有一个不存在的间断点。如例 6 中讲到的无穷型间断点，例 7 中讲到的振荡型间断点，都属于第二类间断点。

三、初等函数的连续性

函数 $y=\sin x$ 在其定义域$(-\infty,+\infty)$内是连续的，同样还可以证明其它的基本初等函数在其定义域内都是连续的。

由于初等函数是由基本初等函数经过有限次四则运算和有限次复合而成的，因此要讨论初等函数的连续性，只需讨论连续函数经过有限次四则运算和有限次复合而形成的函数的连续性问题。

定理 1 如果函数 $f(x)$ 与 $g(x)$ 在 $x=x_0$ 处连续，那么 $f(x)\pm g(x)$，$f(x)\cdot g(x)$，$f(x)/g(x)(g(x)\neq 0)$在 $x=x_0$ 处也连续。

为此，只需证明 $f(x)\pm g(x)$在 $x=x_0$ 处的连续性即可。

证 因为 $f(x)$与 $g(x)$在 $x=x_0$ 处连续，故有 $\lim\limits_{x\to x_0}f(x)=f(x_0)$，$\lim\limits_{x\to x_0}g(x)=g(x_0)$。由极限的运算法则知

$$\begin{aligned}\lim_{x\to x_0}[f(x)\pm g(x)]&=\lim_{x\to x_0}f(x)\pm\lim_{x\to x_0}g(x)\\&=f(x_0)\pm g(x_0)\end{aligned}$$

所以 $f(x)\pm g(x)$在 $x=x_0$ 处连续。

此定理中和与积的情形可推广到有限个函数。

定理 2 如果函数 $y=f(u)$在 $u=u_0$ 连续，函数 $u=\varphi(x)$在 $x=x_0$ 连续，且 $u_0=\varphi(x_0)$，那么复合函数 $y=f[\varphi(x)]$在 $x=x_0$ 也连续。

证 因为 $y=f(u)$在 $u=u_0$ 处连续，所以有 $\lim\limits_{u\to u_0}f(u)=f(u_0)$；又因为 $u=\varphi(x)$在 $x=x_0$处连续，所以有 $\lim\limits_{x\to x_0}\varphi(x)=\varphi(x_0)$或$\lim\limits_{x\to x_0}u=u_0$，故

$$\begin{aligned}\lim_{x\to x_0}f[\varphi(x)]&=\lim_{u\to u_0}f(u)=f(u_0)\\&=f[\varphi(x_0)]\end{aligned}$$

因此复合函数 $f[\varphi(x)]$在 $x=x_0$ 处连续。

在上面定理的证明过程中可以看出，求复合函数极限时，只要有 $\lim\limits_{x\to x_0}\varphi(x)=u_0$，而$f(u)$在 u_0 连续，则一定有

$$\lim_{x\to x_0}f[\varphi(x)]=f[\lim_{x\to x_0}\varphi(x)]=f(u_0)$$

定理 2 可推广到有限次复合的情况。

根据基本初等函数的连续性，以及连续函数经过有限次四则运算和有限次复合仍然连

续的结论可知，一切初等函数在其定义域内连续。

初等函数连续性告诉我们：

(1)求初等函数的连续区间就是求这个函数的定义域，求初等函数的间断点，就是求使这个函数无意义的点；

(2)求初等函数 $y=f(x)$在定义域内点 x_0 处的极限值$\lim\limits_{x\to x_0}f(x)$，只需求出函数在该点的函数值 $f(x_0)$。

例 9 求函数 $f(x)=\dfrac{x^2-4}{x^2-3x+2}$的间断点，并判断间断点的类型。

解 因为

$$f(x)=\frac{x^2-4}{x^2-3x+2}=\frac{(x-2)(x+2)}{(x-2)(x-1)}$$

$f(x)$是初等函数，而 $x=1,x=2$ 是使 $f(x)$无定义的点，所以 $x=1,x=2$ 是 $f(x)$的间断点。

$$\begin{aligned}\lim_{x\to 2}f(x)&=\lim_{x\to 2}\frac{(x-2)(x+2)}{(x-2)(x-1)}\\&=\lim_{x\to 2}\frac{x+2}{x-1}\\&=4\end{aligned}$$

$$\begin{aligned}\lim_{x\to 1}f(x)&=\lim_{x\to 1}\frac{x^2-4}{x^2-3x+2}\\&=\infty\end{aligned}$$

$x=2$ 是 $f(x)$的可去间断点；$x=1$ 是 $f(x)$的第二类间断点。

例 10 求极限$\lim\limits_{x\to 2}\dfrac{3e^x}{\lg(x+8)+\sqrt{x+2}}$。

解 因为 $x=2$ 时，初等函数$\dfrac{3e^x}{\lg(x+8)+\sqrt{x+2}}$有定义，即 $x=2$ 是这个函数的连续点，所以

$$\lim_{x\to 2}\frac{3e^x}{\lg(x+8)+\sqrt{x+2}}=\frac{3e^2}{\lg(2+8)+\sqrt{2+2}}=\frac{3e^2}{\lg10+\sqrt{4}}=\frac{3e^2}{1+2}=e^2。$$

由于初等函数在其定义域内连续，所以要讨论初等函数的连续性，只需讨论它的定义域即可。但是，如何讨论非初等函数的连续性呢？比如，分段函数就不是初等函数。分段函数的衔接点将函数的定义域分成若干区间，函数在每个对应区间上只用一个解析式表达，所以要讨论分段函数连续性，主要是讨论衔接点处的连续性。

例 11 讨论函数

$$f(x)=\begin{cases}e^{\frac{1}{x}}+1, & x<0\\ 1, & x=0\\ \dfrac{1}{x}\ln(1+x), & x>0\end{cases}$$ 的连续性。

解 在$(-\infty,0)$上，$f(x)=e^{\frac{1}{x}}+1$是初等函数，无间断点，$f(x)$在$(-\infty,0)$上连续。

在$(0,+\infty)$上，$f(x)=\dfrac{1}{x}\ln(1+x)$是初等函数，且无间断点，$f(x)$在$(0,+\infty)$上连续。

在 $x=0$ 处,

$$\lim_{x\to0^-}f(x)=\lim_{x\to0^-}(e^{\frac{1}{x}}+1)=1$$

$$\begin{aligned}\lim_{x\to0^+}f(x)&=\lim_{x\to0^+}\frac{1}{x}\ln(1+x)\\&=\lim_{x\to0^+}\ln(1+x)^{\frac{1}{x}}\\&=\ln[\lim_{x\to0^+}(1+x)^{\frac{1}{x}}]\\&=\ln e\\&=1\end{aligned}$$

故$\lim\limits_{x\to0}f(x)=f(0)=1$,即 $f(x)$在 $x=0$ 处连续。

综上所述,函数 $f(x)$在$(-\infty,+\infty)$内连续。

四、闭区间上连续函数的性质

下面介绍闭区间上连续函数的两个重要性质(略去严格证明,只给出直观的解释)。

定理 3(最大值、最小值定理) 如果函数 $y=f(x)$在闭区间$[a,b]$上连续,那么它在这个区间上至少可达到最大值与最小值各一次。

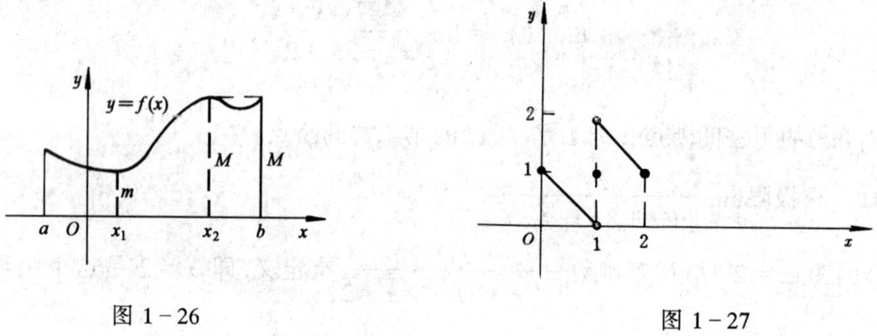

图 1-26　　图 1-27

从图 1-26 可以看出,$f(x)$在闭区间$[a,b]$上连续,在点 x_1 处取得最小值 m,在点 x_2 及 b 点取得最大值M。

应该指出:(1)如果将闭区间换成开区间,$f(x)$在(a,b)上连续,那么定理的结论就不一定成立,例如 $f(x)=\dfrac{1}{x}$在区间$(0,1)$上连续,但它在$(0,1)$上就无最大值和最小值;(2)如果 $f(x)$在闭区间$[a,b]$上不连续,定理的结论也不一定成立。

例如

$$f(x)=\begin{cases}1-x, & 0\leqslant x<1\\ 1, & x=1\\ 3-x, & 1<x\leqslant2\end{cases}$$

$f(x)$定义在闭区间$[0,2]$上,但 $f(x)$在$[0,2]$上有间断点 $x=1$,因此 $f(x)$在$[0,2]$上无最大值和最小值(图 1-27)。

定理 4(介值定理) 设函数 $f(x)$在闭区间$[a,b]$上连续,且在端点处有不等的函数值

$f(a)=A, f(b)=B(A\neq B)$，则对于 A 与 B 之间的任何一个 $C(A<C<B)$，在 (a,b) 内至少有一点 $\xi(a<\xi<b)$，使 $f(\xi)=C$。

定理 4 的意义是，闭区间 $[a,b]$ 上的连续函数 $f(x)$，在从一个值到另一个值的变化过程中，一定会经过一切中间值。从几何上讲，过 y 轴的一点 $C(A<C<B)$，作 x 轴的平行线，那么该直线与连续曲线 $y=f(x)$ 至少有一个交点。在图 1-28 中，连续函数 $y=f(x)$ 与直线 $y=C$ 相交于 x 等于 ξ_1,ξ_2,ξ_3 处，所以有 $f(\xi_1)=f(\xi_2)=f(\xi_3)=C(\xi_1,\xi_2,\xi_3$ 均在 (a,b) 内)。

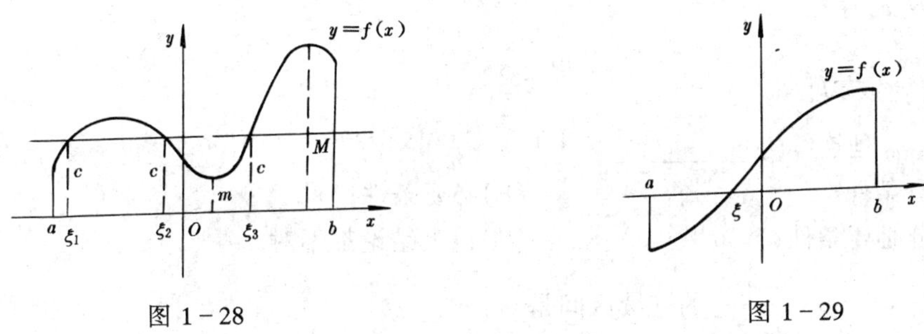

图 1-28　　图 1-29

在定理 4 中，如果 $y=f(x)$ 在区间端点的函数值异号，必有如下推论：

推论　如果函数 $y=f(x)$ 在闭区间 $[a,b]$ 上连续，且 $f(a)$ 与 $f(b)$ 异号，则在 (a,b) 内至少存在一点 $\xi(a<\xi<b)$，使 $f(\xi)=0$ 成立。

因为 $f(a)$ 与 $f(b)$ 异号，所以曲线至少要穿过 x 轴一次，即 $y=f(x)$ 与 x 轴至少有一个交点。在图 1-29 中，$y=f(x)$ 在 $[a,b]$ 内连续，$f(a)<0$，$f(b)>0$，曲线与 x 轴相交于 ξ 处，即有，$f(\xi)=0$。

这两个定理告诉我们，闭区间上的连续函数，在该区间上既可取得最大值与最小值，又可取得最大值与最小值之间的一切值。

习　　题　1-5

1. 填空题

(1)如果有 $\lim\limits_{x\to x_0^+} f(x)=f(x_0)$，则称函数 $f(x)$ 在点 x_0 处____________。

(2)如果函数 $f(x)$ 在开区间 (a,b) 内每一点都连续，则称 (a,b) 为 $f(x)$ 的____________。

(3)可去间断点的定义是____________。

(4)欲使函数

$$f(x)=\begin{cases}a+x, & x\leqslant 0\\ \cos x, & x>0\end{cases}$$

在 $x=0$ 处连续，则 $a=$__________。

(5)欲使函数

$$f(x)=\begin{cases}x, & x\leqslant 1\\ ax^2+\dfrac{1}{2}, & x>1\end{cases}$$

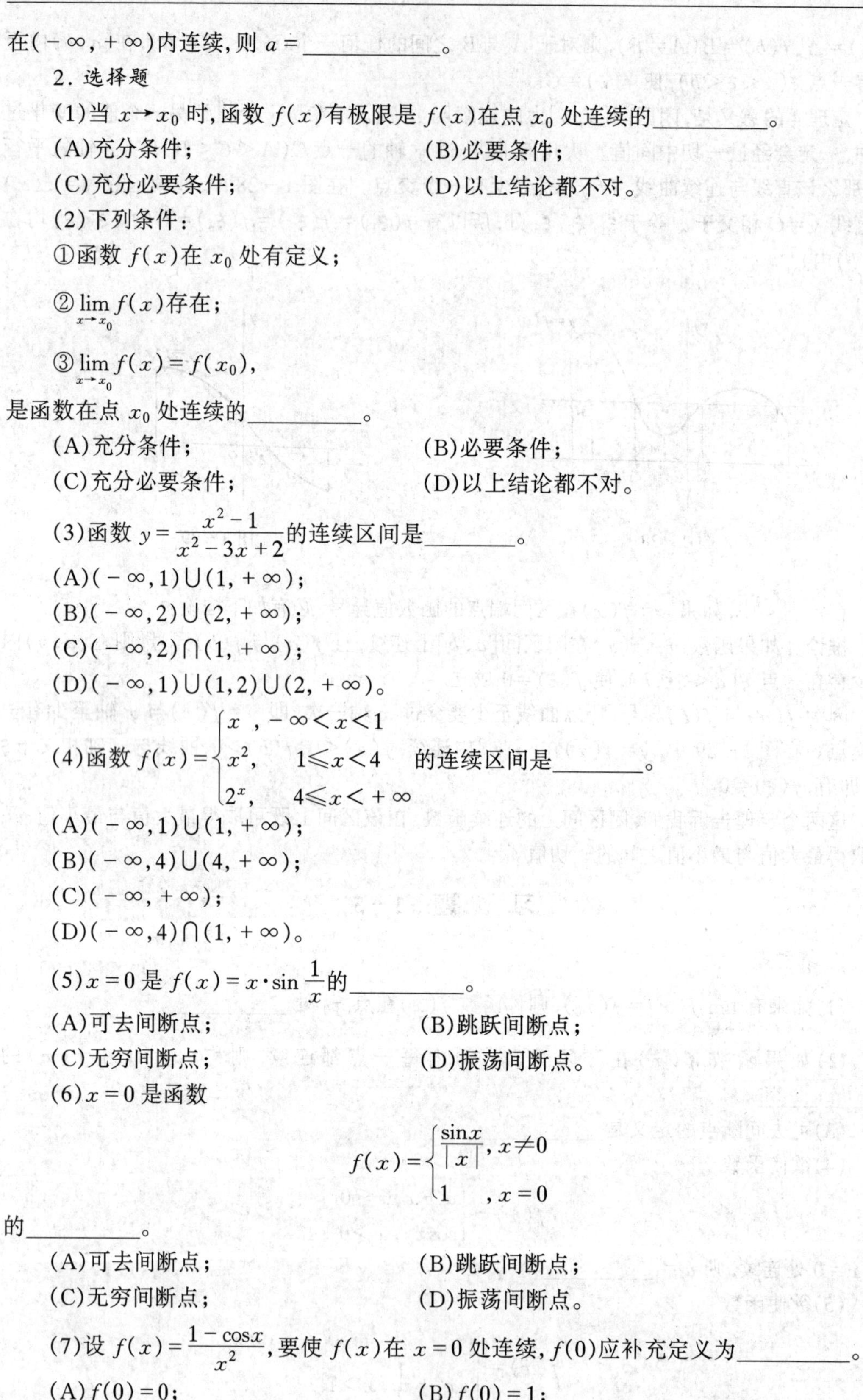

在$(-\infty,+\infty)$内连续,则 $a=$__________。

2. 选择题

(1)当 $x\to x_0$ 时,函数 $f(x)$有极限是 $f(x)$在点 x_0 处连续的__________。

(A)充分条件; (B)必要条件;

(C)充分必要条件; (D)以上结论都不对。

(2)下列条件:

①函数 $f(x)$在 x_0 处有定义;

② $\lim\limits_{x\to x_0}f(x)$存在;

③ $\lim\limits_{x\to x_0}f(x)=f(x_0)$,

是函数在点 x_0 处连续的__________。

(A)充分条件; (B)必要条件;

(C)充分必要条件; (D)以上结论都不对。

(3)函数 $y=\dfrac{x^2-1}{x^2-3x+2}$的连续区间是__________。

(A)$(-\infty,1)\cup(1,+\infty)$;

(B)$(-\infty,2)\cup(2,+\infty)$;

(C)$(-\infty,2)\cap(1,+\infty)$;

(D)$(-\infty,1)\cup(1,2)\cup(2,+\infty)$。

(4)函数 $f(x)=\begin{cases}x, & -\infty<x<1\\ x^2, & 1\leqslant x<4\\ 2^x, & 4\leqslant x<+\infty\end{cases}$ 的连续区间是__________。

(A)$(-\infty,1)\cup(1,+\infty)$;

(B)$(-\infty,4)\cup(4,+\infty)$;

(C)$(-\infty,+\infty)$;

(D)$(-\infty,4)\cap(1,+\infty)$。

(5)$x=0$ 是 $f(x)=x\cdot\sin\dfrac{1}{x}$的__________。

(A)可去间断点; (B)跳跃间断点;

(C)无穷间断点; (D)振荡间断点。

(6)$x=0$ 是函数

$$f(x)=\begin{cases}\dfrac{\sin x}{|x|}, & x\neq 0\\ 1, & x=0\end{cases}$$

的__________。

(A)可去间断点; (B)跳跃间断点;

(C)无穷间断点; (D)振荡间断点。

(7)设 $f(x)=\dfrac{1-\cos x}{x^2}$,要使 $f(x)$在 $x=0$ 处连续,$f(0)$应补充定义为__________。

(A)$f(0)=0$; (B)$f(0)=1$;

(C) $f(0)=\frac{1}{2}$；　　(D) $f(0)=2$。

(8)设 $f(x)=\frac{\mathrm{tg}2x}{x}$，要使 $f(x)$ 在 $x=0$ 处连续，$f(0)$ 应补充定义为__________。

(A) $f(0)=0$；　　(B) $f(0)=1$；

(C) $f(0)=\frac{1}{2}$；　　(D) $f(0)=2$。

3．判断题

(1)如果 $\lim\limits_{x\to x_0^-}f(x)=\lim\limits_{x\to x_0^+}f(x)$，则称 $f(x)$ 在 $x=x_0$ 处连续。

(2)如果 $f(x)$ 在点 x_0 处连续，则 $\lim\limits_{x\to x_0}f(x)$ 一定存在。

(3)按下列方法求间断点对否？

$$\frac{1}{1-\frac{1}{x}}=\frac{1}{\frac{x-1}{x}}=\frac{x}{x-1},\ x=1\ \text{为函数的间断点。}$$

(4)在 $[a,b]$ 上的连续函数，在该区间上一定有最大值和最小值。

(5)在 (a,b) 内的连续函数，在该区间内不一定有最大值和最小值。

(6)在 $[a,b]$ 上不连续的函数，在该区间上一定没有最大值和最小值。

(7)在 (a,b) 内的不连续的函数，在该区间上可能有最大值和最小值。

(8)如果函数在点 x_0 处有极限，那么函数在这点必连续。

4．计算题

(1)试确定下列函数的间断点，并说明这些间断点属于哪一类。如果是可去间断点，则补充定义，使它连续。

① $y=\frac{x+3}{x^2-1}$；

② $y=\frac{x}{\sin x}$；

③ $y=\frac{x^2-1}{x^2-3x+2}$；

④ $y=x\cdot\sin\frac{1}{x}$。

(2)考察函数

$$f(x)=\begin{cases}3, & x\leqslant -2\\ \frac{\sin x}{x}, & -2<x<0\\ 1, & x=0\\ e^{-x}, & x>0\end{cases}$$

的连续性。

（尹　舲）

自 测 题 （一）

1．填空题

(1)设 $f(x)=\dfrac{1}{1-x}$，则 $f[f(x)]=$__________。

(2)函数 $f(x)=1-x^2$ 与 $g(x)=\sqrt{(1-x^2)^2}$ 当__________时是恒等的。

(3)函数

$$f(x)=\begin{cases} x &, 0\leqslant x<1 \\ 2x &, 1\leqslant x<2 \\ x^2-4x+8, & 2<x\leqslant 3 \end{cases}$$

的定义域为__________。

(4)如果数列 $\{y_n\}$ 单调且__________，那么 $\lim\limits_{n\to\infty} y_n$ 一定存在。

(5)凡无穷小量皆以________为极限。

(6)在某一极限过程中，$\alpha(x)$ 是无穷小量，$\beta(x)$ 是有界变量，则 $\alpha(x)\cdot\beta(x)$ 是__________量。

(7)函数 $f(x)=\dfrac{x^2-1}{x+1}$ 的间断点是__________，为第______类间断点，属________型。

(8)函数 $f(x)=\begin{cases} \dfrac{\sin x}{x}, & x\neq 0 \\ \dfrac{1}{2} &, x=0 \end{cases}$

的间断点是__________，为第____类间断点。

2．判断题

(1)当 $x\to 0$ 时，$e^{\frac{1}{x}}$ 的极限是 ∞。

(2)当 $n\to\infty$ 时，$n\cdot\sin\dfrac{1}{n}$ 的极限是 1。

(3)单调数列必有极限。

(4)对一切 $f(x)$，总有 $\lim\limits_{x\to 0} x\cdot f(x)=0$。

(5)$\dfrac{1}{x}$ 是无穷大量。

(6)如果函数在 x_0 处有极限，那么函数在该点必有定义。

(7)函数 $y=\dfrac{1}{x}$ 在区间[1,2]上有界，而在[-1,1]上无界。

(8)凡分段函数必有间断点。

3．选择题

(1)函数 $y=\sqrt{1-x}+\arccos\dfrac{x+1}{2}$ 的定义域是______。

(A)$(-\infty,1]$；
(B)$[-3,1]$；
(C)$(-3,1)$；
(D)$(-\infty,1)\cap[-3,-1]$。

(2)函数 $y=\dfrac{a^x+1}{a^x-1}(a>1)$是__________。
(A)偶函数；
(B)奇函数；
(C)非奇非偶函数；
(D)奇偶函数。

(3)已知数列$\{y_n\}$，当 $n\to\infty$时极限为 A，那么在区间$(A-\varepsilon, A+\varepsilon)$之外(其中 ε 为任意小的正数)，这个数列的项数是_________。
(A)无数项；
(B)不能确定；
(C)零；
(D)有限项。

(4)设 $f(x)=\begin{cases}x-1, & -1<x\leqslant 0\\ x, & 0<x\leqslant 1\end{cases}$

则$\lim\limits_{x\to 0}f(x)$__________。
(A)$=-1$；
(B)$=0$；
(C)$=1$；
(D)不存在。

(5)当 $x\to 0$时，$\sqrt{1+x}-1$与 x 相比是_________。
(A)高阶无穷小；
(B)低阶无穷小；
(C)同阶无穷小；
(D)等价无穷小。

(6)如果$\lim\limits_{x\to\infty}\left(\dfrac{x+c}{x-c}\right)^x=4$，那么常数 $C=$__________。
(A)2；
(B)1；
(C)e^2；
(D)ln2。

(7)当 $x\to$_________时，$x\cdot\sin\dfrac{1}{x}\to 1$。
(A)0；
(B)∞；
(C)1；
(D)$-\infty$。

(8)$\lim\limits_{n\to\infty}\left(\dfrac{3n-2)}{2n+1}\right)^3=$__________。
(A)$\dfrac{3}{2}$； (B)$\dfrac{1}{8}$； (C)$\dfrac{27}{8}$； (D)$\dfrac{9}{4}$。

4．下列函数是由哪些函数复合而成的？

(1)$y=e^{\operatorname{arctg}\sqrt{x^2-1}}$；
(2)$y=\log_a\sin(x+1)$；
(3)$y=2^{\sin^2 x}$；
(4)$y=\sec^3\left(1-\dfrac{1}{x}\right)$。

5．求下列极限

(1)$\lim\limits_{x\to 0}\dfrac{\cos x}{x}$；
(2)$\lim\limits_{x\to 1}\dfrac{\sqrt[3]{x}-1}{\sqrt{x}-1}$；

(3) $\lim\limits_{x\to -1}\left(\frac{1}{x+1}-\frac{1}{x^3+1}\right)$;

(4) $\lim\limits_{x\to 0}\frac{1-\cos 2x}{x\cdot\sin x}$。

6. 数列 $y_n=(-1)^{n+1}\frac{1}{2^n}$ 在 $n\to\infty$ 时是否为无穷小量？为什么？

7. 设函数 $f(x)=\begin{cases}\frac{1}{x}\sin x & ,x<0\\ k & ,x=0\\ 1+x\sin\frac{1}{x}, & x>0\end{cases}$

问：k 为何值时 $f(x)$ 才能在 $(-\infty,+\infty)$ 内连续？为什么？

(尹 舲)

第二章　导数与微分

本章介绍微分学的两个基本概念——导数与微分,并介绍它们的计算方法。

一节　导　数　概　念

一、变化率问题举例

1. 变速直线运动的速度

设一质点在数轴上作变速直线运动。S 表示质点于时刻 t 在数轴上位置的坐标,则 S 是时间 t 的函数,记为 $S=S(t)$,也称该质点的运动规律为 $S=S(t)$,求质点在任一时刻 t_0 的速度 v_0(即时速度)。

令时间 t 从 t_0 变化到 $t_0+\Delta t$,则质点所经过的路程为

$$\Delta S=S(t_0+\Delta t)-S(t_0)$$

从而比值

$$\frac{\Delta S}{\Delta t}=\frac{S(t_0+\Delta t)-S(t_0)}{\Delta t}$$

是从 t_0 到 $t_0+\Delta t$ 这一小段时间内的平均速度。当时间的变化很微小(即 Δt 很小)时,显然速度的变化也很微小。因此,可以用平均速度$\frac{\Delta S}{\Delta t}$作为 t_0 时刻即时速度 v 的近似值。Δt 越小,这个近似值越接近于 v_0。如果当 $\Delta t\to 0$ 时,平均速度$\frac{\Delta S}{\Delta t}$的极限存在,那么这个极限就是质点在时刻 t_0 的即时速度 v_0,即

$$v_0=\lim_{\Delta t\to 0}\frac{\Delta S}{\Delta t}=\lim_{\Delta t\to 0}\frac{S(t_0+\Delta t)-S(t_0)}{\Delta t}$$

2. 曲线的切线斜率

首先定义曲线 $y=f(x)$上点 $M(x_0,y_0)$处的切线。

在点 $M(x_0,y_0)$的邻近任取曲线上的另一点 $N(x_0+\Delta x,y_0+\Delta y)$(见图 2-1),作割线 MN。当点 N 沿曲线趋向于点 M 时,如果割线 MN 的极限位置 MT 存在,那么就称这个极限位置 MT 为曲线 $y=f(x)$在点 M 处的切线。

下面来求切线 MT 的斜率 $\mathrm{tg}\alpha$。割线 MN 的斜率为

$$\mathrm{tg}\varphi=\frac{\Delta y}{\Delta x}=\frac{f(x_0+\Delta x)-f(x_0)}{\Delta x}$$

当点 N 沿曲线趋向于点 M 时，$\Delta x\to 0,\varphi\to\alpha,\mathrm{tg}\varphi\to\mathrm{tg}\alpha$，即

$$\mathrm{tg}\alpha=\lim_{\Delta x\to 0}\frac{\Delta y}{\Delta x}=\lim_{\Delta x\to 0}\frac{f(x_0+\Delta x)-f(x_0)}{\Delta x}$$

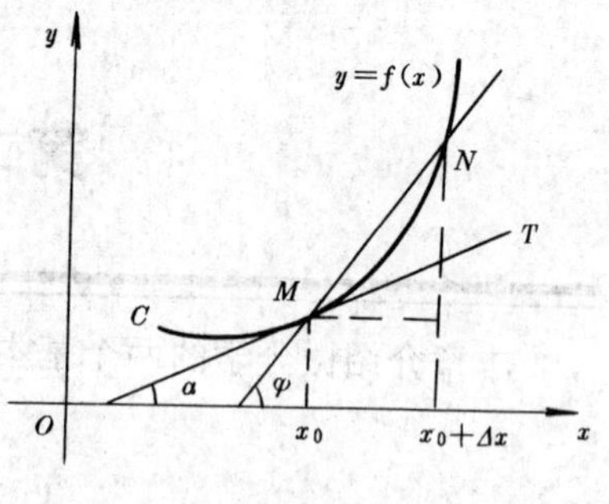

图 2－1

二、导数的定义

上述两个变化率问题的实际意义虽然不同，但从数学上来看，都可以归结为求极限

$$\lim_{\Delta x\to 0}\frac{\Delta y}{\Delta x}$$

即求函数的增量与自变量增量之比，当自变量增量趋于零时的极限。

定义 设函数 $y=f(x)$ 在点 x_0 的某一邻域内有定义，在 x_0 处给自变量以增量 Δx 时，函数有增量 $\Delta y=f(x_0+\Delta x)-f(x_0)$，如果极限

$$\lim_{\Delta x\to 0}\frac{\Delta y}{\Delta x}=\lim_{\Delta x\to 0}\frac{f(x_0+\Delta x)-f(x_0)}{\Delta x}$$

存在，那么就称函数 $y=f(x)$ 在点 x_0 处可导，并称该极限为函数 $y=f(x)$ 在点 x_0 处的导数(derivative)，记为 $y'|_{x=x_0}$，即

$$y'|_{x=x_0}=\lim_{\Delta x\to 0}\frac{\Delta y}{\Delta x}=\lim_{\Delta x\to 0}\frac{f(x_0+\Delta x)-f(x_0)}{\Delta x}$$

也可记为 $f'(x_0)$，$\left.\frac{dy}{dx}\right|_{x=x_0}$ 或 $\left.\frac{df(x)}{dx}\right|_{x=x_0}$ 等。

如果极限 $\lim\limits_{\Delta x\to 0}\frac{\Delta y}{\Delta x}$ 不存在，那么称函数 $y=f(x)$ 在点 x_0 处不可导。如果不可导的原因是由于当 $\Delta x\to 0$ 时 $\frac{\Delta y}{\Delta x}\to\infty$，往往说函数 $y=f(x)$ 在点 x_0 处的导数为无穷大。

如果函数 $y=f(x)$ 在开区间 (a,b) 内的每一点处都可导，则称函数 $y=f(x)$ 在开区间 (a,b) 内可导。这时，对于 (a,b) 内的每一点 x，都对应着 $f(x)$ 的一个 确定的导数值，从而构成一个新的函数，称之为函数 $y=f(x)$ 的导函数(derived function)，简称为导数，记为 y'，$f'(x)$，$\frac{dy}{dx}$ 或 $\frac{df(x)}{dx}$ 等。显然，导函数的定义式为

$$y'=\lim_{\Delta x\to 0}\frac{\Delta y}{\Delta x}=\lim_{\Delta x\to 0}\frac{f(x+\Delta x)-f(x)}{\Delta x}$$

可见，函数 $y=f(x)$ 在点 x_0 处的导数 $y'|_{x=x_0}$ 就是导函数 y' 在 $x=x_0$ 处的函数值。

导数是概括各种各样的变化率概念而得出的一个更一般性、更抽象的概念，它撇开了自变量和因变量所代表的物理或几何等方面的特殊意义，纯粹从数量方面刻画了变化率的本质：因变量增量与自变量增量之比

$$\frac{\Delta y}{\Delta x}=\frac{f(x_0+\Delta x)-f(x_0)}{\Delta x}$$

是因变量在以 x_0 和 $x_0+\Delta x$ 为端点的区间上的平均变化率，而导数 $y'|_{x=x_0}$ 则是因变量在点 x_0 处的变化率，它反映了因变量 y 随自变量的变化而变化的快慢程度。相应地，导函数 y' 就是因变量 y 在任一点 x 处的变化率。

例 1 设有一质量分布不均匀的细棒，棒长为 a。取棒的左端为原点 O，棒上任意点 M 的坐标为 x，则棒上 AM 段的质量 m 是长度 x 的函数 $m=m(x)$，试求细棒的线密度 ρ。

解 在点 M 的邻近任取点 $M'(x+\Delta x)$，则从 M 到 M' 这一小段细棒的质量为

$$\Delta m=m(x+\Delta x)-m(x)$$

因为均匀细棒的线密度是单位长度的质量，所以比值 $\frac{\Delta m}{\Delta x}$ 是这一小段细棒的平均线密度，可以作为细棒在点 M 处线密度的近似值，从而极限

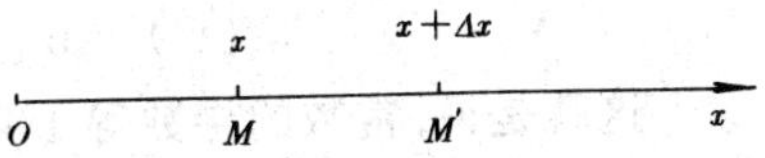

图 2-2

$$\lim_{\Delta x\to 0}\frac{\Delta m}{\Delta x}=\lim_{\Delta x\to 0}\frac{m(x+\Delta x)-m(x)}{\Delta x}$$

就是细棒在点 M 处的线密度 ρ，即

$$\rho=\lim_{\Delta x\to 0}\frac{\Delta m}{\Delta x}$$

根据导数的定义，上述极限是质量函数 $m=m(x)$ 的导数 $\frac{dm}{dx}$，即细棒的线密度

$$\rho=\frac{dm}{dx}$$

也就是说，细棒的线密度 ρ 是质量函数 $m(x)$ 对于长度 x 的变化率。

应用导数的概念，若已知质点作变速直线运动的规律为 $S=S(t)$，则 $S'(t_0)=\left.\frac{dS}{dt}\right|_{t=t_0}$ 就是质点在 t_0 时刻的即时速度，而 $S'(t)=\frac{dS}{dt}$ 就是质点在任一时刻 t 的即时速度；若已知曲线的方程为 $y=f(x)$，则 $f'(x_0)=y'|_{x=x_0}$ 就是曲线上点 $M(x_0,y_0)$ 处的切线斜率，即

$$f'(x_0)=y'|_{x=x_0}=\mathrm{tg}\alpha$$

其中 α 是切线的倾角，这就是导数的几何意义。

由直线的点斜式方程可得曲线 $y=f(x)$ 上点 $M(x_0,y_0)$ 处的切线方程为

$$y-y_0=f'(x_0)(x-x_0)$$

其中 $y_0=f(x_0)$。

如果函数 $y=f(x)$ 在点 x_0 处的导数为无穷大(注意，这时导数不存在)，那么曲线 $y=f(x)$ 在点 $M(x_0,y_0)$ 处具有垂直于 x 轴的切线 $x=x_0$(见例 11)。

三、求导举例

首先，根据导数的定义求几个基本初等函数的导数，作为导数计算的基本公式。

由导数的定义可知，求已知函数 $y=f(x)$ 的导数可按以下三步进行：

(1)求增量 $\Delta y=f(x+\Delta x)-f(x)$

(2)算比值 $\dfrac{\Delta y}{\Delta x}=\dfrac{f(x+\Delta x)-f(x)}{\Delta x}$

(3)取极限 $y'=\lim\limits_{\Delta x\to 0}\dfrac{\Delta y}{\Delta x}=\lim\limits_{\Delta x\to 0}\dfrac{f(x+\Delta x)-f(x)}{\Delta x}$

例 2 求函数 $y=C$(C 为常数)的导数。

解 (1) 求增量 $\Delta y=C-C=0$

(2)算比值 $\dfrac{\Delta y}{\Delta x}=\dfrac{0}{\Delta x}=0$

(3)取极限 $y'=\lim\limits_{\Delta x\to 0}\dfrac{\Delta y}{\Delta x}=\lim\limits_{\Delta x\to 0}0=0$

即

$$(C)'=0$$

这就是说,常数的导数等于零。

例 3 求函数 $y=x$ 的导数。

解 (1)求增量 $\Delta y=(x+\Delta x)-x=\Delta x$

(2)算比值 $\dfrac{\Delta y}{\Delta x}=\dfrac{\Delta x}{\Delta x}=1$

(3)取极限 $\dfrac{dy}{dx}=\lim\limits_{\Delta x\to 0}\dfrac{\Delta y}{\Delta x}=\lim\limits_{\Delta x\to 0}1=1$

即

$$(x)'=1$$

例 4 求函数 $y=x^2$ 的导数。

解 (1)$\Delta y=(x+\Delta x)^2-x^2$

$=2x\Delta x+(\Delta x)^2$

(2)$\dfrac{\Delta y}{\Delta x}=\dfrac{2x\Delta x+(\Delta x)^2}{\Delta x}$

$=2x+\Delta x$

(3)$\dfrac{dy}{dx}=\lim\limits_{\Delta x\to 0}\dfrac{\Delta y}{\Delta x}$

$=\lim\limits_{\Delta x\to 0}(2x+\Delta x)$

$=2x$

即

$$(x^2)'=2x$$

类似地,对于函数 $y=x^3$,可得

$$y'=(x^3)'=3x^2$$

一般地,对于幂函数 $y=x^\mu$(μ 是常数),有

$$(x^\mu)'=\mu x^{\mu-1}$$

这就是幂函数的导数公式,它的证明将在本章第二节中给出。例如,当 $\mu=\dfrac{1}{2}$时,$x^{\frac{1}{2}}=\sqrt{x}$ 的导数为

$$(\sqrt{x})'=(x^{\frac{1}{2}})'$$
$$=\frac{1}{2}x^{\frac{1}{2}-1}$$

$$=\frac{1}{2}x^{-\frac{1}{2}}$$
$$=\frac{1}{2\sqrt{x}}$$

即

$$(\sqrt{x})'=\frac{1}{2\sqrt{x}}$$

当 $\mu=-1$ 时，$x^{-1}=\frac{1}{x}$ 的导数为

$$\left(\frac{1}{x}\right)'=(x^{-1})'$$
$$=-1\cdot x^{-2}$$
$$=-\frac{1}{x^2}$$

即

$$\left(\frac{1}{x}\right)'=-\frac{1}{x^2}$$

例 5　求函数 $y=\sin x$ 的导数。

解　令 $y=f(x)$，则

$$\Delta y=f(x+\Delta x)-f(x)$$
$$=\sin(x+\Delta x)-\sin x$$

由三角函数的和差化积公式得

$$\sin(x+\Delta x)-\sin x=2\sin\frac{\Delta x}{2}\cos\left(x+\frac{\Delta x}{2}\right)$$

从而有

$$\frac{\Delta y}{\Delta x}=\frac{2\sin\frac{\Delta x}{2}}{\Delta x}\cdot\cos\left(x+\frac{\Delta x}{2}\right)$$

于是有

$$y'=\lim_{\Delta x\to 0}\frac{\Delta y}{\Delta x}$$
$$=\lim_{\Delta x\to 0}\left[\frac{2\sin\frac{\Delta x}{2}}{\Delta x}\cos\left(x+\frac{\Delta x}{2}\right)\right]$$
$$=\lim_{\Delta x\to 0}\frac{\sin\frac{\Delta x}{2}}{\frac{\Delta x}{2}}\cdot\lim_{\Delta x\to 0}\cos\left(x+\frac{\Delta x}{2}\right)$$
$$=\cos x$$

即

$$(\sin x)'=\cos x$$

用类似的方法可求得

$$(\cos x)'=-\sin x$$

例 6　求 $f(x)=\ln x$ 的导数。

解 $$\begin{aligned} f'(x) &= \lim_{\Delta x\to 0}\frac{f(x+\Delta x)-f(x)}{\Delta x} \\ &= \lim_{\Delta x\to 0}\frac{\ln(x+\Delta x)-\ln x}{\Delta x} \\ &= \lim_{\Delta x\to 0}\frac{\ln\left(1+\frac{\Delta x}{x}\right)}{\Delta x} \\ &= \lim_{\Delta x\to 0}\frac{1}{x}\cdot\frac{x}{\Delta x}\ln\left(1+\frac{\Delta x}{x}\right) \\ &= \frac{1}{x}\lim_{\Delta x\to 0}\ln\left(1+\frac{\Delta x}{x}\right)^{\frac{x}{\Delta x}} \\ &= \frac{1}{x}\ln e \\ &= \frac{1}{x} \end{aligned}$$

即

$$(\ln x)'=\frac{1}{x}$$

这就是以 e 为底的对数函数的导数公式。

例 7 求 $f(x)=e^x$ 的导数。

解 $$\begin{aligned} f'(x) &= \lim_{\Delta x\to 0}\frac{f(x+\Delta x)-f(x)}{\Delta x} \\ &= \lim_{\Delta x\to 0}\frac{e^{x+\Delta x}-e^x}{\Delta x} \\ &= e^x\lim_{\Delta x\to 0}\frac{e^{\Delta x}-1}{\Delta x} \end{aligned}$$

令 $e^{\Delta x}-1=t$，则 $\Delta x=\ln(1+t)$，且当 $\Delta x\to 0$ 时 $t\to 0$，于是有

$$\begin{aligned} \lim_{\Delta x\to 0}\frac{e^{\Delta x}-1}{\Delta x} &= \lim_{t\to 0}\frac{t}{\ln(1+t)} \\ &= \lim_{t\to 0}\frac{1}{\ln(1+t)^{\frac{1}{t}}} \\ &= \frac{1}{\ln e} \\ &= 1 \end{aligned}$$

因此

$$f'(x)=e^x$$

即

$$(e^x)'=e^x$$

这就是以 e 为底的指数函数的导数公式。

下面，应用已经给出的导数公式，举两个关于导数的几何意义的例子。

例 8 求抛物线 $y=x^2$ 在点(1,1)处的切线方程。

解 抛物线 $y=x^2$ 在点(1,1)处的切线斜率为 $y'|_{x=1}$。因为

$$y'=(x^2)'=2x$$

所以

$$y'|_{x=1}=2\times1=2$$

故所求切线方程为

$$y-1=2(x-1)$$

即

$$y=2x-1$$

例 9　曲线 $y=x^{\frac{3}{2}}$上哪一点处的切线是水平的?

解　要使切线是水平的,即要使切线的斜率等于零。函数 $y=x^{\frac{3}{2}}$的导数

$$y'=(x^{\frac{3}{2}})'=\frac{3}{2}\sqrt{x}$$

是曲线 $y=x^{\frac{3}{2}}$上点 $M(x,y)$处的切线斜率。因此,问题就成为:当 x 取何值时,导数$\frac{3}{2}\sqrt{x}$等于零,即

$$\frac{3}{2}\sqrt{x}=0$$

从而

$$x=0$$

将 $x=0$ 代入所给曲线方程,得

$$y=0$$

所以曲线 $y=x^{\frac{3}{2}}$在点(0,0)处的切线是水平的。

四、函数的可导性与连续性的关系

如果函数 $y=f(x)$在点 x 处可导,那么函数 $y=f(x)$在该点处必连续。这是因为,由

$$\lim_{\Delta x\to0}\frac{\Delta y}{\Delta x}=f'(x)$$

可得

$$\frac{\Delta y}{\Delta x}=f'(x)+\alpha$$

其中 $\alpha\to0(\Delta x\to0)$,于是

$$\Delta y=f'(x)\Delta x+\alpha\Delta x$$

因此,当 $\Delta x\to0$ 时 $\Delta y\to0$,即函数 $y=f(x)$在点 x 处是连续的。

反之,函数 $y=f(x)$在点 x 处连续,却不一定在该点处可导。下面举例说明。

例 10　函数 $y=|x|$的图形如图 2-3 所示,试讨论该函数在 $x=0$ 处的连续性和可导性。

解　在 $x=0$ 处,

$$\begin{aligned}\Delta y&=|\Delta x|-|0|\\&=|\Delta x|\end{aligned}$$

显然

$$\lim_{\Delta x\to0}\Delta y=0$$

所以 $y=|x|$在 $x=0$ 处连续。而

$$\frac{\Delta y}{\Delta x}=\frac{|\Delta x|}{\Delta x}$$

从而左极限

$$\lim_{\Delta x \to 0^-} \frac{\Delta y}{\Delta x} = \lim_{\Delta x \to 0^-} \frac{-\Delta x}{\Delta x}$$

$$= -1$$

右极限

$$\lim_{\Delta x \to 0^+} \frac{\Delta y}{\Delta x} = \lim_{\Delta x \to 0^+} \frac{\Delta x}{\Delta x}$$

$$= 1$$

所以

$$\lim_{\Delta x \to 0} \frac{\Delta y}{\Delta x}$$

不存在,即 $y=|x|$ 在 $x=0$ 处不可导。

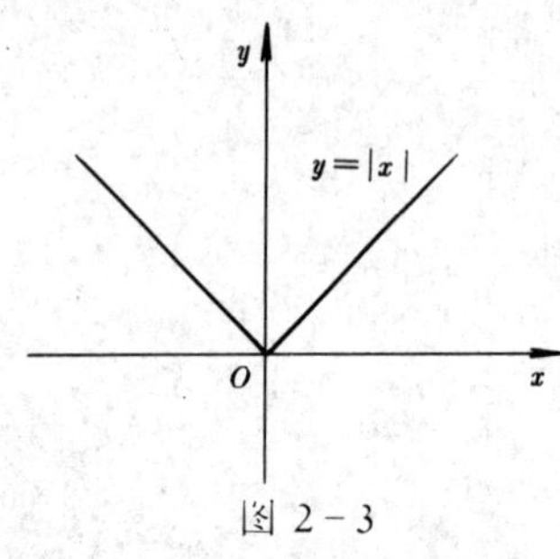

图 2-3

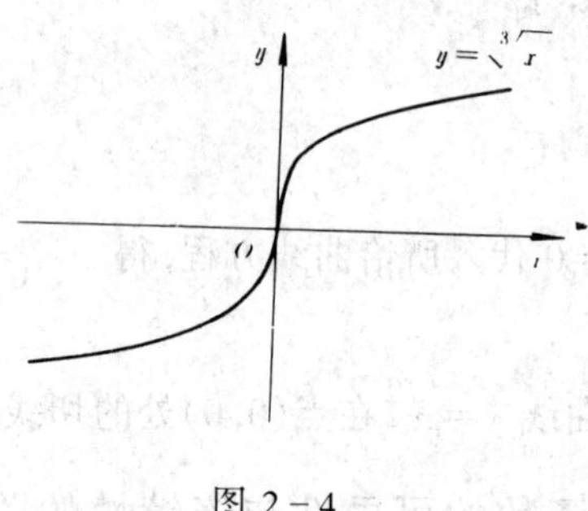

图 2-4

例 11 函数 $y=f(x)=\sqrt[3]{x}$ 在 $(-\infty,+\infty)$ 内连续,但在 $x=0$ 处不可导。

解 函数 $y=\sqrt[3]{x}$ 的图形如图 2-4 所示。在 $x=0$ 处

$$\frac{\Delta y}{\Delta x} = \frac{f(0+\Delta x)-f(0)}{\Delta x}$$

$$= \frac{\sqrt[3]{\Delta x}-0}{\Delta x}$$

$$= \frac{1}{(\Delta x)^{\frac{2}{3}}}$$

所以

$$\lim_{\Delta x \to 0} \frac{\Delta y}{\Delta x} = \lim_{\Delta x \to 0} \frac{1}{(\Delta x)^{\frac{2}{3}}}$$

$$= +\infty$$

即在 $x=0$ 处 $f(x)=\sqrt[3]{x}$ 的导数为无穷大(注意,导数不存在),所以 $f(x)=\sqrt[3]{x}$ 在 $x=0$ 处不可导。从图 2-4 中可以看到,连续曲线 $y=\sqrt[3]{x}$ 在原点 O 处具有垂直于 x 轴的切线 $x=0$ (即 y 轴)。

由上述讨论可知,函数在点 x 处连续是函数在该点可导的必要条件,不是充分条件。

习 题 2-1

1. 什么叫函数在点 x_0 处的导数?什么叫函数的导函数?二者有何联系与区别?

2．导数的几何意义是什么？写出曲线 $y=f(x)$ 在点 (x_0,y_0) 处的切线方程。

3．函数的变化率与它的导数是何关系？

4．由导数定义求 $f(x)=\dfrac{2}{x}$ 在 $x=-1$ 处的导数 $f'(-1)$。

5．由导数定义求 $y=ax+b$（a,b 是常数）的导数 y'。

6．已知物体的运动规律为 $S=t^3$（米），求该物体在任一时刻 t 的速度及在 $t=2$ 秒时的速度。

7．利用幂函数的导数公式，求下列函数的导数：

(1) $y=x^4$；　　(2) $y=\sqrt[3]{x^2}$；

(3) $y=x^{1.6}$；　　(4) $y=\dfrac{1}{\sqrt{x}}$；

(5) $y=x^3\sqrt[5]{x}$；　　(6) $y=\dfrac{1}{x^2}$；

(7) $y=\dfrac{x^2\sqrt[3]{x^2}}{\sqrt{x^5}}$。

8．设 $y=\sin x$，求 $\left.\dfrac{dy}{dx}\right|_{x=0}$ 及 $\left.\dfrac{dy}{dx}\right|_{x=\frac{\pi}{2}}$。

9．设 $f(x)=\ln x$，求 $f'(1)$ 及 $f'(2)$。

10．求曲线 $y=e^x$ 在点 $(0,1)$ 处的切线方程。

11．在立方抛物线 $y=x^3$ 上，哪一点处的切线斜率等于3？

12．试求过点 $(3,8)$ 且与抛物线 $y=x^2$ 相切的直线方程。

13．设有一根质量分布不均匀的细棒 AB，其长为20厘米。在 AB 上任取点 M，设 AM 段的质量与从 A 到 M 的长度的平方成正比，并且已知当 $AM=2$ 厘米时，质量为4克。试求：

(1) AM 段的质量 p 与点 M 的坐标 x 之间的函数关系；

(2) A 与 B 之间任一点 M 处的线密度。

14．假定 $f'(x_0)$ 存在，由导数定义观察下列极限，指出 A 表示什么：

(1) $\lim\limits_{x\to x_0}\dfrac{f(x)-f(x_0)}{x-x_0}=A$；

(2) $\lim\limits_{h\to 0}\dfrac{f(x_0+h)-f(x_0)}{h}=A$；

(3) $\lim\limits_{\Delta x\to 0}\dfrac{f(x_0-\Delta x)-f(x_0)}{\Delta x}=A$。

第二节 求导法则

本节介绍一系列求导法则。利用这些法则来求导数，要比用定义求导数简便得多。

一、函数和、差、积、商的求导法则

定理1 设函数 $u=u(x)$，$v=v(x)$ 在点 x 处可导，$u'=u'(x)$，$v'=v'(x)$，则函数

$u(x)\pm v(x)$, $u(x)\cdot v(x)$及$\dfrac{u(x)}{v(x)}$($v(x)\neq0$)在点 x 也可导,且

(1)$[u(x)\pm v(x)]'=u'(x)\pm v'(x)$,简记为

$$(u\pm v)'=u'\pm v'$$

(2)$[u(x)\cdot v(x)]'=u'(x)v(x)+u(x)v'(x)$,简记为

$$(uv)'=u'v+uv'$$

(3)$\left[\dfrac{u(x)}{v(x)}\right]'=\dfrac{u'(x)v(x)-u(x)v'(x)}{[v(x)]^2}$,简记为

$$\left(\frac{u}{v}\right)'=\frac{u'v-uv'}{v^2}(v(x)\neq0)$$

下面仅以函数积的求导法则为例加以证明。令

$$f(x)=u(x)\cdot v(x)$$

因为

$$\Delta u=u(x+\Delta x)-u(x)$$

于是有

$$u(x+\Delta x)=u(x)+\Delta u$$

同理

$$v(x+\Delta x)=v(x)+\Delta v$$

从而

$$\begin{aligned}f(x+\Delta x)-f(x)&=u(x+\Delta x)\cdot v(x+\Delta x)-u(x)\cdot v(x)\\&=[u(x)+\Delta u]\cdot[v(x)+\Delta v]-u(x)\cdot v(x)\\&=\Delta u\cdot v(x)+u(x)\cdot\Delta v+\Delta u\cdot\Delta v\end{aligned}$$

于是有

$$\lim_{\Delta x\to0}\frac{f(x+\Delta x)-f(x)}{\Delta x}=\lim_{\Delta x\to0}\left[\frac{\Delta u}{\Delta x}\cdot v(x)+u(x)\cdot\frac{\Delta v}{\Delta x}+\Delta u\cdot\frac{\Delta v}{\Delta x}\right]$$

因为

$$\lim_{\Delta x\to0}\frac{\Delta u}{\Delta x}=u'(x)\qquad\lim_{\Delta x\to0}\frac{\Delta v}{\Delta x}=v'(x)$$

且

$$\lim_{\Delta x\to0}\Delta u=0$$

所以

$$\lim_{\Delta x\to0}\frac{f(x+\Delta x)-f(x)}{\Delta x}=u'(x)\cdot v(x)+u(x)\cdot v'(x)$$

即

$$[u(x)\cdot v(x)]'=u'(x)\cdot v(x)+u(x)\cdot v'(x)$$

简记为

$$(u\cdot v)'=u'v+uv'$$

特别是,在法则(2)中,如果 $v(x)\equiv C$(C 为常数),那么由于$(C)'=0$,所以

$$[C\cdot u(x)]'=C\cdot u'(x)$$

简记为

$$(Cu)' = Cu'$$

这表明,常数因子可以提到求导记号之外。

法则(1)及(2)可以推广到有限多个函数的情形,例如

$$(u + v - w)' = u' + v' - w'$$

$$(u \cdot v \cdot w)' = u' \cdot v \cdot w + u \cdot v' \cdot w + u \cdot v \cdot w'$$

例 1 设 $y = x^2 - \sqrt{x} + 2$,求 y'。

解 $y' = (x^2 - \sqrt{x} + 2)'$

$= (x^2)' - (\sqrt{x})' + (2)'$

$= 2x - \dfrac{1}{2\sqrt{x}}$

例 2 求曲线 $y = x + \dfrac{4}{x}$ 在点(1,5)处的切线方程。

解

$$y' = \left(x + \frac{4}{x}\right)'$$

$$= (x)' + 4\left(\frac{1}{x}\right)'$$

$$= 1 - \frac{4}{x^2}$$

曲线在点(1,5)处的切线的斜率为

$$y'\big|_{x=1} = 1 - \frac{4}{1^2} = -3$$

故所求切线方程为

$$y - 5 = -3(x - 1)$$

即

$$y = -3x + 8$$

例 3 病人对药物的反应与给药量有关。如果反应强度 S 与给药量 x 之间的关系为

$$S = S(x) = x^2(5 - x)$$

试求反应强度的变化率。

解 反应强度的变化率就是反应强度函数 $S(x)$ 对给药量 x 的导数

$$S'(x) = [x^2(5 - x)]'$$

$$= (5x^2 - x^3)'$$

$$= 5(x^2)' - (x^3)'$$

$$= 5 \cdot 2x - 3x^2$$

$$= 10x - 3x^2$$

即所求变化率为 $10x - 3x^2$。

例 4 设 $y = 3e^x + \cos x \cdot \ln x$,求 $\dfrac{dy}{dx}, \dfrac{dy}{dx}\Big|_{x=1}$。

解

$$\frac{dy}{dx} = 3(e^x)' + (\cos x)' \cdot \ln x + \cos x \cdot (\ln x)'$$

$$= 3e^x - \sin x \cdot \ln x + \frac{\cos x}{x}$$

$$\frac{dy}{dx}\Big|_{x=1} = 3e - \sin 1 \cdot \ln 1 + \frac{\cos 1}{1}$$

$$= 3e + \cos 1$$

例 5 求函 $y=\log_a x$ 的导数($a>0, a\neq 1$)。

解 利用对数换底公式有

$$\log_a x = \frac{\ln x}{\ln a}$$

于是有

$$y' = (\log_a x)' = \left(\frac{\ln x}{\ln a}\right)' = \frac{1}{\ln a}(\ln x)' = \frac{1}{x\ln a}$$

即

$$(\log_a x)' = \frac{1}{x\ln a}$$

这就是以 a 为底的对数函数的求导公式。

例 6 求 $y=\mathrm{tg}x$ 的导数。

解

$$y' = (\mathrm{tg}x)' = \left(\frac{\sin x}{\cos x}\right)' = \frac{(\sin x)'\cdot\cos x - \sin x\cdot(\cos x)'}{\cos^2 x} = \frac{\cos^2 x + \sin^2 x}{\cos^2 x} = \frac{1}{\cos^2 x} = \sec^2 x$$

即

$$(\mathrm{tg}x)' = \sec' x$$

这就是正切函数的导数公式。

类似地,可得余切函数的导数公式

$$(\cot x)' = -\csc^2 x$$

例 7 求 $y=\sec x$ 的导数。

解

$$y' = (\sec x)' = \left(\frac{1}{\cos x}\right)' = \frac{(1)'\cdot\cos x - 1\cdot(\cos x)'}{\cos^2 x} = \frac{\sin x}{\cos^2 x} = \sec x\,\mathrm{tg}x$$

即

$$(\sec x)' = \sec x\,\mathrm{tg}x$$

这就是正割函数的导数公式。

类似地,可得余割函数的导数公式

$$(\csc x)' = -\csc x\cot x$$

二、复合函数的求导法则

定理 2 设函数 $u=\varphi(x)$在点 x 处可导,$y=f(u)$在与 x 对应的点 u 处可导,则复合函数 $y=f[\varphi(x)]$在点 x 处也可导,且

$$\frac{dy}{dx}=f'(u)\cdot\varphi'(x)$$

或记为

$$\frac{dy}{dx}=\frac{dy}{du}\cdot\frac{du}{dx}$$

证 设 x 有增量 Δx 时,u 的增量为 Δu,y 相应的增量为 Δy,于是当 $\Delta u\neq 0$ 时,有

$$\frac{\Delta y}{\Delta x}=\frac{\Delta y}{\Delta u}\cdot\frac{\Delta u}{\Delta x}$$

从而

$$\lim_{\Delta x\to 0}\frac{\Delta y}{\Delta x}=\lim_{\Delta x\to 0}\left(\frac{\Delta y}{\Delta u}\cdot\frac{\Delta u}{\Delta x}\right)$$

因为 $u=\varphi(x)$在点 x 处可导,所以在点 x 处连续,即

$$\lim_{\Delta x\to 0}\Delta u=0$$

又

$$\lim_{\Delta x\to 0}\frac{\Delta u}{\Delta x}=\varphi'(x),\ \lim_{\Delta u\to 0}\frac{\Delta y}{\Delta u}=f'(u)$$

从而

$$\begin{aligned}\lim_{\Delta x\to 0}\frac{\Delta y}{\Delta x}&=\lim_{\Delta u\to 0}\frac{\Delta y}{\Delta u}\cdot\lim_{\Delta x\to 0}\frac{\Delta u}{\Delta x}\\&=f'(u)\cdot\varphi'(x)\end{aligned}$$

当 $\Delta u=0$ 时,可以证明上述公式仍然成立。

例 8 求 $y=\sin 2x$ 的导数$\frac{dy}{dx}$。

解 $y=\sin 2x$ 可以看作由 $y=\sin u$, $u=2x$ 复合而成,且

$$\frac{dy}{du}=\cos u,\ \frac{du}{dx}=2$$

因此

$$\begin{aligned}\frac{dy}{dx}&=\frac{dy}{du}\cdot\frac{du}{dx}\\&=\cos u\cdot 2\\&=2\cos 2x\end{aligned}$$

例 9 设 $y=e^{x^3}$,求 y'。

解 $y=e^{x^3}$可看作由 $y=e^u$, $u=x^3$ 复合而成,且

$$\frac{dy}{du}=e^u,\ \frac{du}{dx}=3x^2$$

因此

$$\frac{dy}{dx}=\frac{dy}{du}\cdot\frac{du}{dx}$$
$$=e^{u}\cdot 3x^{2}$$
$$=3x^{2}e^{x^{3}}$$

例 10 设 $y=\sqrt{a^{2}-x^{2}}$，求 y'。

解 所给函数可看作由 $y=\sqrt{u}$，$u=a^{2}-x^{2}$ 复合而成，且

$$\frac{dy}{du}=\frac{1}{2\sqrt{u}},\frac{du}{dx}=-2x$$

因此

$$y'=\frac{dy}{du}\cdot\frac{du}{dx}$$
$$=\frac{1}{2\sqrt{u}}\cdot(-2x)$$
$$=-\frac{x}{\sqrt{a^{2}-x^{2}}}$$

从以上三例可以看到，应用复合函数的求导法则时，一定要分清复合过程，认清中间变量。运算较熟练后，就不必再写出分解过程及中间变量。

例 11 设 $y=\ln \mathrm{tg} x$，求 y'。

解

$$y'=(\ln \mathrm{tg} x)'$$
$$=\frac{1}{\mathrm{tg} x}\cdot(\mathrm{tg} x)'$$
$$=\frac{1}{\mathrm{tg} x}\cdot\sec^{2}x$$
$$=\frac{1}{\sin x\cos x}$$

例 12 求 $y=a^{x}$ 的导数（$a>0, a\neq 1$）。

解 因为

$$a^{x}=(e^{\ln a})^{x}$$
$$=e^{x\ln a}$$

所以

$$y'=(a^{x})'$$
$$=(e^{x\ln a})'$$
$$=e^{x\ln a}\cdot(x\ln a)'$$
$$=e^{x\ln a}\cdot\ln a$$
$$=a^{x}\ln a$$

即

$$(a^{x})'=a^{x}\ln a$$

这就是以 a 为底的指数函数的导数公式。

例 13 证明 $(x^{\mu})'=\mu x^{\mu-1}\qquad(x>0)$。

证 因为

$$x^{\mu}=(e^{\ln x})^{\mu}=e^{\mu\ln x}$$

所以

$$
\begin{aligned}
y' &= (x\mu)' \\
&= (e^{\mu\ln x})' \\
&= e^{\mu\ln x}\cdot(\mu\ln x)' \\
&= x^{\mu}\cdot\frac{\mu}{x} \\
&= \mu x^{\mu-1}
\end{aligned}
$$

复合函数的求导法则也可以推广到多个中间变量的情形。例如，设 $y=f(u)$，$u=\varphi(v)$，$v=\varphi(x)$都满足定理 2 中的条件，则复合函数 $y=f\{[\psi(x)]\}$可导，且

$$\frac{dy}{dx}=\frac{dy}{du}\cdot\frac{du}{dv}\cdot\frac{dv}{dx}$$

例 14 设 $y=\ln\sin(2^x)$，求$\frac{dy}{dx}$。

解 所给函数可以分解为 $y=\ln u$，$u=\sin v$，$v=2^x$，因此

$$
\begin{aligned}
\frac{dy}{dx} &= \frac{dy}{du}\cdot\frac{du}{dv}\cdot\frac{dv}{dx} \\
&= \frac{1}{u}\cdot\cos v\cdot 2^x\ln 2 \\
&= \frac{\cos(2^x)}{\sin(2^x)}\cdot 2^x\ln 2 \\
&= 2^x\ln 2\cdot\cot(2^x)
\end{aligned}
$$

或者

$$
\begin{aligned}
\frac{dy}{dx} &= \frac{1}{\sin(2^x)}\cdot[\sin(2^x)]' \\
&= \frac{1}{\sin(2^x)}\cdot\cos(2^x)\cdot(2^x)' \\
&= 2^x\ln 2\cot(2x)
\end{aligned}
$$

例 15 设 $y=\sqrt[3]{1+\sin^2 x}$，求 y'。

解

$$
\begin{aligned}
y' &= \frac{1}{3}(1+\sin^2 x)^{-\frac{2}{3}}\cdot(1+\sin^2 x)' \\
&= \frac{1}{3\sqrt[3]{(1+\sin^2 x)^2}}\cdot 2\sin x\cdot(\sin x)' \\
&= \frac{1}{3\sqrt[3]{(1+\sin^2 x)^2}}\cdot 2\sin x\cos x \\
&= \frac{\sin 2x}{3\sqrt[3]{(1+\sin^2 x)^2}}
\end{aligned}
$$

例 16 设 $y=\ln(x+\sqrt{1+x^2})$，求 y'

解

$$
\begin{aligned}
y' &= [\ln(x+\sqrt{1+x^2})]' \\
&= \frac{1}{x+\sqrt{1+x^2}}(x+\sqrt{1+x^2})' \\
&= \frac{1}{x+\sqrt{1+x^2}}\left[1+\frac{(1+x^2)'}{2\sqrt{1+x^2}}\right]
\end{aligned}
$$

$$=\frac{1}{x+\sqrt{1+x^2}}\left(1+\frac{x}{\sqrt{1+x^2}}\right)$$
$$=\frac{1}{x+\sqrt{1+x^2}}\cdot\frac{\sqrt{1+x^2}+x}{\sqrt{1+x^2}}$$
$$=\frac{1}{\sqrt{1+x^2}}$$

例 17 设 $y=\sin nx\ \sin^n x$，求 y'。

解

$$\begin{aligned}y'&=(\sin nx)'\cdot\sin^n x+\sin nx\cdot(\sin^n x)'\\&=[\cos nx\cdot(nx)']\sin^n x+\sin nx\cdot[n\ \sin^{n-1}x\cdot(\sin x)']\\&=n\cos nx\sin^n x+n\sin nx\sin^{n-1}x\cos x\\&=n\sin^{n-1}x(\cos nx\sin x+\sin nx\cos x)\\&=n\sin^{n-1}x\sin(n+1)x\end{aligned}$$

例 18 已知口服一定剂量的某药后，血药浓度 C 与时间 t 的关系为

$$C=40(e^{-0.2t}-e^{-2.3t}),$$

求血药浓度 C 对于时间 t 的变化率。

解 变化率为$\dfrac{dC}{dt}$，

$$\begin{aligned}\frac{dC}{dt}&=[40(e^{-0.2t}-e^{-2.3t})]'\\&=40[e^{-0.2t}(-0.2t)'-e^{-2.3t}(-2.3t)']\\&=40(-0.2e^{-0.2t}+2.3e^{-2.3t})\\&=4(23e^{-2.3t}-2e^{-0.2t})\end{aligned}$$

例 15、例 16、例 17 及例 18 告诉我们，计算函数的导数时，有时需要同时运用函数的和、差、积、商求导法则及复合函数求导法则。

三、隐函数的求导法

如果一个函数可表示为 $y=f(x)$，其中 y 是因变量，$f(x)$是自变量 x 的解析式，则称其为显函数，例如 $y=\sin 2x$，$y=\ln x+\sqrt{1+x^2}$等。前面我们遇到的函数大多是显函数。有些函数的表达式却不是这样，例如方程

$$2x-3y+1=0$$

表示一个函数，因为当变量 x 在其变化范围$(-\infty,+\infty)$内取值时，变量 y 有确定的值与之相对应，如当 $x=0$ 时 $y=\frac{1}{3}$，当 $x=1$ 时 $y=1$，等等。

一般地讲，如果在方程 $F(x,y)=0$ 中，当 x 取某区间内的任一值时，相应地总有满足这个方程的 y 值存在，就说方程 $F(x,y)=0$ 在该区间内确定了一个隐函数，例如方程 $2x-3y+1=0$ 就确定了一个隐函数。

把一个隐函数化成显函数，叫做隐函数的显化，例如从方程 $2x-3y+1=0$ 解出

$$y=\frac{1}{3}(2x+1)$$

就把隐函数化成了显函数。但是，隐函数的显化有时是困难的，甚至是不可能的。

求由方程 $F(x,y)=0$ 所确定的隐函数 y 对 x 的导数$\frac{dy}{dx}$时，并不需要先化成显函数后再求导数。可以应用复合函数的求导法则，在等式两边对自变量 x 求导，并注意到其中的变量 y 是 x 的函数，就可以得到一个关于导数$\frac{dy}{dx}$的方程，解出$\frac{dy}{dx}$就可以了。

例 19 求由方程 $x-y+\frac{1}{2}\sin y=0$ 所确定的隐函数 y 的导数$\frac{dy}{dx}$。

解 设由方程 $x-y+\frac{1}{2}\sin y=0$ 所确定的隐函数为 $y=y(x)$，将 $y(x)$ 代入原方程，得恒等式

$$x-y(x)+\frac{1}{2}\sin[y(x)]\equiv 0$$

将上式简记为

$$x-y+\frac{1}{2}\sin y=0$$

其中 y 是 x 的函数。

在等式两边对 x 求导：

$$\frac{d}{dx}\left(x-y+\frac{1}{2}\sin y\right)=\frac{d}{dx}(0)$$

得

$$1-\frac{dy}{dx}+\frac{1}{2}\cos y\cdot\frac{dy}{dx}=0$$

于是有

$$\left(1-\frac{1}{2}\cos y\right)\cdot\frac{dy}{dx}=1$$

从而

$$\frac{dy}{dx}=\frac{2}{2-\cos y}$$

例 20 求由方程 $x^3+y^3=3axy$ 所确定的隐函数的导数$\frac{dy}{dx}$。

解 两边对 x 求导：

$$\frac{d}{dx}(x^3+y^3)=\frac{d}{dx}(3axy)$$

得

$$3x^2+3y^2\cdot\frac{dy}{dx}=3a\left(y+x\frac{dy}{dx}\right)$$

于是有

$$(y^2-ax)\frac{dy}{dx}=ay-x^2$$

从而

$$\frac{dy}{dx}=\frac{ay-x^2}{y^2-ax}$$

例 21 求 $y=\arcsin x$ 的导数$(-1<x<1)$。

解 由 $y=\arcsin x(-1<x<1)$可得

$$\sin y=x$$

其中$-\frac{\pi}{2}<y<\frac{\pi}{2}$,采用隐函数求导法,有

$$\frac{d}{dx}(\sin y)=\frac{d}{dx}(x)$$

得

$$\cos y\cdot y'=1$$

从而

$$y'=\frac{1}{\cos y}$$

由于

$$\begin{aligned}\cos y&=\sqrt{1-\sin^2 y}\\&=\sqrt{1-x^2}\qquad\left(-\frac{\pi}{2}<y<\frac{\pi}{2}\right)\end{aligned}$$

于是

$$y'=\frac{1}{\sqrt{1-x^2}}\qquad(-1<x<1)$$

即

$$(\arcsin x)'=\frac{1}{\sqrt{1-x^2}}$$

这就是反正弦函数的导数公式。

类似地,有反余弦函数的导数公式

$$(\arccos x)'=-\frac{1}{\sqrt{1-x^2}}$$

例 22 求 $y=\mathrm{arctg}x$ 的导数。

解 由 $y=\mathrm{arctg}x$ 可得

$$\mathrm{tg}y=x$$

其中$-\frac{\pi}{2}<y<\frac{\pi}{2}$,两边对 x 求导,得

$$\sec^2 y\cdot y'=1$$

从而有

$$y'=\frac{1}{\sec^2 y}$$

由于

$$\sec^2 y=1+\mathrm{tg}^2 y=1+x^2$$

所以

$$y'=\frac{1}{1+x^2}$$

即

$$(\operatorname{arctg}x)' = \frac{1}{1+x^2}$$

这就是反正切函数的导数公式。

类似地，有反余切函数的导数公式

$$(\operatorname{arccot}x)' = -\frac{1}{1+x^2}$$

例 23 求 $y = \sqrt{\frac{(x-1)(x-2)}{(x-3)(x-4)}}$ 的导数。

解 如果直接求导，则计算较繁。把等式两边取对数，得

$$\begin{aligned}\ln y &= \ln\sqrt{\frac{(x-1)(x-2)}{(x-3)(x-4)}}\\ &= \frac{1}{2}[\ln(x-1)+\ln(x-2)-\ln(x-3)-\ln(x-4)]\end{aligned}$$

用隐函数求导法，得

$$\frac{1}{y}\cdot y' = \frac{1}{2}\left(\frac{1}{x-1}+\frac{1}{x-2}-\frac{1}{x-3}-\frac{1}{x-4}\right)$$

从而

$$\begin{aligned}y' &= \frac{y}{2}\left(\frac{1}{x-1}+\frac{1}{x-2}-\frac{1}{x-3}-\frac{1}{x-4}\right)\\ &= \frac{1}{2}\sqrt{\frac{(x-1)(x-2)}{(x-3)(x-4)}}\left(\frac{1}{x-1}+\frac{1}{x-2}-\frac{1}{x-3}-\frac{1}{x-4}\right)\end{aligned}$$

例 23 中所采用的求导法称为对数求导法。对数求导法还可用来求幂指函数的导数。

例 24 求函数 $y = x^x$ 的导数。

解 两边取对数，得

$$\begin{aligned}\ln y &= \ln x^x\\ &= x\ln x\end{aligned}$$

两边对 x 求导，得

$$\frac{1}{y}\cdot y' = \ln x + 1$$

从而

$$\begin{aligned}y' &= y(1+\ln x)\\ &= x^x(1+\ln x)\end{aligned}$$

下面再举两个有关变化率的例子。

例 25 一球形细胞体不断吸收水分，其半径按 1 毫米/分的速率增大，问当其直径为 2 毫米时，其体积的增大率为多少？

解 设在时刻 t 该球形细胞体积为 V，半径为 r，则 V 与 r 都是时间 t 的函数。现在已知 $\frac{dr}{dt} = 1$(毫米/分)，要计算体积的增大率 $\frac{dV}{dt}$。先找出 V 与 r 的关系式，有

$$V = \frac{4}{3}\pi r^3$$

再在上式两边对 t 求导，得

$$\frac{d}{dt}(V)=\frac{d}{dt}\left(\frac{4}{3}\pi r^3\right)$$

$$\frac{dV}{dt}=4\pi r^2\frac{dr}{dt}$$

当直径为 2 毫米时,半径 $r=1$ 毫米,于是

$$\left.\frac{dV}{dt}\right|_{r=1}=4\pi\cdot 1^2\cdot 1$$

$$=4\pi(\text{毫米}^3/\text{分})$$

即当直径为 2 毫米时,其体积的增大率为 4π 毫米^3/分。

例 26 将水注入深 8 米、上顶直径 8 米的圆锥形容器中,速率为 4 米^3/分。当水深为 5 米时,求水表面上升的变化率(图 2-5)。

解 设在时刻 t 容器中水的体积为 V、水表面半径为 R、水深为 h,则 V,R 及 h 都是 t 的函数,且

$$R:h=4:8$$

已知体积的变化率 $\frac{dV}{dt}=4$ 米^3/分,现在计算 $h=5$ 米时水表面上升的变化率 $\frac{dh}{dt}$。

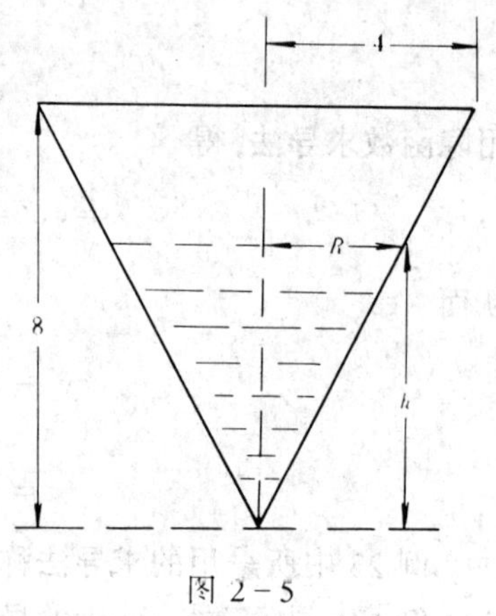

图 2-5

先找出 V 与 h 间的关系式。因为

$$V=\frac{\pi}{3}R^2h$$

而

$$R=\frac{h}{2}$$

从而

$$V=\frac{\pi}{12}h^3$$

再在上式两边对 t 求导,得

$$\frac{dV}{dt}=\frac{\pi}{4}h^2\cdot\frac{dh}{dt}$$

从而

$$\frac{dh}{dt}=\frac{4}{\pi h^2}\frac{dV}{dt}$$

当 $h=5$ 米时,

$$\left.\frac{dh}{dt}\right|_{h=5}=\frac{4}{\pi\cdot 5^2}\cdot 4$$

$$=\frac{16}{25\pi}(\text{米}/\text{分})$$

即当水深为 5 米时水面上升的变化率为 $\frac{16}{25\pi}$ 米/分。

从以上函数求导的运算中可以看到,常数及基本初等函数的导数公式和求导法则是极其重要的,必须熟练掌握。为了便于查阅,现将导数公式和求导法则汇总如下:

1. 导数基本公式

(1) $(C)'=0$

(2) $(x^{\mu})'=\mu x^{\mu-1}$　　(μ 为实常数)

(3) $(e^{x})'=e^{x}$

(4) $(a^{x})'=a^{x}\ln a$　　$(a>0, a\neq1)$

(5) $(\ln x)'=\dfrac{1}{x}$

(6) $(\log_{a}x)'=\dfrac{1}{x\ln a}$　　$(a>0, a\neq1)$

(7) $(\sin x)'=\cos x$

(8) $(\cos x)'=-\sin x$

(9) $(\operatorname{tg}x)'=\sec^{2}x$

(10) $(\cot x)'=-\csc^{2}x$

(11) $(\sec x)'=\sec x\operatorname{tg}x$

(12) $(\csc x)'=-\csc x\operatorname{ctg}x$

(13) $(\arcsin x)'=\dfrac{1}{\sqrt{1-x^{2}}}$

(14) $(\arccos x)'=-\dfrac{1}{\sqrt{1-x^{2}}}$

(15) $(\operatorname{arctg}x)'=\dfrac{1}{1+x^{2}}$

(16) $(\operatorname{arccot}x)'=-\dfrac{1}{1+x^{2}}$

2. 求导法则

设 $u=u(x)$, $v=v(x)$ 可导,则

(1) $(u\pm v)'=u'\pm v'$

(2) $(uv)'=u'v+uv'$

(3) $(Cu)'=Cu'$

(4) $\left(\dfrac{u}{v}\right)'=\dfrac{u'v-uv'}{v^{2}}$　　$(v\neq0)$

(5)设 $y=f(u)$, $u=\varphi(x)$ 均可导,则复合函数 $y=f[\varphi(x)]$ 也可导,且

$$\frac{dy}{dx}=\frac{dy}{du}\cdot\frac{du}{dx}$$

或

$$\frac{dy}{dx}=f'(u)\cdot\varphi'(x)$$

习　　题　2-2

1. 填空题

(1) $\lim\limits_{x\to1}\dfrac{x-1}{x+1}=$__________, $\left(\dfrac{x-1}{x+1}\right)'=$__________。

(2) $\lim\limits_{x\to1}\dfrac{\sin x}{x}=$__________, $\left(\dfrac{\sin x}{x}\right)'=$__________。

2. 判断下列解题方法是否正确，如不正确，则予以改正：

(1) $(\sin 5x)' = \sin(5x)' = \sin 5$;

(2) $(\sin 5x) = (\cos 5x)$;

(3) $(\sin 5x)' = \cos 5x \cdot (5x) = 5\cos 5x$;

(4) $(x^2 e^x)' = (x^2)'(e^x)' = 2xe^x$;

(5) $(x^2 e^x)' = 2xe^x + x^2 e^x$;

(6) $\left(\dfrac{x^2-1}{x^2+1}\right)' = \dfrac{(x^2-1)'}{(x^2+1)'} = \dfrac{2x}{2x} = 1$;

(7) $\left(\dfrac{x^2-1}{x^2+1}\right)' = \dfrac{(x^2-1)'(x^2+1)-(x^2-1)(x^2+1)'}{(x^2+1)^2} = \dfrac{4x}{(x^2+1)^2}$。

3. 推导余切函数及余割函数的导数公式。

4. 求下列函数的导数：

(1) $y = 3x^2 - \dfrac{2}{x^2} + 3$;

(2) $y = x^2(2+\sqrt{x})$;

(3) $y = 2e^x \cos x$;

(4) $\rho = \sqrt{\varphi}\sin\varphi$;

(5) $y = (x^2 - 3x + 1)\ln x$;

(6) $y = x^2 e^x$;

(7) $y = \dfrac{1}{1+x+x^2}$;

(8) $y = \dfrac{x-1}{x+1}$;

(9) $S = \dfrac{1+\sin t}{1-\sin t}$;

(10) $y = \dfrac{\ln x}{x}$;

(11) $y = \mathrm{tg}x + \sec x$;

(12) $y = x^2 \sin x \cos x$。

5. 求下列函数在给定点处的导数：

(1) $y = \sin x + \cos x$，求 $y'\big|_{x=\frac{\pi}{6}}$ 和 $y'\big|_{x=\frac{\pi}{3}}$；

(2) $y = \varphi\sin\varphi + \dfrac{1}{2}\cos\varphi$，求 $\left.\dfrac{dy}{d\varphi}\right|_{\varphi=\frac{\pi}{4}}$；

(3) $f(t) = \dfrac{1-\sqrt{t}}{1+\sqrt{t}}$，求 $f'(4)$；

(4) $f(x) = \dfrac{3}{5-x} + \dfrac{x^2}{5}$，求 $f'(0)$ 和 $f'(2)$。

6. 求下列曲线在给定点处的切线方程：

(1) 曲线 $y = 2\sin x + x^2$，在横坐标为 $x = 0$ 的点处；

(2) 曲线 $y = x - \dfrac{1}{x}$，在与 x 轴的交点处。

7. 已知质点的运动规律为 $S = 3t - \dfrac{1}{2}gt^2$，求质点在 $t = 1$ 秒时的运动速度。

8. 问曲线 $y = x^3 - 3x^2 + 4$ 上哪一点处的切线是水平的？

9. 求下列函数的导数：

(1) $y = (2x+5)^4$;

(2) $y = \cos(4-3x)$;

(3) $y = \sin^2 x$;

(4) $y = \ln(1+x^2)$;

(5) $y = e^{-x^2}$;

(6) $y = \mathrm{tg}2x$;

(7) $y = \sqrt{a^2 - x^2}$;

(8) $y = \ln\cos x$;

(9) $y=\operatorname{arctg}\frac{1}{x}$；

(10) $y=\sin(2^x)$；

(11) $y=\log_a(x^2+x+1)$；

(12) $y=(\arcsin x)^2$；

(13) $y=\arcsin\sqrt{x}$；

(14) $y=\frac{1}{\sqrt{1-x^2}}$；

(15) $y=\sqrt[3]{1+a^x}$；

(16) $y=\ln(x+\sqrt{x^2+a^2})$；

(17) $y=e^{-\frac{x}{2}}\cos 3x$；

(18) $y=\frac{\sin 2x}{x}$；

(19) $y=\ln(\sec x+\operatorname{tg}x)$；

(20) $y=\ln(\csc x-\cot x)$；

(21) $y=\ln\operatorname{tg}\frac{x}{2}$；

(22) $y=e^{\operatorname{arctg}\sqrt{x}}$；

(23) $y=\ln\ln\ln x$；

(24) $y=\sqrt{1+\operatorname{tg}^3x}$；

(25) $y=e^{-\sin\frac{1}{x}}$；

(26) $y=(\cos 2x-\sin 3x)^6$。

10. 求由下列方程所确定的隐函数的导数：

(1) $y^2-2xy+9=0$；

(2) $e^y+xy-e=0$；

(3) $xy=e^{x+y}$；

(4) $y=1-xe^y$。

11. 用对数求导法求下列函数的导数：

(1) $y=\sqrt[3]{\frac{(x-5)^2}{(x^2+4)^4}}$；

(2) $y=\frac{\sqrt{x+2}(3-x)^4}{(x+1)^5}$；

(3) $y=x^{\sin x}$；

(4) $y=(1+3x)^x$。

12. 求椭圆$\frac{x^2}{16}+\frac{y^2}{9}=1$在点$(2,\frac{3}{2}\sqrt{3})$处的切线方程。

13. 一个球形物体的半径以0.1厘米/秒的速度增加，求在半径为10厘米时它的表面积和体积的增加速度各是多少？

14. 落在平静水面上的石头，使水面产生同心波纹。若最外圈波的半径增大率总是6米/秒，问在2秒末时，扰动水面面积的增大率是多少？

15. 溶液自深18厘米、顶直径12厘米的圆锥形漏斗中漏入一直径为10厘米的圆柱形筒中，开始时漏斗中盛满了水。已知当溶液在漏斗中深为12厘米时，其表面下降的速率为1厘米/分，问此时圆柱形筒中溶液表面上升的速率是多少？

第三节　高　阶　导　数

如果函数 $y=f(x)$的导数 $y'=\frac{dy}{dx}$仍然是x的可导函数，那么称 $y'=\frac{dy}{dx}$的导数为函数 $y=f(x)$的二阶导数，记为 y''或$\frac{d^2y}{dx^2}$，即

$$y''=(y')'\quad 或\quad \frac{d^2y}{dx^2}=\frac{d}{dx}\left(\frac{dy}{dx}\right)。$$

$y=f(x)$的二阶导数也可记为 $f''(x)$或$\frac{d^2f}{dx^2}$。

相应地，把 $y=f(x)$的导数 y'称为函数$y=f(x)$的一阶导数。类似地，二阶导数的导

数称为三阶导数,三阶导数的导数称为四阶导数,…,$(n-1)$阶导数的导数称为 n 阶导数,分别记为

$$y''', y^{(4)}, \cdots, y^{(n)}$$

或

$$\frac{d^3y}{dx^3}, \frac{d^4y}{dx^4}, \cdots, \frac{d^ny}{dx^n}$$

二阶及二阶以上的导数统称为高阶导数。

由力学知识可知,加速度 a 是速度 v 对时间的变化率,即

$$a=\frac{dv}{dt}=v'$$

而

$$v=\frac{dS}{dt}$$

于是

$$a=\frac{dv}{dt}=\frac{d}{dt}\left(\frac{dS}{dt}\right)=\frac{d^2S}{dt^2}$$

即加速度 a 是 S 对时间 t 的二阶导数。这就是二阶导数的物理意义。

例 1 已知质点的运动规律为 $S=3t^3-\frac{1}{2}gt^2$,求 $t=1$ 时的加速度。

解

$$v=\frac{dS}{dt}=\left(3t^3-\frac{1}{2}gt^2\right)'=9t^2-gt$$

$$a=\frac{dv}{dt}=(9t^2-gt)'=18t-g$$

从而

$$a|_{t=1}=18-g$$

例 2 设 $y=\ln(1+x^2)$,求 y''。

解

$$y'=\frac{2x}{1+x^2}$$

$$y''=\left(\frac{2x}{1+x^2}\right)'$$

$$=\frac{2(1+x^2)-2x\cdot 2x}{(1+x^2)^2}$$

$$=\frac{2(1-x^2)}{(1+x^2)^2}$$

例 3 设 $y=(x+1)e^{-x}$,求$\frac{d^2y}{dx^2}$。

解

$$\frac{dy}{dx}=e^{-x}+(x+1)(-e^{-x})$$

$$=-xe^{-x}$$

$$\frac{d^2y}{dx^2}=\frac{d}{dx}(-xe^{-x})$$

$$=-e^{-x}+(-x)(-e^{-x})$$

$$=(x-1)e^{-x}$$

例4 证明函数 $y=\sqrt{2x-x^2}$满足关系式 $y^3\cdot y''+1=0$。

证 将 $y=\sqrt{2x-x^2}$求导，得

$$y'=\frac{1}{2\sqrt{2x-x^2}}(2-2x)$$
$$=\frac{1-x}{\sqrt{2x-x^2}}$$
$$y''=\frac{-\sqrt{2x-x^2}-(1-x)\dfrac{2-2x}{2\sqrt{2x-x^2}}}{2x-x^2}$$
$$=\frac{-2x+x^2-(1-x)^2}{(2x-x^2)\sqrt{2x-x^2}}$$
$$=-\frac{1}{(\sqrt{2x-x^2})^3}$$
$$=-\frac{1}{y^3}$$

于是

$$y^3\cdot y''+1=0$$

例5 设 $f(x)=x^4-2x^3+3x^2+5x-7$，求 $f^{(4)}(x)$，$f^{(5)}(x)$。

解
$$f'(x)=4x^3-6x^2+6x+5$$
$$f''(x)=12x^2-12x+6$$
$$f'''(x)=24x-12$$
$$f^{(4)}(x)=24$$
$$f^{(5)}(x)=0$$

习 题 2-3

1．求下列函数的二阶导数 y''：

(1) $y=x^5-3x^4+4$； (2) $y=e^x+e^{-x}$；

(3) $y=\ln(1-x^2)$； (4) $y=\text{tg}(3-x)$。

2．求下列函数在指定点处的二阶导数：

(1) $y=\sin 2x$，求$y''|_{x=\frac{\pi}{4}}$；

(2) $f(x)=xe^x$，求 $f''(0)$。

3．已知质点的运动规律为 $S=A\sin\omega t$（A，ω 为常数），求质点的加速度，并验证$\dfrac{d^2S}{dt^2}+\omega^2S=0$。

4．验证函数 $y=e^x\sin x$ 满足关系式 $y''-2y'+2y=0$。

5．设 $f(x)=x^3-3x^2+2x+1$，求 $f'''(x)$及 $f^{(4)}(x)$。

第四节 函数的微分

函数 $y=f(x)$的导数$\dfrac{dy}{dx}$是因变量y 相对于自变量x 的变化率，它描述了 y 随x 变化而

变化的快慢程度。常常还要解决这样的问题：当自变量 x 取得一个微小增量 Δx（即 $|\Delta x|$ 很小）时，如何确定相应的函数增量 Δy 的近似值？这就需要讨论函数的微分。

一、微分概念

先看一个例子：有一个正方形，假设其边长由 x_0 变化到 $x_0+\Delta x$，问它的面积改变了多少？

将 x_0 及 $x_0+\Delta x$ 分别代入面积公式

$$A=x^2$$

面积的改变量就是函数 $A=x^2$ 的增量

$$\Delta A=(x_0+\Delta x)^2-x_0^2$$
$$=2x_0\Delta x+(\Delta x)^2$$

上式右端是两部分之和：第一部分 $2x_0\Delta x$ 是 Δx 的线性函数，即图 2-6 中带有斜线的两个矩形面积之和；第二部分 $(\Delta x)^2$ 在图中是带有交叉斜线的小正方形的面积，当 $\Delta x\to 0$ 时，它是比 Δx 高阶的无穷小，即 $(\Delta x)^2=o(\Delta x)\ (\Delta x\to 0)$。因此，当 $|\Delta x|$ 很小时，面积的改变量 ΔA 可以近似地用第一部分 $2x_0\Delta x$ 来代替，即

$$\Delta A\approx 2x_0\Delta x$$

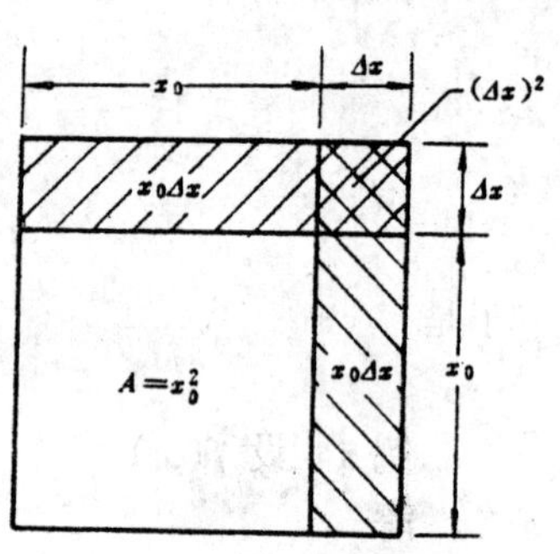

图 2-6

例如，当边长由 1 变化到 1.01，即 $x_0=1,\Delta x=0.01$ 时，

$$\Delta A=0.0201$$

而

$$2x_0\Delta x=0.02$$
$$(\Delta x)^2=0.0001$$

如果取 $\Delta A\approx 2x_0\Delta x=0.02$，则略去的仅仅是万分之一。

定义 设函数 $y=f(x)$ 在点 x_0 的某个邻域内有定义，如果函数的增量

$$\Delta y=f(x_0+\Delta x)-f(x_0)$$

可以表示为 Δx 的线性函数 $A\Delta x$（A 不依赖于 Δx）与 Δx 的高阶无穷小 $o(\Delta x)$ 之和，即

$$\Delta y=A\Delta x+o(\Delta x) \tag{2-1}$$

就称函数 $y=f(x)$ 在点 x_0 是可微的，且称 $A\Delta x$ 为函数 $y=f(x)$ 在点 x_0 处相应于自变量增量 Δx 的微分(differential)，记为 dy，即

$$dy=A\Delta x$$

下面，讨论函数 $y=f(x)$ 在点 x_0 处可微与可导的关系。

设函数 $y=f(x)$ 在点 x_0 处可微的，则由定义有式(2-1)成立。将式(2-1)两边除以 Δx，得

$$\frac{\Delta y}{\Delta x}=A+\frac{o(\Delta x)}{\Delta x}$$

所以，当 $\Delta x\to 0$ 时，有

$$A=\lim_{\Delta x\to 0}\frac{\Delta y}{\Delta x}=f'(x_0)$$

因此，如果函数 $f(x)$ 在点 x_0 可微的，那么 $f(x)$ 在点 x_0 也一定可导(即 $f'(x_0)$ 存在)，且 $A = f'(x_0)$。

反之，如果函数 $y = f(x)$ 在点 x_0 可导，即

$$\lim_{\Delta x \to 0} \frac{\Delta y}{\Delta x} = f'(x_0)$$

存在，则根据极限的无穷小表示法，上式可以写成

$$\frac{\Delta y}{\Delta x} = f'(x_0) + \alpha$$

其中 $\alpha \to 0(\Delta x \to 0)$。于是有

$$\Delta y = f'(x_0)\Delta x + \alpha\Delta x$$

因为 $\alpha\Delta x = o(\Delta x)(\Delta x \to 0)$，且 $f'(x_0)$ 不依赖于 Δx，故上式相当于式(2-1)，所以 $y = f(x)$ 在点 x_0 也是可微的。

由此可见，函数 $y = f(x)$ 在点 x_0 可微的充分必要条件是 $f(x)$ 在点 x_0 可导，且当 $f(x)$ 在点 x_0 可微时，其微分 dy 一定是

$$dy = f'(x_0)\Delta x$$

于是，式(2-1)又可写成为

$$\Delta y = f'(x_0)\Delta x + o(\Delta x)$$

因此，当 $|\Delta x|$ 很小时，可以用 $dy = f'(x_0)\Delta x$ 作为 Δy 的近似值，即

$$\begin{aligned}\Delta y &\approx dy \\ &= f'(x_0)\Delta x\end{aligned} \tag{2-2}$$

例 1　求函数 $y = f(x) = x^3$ 当 $x = 2, \Delta x = 0.01$ 时的增量 Δy 与微分 dy，并求 $\Delta y - dy$。

解

$$\begin{aligned}\Delta y &= f(2.01) - f(2) \\ &= 2.01^3 - 2^3 \\ &= 0.120601 \\ dy &= f'(2)\Delta x \\ &= (x^3)'|_{x=2} \cdot 0.01 \\ &= 0.12 \\ \Delta y - dy &= 0.000601\end{aligned}$$

函数 $y = f(x)$ 在任意点 x 的微分，称为函数的微分，记为 dy 或 $df(x)$。显然，函数的微分

$$dy = f'(x)\Delta x$$

例如，函数 $y = \sin 2x$ 的微分为

$$\begin{aligned}dy &= d(\sin 2x) \\ &= (\sin 2x)'\Delta x \\ &= 2\cos 2x\Delta x\end{aligned}$$

函数 $y = e^{-x^2}$ 的微分为

$$dy = d(e^{-x^2})$$

$$=(e^{-x^2})'\Delta x$$

$$=-2xe^{-x^2}\Delta x$$

由 $dy=f'(x)\Delta x$ 可见,函数的微分 dy 与 x 及 Δx 有关。令 $y=x$,显然

$$dx=\Delta x$$

于是函数 $y=f(x)$的微分又可记为

$$dy=f'(x)dx \tag{2-3}$$

将上式两边除以 dx,得

$$\frac{dy}{dx}=f'(x)。$$

这表明,函数的微分 dy 与自变量的微分 dx 之商等于该函数的导数。因此,导数也称为微商。

例 2 求由方程

$$\begin{cases}x=a(t-\sin t)\\ y=a(1-\cos t)\end{cases}$$

所确定的函数的导数$\frac{dy}{dx}$。

解 象这种用含参数 t 的方程给出自变量 x 与因变量 y 间的对应关系的函数,称为由参数方程所确定的函数。

我们根据导数$\frac{dy}{dx}$是函数的微分 dy 与自变量的微分 dx 之商来计算。先求 dy,得

$$\begin{aligned}dy&=d[a(1\quad\cos t)]\\&=[a(1-\cos t)]'dt\\&=a\sin t\,dt\end{aligned}$$

再求 dx,得

$$\begin{aligned}dx&=d[a(t-\sin t)]\\&=[a(t-\sin t)]'dt\\&=a(1-\cos t)dt\end{aligned}$$

于是有

$$\begin{aligned}\frac{dy}{dx}&=\frac{a\sin tdt}{a(1-\cos t)dt}\\&=\frac{\sin t}{1-\cos t}\end{aligned}$$

二、微分的几何意义

由导数的几何意义知,函数 $y=f(x)$在点 x_0 处的导数 $f'(x_0)$是曲线 $y=f(x)$上点 $M(x_0,y_0)$处的切线斜率,即

$$\mathrm{tg}\alpha=f'(x_0)$$

当自变量 x 取得微小增量Δx 时,相应的函数增量为 Δy,则可得到曲线上另一点 $N(x_0+\Delta x,y_0+\Delta y)$(见图 2-7)。

且 $MQ=\Delta x$ $QN=\Delta y$

而

$$QP = \mathrm{tg}\alpha \cdot MQ = f'(x_0)\Delta x$$

即

$$dy = QP$$

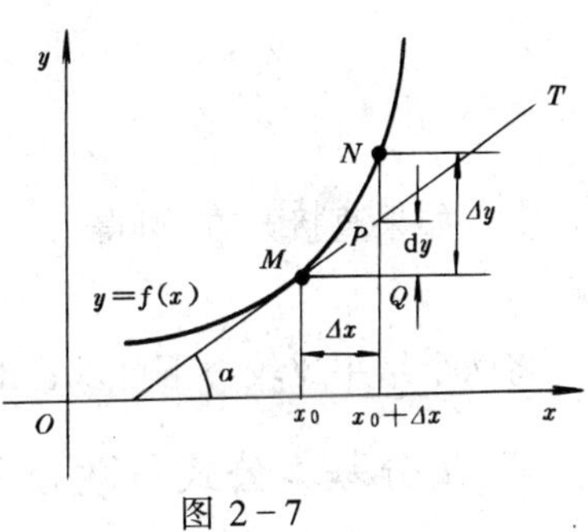

图 2-7

由此可见，当 Δy 是曲线 $y = f(x)$ 上点的纵坐标的增量时，dy 就是曲线的切线上点的纵坐标的相应增量，这就是微分的几何意义。当用 $dy = f'(x_0)\Delta x$ 近似代替 Δy（见式(2-2)）时，就是用点 $M(x_0, y_0)$ 处切线上点的纵坐标的增量 QP 近似代替曲线上点的纵坐标增量 QN。

根据

$$\Delta y = f(x_0 + \Delta x) - f(x_0)$$

可以把近似公式(2-2)改写成

$$f(x_0 + \Delta x) \approx f(x_0) + f'(x_0)\Delta x \tag{2-4}$$

应用近似公式(2-2)及(2-4)，可以解决一些实际问题。

例 3 人和哺乳动物的基础代谢率(Basic metabolism rate)满足公式

$$E = CM^{\frac{3}{4}}$$

其中 $C \approx 90$ 千卡/(千克)$^{\frac{3}{4}}$，E 为基础代谢率，M 为质量。若 $M = 16$ 千克，试求当 M 增加 0.1 千克时，基础代谢率增加的近似值。

解 由近似公式(2-2)有

$$\Delta E \approx (CM^{\frac{3}{4}})'\big|_{M=M_0} \cdot \Delta M = \frac{3}{4}CM_0^{-\frac{1}{4}} \cdot \Delta M$$

取 $M_0 = 16$(千克)，$\Delta M = 0.1$(千克)，此时

$$\Delta E \approx \frac{3}{4} \cdot 90 \cdot \frac{1}{\sqrt[4]{16}} \cdot 0.1 = 3.375(\text{千卡/天})$$

即基础代谢率大约增加了 3.375 千卡/天。

例 4 求 $\sqrt{1.05}$ 的近似值。

解 令 $f(x) = \sqrt{x}$，则

$$f'(x) = \frac{1}{2\sqrt{x}}$$

由近似公式(2-4)有

$$f(x_0 + \Delta x) \approx f(x_0) + f'(x_0)\Delta x$$

取 $x_0 = 1$，$\Delta x = 0.05$，于是有

$$f(1) = 1, \qquad f'(1) = \frac{1}{2}$$

因而

$$
\begin{aligned}
\sqrt{1.05} &= f(1.05) \\
&= f(1+0.05) \\
&\approx f(1)+f'(1)\cdot 0.05 \\
& 1.025
\end{aligned}
$$

如果直接开方,可得

$$\sqrt{1.05}=1.02470$$

将两个结果比较一下可以看出,用 1.025 作为 $\sqrt{1.05}$ 的近似值,其误差不超过 0.001。

三、微分基本公式与微分运算法则

根据函数的微分公式

$$dy=f'(x)dx$$

及基本初等函数的导数公式,可以直接写出基本初等函数的微分公式。为了便于对照,列成下表:

导 数 公 式	微 分 公 式
$(x^{\mu})'=\mu x^{\mu-1}$	$d(x^{\mu})=\mu x^{\mu-1}dx$
$(\sin x)'=\cos x$	$d(\sin x)=\cos x dx$
$(\cos x)'=-\sin x$	$d(\cos x)=-\sin x dx$
$(\mathrm{tg} x)'=\sec^2 x$	$d(\mathrm{tg} x)=\sec^2 x dx$
$(\cot x)'=-\csc^2 x$	$d(\cot x)=-\csc^2 x dx$
$(\sec x)'=\sec x\,\mathrm{tg} x$	$d(\sec x)=\sec x\,\mathrm{tg} x dx$
$(\csc x)'=-\csc x\,\mathrm{ctg} x$	$d(\csc x)=-\csc x\,\mathrm{ctg} x dx$
$(a^x)'=a^x\ln a$	$d(a^x)=a^x\ln a dx$
$(e^x)'=e^x$	$d(e^x)=e^x dx$
$(\log_a x)'=\frac{1}{x\ln a}$	$d(\log_a x)=\frac{1}{x\ln a}dx$
$(\ln x)'=\frac{1}{x}$	$d(\ln x)=\frac{1}{x}dx$
$(\arcsin x)'=\frac{1}{\sqrt{1-x^2}}$	$d(\arcsin x)=\frac{1}{\sqrt{1-x^2}}dx$
$(\arccos x)'=-\frac{1}{\sqrt{1-x^2}}$	$d(\arccos x)=-\frac{1}{\sqrt{1-x^2}}dx$
$(\mathrm{arctg} x)'=\frac{1}{1+x^2}$	$d(\mathrm{arctg} x)=\frac{1}{1+x^2}dx$
$(\mathrm{arccot} x)'=-\frac{1}{1+x^2}$	$d(\mathrm{arccot} x)=-\frac{1}{1+x^2}dx$

根据导数的运算法则,可推得微分的运算法则。

1. 函数和、差、积、商的微分法则

由函数和、差、积、商的求导法则，可推得相应的微分法则。为了便于对照，列成下表(表中 $u=u(x),v=v(x)$)

函数和、差、积、商的求导法则	函数和、差、积、商的微分法则
$(u\pm v)'=u'\pm v'$	$d(u\pm v)=du\pm dv$
$(Cu)'=Cu'$	$d(Cu)=Cdu$
$(uv)'=u'v+uv'$	$d(uv)=vdu+udv$
$\left(\dfrac{u}{v}\right)'=\dfrac{u'v-uv'}{v^2}$	$d\left(\dfrac{u}{v}\right)=\dfrac{vdu-udv}{v^2}$

下面，以乘积的微分法则为例加以证明。根据函数的微分公式有

$$d(uv)=(uv)'dx$$

再根据乘积的求导法则有

$$(uv)'=u'v+uv'$$

于是有

$$\begin{aligned}d(uv)&=(u'v+uv')dx\\&=u'vdx+uv'dx\end{aligned}$$

由于

$$u'dx=du,\ v'dx=dv$$

所以

$$d(uv)=vdu+udv$$

2. 复合函数的微分法则

与复合函数的求导法则相应的复合函数的微分法则可推导如下：设 $y=f(u)$，$u=\varphi(x)$，则复合函数 $y=f[\varphi(x)]$的微分为

$$dy=y'dx=f'(u)\varphi'(x)dx$$

由于 $\varphi'(x)dx=du$，所以复合函数 $y=f[\varphi(x)]$的微分公式也可以写成

$$dy=f'(u)du\quad 或\quad dy=y_u'du$$

由此可见，无论 u 是自变量还是另一个变量的可微函数，微分形式 $dy=f'(u)du$ 保持不变。这一性质称为微分形式不变性。这一性质表示，当变换自变量(即设 u 为另一变量的任一可微函数)时，微分形式 $dy=f'(u)du$ 并不改变。

例 5　求函数 $y=x\ln x-x$ 的微分 dy。

解法一　利用函数的微分公式 $dy=f'(x)dx$，得

$$\begin{aligned}dy &= d(x\ln x - x)\\ &= (x\ln x - x)'dx\\ &= (\ln x + x\cdot\frac{1}{x} - 1)dx\\ &= \ln x dx\end{aligned}$$

解法二　利用微分的运算法则，得

$$\begin{aligned}dy &= d(x\ln x - x)\\ &= d(x\ln x) - dx\\ &= \ln x dx + x d\ln x - dx\\ &= \ln x dx + x\cdot\frac{1}{x}dx - dx\\ &= \ln x dx\end{aligned}$$

例 6　求函数 $y=\sin(1+e^{-x})$的微分 dy。

解法一

$$\begin{aligned}dy &= [\sin(1+e^{-x})]'dx\\ &= \cos(1+e^{-x})(1+e^{-x})'dx\\ &= -e^{-x}\cos(1+e^{-x})dx\end{aligned}$$

解法二

$$\begin{aligned}dy &= d[\sin(1+e^{-x})]\\ &= \cos(1+e^{-x})d(1+e^{-x})\\ &= -e^{-x}\cos(1+e^{-x})dx\end{aligned}$$

例 7　求由方程 $xy-e^x+e^y=0$ 所确定的隐函数的微分 dy。

解　两边求微分，得

$$d(xy-e^x+e^y)=0$$

于是有

$$ydx+xdy-e^xdx+e^ydy=0$$

所以

$$(y-e^x)dx+(x+e^y)dy=0$$

$$dy=\frac{e^x-y}{x+e^y}dx$$

例 8　在下列等式左端的括号内填入适当的函数，使等式成立：

(1)$d(\qquad\qquad)=xdx$；

(2)$d(\qquad\qquad)=\cos 5x dx$。

解　(1)因为

$$d(x^2)=2xdx$$

所以

$$\begin{aligned}xdx &= \frac{1}{2}d(x^2)\\ &= d\left(\frac{1}{2}x^2\right)\end{aligned}$$

一般有

$$d\left(\frac{1}{2}x^2+C\right)=xdx \qquad (C\text{ 为任意常数})$$

(2)因为

$$d(\sin5x)=5\cos5xdx$$

所以

$$\cos5xdx=\frac{1}{5}d(\sin5x)$$

$$=d(\frac{1}{5}\sin5x)$$

一般有

$$d(\frac{1}{5}\sin5x+C)=\cos5xdx \qquad (C\text{ 为任意常数}).$$

习　题　2－4

1. 什么叫做函数在点 x_0 相应于 Δx 的微分？它与函数的增量有什么关系？

2. 什么叫做函数的微分？函数的微分与函数的导数有什么关系？

3. 微分的几何意义是什么？

4. 利用微分求由参数方程

$$\begin{cases}x=e^t\sin t\\ y=e^t\cos t\end{cases}$$

所确定的函数的导数$\frac{dy}{dx}$。

5. 求下列函数的微分：

(1) $y=e^{-x^2+2x}$；　(2) $y=\frac{1}{x}+\ln(1+x)$；

(3) $y=x\sin2x$；　(4) $y=\sqrt{x^2-1}$；

(5) $y=\mathrm{tg}^2 3x$；　(6) $y=(1-2x)^{10}$；

(7) $y=\frac{1-x}{1+x}$；　(8) $y=\frac{x}{\sqrt{x^2+1}}$；

(9) $y=[\ln(1-x)]^2$；　(10) $y=\mathrm{arctg}\frac{1-x^2}{1+x^2}$　。

6. 求由方程 $xy+\ln y=0$ 所确定的隐函数的微分 dy　。

7. 将适当的函数填入括号内，使等式成立：

(1) $d(\qquad)=x^2dx$；　(2) $d(\qquad)=5dx$；

(3) $d(\qquad)=\frac{1}{\sqrt{x}}dx$；　(4) $d(\qquad)=\frac{1}{1+3x}dx$；

(5) $d($ $\quad\quad\quad$ $)=\sin 2x dx$； (6) $d($ $\quad\quad\quad$ $)=e^{-4x}dx$；

(7) $d($ $\quad\quad\quad$ $)=\sec^2\dfrac{x}{2}dx$； (8) $d($ $\quad\quad\quad$ $)=(1-x^2)dx$。

8. 有一批半径为1厘米的球，要在其表面镀上一层铜，厚度为0.01厘米。试估计每只球大约要用多少克铜(铜的密度为8.9克/厘米^3)。

9. 求下列各式的近似值：

(1) $e^{1.01}$； (2) $\sqrt{0.98}$。

(陈四平)

第三章　导数的应用

本章先介绍微分学中的几个中值定理，它们是导数应用的理论基础。然后，应用导数来研究函数以及曲线的某些性态，并利用这些知识解决一些实际问题。

第一节　中值定理，罗彼塔法则

一、中值定理

定理 1（罗尔(Rolle)定理）　如果函数 $f(x)$ 满足：

(1)在闭区间 $[a,b]$ 上连续；

(2)在开区间 (a,b) 内可导；

(3)在区间端点处的函数值相等，即 $f(a)=f(b)$，那么在开区间 (a,b) 内至少存在一点 $\xi(a<\xi<b)$，使得函数 $f(x)$ 在该点处的导数等于零，即

$$f'(\xi)=0$$

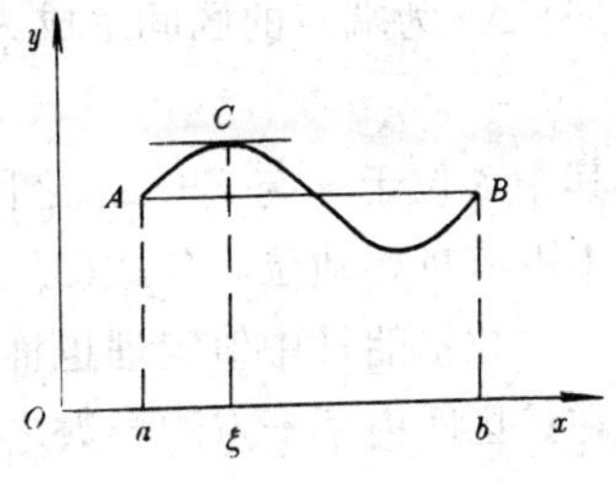

图 3-1

因为 $f'(\xi)=0$ 在几何上表示曲线 $y=f(x)$ 上点 C 处的切线是水平的，因此罗尔定理的几何意义是：在两端点高度相等的连续曲线弧 $\overset{\frown}{AB}$ 上，如果除端点外处处有不垂直于 x 轴的切线，那么在该曲线弧 $\overset{\frown}{AB}$ 上，至少有一点 C，在该点处曲线的切线是水平的(图 3-1)。

注意，罗尔定理要求函数 $f(x)$ 同时满足三个条件。若 $f(x)$ 不能同时满足这三个条件，则结论就可能不成立。图 3-2给出了函数 $y=f(x)$ 不满足其中一个条件时，结论不成立的例子。

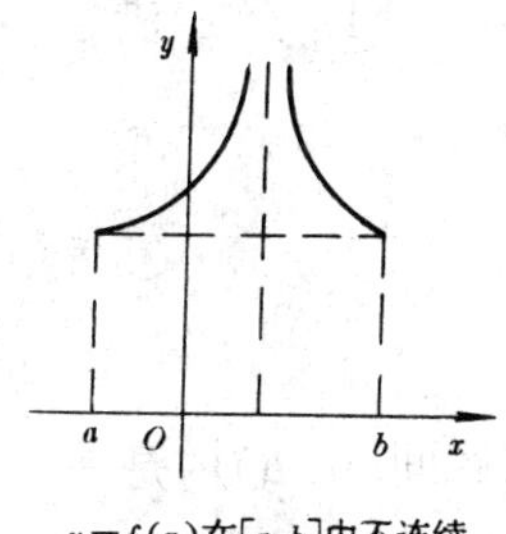

$y=f(x)$ 在 $[a,b]$ 内不连续。

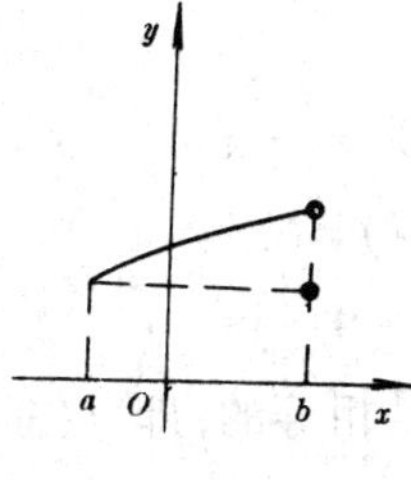

$y=f(x)$ 在端点 b 不连续。

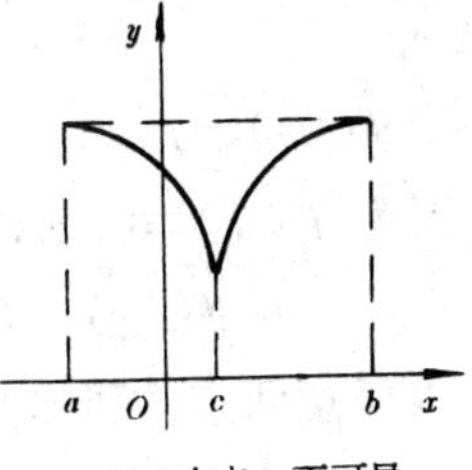

$y=f(x)$ 在点 c 不可导。

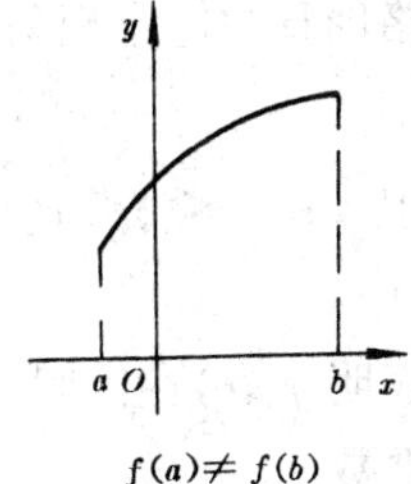

$f(a)\neq f(b)$

图 3-2

定理 2（拉格朗日(Lagrange)中值定理）　如果函数 $f(x)$ 满足：

(1)在闭区间 $[a,b]$ 上连续；

(2)在开区间(a,b)内可导；

那么在开区间(a,b)内至少存在一点$\xi(a<\xi<b)$，使等式

$$f(b)-f(a)=f'(\xi)(b-a) \tag{3-1}$$

成立。

公式(3-1)叫做拉格朗日中值公式，无论$a<b$或$a>b$均成立。

把(3-1)式改写成

$$f'(\xi)=\frac{f(b)-f(a)}{b-a}$$

因为$\frac{f(b)-f(a)}{b-a}$是联结曲线$y=f(x)$两端点的弦AB的斜率，而$f'(\xi)$是曲线$\overset{\frown}{AB}$在点C处的切线斜率(图3-3)，因此拉格朗日中值定理的几何意义是：如果连续曲线弧$\overset{\frown}{AB}$除端点外处处有不垂直于x轴的切线，那么在曲线弧$\overset{\frown}{AB}$上至少存在一点C，曲线在该点的切线平行于弦AB。

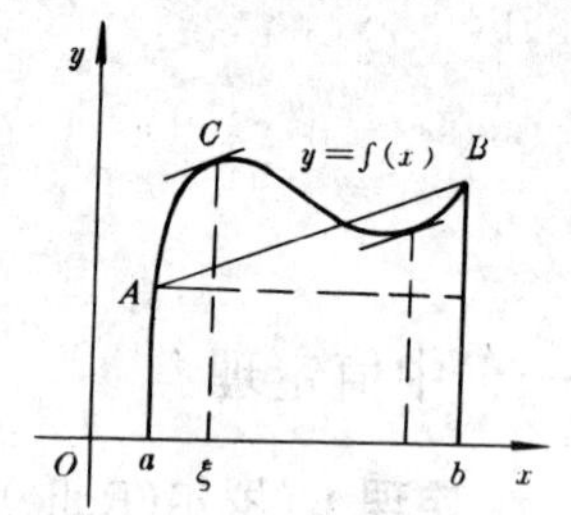

图3-3

在罗尔定理的几何意义(图3-1)中，由于$f(a)=f(b)$，所以弦AB是水平的，因此点C处的切线实际上也平行于弦AB。由此可见，罗尔定理是拉格朗日中值定理的特殊情形。

如果取$x,x+\Delta x$为闭区间$[a,b]$上的任意两点，则拉格朗日中值公式(3-1)在以x，$x+\Delta x$为端点的区间上成为

$$f(x+\Delta x)-f(x)=f'(\xi)\Delta x \tag{3-2}$$

其中ξ位于x与$x+\Delta x$之间，因此也把拉格朗日中值定理称为有限增量定理，它在微分学中占有重要地位。公式(3-2)称为有限增量公式。

拉格朗日中值定理也称为微分中值定理，它建立了函数在某个区间上的增量与此函数在该区间内某一点的导数之间的关系，从而使我们有可能利用导数来研究函数在区间上的性质。

在第二章中已经证明常数的导数恒为零。下面根据拉格朗日中值定理给出其逆命题。

推论1 如果函数$f(x)$在区间(a,b)内的导数恒为零，即$f'(x)\equiv 0$，那么$f(x)$在区间(a,b)内是一个常数。

证 在区间(a,b)内任取两点x_1,x_2，且$x_1<x_2$。于是，在区间$[x_1,x_2]$上，$f(x)$满足拉格朗日中值定理条件，从而

$$f(x_2)-f(x_1)=f'(\xi)(x_2-x_1)$$

其中$a<x_1<\xi<x_2<b$。因为$f'(x)\equiv 0$，所以$f'(\xi)=0$，故

$$f(x_2)-f(x_1)=0$$

这表明$f(x)$在区间(a,b)内任意两点的函数值总是相等的，即$f(x)$在区间(a,b)内是一个常数。

推论2 如果函数$f(x)$与$g(x)$在区间(a,b)内的导数相等，即

$$f'(x)=g'(x)$$

那么$f(x)$与$g(x)$仅相差一个常数，即

$$f(x)=g(x)+C \quad (C\text{为常数})$$

例 1　证明 $\arcsin x+\arccos x=\frac{\pi}{2}$　$(-1<x<1)$。

证　因为　$(\arcsin x+\arccos x)'=\frac{1}{\sqrt{1-x^2}}+\left(-\frac{1}{\sqrt{1-x^2}}\right)$

$$=0 \quad (-1<x<1)$$

所以

$$\arcsin x+\arccos x=C \quad (C\text{为常数})$$

为了确定常数 C,取 -1 与 1 之间的任何一个值,比如取 $x=0$,上式应成立,得

$$C=\arcsin 0+\arccos 0=0+\frac{\pi}{2}=\frac{\pi}{2}$$

所以

$$\arcsin x+\arccos x=\frac{\pi}{2} \quad (-1<x<1)$$

定理 3(柯西(Cauchy)中值定理)　如果函数 $f(x)$与 $g(x)$均满足:

(1)在闭区间$[a,b]$上连续;

(2)在开区间(a,b)内可导;且 $g'(x)\neq 0$,那么在开区间(a,b)内至少存在一点 $\xi(a<\xi<b)$,使等式

$$\frac{f(b)-f(a)}{g(b)-g(a)}=\frac{f'(\xi)}{g'(\xi)} \tag{3-3}$$

成立。

在柯西中值定理中,若取 $g(x)=x$,则

$$g(b)-g(a)=b-a$$

且

$$g'(x)=1$$

因而公式(3-3)可以写成

$$\frac{f(b)-f(a)}{b-a}=f'(\xi)$$

即

$$f(b)-f(a)=f'(\xi)(b-a)$$

这就是拉格朗日中值公式(3-1)。因此,柯西定理是拉格朗日中值定理的推广。

尽管罗尔定理、拉格朗日中值定理和柯西定理并没有指明点 ξ 在开区间(a,b)内的具体位置,但 ξ 在客观上是存在的,在理论上已经具有重要的意义,把这三个定理都称为微分中值定理。

二、罗彼塔(L'Hôpital)法则

如果当 $x\to x_0$(或 $x\to\infty$)时,两个函数 $f(x)$与 $g(x)$都趋于零或无穷大,那么极限

$$\lim_{x\to x_0}\frac{f(x)}{g(x)}\left(\text{或}\lim_{x\to\infty}\frac{f(x)}{g(x)}\right)$$

可能存在,也可能不存在。通常把这种极限称为未定式,并分别简记为$\frac{0}{0}$或$\frac{\infty}{\infty}$。第一章第

四节中讨论过的重要极限$\lim\limits_{x\to 0}\dfrac{\sin x}{x}$就是未定式$\dfrac{0}{0}$的一个例子。对于这类问题，即使极限存在也不能应用商的极限法则来解决。下面介绍的罗彼塔法则是确定未定式$\dfrac{0}{0}$或$\dfrac{\infty}{\infty}$的一种简便而有效的方法。

罗彼塔法则 如果函数 $f(x)$及 $g(x)$在点 x_0 的某一邻域内(点 x_0 可以除外)有定义，且满足：

(1) $\lim\limits_{x\to x_0}f(x)=0$, $\lim\limits_{x\to x_0}g(x)=0$；

(2) $f'(x)$及 $g'(x)$存在，且 $g'(x)\neq 0$；

(3) $\lim\limits_{x\to x_0}\dfrac{f'(x)}{g'(x)}$存在$\left(\text{或}\lim\limits_{x\to x_0}\dfrac{f'(x)}{g'(x)}=\infty\right)$，

那么

$$\lim_{x\to x_0}\frac{f(x)}{g(x)}=\lim_{x\to x_0}\frac{f'(x)}{g'(x)}$$

证 因为求$\lim\limits_{x\to x_0}\dfrac{f(x)}{g(x)}$与 $f(x_0)$及 $g(x_0)$无关，可以假定 $f(x_0)=g(x_0)=0$，于是由条件(1)、(2)知道，$f(x)$及 $g(x)$在点 x_0 的某一邻域内是连续的。设 x 是该邻域内的一点，则在以 x 及x_0 为端点的区间上，柯西中值定理的条件都满足，因此有

$$\frac{f(x)}{g(x)}=\frac{f(x)-f(x_0)}{g(x)-g(x_0)}$$

$$=\frac{f'(\xi)}{g'(\xi)}\qquad(\xi\text{ 在 }x\text{ 与 }x_0\text{ 之间})$$

令 $x\to x_0$，并对上式两端取极限，注意到 $x\to x_0$ 时 $\xi\to x_0$，再根据条件(3)即得要证明的结论。

对于 $x\to\infty$时的未定式$\dfrac{0}{0}$，以及对于 $x\to x_0$ 或 $x\to\infty$时的未定式$\dfrac{\infty}{\infty}$，也有相应的罗彼塔法则。例如，对于 $x\to x_0$ 时的未定式$\dfrac{\infty}{\infty}$有：如果

(1) $\lim\limits_{x\to x_0}f(x)=\infty$, $\lim\limits_{x\to x_0}g(x)=\infty$；

(2) $f'(x)$及 $g'(x)$存在，且 $g'(x)\neq 0$；

(3) $\lim\limits_{x\to x_0}\dfrac{f'(x)}{g'(x)}$存在$\left(\text{或}\lim\limits_{x\to x_0}\dfrac{f'(x)}{g'(x)}=\infty\right)$，

那么

$$\lim_{x\to x_0}\frac{f(x)}{g(x)}=\lim_{x\to x_0}\frac{f'(x)}{g'(x)}$$

罗彼塔法则指出，凡属于未定式$\dfrac{0}{0}$或$\dfrac{\infty}{\infty}$，不论自变量的变化趋向如何，只要满足相应的条件，就可以通过分子、分母分别求导再取极限来确定。还要指出，如果$\dfrac{f'(x)}{g'(x)}$仍为未定式$\dfrac{0}{0}$或$\dfrac{\infty}{\infty}$，且 $f'(x)$及 $g'(x)$均满足罗彼塔法则的条件，那么就可以继续使用此法则。

例 2　求 $\lim\limits_{x\to -2}\dfrac{x^2-x-6}{x^2-4}$。

解　分母的极限 $\lim\limits_{x\to -2}(x^2-4)=0$，分子的极限 $\lim\limits_{x\to -2}(x^2-x-6)=0$，因此它是一个未定式 $\dfrac{0}{0}$，应用罗彼塔法则有

$$\lim_{x\to -2}\frac{x^2-x-6}{x^2-4}=\lim_{x\to -2}\frac{2x-1}{2x}=\frac{-5}{-4}=\frac{5}{4}$$

（注意，$\dfrac{2x-1}{2x}$ 已不是未定式，不能再应用罗彼塔法则，可直接取极限）

例 3　求 $\lim\limits_{x\to 0}\dfrac{x-\sin x}{x^3}$。

解　这是未定式 $\dfrac{0}{0}$，用罗彼塔法则有

$$\begin{aligned}\lim_{x\to 0}\frac{x-\sin x}{x^3}&=\lim_{x\to 0}\frac{1-\cos x}{3x^2}\\&=\lim_{x\to 0}\frac{\sin x}{6x}\\&=\frac{1}{6}\lim_{x\to 0}\frac{\sin x}{x}\\&=\frac{1}{6}\end{aligned}$$

解 4　求 $\lim\limits_{x\to 0}\dfrac{\ln(1+x)}{x^2}$。

解

$$\begin{aligned}\lim_{x\to 0}\frac{\ln(1+x)}{x^2}&=\lim_{x\to 0}\frac{\frac{1}{1+x}}{2x}\\&=\lim_{x\to 0}\frac{1}{2x(1+x)}\\&=\infty\end{aligned}$$

例 5　求 $\lim\limits_{x\to +\infty}\dfrac{\frac{\pi}{2}-\mathrm{arctg}x}{\frac{1}{x}}$。

解

$$\begin{aligned}\lim_{x\to +\infty}\frac{\frac{\pi}{2}-\mathrm{arctg}x}{\frac{1}{x}}&=\lim_{x\to +\infty}\frac{-\frac{1}{1+x^2}}{-\frac{1}{x^2}}\\&=\lim_{x\to +\infty}\frac{x^2}{1+x^2}\\&=\lim_{x\to +\infty}\frac{2x}{2x}\\&=1\end{aligned}$$

例 6　求 $\lim\limits_{x\to +\infty}\dfrac{\ln x}{x^n}$　（n 为正整数）。

解

$$\lim_{x\to+\infty}\frac{\ln x}{x^n}=\lim_{x\to+\infty}\frac{\frac{1}{x}}{nx^{n-1}}=\lim_{x\to+\infty}\frac{1}{nx^n}=0$$

例 7 求 $\lim\limits_{x\to+\infty}\frac{e^x}{x^n}$ （n 为正整数）。

解

$$\lim_{x\to+\infty}\frac{e^x}{x^n}=\lim_{x\to+\infty}\frac{e^x}{nx^{n-1}}=\lim_{x\to+\infty}\frac{e^x}{n(n-1)x^{n-2}}=\cdots=\lim_{x\to+\infty}\frac{e^x}{n!}=\infty$$

例 6 和例 7 告诉我们，当 $x\to+\infty$ 时，对数函数 $\ln x$、幂函数 x^n（n 为正整数）、指数函数 e^x 都是无穷大，比较起来，指数函数增长最快，幂函数次之，而对数函数增长得最慢。

罗彼塔法则是确定未定式的一种有效方法。在使用时，最好能与其它求极限的方法结合起来，比如能化简时应尽量化简，可以应用重要极限或极限运算法则时，要尽可能应用，以求运算简捷。

例 8 求 $\lim\limits_{x\to0}\frac{\sin x-x\cos x}{\sin^3x}$。

解

$$\lim_{x\to0}\frac{\sin x-x\cos x}{\sin^3x}=\lim_{x\to0}\frac{\cos x-(\cos x-x\sin x)}{3\sin^2x\cos x}=\lim_{x\to0}\frac{x\sin x}{3\sin2x\cos x}=\lim_{x\to0}\frac{x}{3\sin x\cos x}=\frac{1}{3}\lim_{x\to0}\frac{x}{\sin x}\lim_{x\to0}\frac{1}{\cos x}=\frac{1}{3}$$

未定式尚有一些其它类型，例如 $\infty-\infty$，$0\cdot\infty$，0^0 等等。可以设法将它们转化为未定式 $\frac{0}{0}$ 或 $\frac{\infty}{\infty}$ 后再来计算。

例 9 求 $\lim\limits_{x\to1}\left(\frac{x}{x-1}-\frac{1}{\ln x}\right)$。

解 因为 $\lim\limits_{x\to1}\frac{x}{x-1}=\infty$，$\lim\limits_{x\to1}\frac{1}{\ln x}=\infty$，所以这是一个 $\infty-\infty$ 型未定式，不能分项取极限（注意：$\infty-\infty$ 没有意义）。因为

$$\frac{x}{x-1}-\frac{1}{\ln x}=\frac{x\ln x-(x-1)}{(x-1)\ln x}$$

当 $x\to1$ 时，上式右端是一个未定式$\frac{0}{0}$，可以应用罗彼塔法则，因此

$$\begin{aligned}\lim_{x\to1}\left(\frac{x}{x-1}-\frac{1}{\ln x}\right)&=\lim_{x\to1}\frac{x\ln x-(x-1)}{(x-1)\ln x}\\&=\lim_{x\to1}\frac{\ln x}{\ln x+1-\frac{1}{x}}\\&=\lim_{x\to1}\frac{\frac{1}{x}}{\frac{1}{x}+\frac{1}{x^2}}\\&=\frac{1}{2}\end{aligned}$$

例 10　求 $\lim\limits_{x\to0^+}x^n\ln x\quad(n>0)$。

解　这是一个 $0\cdot\infty$ 型的未定式，因为

$$x^n\ln x=\frac{\ln x}{x^{-n}}$$

当 $x\to0^+$ 时，上式右端是未定式$\frac{\infty}{\infty}$，于是有

$$\begin{aligned}\lim_{x\to0^+}x^n\ln x&=\lim_{x\to0^+}\frac{\ln x}{x^{-n}}\\&=\lim_{x\to0^+}\frac{\frac{1}{x}}{-nx^{-n-1}}\\&=\lim_{x\to0^+}\left(-\frac{x^n}{n}\right)\\&=0\end{aligned}$$

例 11　求 $\lim\limits_{x\to0^+}x^{\sin x}$。

解　这是未定式 0^0。设 $y=x^{\sin x}$，取对数，得

$$\begin{aligned}\ln y&=\ln x^{\sin x}\\&=\sin x\ln x\end{aligned}$$

因为

$$\begin{aligned}\lim_{x\to0^+}\ln y&=\lim_{x\to0^+}\sin x\ln x\\&=\lim_{x\to0^+}\frac{\ln x}{\frac{1}{\sin x}}\end{aligned}$$

$$= \lim_{x\to 0^+} \frac{\frac{1}{x}}{-\frac{1}{\sin^2 x}\cos x}$$

$$= \lim_{x\to 0^+}\left(-\frac{\sin^2 x}{x\cos x}\right)$$

$$= \lim_{x\to 0^+}\frac{\sin x}{x}\cdot\frac{\sin x}{\cos x}$$

$$= 0$$

所以

$$\lim_{x\to 0^+} x^{\sin x} = \lim_{x\to 0^+} y$$

$$= \lim_{x\to 0^+} e^{\ln y}$$

$$= e^{\lim\limits_{x\to 0^+}\ln y}$$

$$= e^0$$

$$= 1$$

最后,有必要指出,罗彼塔法则是确定未定式$\frac{0}{0}$或$\frac{\infty}{\infty}$的一种方法。当法则的条件满足时,可以通过分子、分母分别求导再取极限的方法来确定其极限。但是,当法则的条件不满足时,并不能肯定其极限一定不存在,请看下例。

例 12 求 $\lim\limits_{x\to\infty}\frac{x+\sin x}{x}$。

解 这是未定式$\frac{\infty}{\infty}$,分子的导数与分母的导数之比的极限$\lim\limits_{x\to\infty}\frac{1+\cos x}{1}$不存在,但不能由此就说原极限不存在。事实上

$$\lim_{x\to\infty}\frac{x+\sin x}{x} = \lim_{x\to\infty}\left(1+\frac{\sin x}{x}\right)$$

因为

$$\lim_{x\to\infty}\frac{\sin x}{x} = \lim_{x\to\infty}\left(\frac{1}{x}\sin x\right)$$

$$= 0$$

所以

$$\lim_{x\to\infty}\frac{x+\sin x}{x} = \lim_{x\to\infty}\left(1+\frac{\sin x}{x}\right)$$

$$= 1$$

习 题 3-1

1. 罗尔定理的条件和结论是什么？它的几何意义是什么？
2. 拉格朗日中值定理的条件和结论是什么？它的几何意义是什么？

3. 罗彼塔法则适用于求何种类型的极限？使用罗彼塔法则时要注意哪些问题？

4. 求下列极限：

(1) $\lim\limits_{x\to4}\dfrac{x^2-16}{x^2+x-20}$；

(2) $\lim\limits_{x\to0}\dfrac{\ln(1+x)}{x}$；

(3) $\lim\limits_{x\to0}\dfrac{\sin ax}{\sin bx}(b\neq0)$；

(4) $\lim\limits_{x\to0}\dfrac{e^x-e^{-x}}{\sin x}$；

(5) $\lim\limits_{x\to a}\dfrac{\sin x-\sin a}{x-a}$；

(6) $\lim\limits_{x\to a}\dfrac{x^m-a^m}{x-a}$；

(7) $\lim\limits_{x\to+\infty}\dfrac{\ln\left(1+\dfrac{1}{x}\right)}{\operatorname{arccot}x}$；

(8) $\lim\limits_{x\to1}\dfrac{x^3-3x+2}{x^3-x^2-x+1}$；

(9) $\lim\limits_{x\to0^+}\dfrac{\ln \mathrm{tg}7x}{\ln \mathrm{tg}2x}$；

(10) $\lim\limits_{x\to+\infty}\dfrac{x^3}{e^x}$；

(11) $\lim\limits_{x\to1}\left(\dfrac{2}{x^2-1}-\dfrac{1}{x-1}\right)$；

(12) $\lim\limits_{x\to\frac{\pi}{2}}(\sec x-\mathrm{tg}x)$；

(13) $\lim\limits_{x\to0}\left(\dfrac{1}{x}-\dfrac{1}{e^x-1}\right)$；

(14) $\lim\limits_{x\to0^+}\dfrac{\ln\cot x}{\ln x}$；

(15) $\lim\limits_{x\to0^+}x\ln x$；

(16) $\lim\limits_{x\to0}x\cot2x$；

(17) $\lim\limits_{x\to0^+}x^x$；

(18) $\lim\limits_{x\to0^+}\left(\dfrac{1}{x}\right)^{\mathrm{tg}x}$。

5. 验证极限 $\lim\limits_{x\to\infty}\dfrac{x+\sin x}{x-\sin x}$ 存在，但不能用罗彼塔法则得出。

第二节 函数的极值

一、函数的极值

定义 设函数 $f(x)$ 在区间 (a,b) 内有定义，x_0 是 (a,b) 内的一点。如果存在点 x_0 的一个邻域，对于该邻域内异于 x_0 的任何 x，不等式

$$f(x)<f(x_0)$$

都成立，那么称 $f(x_0)$ 为函数 $f(x)$ 的一个极大值，称点 x_0 为 $f(x)$ 的极大值点；如果存在点 x_0 的一个邻域，对于该邻域内异于 x_0 的任何 x，不等式

$$f(x)>f(x_0)$$

都成立，那么称 $f(x_0)$ 为函数 $f(x)$ 的一个极小值，称点 x_0 为 $f(x)$ 的极小值点。

函数的极大值与极小值统称为函数的极值。极大值点与极小值点统称为极值点。

函数的极值概念是局部性的，是函数 $f(x)$ 在点 x_0 邻近的局部范围内的最大值或最小值，不一定是 $f(x)$ 在整个定义域或所考虑的某个整体区间上的最大值或最小值。例如，图 3-4 中函数 $y=f(x)$ 有两个极大值 $f(x_2)$ 和 $f(x_5)$，有三个极小值 $f(x_1)$，$f(x_4)$ 和

$f(x_6)$。其中极大值 $f(x_2)$ 比极小值 $f(x_6)$ 还要小。就整个区间 $[a,b]$ 来说，只有极小值 $f(x_1)$ 是最小值，没有一个极大值是最大值。函数的最大值在端点 $x=b$ 处取得。

下面讨论函数的极值以及极值点的求法。

从图 3-4 中可以看到，在函数有极值处，曲线的切线是水平的，即函数 $f(x)$ 在极值点处的导数为零：$f'(x_1)=0, f'(x_2)=0, f'(x_4)=0, f'(x_5)=0, f'(x_6)=0$。但是，曲线上有水平切线的地方，函数却不一定有极值。例如，图 3-4 中横坐标为 x_3 的对应点处有水平切线 $f'(x_3)=0$，但 $x=x_3$ 并不是函数的极值点。事实上，有下述定理：

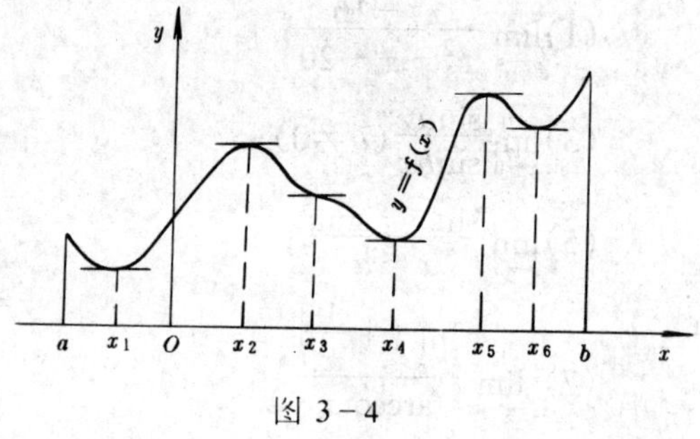

图 3-4

定理 1（极值的必要条件）　如果函数 $f(x)$ 在点 x_0 可导，且在 x_0 处取得极值，那么函数 $f(x)$ 在点 x_0 处的导数为零，即 $f'(x_0)=0$。

证　为确定起见，假定 $f(x_0)$ 是极大值（极小值情形可以类似地证明）。根据极大值的定义，在 x_0 的某个邻域内，对于除 x_0 外的任何点 x，

$$f(x)<f(x_0)$$

均成立。于是，当 $x<x_0$ 时，有

$$\frac{f(x)-f(x_0)}{x-x_0}>0$$

因此

$$f'(x_0)=\lim_{x\to x_0^-}\frac{f(x)-f(x_0)}{x-x_0}\geqslant 0$$

而当 $x>x_0$ 时，有

$$\frac{f(x)-f(x_0)}{x-x_0}<0$$

因此

$$f'(x_0)=\lim_{x\to x_0^+}\frac{f(x)-f(x_0)}{x-x_0}\leqslant 0$$

所以

$$f'(x_0)=0$$

使函数 $f(x)$ 的导数 $f'(x)=0$ 的点，也就是方程 $f'(x)=0$ 的实根，称为函数 $f(x)$ 的驻点。

定理 1 告诉我们，可导函数的极值点必定是它的驻点；不是驻点，就一定不是极值点。因此，要想求得函数的极值点，就要先求出函数的驻点，即求出方程 $f'(x)=0$ 的所有实根。那么，在求得驻点以后，如何判定它们是不是极值点呢？如果是极值点，又如何进一步判定函数取得的是极大值还是极小值呢？

从图 3-4 可以明显地看到，在驻点的两侧，如果函数 $f(x)$ 具有不同的单调性，那么该驻点一定是极值点。并且，如果在驻点的左侧函数单调增加，而在驻点的右侧函数单调减少，那么函数在该驻点处取得极大值。例如，驻点 $x=x_2$ 和 $x=x_5$ 是极大值点；如果在驻

点的左侧，函数单调减少，而在驻点的右侧，函数单调增加，那么函数在该驻点处取得极小值。例如，驻点 $x=x_1$，$x=x_4$ 和 $x=x_6$ 就是极小值点。如果在驻点的两侧，函数总是单调增加或单调减少，那么该驻点一定不是极值点。例如，在驻点 $x=x_3$ 的两侧邻近区域，$f(x)$ 都单调减少，函数在 $x=x_3$ 处无极值。下面给出函数单调性的判别法：

定理 2(单调性判别法)　设函数 $f(x)$ 在区间 $[a,b]$ 上连续，在 (a,b) 内可导：

(1)如果在 (a,b) 内 $f'(x)>0$，那么函数 $f(x)$ 在 $[a,b]$ 上单调增加；

(2)如果在 (a,b) 内 $f'(x)<0$，那么函数 $f(x)$ 在 $[a,b]$ 上单调减少。

证　在 $[a,b]$ 上任取两点 x_1, x_2，且 $x_1<x_2$。在区间 $[x_1,x_2]$ 上应用拉格朗日中值定理，得

$$f(x_2)-f(x_1)=f'(\xi)(x_2-x_1)\qquad (x_1<\xi<x_2)$$

注意到上式右端的因子 $x_2-x_1>0$，因此，如果在 (a,b) 内，

(1) $f'(x)>0$，那么 $f'(\xi)>0$，从而

$$f(x_2)-f(x_1)>0$$

即

$$f(x_1)<f(x_2)\qquad (x_1<x_2)$$

所以函数 $f(x)$ 在 $[a,b]$ 上单调增加。

(2) $f'(x)<0$，那么 $f'(\xi)<0$，从而

$$f(x_2)-f(x_1)<0$$

即

$$f(x_1)>f(x_2)\qquad (x_1<x_2)$$

所以 $f(x)$ 在 $[a,b]$ 上单调减少。

如果把定理 2 中的闭区间 $[a,b]$ 换成其它区间(包括无穷区间)，结论仍然成立。

函数单调性判别法的几何意义是明显的：如果曲线 $y=f(x)$ 在某区间内的切线与 x 轴正方向的夹角 α 是锐角，$\mathrm{tg}\alpha>0$，那么曲线在该区间内上升；如果这个夹角是钝角，$\mathrm{tg}\alpha<0$，那么曲线在该区间内下降(图 3－5)。

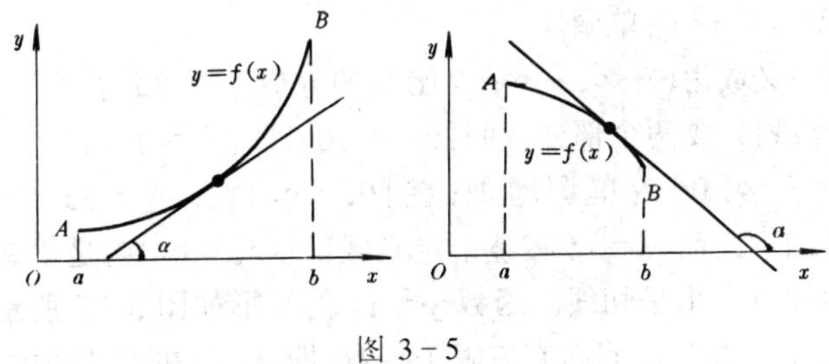

图 3－5

例 1　讨论函数 $y=e^x-x-1$ 的单调性。

解　$y'=e^x-1$ 在函数的定义域 $(-\infty,+\infty)$ 内不保持固定的符号。

因为在 $(-\infty,0)$ 内，$y'<0$，所以函数 $y=e^x-x-1$ 在 $(-\infty,0]$ 上单调减少；

因为在 $(0,+\infty)$ 内，$y'>0$，所以函数 $y=e^x-x-1$ 在 $[0,+\infty)$ 上单调增加。

把 $(-\infty,0]$、$[0,+\infty)$ 称为函数 $y=e^x-x-1$ 的单调区间。注意，$x=0$ 是函数的驻点。一般地讲，对于具有连续导数 y' 的函数 $y=f(x)$，用其驻点将其定义域划分成几个部

分区间后，导数 y' 在每个部分区间内保持固定的符号不变，从而函数 $y=f(x)$ 在每个部分区间上单调增加或单调减少。

例 2　求函数 $f(x)=2x^3-3x^2+1$ 的单调区间。

解　$f'(x)=6x^2-6x$

$=6x(x-1)$

令

$$f'(x)=0$$

即

$$6x(x-1)=0$$

解得

$$x_1=0,x_2=1$$

用 $x_1=0,x_2=1$ 划分函数的定义域 $(-\infty,+\infty)$ 成 $(-\infty,0]$、$[0,1]$、$[1,+\infty)$ 三个区间：在区间 $(-\infty,0)$ 内，因为 $x<0,x-1<0$，所以 $f'(x)>0$，故 $f(x)$ 在 $(-\infty,0]$ 内单调增加；在区间 $(0,1)$ 内，因为 $0<x<1,x-1<0$，所以 $f'(x)<0$，故 $f(x)$ 在 $[0,1]$ 上单调减少；在区间 $(1,+\infty)$ 内，因为 $x>1,x-1>0$，所以 $f'(x)>0$，故 $f(x)$ 在 $[1,+\infty)$ 内单调增加。函数 $y=f(x)$ 的图形如图 3－6 所示。

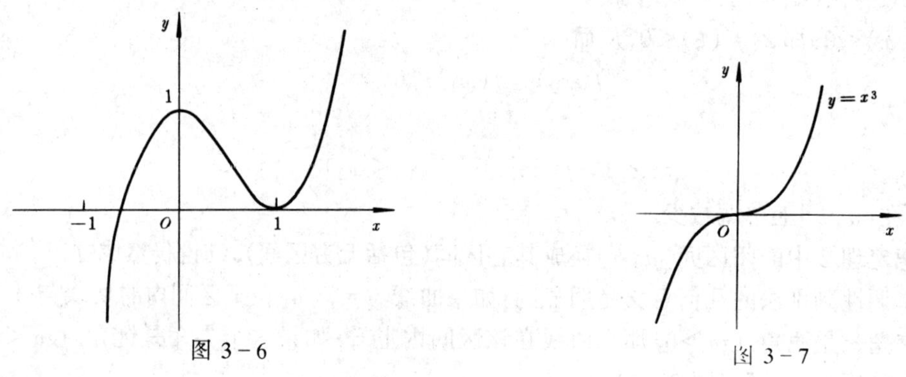

图 3－6　　　　图 3－7

例 3　讨论函数 $y=x^3$ 的单调性。

解　此函数的定义域为 $(-\infty,+\infty)$。函数的导数 $y'=3x^2$。令 $y'=0$，得驻点 $x=0$。$x=0$ 将 $(-\infty,+\infty)$ 划分成两个部分区间：$(-\infty,0]$，$[0,+\infty)$。在 $(-\infty,0)$ 内，$y'=3x^2>0$，所以 $y=x^3$ 在 $(-\infty,0]$ 内单调增加；在 $[0,+\infty)$ 内，$y'=3x^2>0$，所以 $y=x^3$ 在 $[0,+\infty)$ 内单调增加。因而 $y=x^3$ 在整个定义域 $(-\infty,+\infty)$ 内是单调增加的。

在 $x=0$ 处，曲线有一水平切线。函数 $y=x^3$ 的图形如图 3－7 所示。

一般地，如果 $f'(x)$ 在某区间内有有限个零点，即 $f(x)$ 在该区间内有有限个驻点，在其余各点处均为正（或为负）时，那么 $f(x)$ 在该区间上仍然是单调增加（或单调减少）的。

定理 3（极值的第一充分条件）　设函数 $f(x)$ 在点 x_0 的某个邻域内可导，且 $f'(x_0)=0$：

(1) 如果当 x 取 x_0 左侧邻近的值 $(x<x_0)$ 时 $f'(x)>0$，当 x 取 x_0 右侧邻近的值 $(x>x_0)$ 时 $f'(x)<0$，那么函数 $f(x)$ 在 x_0 处取得极大值；

(2) 如果当 x 取 x_0 左侧邻近的值 $(x<x_0)$ 时 $f'(x)<0$，当 x 取 x_0 右侧邻近的值 $(x>

x_0)时 $f'(x)>0$,那么函数 $f(x)$在 x_0 处取得极小值。

简而言之,当 x 在x_0 的邻近渐增地经过 x_0 时,如果 $f'(x)$的符号由正变负,那么 $f(x)$ 在 x_0 处取得极大值[图 3-8(a)];如果 $f'(x)$由负变正,那么 $f(x)$在 x_0 处取得极小值[图 3-8(b)];如果 $f'(x)$的符号不变,那么 $f(x)$在 x_0 处无极值[图 3-8(c)、(d)]。

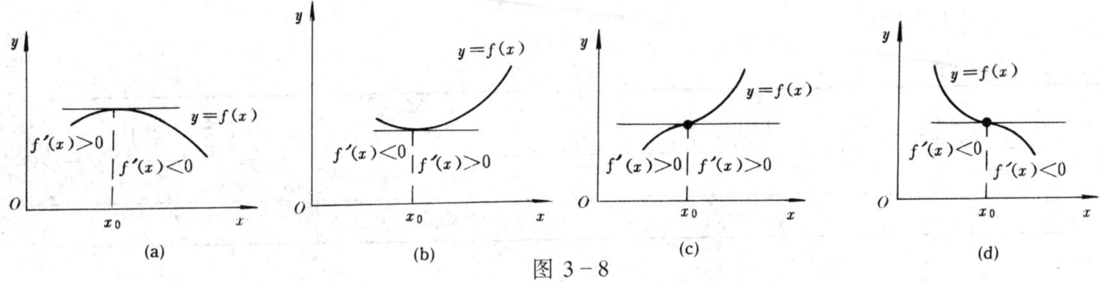

图 3-8

综上所述,可得如下求函数的极值及极值点的步骤:

(1)确定定义域;

(2)求驻点,划分区间:求出 $f'(x)$,令 $f'(x)=0$,求出所有驻点,并用这些驻点划分函数的定义域成部分区间;

(3)定符号,找极值点:确定 $f'(x)$在上述部分区间内的符号,并由此确定驻点是否是极值点,并进一步确定函数取得的是极大值还是极小值;

(4)算极值:算出极值点对应的函数值,就可以得到函数的全部极值。

例 4　求函数 $f(x)=2x^3-9x^2+12x-3$ 的极值。

解　(1)函数 $y=f(x)$的定义域为$(-\infty,+\infty)$;

(2)$f'(x)=6x^2-18x+12$

$=6(x-1)(x-2)$

令 $f'(x)=0$,得驻点 $x_1=1$ 及 $x_1=2$,它们把$(-\infty,+\infty)$划分为$(-\infty,1]$,$[1,2]$,$[2,+\infty]$;

(3)在区间$(-\infty,1]$内,$x-1<0$,$x-2<0$,所以 $f'(x)>0$;在区间$[1,2]$内,$x-1>0$,$x-2<0$,所以 $f'(x)<0$;在区间$(2,+\infty)$内,$x-1>0$,$x-2>0$,所以 $f'(x)>0$。由定理 3 知,函数 $y=f(x)$在 $x=1$ 处取得极大值,在 $x=2$ 处取得极小值;

(4)算出极大值　$f(1)=2$,极小值　$f(2)=1$。

为了方便和直观,我们常将求极值中的第(3)步列成表格。比如对于例 4,可得如下表格:

x	$(-\infty,1)$	1	$(1,2)$	2	$(2,+\infty)$
$f'(x)$	+	0	−	0	+
$y=f(x)$	↗	取极大值	↘	取极小值	↗

其中记号↗　表示曲线 $y=f(x)$是上升的;↘　表示曲线 $y=f(x)$是下降的。

例 5 求函数 $y=8x^3-12x^2+6x+1$ 的极值。

解 (1)函数 $y=f(x)$的定义域为$(-\infty,+\infty)$;

(2)$y'=24x^2-24x+6=6(2x-1)^2$，令 $y'=0$，得唯一驻点 $x=\frac{1}{2}$，它将 $(-\infty,+\infty)$划分为$\left(-\infty,\frac{1}{2}\right)$、$\left(\frac{1}{2},+\infty\right)$;

(3)列表讨论如下:

x	$\left(-\infty,\frac{1}{2}\right)$	$\frac{1}{2}$	$\left(\frac{1}{2},+\infty\right)$
y'	+	0	+
$y=f(x)$	↗	无极值	↗

函数 $y=8x^3-12x^2+6x+1$，只有一个驻点，而该驻点不是极值点，所以函数 $y=8x^3-12x^2+6x+1$ 没有极值，它在整个定义域$(-\infty,+\infty)$内单调增加。

下面再给出一个利用函数 $f(x)$在驻点 x_0 的二阶导数 $f''(x_0)$的符号来判定极值的方法。

定理 4(极值的第二充分条件) 设函数 $y=f(x)$在 x_0 处的二阶导数 $f''(x_0)$存在，且 $f'(x_0)=0$，$f''(x_0)\neq0$，则:

(1)当 $f''(x_0)<0$ 时，$f(x)$在 x_0 处取得极大值;

(2)当 $f''(x_0)>0$ 时，$f(x)$在 x_0 处取得极小值;

定理 4 指出，如果 $f'(x_0)=0$，$f''(x_0)\neq0$，那么 x_0 一定是极值点。但是，若 $f'(x_0)=0$ 且 $f''(x_0)=0$，则不能应用定理 4，需改用定理 3 判定。

例 6 求函数 $f(x)=(x^2-1)^3+1$ 的极值。

解 函数 $y=f(x)$的定义域为$(-\infty,+\infty)$。

$f'(x)=6x(x^2-1)^2$，$f''(x)=6(x^2-1)(5x^2-1)$，

令 $f'(x)=0$，得驻点 $x_1=-1$，$x_2=0$ 及 $x_3=1$。

因为 $f''(0)=6>0$，所以 $f(x)$在 $x=0$ 处取得极小值，极小值为

$$f(0)=(0^2-1)^3+1=0$$

因为 $f''(-1)=0$，$f''(1)=0$，故定理 4 失效，改用定理 3 判定，列表如下:

x	$(-\infty,-1)$	-1	$(-1,0)$	0	$(0,1)$	1	$(1,+\infty)$
$f'(x)$	−	0	−	0	+	0	+
$f''(x)$		0		+		0	
$y=f(x)$	↘	无极值	↘	极小值	↗	无极值	↗

函数 $y=f(x)$在 $x_1=-1$ 及 $x_3=1$ 处不取得极值。$y=(x^2-1)^3+1$ 的图形如图 3-9 所示。

以上是在函数可导的条件下来讨论极值的，在这种条件下，极值仅可能在驻点处取得。

但是,连续函数的极值,也可能在导数不存在的地方取得。

例 7　求函数 $y=1-(x-2)^{\frac{2}{3}}$ 的极值。

解　函数 $y=f(x)$ 在其定义域 $(-\infty,+\infty)$ 内连续。当 $x\neq2$ 时,

$$y'=-\frac{2}{3\sqrt[3]{x-2}}$$

当 $x=2$ 时, y' 不存在。

导数不存在的点 $x=2$ 将函数的定义域划分为两个部分区间: $(-\infty,2]$, $[2,+\infty)$。列表如下:

x	$(-\infty,2)$	2	$(2,+\infty)$
y'	+	不存在	−
$y=f(x)$	↗	极大值	↘

可见 $f(2)$ 为函数的极大值, $f(2)=1$。函数 $y=1-(x-2)^{\frac{2}{3}}$ 的图形如 3－10 所示。

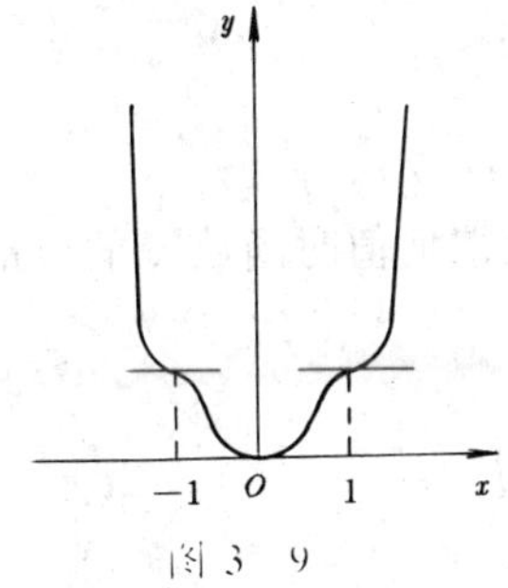

图 3－9

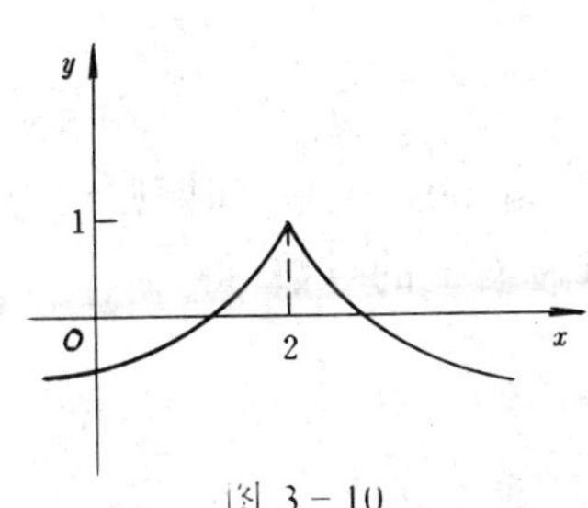

图 3－10

二、最大值和最小值问题

在实际应用中,常常需要在一定条件下使"产量最大"、"用料最省"、"成本最低"、"效率最高",等等。这类问题在数学上有时可以归结为求某一函数在某一区间上的最大值或最小值问题。

由第一章第五节所论述的闭区间上连续函数的性质知,如果函数 $f(x)$ 在闭区间 $[a,b]$ 上连续,那么 $f(x)$ 必可在区间 $[a,b]$ 上取得最大值和最小值。显然,连续函数在闭区间上的最大值和最小值,仅可能在区间内的极值点或区间的端点处取得。对可导函数而言,极值点必定是驻点。因此,可以算出驻点及区间端点处的函数值加以比较,其中最大的就是函数在该区间上的最大值,最小的就是最小值。这样求可导函数在闭区间上的最大值和最小值,有时可能会多算出一些不是最大值或最小值的函数值,但它省略了判定极值这一步骤,因而是方便并有效的。

例 8　求函数 $f(x)=x^3-6x^2+9x+5$ 在闭区间 $[0,5]$ 上的最大值和最小值。

解

$$\begin{aligned}f'(x)&=3x^2-12x+9\\&=3(x-1)(x-3)\end{aligned}$$

令 $f'(x)=0$，得驻点 $x_1=1, x_2=3$。区间的端点为 $a=0, b=5$，算出 $f(0)=5, f(1)=9$，$f(3)=5, f(5)=25$，所以最大值是 $f(5)=25$，最小值是 $f(0)=f(3)=5$

例 9　铁路线上 AB 段的距离为 100 公里，药厂 C 距 A 处为 20 公里，AC 垂直 AB（图 3－11）。为了运输需要，要在 AB 线上选定一点 D 向药厂 C 修筑一条公路。已知铁路每公里货运的运费与公路上每公里货运的运费之比为 3∶5，为了使货物从供应站 B 运到药厂 C 的运费最省，问 D 点应选在何处？

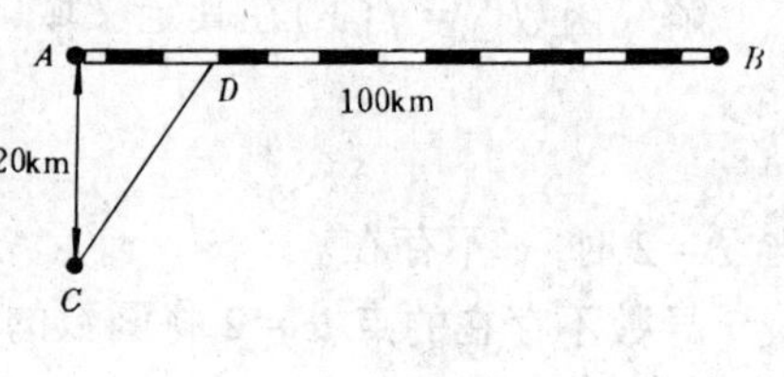

图 3－11

解　设 $AD=x$（公里），则 x 的变化范围为 $[0,100]$，且

$$DB=100-x$$

$$CD=\sqrt{20^2+x^2}=\sqrt{400+x^2}$$

由于铁路上每公里货运的运费与公路上每公里货运的运费之比为 3∶5，因此不妨设铁路上每公里的运费为 $3K$，公路上每公里的运费为 $5K$（K 为某个常数，因为它与本题的解无关，所以不必解出）。设从 B 点到 C 点所需要的总运费为 y，那么

$$y=5K\cdot CD+3K\cdot DB$$

即

$$y=5K\sqrt{400+x^2}+3K(100-x)$$

其中 $0\leqslant x\leqslant 100$。于是，问题归结为 x 在区间 $[0,100]$ 上取何值时函数 y 的值最小？

先求 y 对 x 的导数，得

$$y'=K\left(\frac{5x}{\sqrt{400+x^2}}-3\right)$$

令

$$y'=0$$

即

$$\frac{5x}{\sqrt{400+x^2}}=3$$

两边平方、整理，得

$$x^2=225$$

从而有 $x=15$（$x=-15$ 不在区间 $[0,100]$ 内，舍去）。由于

$$y|_{x=0}=400K \qquad y|_{x=15}=380K$$

$$y|_{x=100}=500K\sqrt{1+\frac{1}{25}}$$

所以 $y|_{x=15}$ 是函数的最小值。因此，当 $AD=15$（公里）时，总运费最小。

如果函数 $f(x)$ 在一个区间（有限或无限、开或闭）内可导，且只有一个驻点 x_0，同时这个驻点 x_0 也是 $f(x)$ 的极值点，那么当 $f(x_0)$ 是极大值时，$f(x_0)$ 就是 $f(x)$ 在该区间上的最大值［图 3－12(a)］；当 $f(x_0)$ 是极小值时，$f(x_0)$ 就是 $f(x)$ 在该区间上的最小值［图 3－12(b)］。

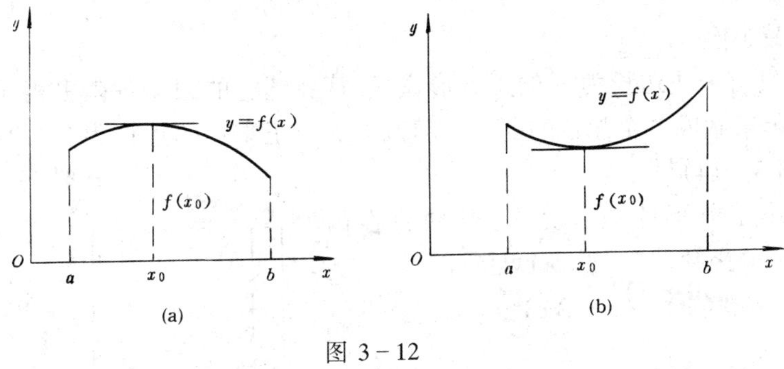

图 3-12

例 10　某中药厂要围建一个面积为 512 米^2 的矩形晒药材场地，一边可以利用原有的石条沿，其它三边需砌新的石条沿。问晒药材场地的长和宽各为多少时才能使材料用得最省？

解　要求用料最省就是要求新砌的石条沿的总长度最短。如图 3-13 所示，设场地的宽为 x(米)，则长为$\dfrac{512}{x}$(米)。因此，新砌的石条沿的长度为 x 的函数：$l=l(x)$，且

$$l=2x+\frac{512}{x}$$

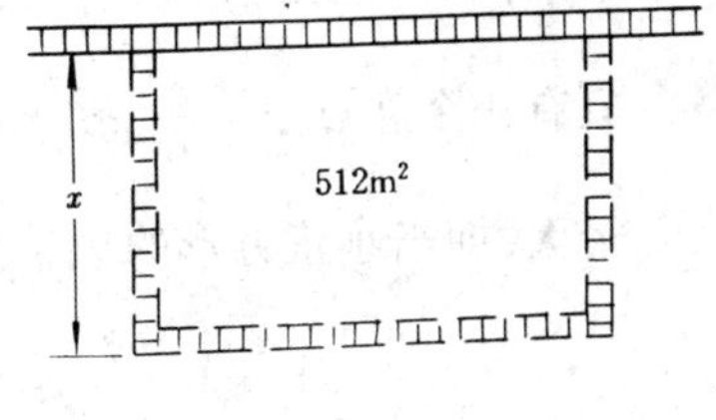

图 3-13

其中 $x>0$。于是问题就归结为求 x 在$(0,+\infty)$内取何值时函数 $l(x)$取最小值。为此，先求 l 对 x 的导数，得

$$l'=2-\frac{512}{x^2}$$

令　$l'=0$，即　$\dfrac{512}{x^2}=2$，得

$$x^2=256$$

从而

$$x=16\quad(x=-16\text{ 舍去})$$

又

$$l''=\frac{1024}{x^3}$$

从而

$$l''\big|_{x=16}=\frac{1024}{16^3}>0$$

因此 $l(16)$是函数 l 的极小值。

因为函数 $l(x)$在区间$(0,+\infty)$内只有一个驻点 $x=16$，且 $l(16)$是函数的极小值，所以 $l(16)$就是函数 l 在区间$(0,+\infty)$内的最小值。因此，当场地的宽为 16 米，长为$\dfrac{512}{16}=32$米时，能使砌新石条沿所用的材料最省。

在很多求最大值或最小值的实际问题中，往往根据问题的性质就可以断定可导函数 $f(x)$确有最大值或最小值，而且一定在定义区间内部取得。这时，如果函数 $f(x)$在其定义区间内只有一个驻点 x_0，那么不必讨论 $f(x_0)$是不是极值，就可以断定 $f(x_0)$就是所要求

的最大值或最小值。

例 11　设有一块边长为 a 的正方形铁板，打算把它的四角各截去相同的小正方形，然后把四边折起来做成一个无盖的药盒。问截去的小正方形的边长为多少时，才能使药盒的容积最大(图 3-14)？

解　设小正方形的边长为 x，药盒的容积为 V，则 V 是 x 的函数，$V=V(x)$，且

$$V(x)=(a-2x)^2x$$

其中 $0<x<\frac{a}{2}$。

$$V'=(a-2x)(a-6x)$$

令 $V'=0$，得驻点 $x=\frac{a}{6}$($x=\frac{a}{2}$舍去)。因为 V 的最大值必定在区间$(0,\frac{a}{2})$内取得，且 V 在$(0,\frac{a}{2})$内只有一个驻点 $x=\frac{a}{6}$，故 $V(\frac{a}{6})=\frac{2}{27}a^3$ 就是 V 的最大值。因此，当 $x=\frac{a}{6}$时，药盒的容积最大，即当小正方形的边长为原铁板边长的$\frac{1}{6}$时，做成的药盒的容积最大。

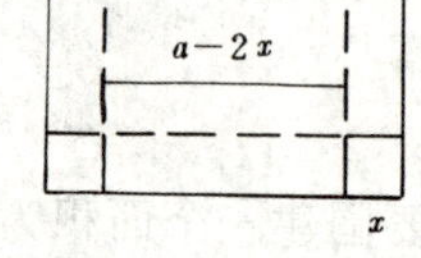

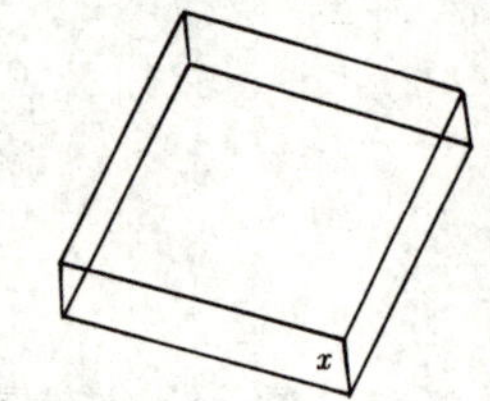

图 3-14

习　　题　3-2

1. 什么叫函数的极值点？什么叫函数的驻点？两者之间有何联系与区别？

2. 怎样求可导函数的极值点与极值？

3. 怎样求可导函数在闭区间上的最大值和最小值？

4. 是非题

(1)如果 x_1,x_2 分别是函数 $f(x)$的极大值点和极小值点，那么必有 $f(x_1)>f(x_2)$。

(2)如果函数 $f(x)$在点 x_0 的某个邻域内可导，且 $f'(x_0)=0$，那么 $f(x)$在点 x_0 处取得极值。

(3)如果函数 $f(x)$在点 x_0 处取得极值，那么曲线 $y=f(x)$在点$[x_0,f(x_0)]$处必有水平的切线。

(4)如果函数 $f(x)$在(a,b)内单调递增，且在(a,b)内可导，那么必有 $f'(x)>0$。

(5)如果函数 $f(x)$和 $g(x)$在(a,b)内可导，且 $f(x)>g(x)$，那么在(a,b)内必有 $f'(x)>g'(x)$。

(6)如果函数 $f(x)$和 $g(x)$在(a,b)内可导，且 $f'(x)>g'(x)$，那么在(a,b)内必有 $f(x)>g(x)$。

(7)如果函数 $f(x)$在区间(a,b)内仅有一个驻点，且 $f(x)$在(a,b)内可导，那么该驻点一定是极值点。

5. 求下列函数的单调区间与极值：

(1)$y=x^2-2x+3$；　(2)$y=x^3-3x^2-9x+5$；

(3)$y=\mathrm{arctg}x-x$；　(4)$y=x^4-2x^3$；

(5)$y=2x^3-3x^2$；　(6)$y=2x^3-6x^2-18x+7$；

(7)$y=2x+\frac{8}{x}(x>0)$；　(8)$y=2-(x-1)^{\frac{2}{3}}$。

6. 求下列函数在指定区间上的最大值和最小值：

(1)　$y=2x^3-3x^2$　　　　$[-1,4]$；

(2)　$y=x^4-8x^2+2$　　　　$[-1,3]$。

7. 问 x 等于多少时，函数 $y=x^2-2x-1$ 的值最小？最小值是多少？

8. 问 x 等于多少时，函数 $y=2x-5x^2$ 的值最大？最大值是多少？

9. 将 16 拆成两个正数之和，使这两个正数的乘积为最大。

10. 当矩形的周长一定时，问长与宽各是多少时能使矩形的面积最大？

11. 当两直角边之和一定时，求有最小斜边的直角三角形。

12. 在 ox 轴上求一点，使它与点(1,2)及点(4,3)的距离之和为最小。

13. 某药厂要靠一面墙壁盖一间长方形的小屋，现有存砖只够砌 20 米长的墙壁。问小屋的长与宽各为多少时才能使小屋的面积最大？

第三节　曲线的凹凸与拐点

在研究函数 $y=f(x)$的图形，即曲线 $y=f(x)$的变化状态时，只知道曲线上升与下降的趋势是不够的，还需要知道曲线的弯曲方向。例如，图 3-15 中有两条曲线弧，虽然它们都是上升的，但其图形却有着显著不同：$\overset{\frown}{ACB}$是凸的曲线弧，而$\overset{\frown}{ADB}$是凹的曲线弧，它们的凹凸性不同。下面，研究曲线的凹凸性及其判定法。

定义　设函数 $f(x)$在闭区间$[a,b]$上连续。如果曲线 $y=f(x)$在(a,b)内总是位于其切线的上方，则称该曲线在$[a,b]$上是凹弧[图 3-16(a)]；如果曲线总是位于其切线的下方，则称该曲线在$[a,b]$上是凸弧[图 3-16(b)]。

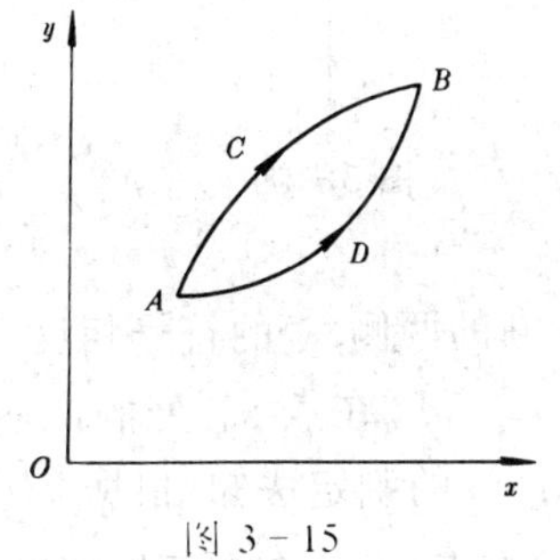

图 3-15

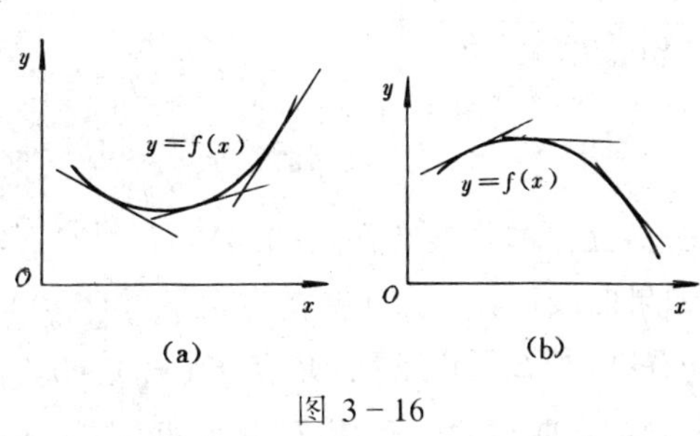

图 3-16

曲线上凹的部分与凸的部分的分界点，称为该曲线的拐点(图 3-17)。

如果函数 $f(x)$的导数 $f'(x)>0$，那么函数 $f(x)$单调增加。因此，如果 $f'(x)$的导数 $f''(x)>0$，那么 $f'(x)$单调增加，表明曲线切线的斜率随 x 增加而增加，这时的曲线是凹弧[图 3-16(a)]；如果 $f''(x)<0$，那么 $f'(x)$单调减少，即曲线切线的斜率随 x 增加而减小，这时的曲线是凸弧[图 3-16(b)]。事实上，曲线的凹凸性可用下述定理判定。

定理(曲线凹凸性的判定法)　设函数 $f(x)$在区间$[a,b]$上连续，且在(a,b)内具有二阶导数：

(1)如果在(a,b)内 $f''(x)<0$，那么曲线 $y=f(x)$在$[a,b]$上是凸弧；

(2)如果在(a,b)内$f''(x)>0$,那么曲线$y=f(x)$在$[a,b]$上是凹弧。

函数$f(x)$在任意区间上的凹凸性及其判定法与上面所述类同。

例 1 判断立方抛物线$y=x^3$的凹凸性,并求拐点。

解 $$y'=3x^2,\qquad y''=6x$$

在区间$(-\infty,0)$内,$y''<0$,所以连续曲线$y=x^3$在$(-\infty,0]$内是凸的;

在$(0,+\infty)$内,$y''>0$,所以,连续曲线$y=x^3$在$[0,+\infty)$内是凹的。

由$y|_{x=0}=0$可得曲线上一点$(0,0)$,且点$(0,0)$是曲线$y=x^3$上凹弧与凸弧的分界点,所以点$(0,0)$是其拐点(图 3-18)。

上述讨论也可列表如下:

x	$(-\infty,0)$	0	$(0,+\infty)$
y''	$-$	0	$+$
曲线 $y=f(x)$	⌒	拐点$(0,0)$	⌣

其中记号⌒表示曲线是凸弧;⌣表示曲线是凹弧。

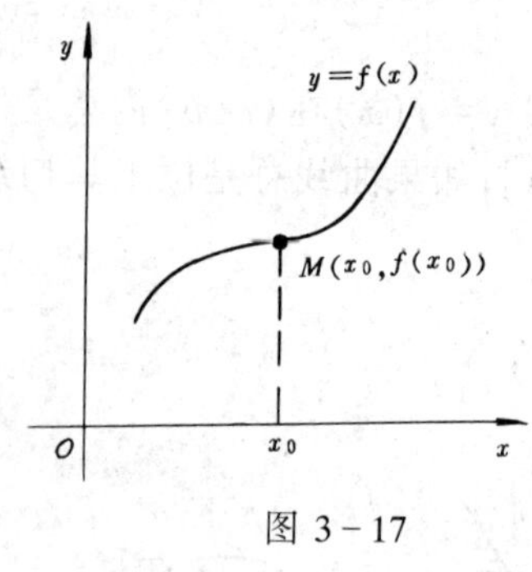

图 3-17

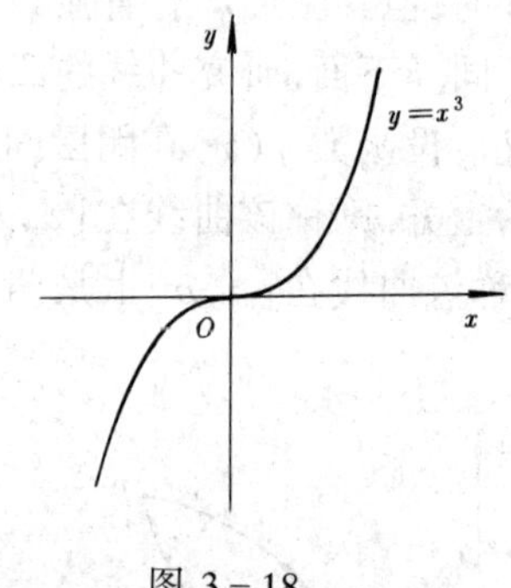

图 3-18

注意:立方抛物线有拐点$(0,0)$,而$y''|_{x=0}=0$,且在$x=0$的两侧,y''的符号相反。一般地讲,如果曲线$y=f(x)$有拐点$(x_0,f(x_0))$,且函数$y=f(x)$在点x_0处的二阶导数$f''(x_0)$存在,那么可以证明,必有$f''(x_0)=0$。由曲线弧凹凸性的判定法知,根据$f''(x)$的符号可以判定曲线的凹凸性,因此如果$f''(x_0)=0$,且$f''(x)$在点x_0的左右两侧邻近异号,那么点$[x_0,f(x_0)]$就是一个拐点。

对于在(a,b)内具有二阶导数$f''(x)$的函数,可按以下步骤确定曲线$y=f(x)$的拐点:

(1)求$f''(x)$;

(2)令$f''(x)=0$,求出该方程在(a,b)内的所有实根;

(3)对于(2)中求得的每一个实根x_0,检查$f''(x)$在x_0的左右两侧邻近的符号:如果$f''(x)$在x_0的左右两侧邻近分别保持一定的符号,那么当两侧的符号相反时,点$[x_0,f(x_0)]$是拐点;当两侧的符号相同时,点$[x_0,f(x_0)]$不是拐点。

例 2 求曲线$y=3x^4-4x^3+1$的凹凸区间及拐点。

解

$$y' = 12x^3 - 12x^2$$
$$y'' = 36x^2 - 24x = 12x(3x-2)$$

令 $y''=0$,得 $x_1=0, x_2=\frac{2}{3}$,它们将函数的定义域$(-\infty,+\infty)$划分为$(-\infty,0]$,$\left[0,\frac{2}{3}\right]$,$\left[\frac{2}{3},+\infty\right)$。

在每个部分区间内讨论 $f''(x)$的符号,列表如下:

x	$(-\infty,0)$	0	$\left(0,\frac{2}{3}\right)$	$\frac{2}{3}$	$\left(\frac{2}{3},+\infty\right)$
y''	+	0	−	0	+
曲线 $y=f(x)$	⌣	有拐点	⌢	有拐点	⌣

由表中可以明显地看到,在$(-\infty,0]$及$\left[\frac{2}{3},+\infty\right)$内,曲线是凹的,而在$\left[0,\frac{2}{3}\right]$上,曲线是凸的。

因为$y|_{x=0}=1$,所以点$(0,1)$是该曲线的一个拐点;因为$y|_{x=\frac{2}{3}}=\frac{11}{27}$,所以点$\left(\frac{2}{3},\frac{11}{27}\right)$是另一个拐点。

例 3 问曲线 $y=x^4$ 是否有拐点。

解 $y'=4x^3, y''=12x^2$。令 $y''=0$,得 $x=0$,由$y|_{x=0}=0$,得点$(0,0)$。当 $x\neq 0$时,无论 $x>0$还是 $x<0$,都有 $y''>0$,因此点$(0,0)$不是拐点,即曲线 $y=x^4$ 没有拐点,它在整个$(-\infty,+\infty)$内是凹的。

例 4 求曲线 $y=\sqrt[3]{x}$的拐点。

解 函数 $y=\sqrt[3]{x}$在$(-\infty,+\infty)$内连续,且当 $x\neq 0$ 时

$$y'=\frac{1}{3\sqrt[3]{x^2}}, \qquad y''=-\frac{2}{9}\frac{1}{x\sqrt[3]{x^2}}$$

当 $x=0$ 时,y'及 y''都不存在,故二阶导数 y''在$(-\infty,+\infty)$内不连续,且不具有零点。$x=0$是 y''不存在的点,它把$(-\infty,+\infty)$分成两个部分区间:$(-\infty,0]$,$[0,+\infty)$。y''在 $x=0$ 两侧的符号见下表:

x	$(-\infty,0)$	0	$(0,+\infty)$
y''	+	不存在	−
曲线 $y=f(x)$	⌣	有拐点	⌢

当 $x=0$ 时,$y=0$,所以点$(0,0)$是此曲线的一个拐点。

习 题 3-3

1. 什么叫做凹的曲线弧?什么叫做凸的曲线弧?怎样判定曲线的凹凸性?
2. 说明函数的极值点与曲线的拐点有何区别。

3. 验证曲线 $y=\frac{1}{x}$ 在区间 $(0,+\infty)$ 内是凹弧。

4. 验证曲线 $y=\ln x$ 在区间 $(0,+\infty)$ 内是凸弧。

5. 确定下列曲线的凹凸性：

(1) $y=4x-x^2$；　　(2) $y=e^{-2x}$。

6. 求下列曲线的拐点及凹、凸的区间：

(1) $y=x^3-5x^2+3x+5$；　　(2) $y=xe^{-x}$；

(3) $y=\ln(1+x^2)$；　　(4) $y=2x^3+3x^2-12x+14$。

第四节　函数图形的描绘

函数的图形具有直观明了的特点，对于函数研究有着重要意义，在实际中有广泛的应用，因此研究函数图形的描绘方法很有必要。函数图形描绘的基本方法是描点法，但以往由于预先对函数图形的特征没有进行分析，只是依靠增加描点的数量来提高作图的精确度，具有很大的盲目性。现在可以借助一阶导数 $f'(x)$ 的符号，确定曲线 $y=f(x)$ 在哪个区间上升、在哪个区间下降，在何处函数有极值点；借助二阶导数 $f''(x)$ 的符号，可确定曲线在哪个区间是凹的，在哪个区间上 是凸的，在何处有拐点。再辅以对于曲线有无铅直渐近线和水平渐近线的讨论，就可以比较准确地作出函数的图形。

一、铅直渐近线和水平渐近线

如果当 $x\to c$（有时仅当 $x\to c^+$ 或 $x\to c^-$）时，$f(x)\to\infty$，那么称直线 $x=c$ 为曲线 $y=f(x)$ 的铅直渐近线。这时，点 $x=c$ 为函数 $y=f(x)$ 的无穷间断点。

例如，当 $x\to0^+$ 时，$\ln x\to-\infty$，所以直线 $x=0$（即 y 轴）是曲线 $y=\ln x$ 的铅直渐近线（图 3-19）。

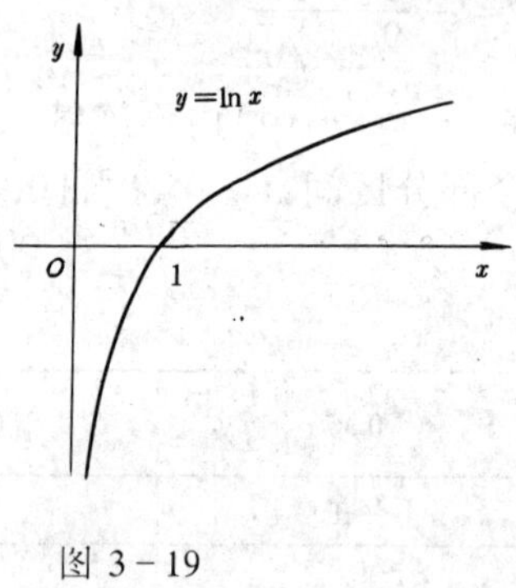

图 3-19

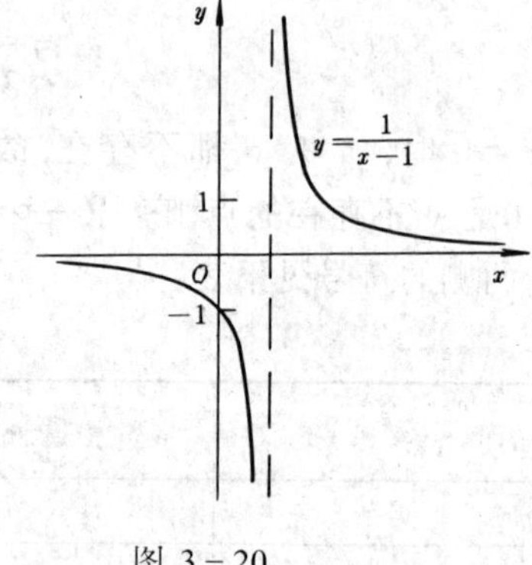

图 3-20

如果当 $x\to\infty$（有时仅当 $x\to-\infty$ 或 $x\to+\infty$）时，$f(x)\to b$，那么称直线 $y=b$ 是曲线 $y=f(x)$ 的水平渐近线。例如，

因为

$$\lim_{x\to\infty}\frac{1}{x-1}=0$$

所以直线$y=0$(即 x 轴)是曲线 $y=\dfrac{1}{x-1}$的水平渐近线(图 3-20)。从图 3-20 可以看到,曲线 $y=\dfrac{1}{x-1}$还有一条铅直渐近线 $x=1$。

二、函数图形的描绘

可按下列步骤描绘函数的图形:

(1)确定函数 $f(x)$的定义域,讲座函数的奇偶性及周期性;

(2)求导数、找驻点、划区间:求出 $f'(x)$及 $f''(x)$,解方程 $f'(x)=0$ 及 $f''(x)=0$,并用它们的实根划分函数的定义域成部分区间;

(3)确定渐近线:考察函数的变化趋势,确定其图形有无铅直渐近线及水平渐近线;

(4)列表作图:列表讨论 $f'(x)$及 $f''(x)$在各部分区间的符号,并由此确定函数图形的升降、凹、凸、极值点和拐点,并算出 $f'(x)=0$ 及 $f''(x)=0$ 的实根所对应的函数值,得到曲线上的对应点(有时还适当补充一些点,如与坐标轴的交点等),最后连点作图。

例 1 作函数 $y=\dfrac{1}{2}x^3-\dfrac{3}{2}x^2$ 的图形。

解 (1)函数的定义域为$(-\infty,+\infty)$;

(2)$y'=\dfrac{3}{2}x^2-3x=\dfrac{3}{2}x(x-2)$

$y''=3x-3=3(x-1)$

令 $y'=0, y''=0$, 得 $x_1=0, x_2=1, x_3=2$, 它们将$(-\infty,+\infty)$划分为$(-\infty,0]$, $[0,1]$, $[1,2]$, $[2,+\infty)$;

(3) $\lim\limits_{x\to-\infty}y=-\infty$, $\lim\limits_{x\to+\infty}y=+\infty$;

(4)算出 $y|_{x=0}=0$, $y|_{x=2x}=-2$, 得点$(0,0)$, $(2,-2)$, 又 $y|_{x=1}=-1$, 得点$(1,-1)$。列表如下:

x	$(-\infty,0)$	0	$(0,1)$	1	$(1,2)$	2	$(2,+\infty)$
y'	+	0	−	−	−	0	+
y''	−	−	−	0	+	+	+
曲线 $y=f(x)$	↗	极大值	⤵	有拐点	↘	极小值	⤴
对应点		$(0,0)$		$(1,-1)$		$(2,-2)$	

表中记号↗表示曲线上升且是凸弧;

⤵表示曲线下降且是凸弧;

↘表示曲线下降且是凹弧;

⤴表示曲线上升且是凹弧。

再补充两个点:由 $y|_{x=3}=0$,得点$(3,0)$;由 $y|_{x=-1}=-2$,得点$(-1,-2)$。

在直角坐标系中描出上述 5 点,再结合(3)及上表的讨论,连点作图,即可得函数的图形(图 3-21)。

例 2　作函数 $f(x)=\frac{1}{\sqrt{2\pi}}e^{-\frac{x^2}{2}}$ 的图形。

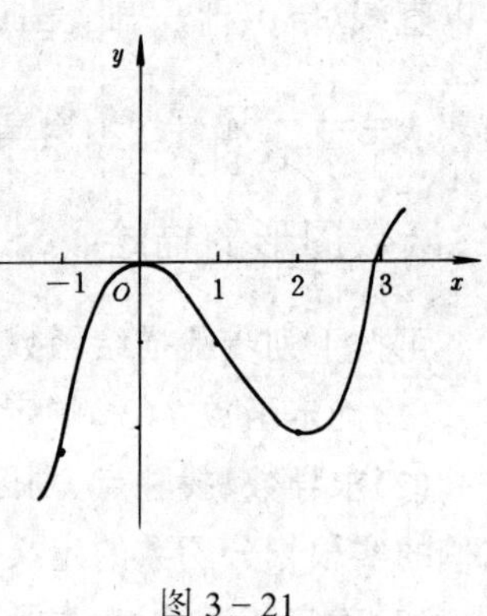

图 3-21

解　(1)函数的定义域为$(-\infty,+\infty)$，由于

$$f(-x)=\frac{1}{\sqrt{2\pi}}e^{-\frac{(-x)^2}{2}}=f(x)$$

所以 $f(x)$ 是偶函数，其图形关于 y 轴对称。故只需讨论$(0,+\infty)$内函数的图形。

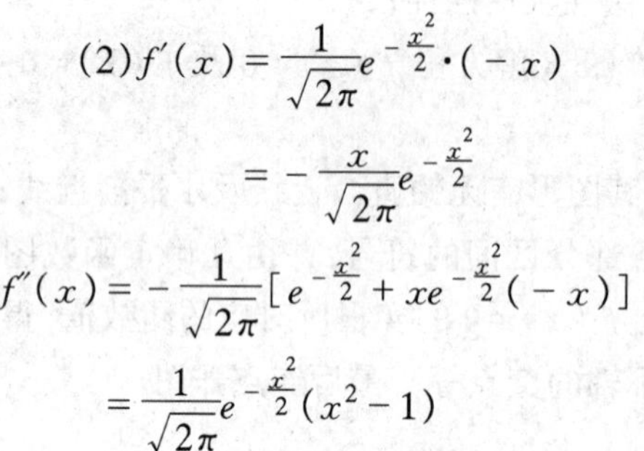

$$(2)\ f'(x)=\frac{1}{\sqrt{2\pi}}e^{-\frac{x^2}{2}}\cdot(-x)$$

$$=-\frac{x}{\sqrt{2\pi}}e^{-\frac{x^2}{2}}$$

$$f''(x)=-\frac{1}{\sqrt{2\pi}}\left[e^{-\frac{x^2}{2}}+xe^{-\frac{x^2}{2}}(-x)\right]$$

$$=\frac{1}{\sqrt{2\pi}}e^{-\frac{x^2}{2}}(x^2-1)$$

令 $f'(x)=0$，$f''(x)=0$，得$[0,+\infty)$内的实根为 $x_1=0$，$x_2=1$，它们将$[0,+\infty)$分成$[0,1]$，$[1,+\infty)$。

(3) $\lim\limits_{x\to+\infty}f(x)=0$，所以函数图形有一条水平渐近线 $y=0$(即 x 轴)。

(4)由 $f(0)=\frac{1}{\sqrt{2\pi}}$，得点 $M_1\left(0,\frac{1}{\sqrt{2\pi}}\right)$；由 $f(1)=\frac{1}{\sqrt{2\pi e}}$，得点 $M_2\left(1,\frac{1}{\sqrt{2\pi e}}\right)$。

列表讨论如下：

x	0	(0,1)	1	$(1,+\infty)$
$f'(x)$	0	−	−	−
$f''(x)$	−	−	0	+
曲线 $y=f(x)$	极大值	↘	有拐点	↘
对应点	$M_1\left(0,\frac{1}{\sqrt{2\pi}}\right)$		$M2\left(1,\frac{1}{\sqrt{2\pi e}}\right)$	

补充点：由 $f(2)=\frac{1}{\sqrt{2\pi e^2}}$，得点 $M_3\left(2,\frac{1}{\sqrt{2\pi e^2}}\right)$。

描出点 M_1，M_2，M_3，并结合(3)及表中的讨论，连点作图，即得函数在$[0,+\infty)$上的图形。

图 3-22

最后，利用图形的对称性，便可得到函数在$(-\infty,0]$上的图形，从而得到整条曲线(图 3-22)。

函数 $f(x)=\frac{1}{\sqrt{2\pi}}e^{-\frac{x^2}{2}}$ 在数理统计中有着重要的作用，应当熟悉其图形。

习　题　3－4

描绘下列函数的图形：

1. $y=2x-x^2$；　　2. $y=x^3-x^2-x+1$；

3. $y=3x-x^3$；　　4. $y=\ln(1+x^2)$。

第五节　导数在医药学中的应用

本节利用导数解决医药学中的最大值与最小值问题。

例 1　肌肉注射或皮下注射后血液中药物浓度 y 与时间 t 的关系为

$$y=\frac{A}{\sigma_2-\sigma_1}(e^{-\sigma_1 t}-e^{-\sigma_2 t})$$

其中 A,σ_1,σ_2 都是正数，且 $\sigma_2>\sigma_1$。问何时血液中药物浓度最大?

解　由题意知，t 的变化范围为$(0,+\infty)$。

$$y'=\frac{A}{\sigma_2-\sigma_1}(\sigma_2 e^{-\sigma_2 t}-\sigma_1 e^{-\sigma_1 t})$$

令 $y'=0$，即

$$\sigma_2 e^{-\sigma_2 t}=\sigma_1 e^{-\sigma_1 t}$$

得

$$e^{(\sigma_2-\sigma_1)t}=\frac{\sigma_2}{\sigma_1}$$

从而

$$t=\frac{\ln\frac{\sigma_2}{\sigma_1}}{\sigma_2-\sigma_1}$$

y 在$(0,+\infty)$内只有一个驻点，且药物浓度的最大值一定存在，所以当

$$t=\frac{1}{\sigma_2-\sigma_1}\ln\frac{\sigma_2}{\sigma_1}$$

时，血液中药物浓度最大。

例 2　某药厂生产某种药品，年产量为 a 个单位，分若干批进行生产，每批生产准备费为 b 元。设该药品均匀投入市场(即平均库存量为批量的一半)，并设每年每单位的药品库存费为 c 元。显然，生产批量大则库存费高，生产批量小则生产准备费多。问如何选择批量，才能使生产准备费与库存费之和为最小(不考虑生产能力)?

解　先求批量与库存费及生产准备费之和间的关系。设每批生产 x 个单位，库存费与生产准备费之和为 y，则 y 是 x 的函数 $y=y(x)$。因年产量为 a，所以每年生产的批数为 $\frac{a}{x}$ (为整数)，则生产准备费为 $b\cdot\frac{a}{x}$；因为库存量为$\frac{x}{2}$，所以库存费为 $c\cdot\frac{x}{2}$。因此，可得

$$y=\frac{ab}{x}+\frac{c}{2}x$$

其中 $0<x\leqslant a$(如果该药品的单位为支或盒，则 x 应为正整数，但为了解题方便，可以先视

x 为连续变化的，最后在求得 x 值后，再取成整数）。

现在，问题已经归结为 x 取$(0,a]$内的何值时 $y=\frac{ab}{x}+\frac{c}{2}x$ 取最小值。求得

$$y'=-\frac{ab}{x^2}+\frac{c}{2}$$

令 $y'=0$，得 $x=\sqrt{\frac{2ab}{c}}$ $\left(x=-\sqrt{\frac{2ab}{c}}\text{舍去}\right)$。

因为函数 y 的最小值一定存在，且其在$(0,a)$内仅有一个驻点，故 $y\left(\sqrt{\frac{2ab}{c}}\right)$为最小值，即每批生产$\sqrt{\frac{2ab}{c}}$个单位时，可使生产准备费与库存费之和为最小。

例如，若 $a=1000000$（箱），$b=1000$ 元，$c=0.05$ 元，则

$$x=\sqrt{\frac{2\times1000000\times1000}{0.05}}=200000\text{（箱）}$$

即每批生产 200000 箱，可使生产准备费与库存费之和为最小。

习 题 3－5

1．按 1mg/kg 体重的比率给小鼠注射磺胺药物后，计算血液中磺胺药物的浓度与时间的关系，有以下公式

$$y=-1.06+2.59x-0.77x^2$$

其中 y 表示血中磺胺浓度（mg/100ml）的常用对数值，x 表示注射后经历的时间（分）的常用对数值，问 x 取何值时，y 取最大值？

2．已知口服一定剂量的某药后，血药浓度 C 与时间 t 的关系为

$$C=40(e^{-0.2t}-e^{-2.3t})$$

求最高血药浓度及达到最高血药浓度的时间，并作出函数图形（也称为 $C-t$ 曲线）。

3．某地沙眼的患病率与年龄 t 的关系为

$$y=2.27(e^{-0.050t}-e^{-0.072t})$$

问患病率最高的年龄是多少？最高患病率是多少？

4．设生产某种药品 x 个单位时，利润是

$$y=500+x-0.00001x^2\text{（元）}$$

问生产多少个单位时，获得的利润最大？

（陈四平）

自 测 题 (二)

1. 是非题

(1)一切初等函数在其定义区间内都可导。

(2)如果 $f(x)$在点 $x=x_0$ 处不可导,那么 $f(x)$在 $x=x_0$ 处不连续。

(3)如果 $f(x_1)$, $f(x_2)$分别是函数 $f(x)$的极大值、极小值,那么必有 $f(x_1)>f(x_2)$。

(4)如果点 x_0 为可导函数 $f(x)$的极值点,那么必有 $f'(x_0)=0$。

(5)如果 $f''(x_0)=0$,那么点$[x_0,f(x_0)]$为曲线 $y=f(x)$的拐点。

2. 选择题

(1)如果函数 $y=f(x)$在点 x_0 处不可导,那么曲线 $y=f(x)$在点$[x_0,f(x_0)]$处________。

(A)没有切线;　　(B)有水平的切线;

(C)有垂直于 x 轴的切线;　　(D)无法确定是否有切线。

(2)$f(x)$在点 x_0 处可导,则$\lim\limits_{h\to 0}\dfrac{f(x_0-3h)-f(x_0)}{h}$等于________。

(A)$\dfrac{1}{3}f'(x_0)$;　　(B)$3f'(x_0)$;

(C)$-\dfrac{1}{3}f'(x_0)$;　　(D)$-3f'(x_0)$。

(3)设 $f(x)$在$[a,b]$上连续,在(a,b)内可导,则________。

(A)必有 ξ, $a<\xi<b$,使得 $f'(\xi)=0$;

(B)必有 ξ, $a\leqslant\xi\leqslant b$,使得 $f'(\xi)(b-a)=f(b)-f(a)$;

(C)必有 ξ, $a<\xi<b$,使得 $f'(\xi)(b-a)=f(b)-f(a)$;

(D)必有 ξ, $a<\xi<b$,使得 $f(\xi)=\dfrac{f(b)-f(a)}{b-a}$。

(4)$f(x)=(x^2-1)^3+1$ 的极值点是________。

(A)1;　　(B)0;

(C)-1;　　(D)2。

3. 计算题

(1)$y=\ln\mathrm{tg}\,\dfrac{x}{2}$,求 y'。

(2)$y=e^{-x^2+2x}$,求 dy 及 y''。

(3)$y=\sqrt{\dfrac{x(x^2+1)}{(x^2-1)^3}}$,求 y'。

(4)设$\begin{cases}x=\sin t\\ y=\cos 2t,\end{cases}$ 求$\left.\dfrac{dy}{dx}\right|_{t=\frac{\pi}{6}}$ 。

(5)求$\lim\limits_{x\to 0}\dfrac{x-\sin x}{x^3}$。

(6)求$\lim\limits_{x\to 1}\left(\dfrac{x}{x-1}-\dfrac{1}{\ln x}\right)$。

4. 设 $y=y(x)$由方程 $\ln\sqrt{x^2+y^2}=\operatorname{arctg}\dfrac{y}{x}$所确定,求$\dfrac{dy}{dx}$。

5. 试确定 a,b,c 的值,使三次曲线 $y=ax^3+bx^2+cx$ 有拐点$(1,2)$,且在该点处的切线斜率为-1。

6. 某药厂要靠墙壁盖一间长方形的小屋,现有存砖只够砌 18 米长的墙壁。问如何设计小屋的长与宽,才能使小屋的面积最大,最大面积是多少。

7. 利用导数描绘函数 $y=x^3-x^2-x+1$ 的图形。

8. 设曲线 $y=x^n$(n 是正整数)在点$(1,1)$处的切线与 x 轴的交点为ξ_n,求

(1)ξ_n;

(2)$\lim\limits_{n\to\infty}\xi_n$;

(3)$\lim\limits_{n\to\infty}\xi_n^n$。

9. 一截面为倒置等边三角形的水槽,长 20 米。若以 3 米^3/秒的速度将水注入,求在水面高为 4 米时水面上升的速度。

(陈四平)

第四章　不　定　积　分

前两章介绍了一元函数的微分，以下两章介绍一元函数的积分。积分学中有两个基本概念——不定积分和定积分。本章先介绍不定积分的概念、性质和计算。

第一节　不定积分的概念与性质

一、原函数与不定积分

我们已经介绍了求一个函数的导数的问题。在实践中经常会遇到与此相反的问题，即从函数的导数反过来求原来的函数，这就是微分法的逆问题。由于它具有普遍意义，所以我们从一般的形式讲起。

定义 1　设函数 $f(x)$在某区间上有定义，如果存在函数 $F(x)$，对于该区间上任一点 x，使 $F'(x)=f(x)$或 $dF(x)=f(x)dx$，那么就称函数 $F(x)$是已知函数 $f(x)$在该区间上的一个原函数(primitive function)。

例如，因为在区间$(-\infty,+\infty)$内有$(x^2)'=2x$，所以 x^2 是 $2x$ 在区间$(-\infty,+\infty)$内一个原函数。又因为$(x^2-1)'=2x$，$(x^2+4)'=2x$，$(x^2+C)'=2x$(C 为任意常数)，所以 x^2-1，x^2+4，x^2+C 都是 $2x$ 在区间$(-\infty,+\infty)$内的原函数。

又如，因为$(\sin x)'=\cos x$，所以 $\sin x$ 是 $\cos x$ 在区间$(-\infty,+\infty)$内的一个原函数。显然，$\sin x+1$，$\sin x-2$，$\sin x+C$ 也都是 $\cos x$ 在区间$(-\infty,+\infty)$内的原函数。

一般地讲，如果 $F(x)$是 $f(x)$在某区间上的一个原函数，那么函数族 $F(x)+C$(C 为任意常数)都是 $f(x)$在该区间上的原函数，这是因为$[F(x)+C]'=F'(x)+C'=f(x)$。可见，如果 $f(x)$有原函数，那么它就有无穷多个原函数。而函数族 $F(x)+C$ 是否包含了 $f(x)$的全体原函数呢？答案是肯定的。事实上，设 $F(x)$是 $f(x)$在某一区间上的一个确定的原函数，$\Phi(x)$是 $f(x)$在该区间上的任意一个原函数，因为

$$
\begin{aligned}
[\Phi(x)-F(x)]' &= \Phi'(x)-F'(x)\\
&= f(x)-f(x)\\
&= 0
\end{aligned}
$$

由拉格朗日中值定理的推论知，

$$\Phi(x)-F(x)=C$$

于是

$$\Phi(x)=F(x)+C$$

这就是说，$f(x)$的任意一个原函数 $\Phi(x)$都可以用函数族 $F(x)+C$ 来表示。换句话说，函数族 $F(x)+C$ 包括了 $f(x)$的所有原函数。

定义 2　如果 $F(x)$是 $f(x)$在某区间上的一个原函数，那么 $F(x)+C$ 称为$f(x)$在该

区间上的不定积分(indefinite integral),记为$\int f(x)dx$,即

$$\int f(x)dx = F(x) + C$$

其中"$\int$"称为积分号(integral sign),$f(x)$称为被积函数(integrand),$f(x)dx$ 称为被积表达式(integrand expression),x 称为积分变量(variable of integration),C 称为积分常数(integral constant)。

由定义 2 知,求函数 $f(x)$的不定积分,只需求出它的一个原函数,再加上任意常数 C。因而,求不定积分的中心问题就是寻求被积函数 $f(x)$的一个原函数。上述 $2x$ 和 $\cos x$ 的不定积分分别为

$$\int 2xdx = x^2 + C$$

和

$$\int \cos xdx = \sin x + C$$

例 1 求下列不定积分:

(1)$\int 4x^3dx$; (2)$\int e^x dx$;

(3)$\int \sec^2 xdx$; (4)$\int \frac{dx}{1+x^2}$。

解 (1)因为$(x^4)' = 4x^3$,即 x^4 是 $4x^3$ 的一个原函数,$F(x) = x^4$,所以不定积分

$$\int 4x^3dx = x^4 + C$$

同样可求得不定积分(2)、(3)、(4):

(2)因为$(e^x)' = e^x$,所以

$$\int e^x dx = e^x + C$$

(3)因为$(\mathrm{tg}x)' = \sec^2 x$,所以

$$\int \sec^2 x\, dx = \mathrm{tg}x + C$$

(4)因为$(\mathrm{arctg}x)' = \frac{1}{1+x^2}$或

$$(-\mathrm{arccot}x)' = \frac{1}{1+x^2}$$

所以

$$\int \frac{dx}{1+x^2} = \mathrm{arctg}x + C = -\mathrm{arccot}x + C$$

由于不定积分是被积函数的全体原函数的一般表达式,所以一定要在求出被积函数的一个原函数之后加上积分常数 C。

通常把求不定积分的方法称为积分法(integration)。

从几何意义上来说,函数 $f(x)$的一个原函数 $y = F(x)$表示一条曲线,称为 $f(x)$的一条积分曲线(integral curve)。不定积分$\int f(x)dx$(即原函数族 $F(x)+C$)表示一族曲线,

称为 $f(x)$ 的积分曲线族(family of integral curve)(图 4-1)。求 $f(x)$ 的不定积分,从几何角度看,就是求 $f(x)$ 的积分曲线族。

积分曲线族具有以下性质:

1. 在 $f(x)$ 的任何一条积分曲线 $y=F(x)$ 的任意一点 $[x_0,F(x_0)]$ 处,切线斜率都是已知的。这是因为 $F'(x_0)=f(x_0)$ 是已知的。

2. 积分曲线族中的任意一条曲线均可由族中某一条曲线经过沿 y 轴的适当平行移动而得到。

3. 对于同一 x_0,族中各曲线的切线彼此平行。

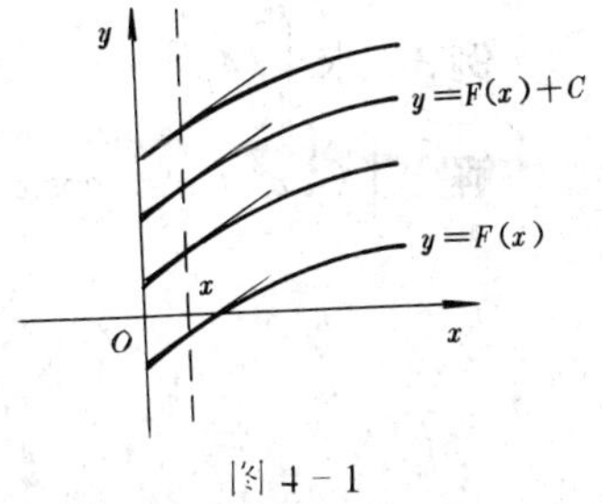

图 4-1

例 2　求过点(2,5)且切线斜率为 $2x$ 的曲线。

解　设所求曲线方程为 $y=F(x)$,由题意知,$F'(x)=2x$,即 $F(x)$ 是 $2x$ 的一个原函数,$2x$ 的全体原函数为

$$\int 2xdx = x^2 + C$$

所求曲线是曲线族 $y=x^2+C$ 中的一条,由该曲线过点(2,5)知,$5=4+C$,得 $C=1$,故所求曲线的方程为 $y=x^2+1$。

二、不定积分的性质

根据不定积分的定义可直接推出性质 1。

性质 1　$$\left[\int f(x)dx\right]' = f(x)$$

或　$$d\left[\int f(x)dx\right] = f(x)dx$$

及　$$\int f'(x)dx = f(x) + C$$

或　$$\int df(x) = f(x) + C$$

这就是说,如果先求积分后求导数(或求微分),那么二者的作用互相抵消。反之,如果先求导数(或求微分)后球积分,那么二者的作用抵消后还需加积分常数 C。

上面的讨论表明积分法与微分法互为逆运算。

性质 2　两个函数代数和的不定积分等于各个函数不定积分的代数和,即

$$\int [f(x) \pm g(x)]dx = \int f(x)dx \pm \int g(x)dx \tag{4-1}$$

证　对上式右端求导,得

$$\left[\int f(x)dx \pm \int g(x)dx\right]' = \left[\int f(x)dx\right]' \pm \left[\int g(x)dx\right]' = f(x) \pm g(x)$$

这说明式(4-1)右端是 $f(x)\pm g(x)$ 的原函数,又式(4-1)右端的积分号表示含有任意常数,因此式(4-1)右端是 $f(x)\pm g(x)$ 的不定积分。

性质 2 可推广到有限多个函数代数和的情况,即

$$\int [f_1(x) \pm f_2(x) \pm \cdots \pm f_n(x)]dx$$

$$= \int f_1(x)dx \pm \int f_2(x)dx \pm \cdots \pm \int f_n(x)dx$$

性质 3 被积函数中的不为零的常数因子可以提到积分号外，即

$$\int Kf(x)dx = K\int f(x)dx \qquad (K \text{ 为常数，且 } K \neq 0)$$

类似性质 2 的证法可证明此性质。

例 3 求 $\int (4x^3 + e^x + \cos x)dx$。

解 $\int (4x^3 + e^x + \cos x)dx = \int 4x^3 dx + \int e^x dx + \int \cos x dx$

$$= x^4 + C_1 + e^x + C_2 + \sin x + C_3$$

$$= x^4 + e^x + \sin x + (C_1 + C_2 + C_3)$$

$$= x^4 + e^x + \sin x + C$$

其中 $C = C_1 + C_2 + C_3$，即各积分常数可以合并。

因此，求代数和的不定积分时，在结果中只需加上一个任意常数。

三、基本积分公式

既然积分法是微分法的逆运算，故可从导数的基本公式得到相应的基本积分公式。

(1) $\int Kdx = Kx + C$ （K 是常数）

(2) $\int x^a dx = \dfrac{x^{a+1}}{a+1} + C$ （$a \neq -1$）

(3) $\int \dfrac{1}{x}dx = \ln|x| + C$

(4) $\int a^x dx = \dfrac{a^x}{\ln a} + C$

(5) $\int e^x dx = e^x + C$

(6) $\int \sin x dx = -\cos x + C$

(7) $\int \cos x dx = \sin x + C$

(8) $\int \sec^2 x dx = \mathrm{tg} x + C$

(9) $\int \csc^2 x dx = -\cot x + C$

(10) $\int \sec x \,\mathrm{tg} x dx = \sec x + C$

(11) $\int \csc x \cot x \, dx = -\csc x + C$

(12) $\int \dfrac{dx}{\sqrt{1-x^2}} = \arcsin x + C$ 或 $= -\arccos x + C$

(13) $\int \dfrac{dx}{1+x^2} = \mathrm{arctg} x + C$ 或 $= -\mathrm{arccot} x + C$

对于公式(3)，作如下的补充说明：当 $x>0$ 时，因为 $(\ln x)'=\frac{1}{x}$，所以 $\int\frac{1}{x}dx=\ln x+C$；当 $x<0$ 时，因为 $[\ln(-x)]'=\frac{1}{-x}(-1)=\frac{1}{x}$，所以 $\int\frac{1}{x}dx=\ln(-x)+C$。合并以上两种情况，当 $x\neq0$ 时，得 $\int\frac{1}{x}dx=\ln|x|+C$。

以上的基本积分公式，是求不定积分的基础，必须熟记。

下面利用不定积分的性质和基本积分公式求一些简单的不定积分。

例 4　求 $\int\frac{x^2+1}{x\sqrt{x}}dx$。

解　先把被积函数化为幂函数的形式，然后应用幂函数的积分公式来求不定积分，得

$$\begin{aligned}\int\frac{x^2+1}{x\sqrt{x}}dx&=\int(x^{\frac{1}{2}}+x^{-\frac{3}{2}})dx\\&=\int x^{\frac{1}{2}}dx+\int x^{-\frac{3}{2}}dx\\&=\frac{x^{\frac{1}{2}+1}}{\frac{1}{2}+1}+\frac{x^{-\frac{3}{2}+1}}{-\frac{3}{2}+1}+C\\&=\frac{2}{3}x^{\frac{3}{2}}-2x^{-\frac{1}{2}}+C\end{aligned}$$

例 5　求 $\int\sqrt{x}(x-3)dx$。

解

$$\begin{aligned}\int\sqrt{x}(x-3)dx&=\int x^{\frac{3}{2}}dx-\int 3x^{\frac{1}{2}}dx\\&=\frac{2}{5}x^{\frac{5}{2}}-3\int x^{\frac{1}{2}}dx\\&=\frac{2}{5}x^{\frac{5}{2}}-2x^{\frac{3}{2}}+C\end{aligned}$$

检验积分结果是否正确，只需对结果求导，看它的导数是否等于被积函数，如果相等，结果就是正确的；否则结果是错误的。如例 5，由于

$$\begin{aligned}\left(\frac{2}{5}x^{\frac{5}{2}}-2x^{\frac{3}{2}}+C\right)'&=x^{\frac{3}{2}}-3x^{\frac{1}{2}}\\&=\sqrt{x}(x-3)\end{aligned}$$

所以结果正确。

有些不定积分的类型在基本积分表中查不到，这时可先利用代数或三角恒等变形化为表中所列类型的积分，然后再积分。

例 6　求 $\int 3^xe^xdx$。

解　先把被积函数变形，化为指数函数形式，再利用基本积分公式。

$$\int 3^xe^xdx=\int(3e)^xdx$$

$$=\frac{(3e)^x}{\ln(3e)}+C$$

$$=\frac{3^x e^x}{\ln 3+1}+C$$

例 7　求$\int\frac{x^2}{x^2+1}dx$。

解　先把被积函数变形,再逐项积分。

$$\int\frac{x^2}{x^2+1}dx=\int\frac{1+x^2-1}{1+x^2}dx$$

$$=\int dx-\int\frac{1}{1+x^2}dx$$

$$=x-\operatorname{arctg}x+C$$

例 8　求$\int\frac{1-x^2}{1+x^2}dx$。

解　先把被积函数变形,再逐项积分。

$$\int\frac{1-x^2}{1+x^2}dx=\int\frac{2-(1+^2)}{1+x^2}dx$$

$$=2\int\frac{dx}{1+x^2}-\int dx$$

$$=2\operatorname{arctg}x-x+C$$

例 9　求$\int\frac{1}{x^2(1+x^2)}dx$。

解　先把被积函数分项,化为几个分式之和,再逐项积分。

$$\int\frac{1}{x^2(1+x^2)}dx=\int\frac{1+x^2-x^2}{x^2(1+x^2)}dx$$

$$=\int\left(\frac{1}{x^2}-\frac{1}{1+x^2}\right)dx$$

$$=-\frac{1}{x}-\operatorname{arctg}x+C$$

例 10　求$\int\frac{dx}{\sin^2x\cos^2x}$。

解　先把被积函数变形,再逐项积分。

$$\int\frac{dx}{\sin^2x\cos^2x}=\int\frac{\sin^2x+\cos^2x}{\sin^2x\cos^2x}dx$$

$$=\int\left(\frac{1}{\cos^2x}+\frac{1}{\sin^2x}\right)dx$$

$$=\int\frac{1}{\cos^2x}dx+\int\frac{1}{\sin^2x}dx$$

$$=\operatorname{tg}x-\cot x+C$$

例 11　求$\int\cos^2\frac{x}{2}dx$。

解　先进行三角函数变换，再积分。

$$\int \cos^2 \frac{x}{2} dx = \int \frac{1+\cos x}{2} dx$$
$$= \frac{1}{2}\int (1+\cos x)dx$$
$$= \frac{1}{2}(x+\sin x)+C$$

习　　题　4－1

1. 是非题

(1)如果 $f(x)$ 的一个原函数为常数，那么 $f(x)\equiv 0$。

(2)如果 $F(x)$ 是函数 $f(x)$ 的任意一个原函数，则称 $y=F(x)$ 的图形为 $f(x)$ 的一条积分曲线。

(3)函数 $f(x)$ 非零可积，如果 $f(x)$ 是偶函数，那么它的原函数必为奇函数。

(4)设 $F'(x)=f(x)$，$f(x)$ 为可导函数，且 $f(0)=1$，又 $F(x)=xf(x)+x^2$，则 $f(x)=-2x-1$。

2. 选择题

(1) C 是任意常数，且 $F'(x)=f(x)$，下列各式正确的是________。

(A) $\int F'(x)dx = f(x)+C$；　(B) $\int f(x)dx = F(x)+C$；

(C) $\int F'(x)dx = F'(x)+C$；　(D) $\int f'(x)dx = F(x)+C$。

(2)如果 $F(x)$、$G(x)$ 都是 $f(x)$ 的原函数，那么必有________。

(A) $F(x)=G(x)$；　(B) $F(x)=CG(x)$；

(C) $F(x)=G(x)+C$；　(D) $F(x)=\frac{1}{C}G(x)$　$(C\neq 0)$。

(3)如果 $\int df(x) = \int dg(x)$，那么必有________。

(A) $f(x)=g(x)$；　(B) $f'(x)=g(x)$；

(C) $f(x)=g'(x)$；　(D) $f'(x)=g'(x)$。

(4)设 $a^x dx = df(x)$，则 $f(x)=$________。

(A) $\frac{\ln a}{a^x}$；　(B) $\frac{a^x}{\ln a}$；　(C) $a^x \ln a$；　(D)以上都不对。

(5)设 $f'(x^2)=\frac{1}{x}$　$(x>0)$，则 $f(x)=$________。

(A) $2x+C$；　(B) $2\sqrt{x}+C$；

(C) x^2+C；　(D) $\frac{1}{\sqrt{x}}+C$。

3. 验证下列题中的函数是同一个函数的原函数：

(1) $y=\ln x$; $y=\ln(ax)\quad(a>0)$; $y=\ln(bx)+C\quad(b>0)$。

(2) $y=(e^{-x}+e^{-x})^2$; $y=(e^x-e^{-x})^2$。

4. 求下列不定积分：

(1) $\int(x^2-3x+2)dx$；

(2) $\int x^2\sqrt{x}\,dx$；

(3) $\int\left(2e^x+\frac{3}{x}\right)dx$；

(4) $\int\frac{2\cdot3^x-5\cdot2^x}{3^x}dx$；

(5) $\int e^x\left(1-\frac{e^{-x}}{\sqrt{x}}\right)dx$；

(6) $\int\left(2^x+\frac{3}{\sqrt{1-x^2}}\right)dx$；

(7) $\int\frac{1}{x(1+x)}dx$；

(8) $\int\frac{x^4}{1+x^2}dx$；

(9) $\int\frac{e^{3x}+1}{e^x+1}dx$；

(10) $\int\frac{2^{x-1}-5^{x-1}}{10^x}dx$；

(11) $\int\sec x(\sec x+\operatorname{tg}x)dx$；

(12) $\int\sin^2\frac{x}{2}dx$；

(13) $\int\frac{2-\sin^2x}{\cos^2x}dx$；

(14) $\int\frac{\cos2x}{\cos x-\sin x}dx$；

(15) $\int(ab^x-ba^x)^2dx$；

(16) $\int\left(1-\frac{1}{x^2}\right)\sqrt{x\sqrt{x}}\,dx$。

5. 一曲线通过点(2,0)，且在任一点处的切线斜率等于该点的横坐标，求此曲线的方程。

6. 已知函数 $f(x)=2x+1$ 的一个原函数为 y，且满足条件 $y|_{x=1}=3$，求此函数 y。

7. 已知物体由静止开始作直线运动，经过 t 秒后的速度为 $2t$(米/秒)，求：

(1)4 秒末物体离开出发点的距离；

(2)物体走完 2500 米所需要的时间。

8. 已知某种药品产量的变化率是时间 t 的函数，$g(t)=at+b$(a,b 是常数)。设此种药品 t 时的产量函数为 $f(t)$，已知 $f(0)=0$，求 $f(t)$。

第二节 换元积分法

利用不定积分的性质与基本积分公式，能够求出来的不定积分是有限的。为了能够求出更多函数的不定积分，还需要建立一些基本积分法，换元积分法(integration by substitution)就是其中的一种。

一、第一换元法

例如，求 $\int e^{3x}dx$。因为被积函数是复合函数，在基本积分公式中没有能直接套用的公式。但是，被积表达式可改写为 $e^{3x}dx=\frac{1}{3}e^{3x}d(3x)$。若令 $u=3x$，代入上式，则 $e^{3x}dx=\frac{1}{3}e^udu$，于是有 $\int e^{3x}dx=\int\frac{1}{3}e^udu=\frac{1}{3}\int e^udu$。

等式右端的不定积分$\int e^u du$可以套用基本积分公式：

$$\int e^u du = e^u + C_1 \quad (C_1 \text{为任意常数})$$

因此

$$\int e^{3x} dx = \frac{1}{3}(e^u + C_1) = \frac{1}{3}e^u + C$$

因为$\frac{1}{3}C_1$仍为任意常数，故用C表示。再用$u = 3x$代回，最后得$\int e^{3x}dx = \frac{1}{3}e^{3x} + C$。因为$\left(\frac{1}{3}e^{3x}\right)' = e^{3x}$，即$\frac{1}{3}e^{3x}$是$e^{3x}$的一个原函数，说明上述结果是正确的。

在解决上述例题时，采用的方法是：通过变量代换$u = 3x$，把原来对变量x的积分换成对新变量u的积分，便可直接应用基本积分公式，最后再把新变量u换回原来变量x，得出结果。有下面定理：

定理 1 如果$\int f(u)du = F(u) + C$，且$u = \varphi(x)$可导，那么

$$\int f[\varphi(x)]\varphi'(x)dx = F[\varphi(x)] + C$$

证 已知$F'(u) = f(u)$，$u = \varphi(x)$，则

$$\begin{aligned} \{F[\varphi(x)]\}' &= F_u{}' \cdot u_x{}' \\ &= f(u) \cdot \varphi'(x) \\ &= f[\varphi(x)] \cdot \varphi'(x) \end{aligned}$$

所以

$$\int f[\varphi(x)]\varphi'(x)dx = F[\varphi(x)] + C$$

用此定理求不定积分的方法称为第一换元法，或称凑微分法。

例 1 求$\int (2x+1)^3 dx$。

解 用凑微分法。令$2x + 1 = u$，则$2dx = du$，$dx = \frac{1}{2}du$，于是有

$$\begin{aligned} \int (2x+1)^3 dx &= \frac{1}{2}\int u^3 du \\ &= \frac{1}{2} \cdot \frac{1}{3+1} u^{3+1} + C \\ &= \frac{1}{8}u^4 + C \\ &= \frac{1}{8}(2x+1)^4 + C \end{aligned}$$

例 2 求$\int \frac{dx}{\cos^2(ax+b)}$ $(a \neq 0)$。

解 用凑微分法。令$ax + b = u$，则$du = adx$，$dx = \frac{1}{a}du$，于是有

$$\int \frac{dx}{\cos^2(ax+b)} = \int \frac{\frac{1}{a}du}{\cos^2 u}$$

$$= \frac{1}{a}\int \frac{du}{\cos^2 u}$$

$$= \frac{1}{a}\mathrm{tg}u + C$$

$$= \frac{1}{a}\mathrm{tg}(ax+b) + C$$

例 3 求 $\int \frac{\ln x}{x}dx$。

解 用凑微分法。令 $\ln x = u$,则 $\frac{1}{x}dx = du$,于是有

$$\int \frac{\ln x}{x}dx = \int u du$$

$$= \frac{1}{2}u^2 + C$$

$$= \frac{1}{2}(\ln x)^2 + C$$

在凑微分法运用熟练之后,可省略"换元"与"回代"步骤,直接写出其结果。

例 4 求 $\int \sin^3 x \cos x\, dx$。

解 被积表达式中含 $\cos x dx$,凑微分 $\cos x dx = d\sin x$,于是有

$$\int \sin^3 x \cos x dx = \int \sin^3 x d\sin x$$

$$= \frac{1}{4}\sin^4 x + C$$

例 5 求 $\int \frac{e^x}{1+e^{2x}}dx$。

解 被积表达式中含 $e^x dx$,凑微分 $e^x dx = de^x$,于是有

$$\int \frac{e^x}{1+e^{2x}}dx = \int \frac{de^x}{1+e^{2x}}$$

$$= \mathrm{arctg}e^x + C$$

例 6 求 $\int \mathrm{tg}x\, dx$。

解 把被积函数变形为 $\mathrm{tg}x = \frac{\sin x}{\cos x}$,再凑微分 $\sin x\, dx = -d\cos x$,于是有

$$\int \mathrm{tg}x\, dx = \int \frac{\sin x}{\cos x}dx$$

$$= -\int \frac{1}{\cos x}d\cos x$$

$$= -\ln|\cos x| + C$$

例 7 求 $\int x e^{x^2} dx$。

解 被积表达式中含 xdx，凑微分 $xdx = \frac{1}{2} dx^2$，于是有

$$\int x e^{x^2} dx = \int e^{x^2} \cdot \frac{1}{2} dx^2 = \frac{1}{2} \int e^{x^2} dx^2 = \frac{1}{2} e^{x^2} + C$$

例 8 求 $\int \frac{dx}{\sqrt{a^2 - x^2}} \quad (a > 0)$。

解

$$\int \frac{dx}{\sqrt{a^2 - x^2}} = \frac{1}{a} \int \frac{dx}{\sqrt{1 - \left(\frac{x}{a}\right)^2}} = \int \frac{1}{\sqrt{1 - \left(\frac{x}{a}\right)^2}} d\left(\frac{x}{a}\right) = \arcsin \frac{x}{a} + C$$

例 9 求 $\int \frac{dx}{a^2 + x^2} \quad (a > 0)$。

解

$$\int \frac{dx}{a^2 + x^2} = \frac{1}{a^2} \int \frac{dx}{1 + \left(\frac{x}{a}\right)^2} = \frac{1}{a} \int \frac{1}{1 + \left(\frac{x}{a}\right)^2} d\left(\frac{x}{a}\right) = \frac{1}{a} \text{arctg} \frac{x}{a} + C$$

例 10 求 $\int \frac{dx}{x^2 - a^2} \quad (a \neq 0)$。

解

$$\int \frac{dx}{x^2 - a^2} = \frac{1}{2a} \int \left(\frac{1}{x - a} - \frac{1}{x + a}\right) dx = \frac{1}{2a} (\ln|x - a| - \ln|x + a|) + C = \frac{1}{2a} \ln\left|\frac{x - a}{x + a}\right| + C$$

同理可得

$$\int \frac{dx}{a^2 - x^2} = \frac{1}{2a} \ln\left|\frac{a + x}{a - x}\right| + C$$

例 11 求 $\int \sec x dx$。

解

$$\int \sec x dx = \int \frac{1}{\cos x} dx$$

$$= \int \frac{\cos x}{\cos^2 x} dx$$

$$= \int \frac{d\sin x}{1-\sin^2 x}$$

$$= \frac{1}{2}\ln\left|\frac{1+\sin x}{1-\sin x}\right| + C$$

$$= \ln|\sec x + \operatorname{tg} x| + C$$

也可用凑微分法,得

$$\int \sec x dx = \int \frac{\sec x(\sec x + \operatorname{tg} x)}{\sec x + \operatorname{tg} x} dx$$

$$= \int \frac{d(\sec x + \operatorname{tg} x)}{\sec x + \operatorname{tg} x}$$

$$= \ln|\sec x + \operatorname{tg} x| + C$$

同理可得

$$\int \csc x dx = \ln|\csc x - \cot x| + C$$

例 12 求$\int \frac{dx}{\sqrt{x}(1+x)}$。

解

$$\int \frac{dx}{\sqrt{x}(1+x)} = 2\int \frac{1}{1+(\sqrt{x})^2} d\sqrt{x}$$

$$= 2\operatorname{arctg}\sqrt{x} + C$$

例 13 求$\int \frac{dx}{x(2+3\ln x)}$。

解

$$\int \frac{dx}{x(2+3\ln x)} = \frac{1}{3}\int \frac{1}{2+3\ln x} d(3\ln x)$$

$$= \frac{1}{3}\int \frac{1}{2+3\ln x} d(2+3\ln x)$$

$$= \frac{1}{3}\ln|2+3\ln x| + C$$

例 14 求$\int \frac{4x-3}{\sqrt{1-x^2}} dx$。

解

$$\int \frac{4x-3}{\sqrt{1-x^2}} dx = \int \frac{4x}{\sqrt{1-x^2}} dx - \int \frac{3}{\sqrt{1-x^2}} dx$$

$$= -2\int \frac{1}{\sqrt{1-x^2}} d(1-x^2) - 3\int \frac{dx}{\sqrt{1-x^2}}$$

$$= -4\sqrt{1-x^2} - 3\arcsin x + C$$

例 15 求$\int \sin 5x \cos 2x dx$。

解 用三角函数积化和差公式,将被积函数变形为$\sin 5x\cos 2x = \frac{1}{2}(\sin 7x + \sin 3x)$,原积分就变成

$$\int \sin5x\cos2xdx = \frac{1}{2}\int(\sin7x+\sin3x)dx$$
$$=\frac{1}{2}\cdot\frac{1}{7}\int\sin7xd(7x)+\frac{1}{2}\cdot\frac{1}{3}\int\sin3xd(3x)$$
$$=-\frac{1}{14}\cos7x-\frac{1}{6}\cos3x+C$$

掌握第一换元法的关键在于恰当地选择变量代换 $u=\varphi(x)$。究竟哪个函数视为 u,要看具体问题而定。因此,除了掌握一些典型的例题外,还要多作练习,从中加以体会。

二、第二换元法

第一换元法是先凑微分,但有些积分不容易凑出微分,必须先进行换元。

例如 求 $\int\frac{1}{1+\sqrt{x-1}}dx$。

解 因为被积函数含有根号,不容易凑微分,为了去掉根号,可先换元。令 $\sqrt{x-1}=t$,则 $x=t^2+1$, $dx=2tdt$,于是有

$$\int\frac{1}{1+\sqrt{x-1}}dx=\int\frac{2t}{1+t}dt$$
$$=2\int\frac{(1+t)-1}{1+t}dt$$
$$=2\int\left(1-\frac{1}{1+t}\right)dt$$
$$=2(t-\ln|1+t|)+C$$
$$=2(\sqrt{x-1}-\ln|1+\sqrt{x-1}|)+C$$

上述积分过程的理论依据是下面的定理:

定理 2 如果函数 $f(x)$连续,函数 $x=\varphi(t)$单调可微,且 $\varphi'(t)\neq0$,那么

$$\int f(x)dx=\int f[\varphi(t)]\varphi'(t)dt$$

证明从略。

通常把这种换元方式称为第二换元法。此法的关键在于选择合适的换元 $x=\varphi(t)$。然后再应用基本积分公式,求出对新变量 t 的不定积分。最后把新变量 t 换成原来的变量 x。

1. 根式代换

例 16 求 $\int\frac{\sqrt{x-1}}{x}dx$。

解 令 $\sqrt{x-1}=t$,则 $x=1+t^2$, $dx=2tdt$,于是有

$$\int \frac{\sqrt{x-1}}{x}dx = 2\int \frac{t^2}{1+t^2}dt$$
$$= 2\int \frac{(t^2+1)-1}{1+t^2}dt$$
$$= 2\int \left(1-\frac{1}{1+t^2}\right)dt$$
$$= 2(t-\operatorname{arctg}t)+C$$
$$= 2(\sqrt{x-1}-\operatorname{arctg}\sqrt{x-1})+C$$

例 17 求$\int \frac{\sqrt{x}}{x(x+1)}dx$。

解 令$\sqrt{x}=t$,则 $x=t^2$, $dx=2tdt$,于是有

$$\int \frac{\sqrt{x}}{x(x+1)}dx = \int \frac{t}{t^2(t^2+1)}2tdt$$
$$= 2\int \frac{dt}{t^2+1}$$
$$= 2\operatorname{arctg}t + C$$
$$= 2\operatorname{arctg}\sqrt{x} + C$$

例 18 求$\int \frac{dx}{\sqrt{2x-3}+1}$。

解 令$\sqrt{2x-3}=t$,则$2x-3=t^2$, $dx=tdt$,于是有

$$\int \frac{dx}{\sqrt{2x-3}+1} = \int \frac{tdt}{t+1}$$
$$= \int \frac{t+1-1}{t+1}dt$$
$$= \int dt - \int \frac{dt}{t+1}$$
$$= t - \ln|t+1| + C$$
$$= \sqrt{2x-3} - \ln\left|\sqrt{2x-3}+1\right| + C$$

2. 三角代换

例 19 求$\int \sqrt{a^2-x^2}dx \quad (a>0)$。

解 令 $x=a\sin t\left(-\frac{\pi}{2}<t<\frac{\pi}{2}\right)$,则$\sqrt{a^2-x^2}=a\sqrt{1-\sin^2 t}=a\cos t$, $dx=a\cos tdt$,于是有

$$\int \sqrt{a^2-x^2}dx = a^2\int \cos^2 tdt$$
$$= \frac{a^2}{2}\int (1+\cos 2t)dt$$

$$= \frac{a^2}{2}\left(t + \frac{1}{2}\sin 2t\right) + C$$

$$= \frac{a^2}{2}(t + \sin t\cos t) + C$$

为使变量回代简便，根据 $\sin t = \frac{x}{a}$，画一个直角三角形，称它为辅助三角形，如图 4－2 所示。因为 $t = \arcsin\frac{x}{a}$，$\cos t = \frac{\sqrt{a^2 - x^2}}{a}$，于是有

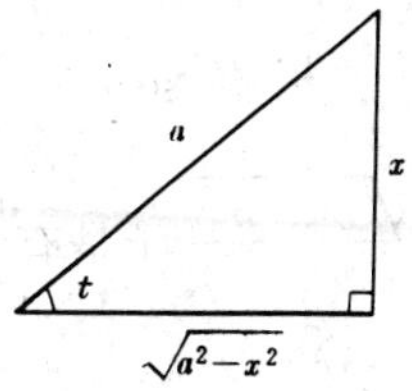

图 4－2

$$\int \sqrt{a^2 - x^2}dx = \frac{a^2}{2}(t + \sin t\cos t) + C$$

$$= \frac{a^2}{2}\left(\arcsin\frac{x}{a} + \frac{x}{a}\cdot\frac{\sqrt{a^2 - x^2}}{a}\right) + C$$

$$= \frac{a^2}{2}\left(\arcsin\frac{x}{a} + \frac{x}{a^2}\sqrt{a^2 - x^2}\right) + C$$

例 20　求 $\int\frac{dx}{\sqrt{x^2 + a^2}}$　$(a > 0)$。

解　令 $x = a\,\mathrm{tg}t\left(-\frac{\pi}{2} < t < \frac{\pi}{2}\right)$，则 $\sqrt{x^2 + a^2} = \sqrt{a^2\mathrm{tg}^2 t + a^2} = a\sqrt{\mathrm{tg}^2 t + 1} = a\sec t$，$dx = a\sec^2 t dt$，于是有

$$\int\frac{dx}{\sqrt{x^2 + a^2}} = \int\frac{a\sec^2 t}{a\sec t}dt = \int\sec t dt$$

利用本节例 11 的结果，得

$$\int\frac{dx}{\sqrt{x^2 + a^2}} = \ln|\sec t + \mathrm{tg}t| + C$$

根据 $\mathrm{tg}t = \frac{x}{a}$，作辅助三角形，如图 4－3 所示。因为 $\sec t = \frac{\sqrt{x^2 + a^2}}{a}$，于是有

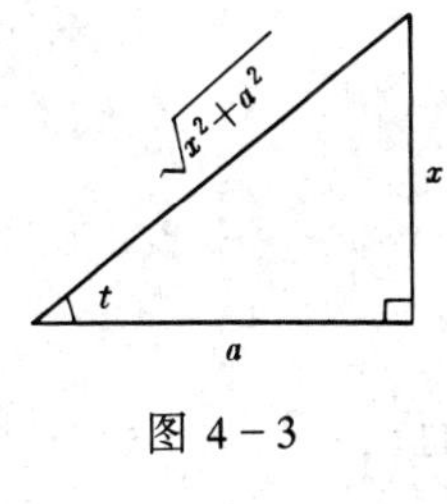

图 4－3

$$\int\frac{dx}{\sqrt{x^2 + a^2}} = \ln|\sec t + \mathrm{tg}t| + C_1$$

$$= \ln\left(\frac{x}{a} + \frac{\sqrt{x^2 + a^2}}{a}\right) + C_1$$

$$= \ln(x + \sqrt{x^2 + a^2}) + C$$

其中 $C = C_1 - \ln a$。

例 21　求 $\int\frac{dx}{\sqrt{x^2 - a^2}}$　$(a > 0)$。

解　令 $x = a\sec t$，则 $\sqrt{x^2 - a^2} = \sqrt{a^2\sec^2 t - a^2} = a\,\mathrm{tg}t$，$dx = a\sec t\,\mathrm{tg}t dt$，于是有

$$\int \frac{dx}{\sqrt{x^2-a^2}} = \int \frac{a\sec t\,\mathrm{tg}t}{a\,\mathrm{tg}t}dt$$

$$= \int \sec t dt$$

$$= \ln|\sec t + \mathrm{tg}t| + C$$

根据 $\sec t = \dfrac{x}{a}$，作辅助三角形，如图 4 - 4 所示。因为 $\mathrm{tg}t = \dfrac{\sqrt{x^2-a^2}}{a}$，于是有

$$\int \frac{dx}{\sqrt{x^2-a^2}} = \ln\left|\frac{x}{a} + \frac{\sqrt{x^2-a^2}}{a}\right| + C_1$$

$$= \ln\left|x + \sqrt{x^2-a^2}\right| + C$$

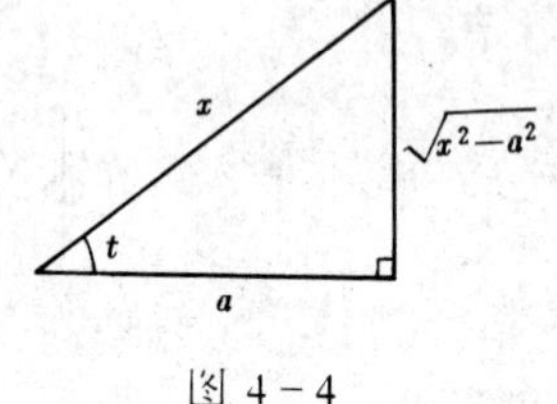

图 4 - 4

其中 $C = C_1 - \ln a$。

上面三例都是用三角函数进行变量代换，因此称它们为三角代换。根据被积函数含二次根式的不同情况，可归纳如下：

(1)含 $\sqrt{a^2-x^2}$ 时，作三角代换 $x = a\sin t$

(2)含 $\sqrt{a^2+x^2}$ 时，作三角代换 $x = a\,\mathrm{tg}t$

(3)含 $\sqrt{x^2-a^2}$ 时，作三角代换 $x = a\sec t$

有些积分除上述作法外，还可以选用其它方法计算，但应尽可能简捷，如本节的例 8 和例 14。下面再举一例。

例 22 求 $\displaystyle\int \frac{xdx}{\sqrt{x^2+a^2}}$ $(a>0)$。

解法 1 仿例 20，令 $x = a\,\mathrm{tg}t$，则 $dx = a\sec^2 tdt$，于是有

$$\int \frac{xdx}{\sqrt{x^2+a^2}} = \int \frac{a\,\mathrm{tg}t \cdot a\sec^2 tdt}{a\sec t}$$

$$= \int a\,\mathrm{tg}t\sec t dt$$

$$= a\sec t + C$$

而
$$\sec t = \frac{\sqrt{x^2+a^2}}{a}$$

因此
$$\int \frac{xdx}{\sqrt{x^2+a^2}} = a \cdot \frac{\sqrt{x^2+a^2}}{a} + C$$

$$= \sqrt{x^2+a^2} + C$$

解法 2 $\displaystyle\int \frac{xdx}{\sqrt{x^2+a^2}} = \int \frac{d(x^2+a^2)}{2\sqrt{x^2+a^2}}$

$$= \sqrt{x^2+a^2} + C$$

显见,解法 2 比解法 1 简捷。

本节一些例题的结果,可作为补充的积分公式,把它们列在下面,以备查用。

(14) $\int \operatorname{tg} x dx = -\ln|\cos x| + C$

(15) $\int \cot x dx = \ln|\sin x| + C$

(16) $\int \sec x dx = \ln|\sec x + \operatorname{tg} x| + C$

(17) $\int \csc x dx = \ln|\csc x - \cot x| + C$

(18) $\int \frac{dx}{x^2 + a^2} = \frac{1}{a} \operatorname{arctg} \frac{x}{a} + C$

(19) $\int \frac{dx}{x^2 - a^2} = \frac{1}{2a} \ln\left|\frac{x - a}{x + a}\right| + C$

(20) $\int \frac{dx}{\sqrt{a^2 - x^2}} = \arcsin \frac{x}{a} + C$

(21) $\int \frac{dx}{\sqrt{x^2 + a^2}} = \ln(x + \sqrt{x^2 + a^2}) + C$

(22) $\int \frac{dx}{\sqrt{x^2 - a^2}} = \ln\left|x + \sqrt{x^2 - a^2}\right| + C$

当被积函数的分母中含有 $ax^2 + bx + C$ 或 $\sqrt{ax^2 + bx + C}$ 时,可先配方,再用换元积分法。

例 23 求 $\int \frac{dx}{x^2 + x + 1}$。

解 因为 $x^2 + x + 1 = \left(x + \frac{1}{2}\right)^2 + \left(\frac{\sqrt{3}}{2}\right)^2$,于是有

$$\int \frac{dx}{x^2 + x + 1} = \int \frac{1}{\left(x + \frac{1}{2}\right)^2 + \left(\frac{\sqrt{3}}{2}\right)^2} dx$$

$$= \int \frac{1}{\left(x + \frac{1}{2}\right)^2 + \left(\frac{\sqrt{3}}{2}\right)^2} d\left(x + \frac{1}{2}\right)$$

$$= \frac{2}{\sqrt{3}} \operatorname{arctg} \frac{x + \frac{1}{2}}{\frac{\sqrt{3}}{2}} + C$$

$$= \frac{2}{\sqrt{3}} \operatorname{arctg} \frac{2x + 1}{\sqrt{3}} + C$$

例 24 求 $\int \frac{dx}{\sqrt{3 - 2x - x^2}}$。

解 因为 $3 - 2x - x^2 = 4 - (1 + 2x + x^2)$

$$=2^2-(x+1)^2$$

于是有

$$\int\frac{dx}{\sqrt{3-2x-x^2}}=\int\frac{dx}{\sqrt{2^2-(x+1)^2}}$$

$$=\int\frac{d(x+1)}{\sqrt{2^2-(x+1)^2}}$$

$$=\arcsin\frac{x+1}{2}+C$$

习 题 4-2

1. 是非题

(1) $\int\frac{4}{(x+1)\sqrt{x}}dx=2\text{arctg}\sqrt{x}+C$。

(2) $\int e^{f(x)}\cdot f'(x)dx=e^{f(x)}+C$。

(3)如果 $\int f(x)dx=F(x)+C$,那么 $\int f(ax+b)dx=F(ax+b)+C\quad(a\neq0)$。

(4)如果 $\int f(x)dx=\sin x+C$,那么 $\int\frac{f(\arcsin x)}{\sqrt{1-x^2}}dx=x+C$。

(5) $\int\frac{4\sin x+3\cos x}{\sin x+2\cos x}dx=2x-\ln|\sin x+2\cos x|+C$。

2. 选择题

(1) $\int\frac{1}{x^3}dx=$ ________。

(A) $-3x^{-4}+C$; (B) $-\frac{1}{2x^2}+C$;

(C) $-\frac{1}{2}x^2+C$; (D) $\frac{1}{2}x^{-2}+C$。

(2) $\int\frac{dx}{\sqrt{2ax}}=$ ________。

(A) $\sqrt{\frac{2x}{a}}+C$; (B) $\frac{1}{\sqrt{2a}}\cdot\sqrt{x}+C$;

(C) $\frac{1}{\sqrt{2a}}x^{-\frac{1}{2}}+C$; (D) $a\sqrt{x}+C$。

(3) $\int\frac{e^x-1}{e^x+1}dx=$ ________。

(A) $\ln(e^x+1)+C$; (B) $\ln(e^x-1)+C$;

(C) $x-2\ln(e^x+1)+C$; (D) $2\ln(e^x+1)-x+C$。

(4) $\int f'(3x)dx=$ ________。

(A)$\frac{1}{3}f(x)+C$； (B)$\frac{1}{3}f(3x)+C$；

(C)$3f(x)+C$； (D)$3f(3x)+C$。

(5)如果$\int f(x)dx=F(x)+C$，那么$\int e^{-x}f(e^{-x})dx=$______。

(A)$F(e^{x})+C$； (B)$-F(e^{-x})+C$；

(C)$F(e^{-x})+C$； (D)$\frac{F(e^{-x})}{x}+C$。

3. 求下列不定积分：

(1)$\int e^{-x}dx$； (2)$\int a^{2x}dx$；

(3)$\int \frac{x}{1+x^2}dx$； (4)$\int \frac{dx}{3x+2}$；

(5)$\int (1-2x)^{50}dx$； (6)$\int \frac{xdx}{\sqrt{2x^2+3}}$；

(7)$\int \frac{x^2dx}{(4+x^3)^2}$； (8)$\int e^x \sin e^x dx$；

(9)$\int \frac{e^{2x}-1}{e^x}dx$； (10)$\int \frac{\sqrt{1+\ln x}}{x}dx$；

(11)$\int \frac{a^{\frac{1}{x}}}{x^2}dx$； (12)$\int 10^{-3x+2}dx$；

(13)$\int \frac{(\operatorname{arctg}x)^2}{1+x^2}dx$； (14)$\int \sqrt{\frac{\arcsin x}{1-x^2}}dx$；

(15)$\int \frac{dx}{\cos^2 x\sqrt{1+\operatorname{tg}x}}$； (16)$\int \cos 3x\cos 4x dx$；

(17)$\int \frac{dx}{\sqrt{4-9x^2}}$； (18)$\int \frac{dx}{\sqrt{9+25x^2}}$；

(19)$\int \frac{dx}{\sqrt{4x^2+9}}$； (20)$\int \frac{dx}{1+\sqrt{x}}$；

(21)$\int \frac{dx}{1+\sqrt[3]{x+2}}$； (22)$\int \frac{dx}{\sqrt{x}(1+\sqrt[3]{x})}$；

(23)$\int \frac{dx}{\sqrt{2x-1}-\sqrt[4]{2x-1})}$； (24)$\int \frac{\sqrt{1+x}}{1+\sqrt{1+x}}dx$；

(25)$\int \frac{xdx}{\sqrt{x^2+2x+2}}$； (26)$\int \frac{dx}{3x^2-2x+2}$；

(27)$\int \frac{dx}{\sqrt{1+x-x^2}}$； (28)$\int \frac{6x+7}{3x^2+7x+11}dx$；

(29)$\int \frac{1}{10+2x+x^2}dx$； (30)$\int \frac{dx}{\sqrt{1+e^x}}$。

第三节　分部积分法

分部积分法是基本积分法之一。它的目的也是把所求的不定积分,通过分部积分公式变成容易计算的形式。

一、分部积分公式

利用不定积分的性质与基本积分公式及换元积分法,可以求出一些函数的不定积分。但是,对有些函数的不定积分,用上述方法则不能求出。例如,求$\int \ln x dx$。显然,用以前的方法是不能求出此积分的。

如果设$u(x)=\ln x$,$v(x)$为dx中的x,即$v(x)=x$,那么$\int \ln x dx=\int u(x)dv(x)$。将不定积分中的$u(x)$与$v(x)$交换一下位置,再求不定积分,即

$$\begin{aligned}\int v(x)du(x) &= \int xd(\ln x)\\ &= \int x\cdot\frac{1}{x}dx\\ &= x+C\end{aligned}$$

问题是,$\int u(x)dv(x)$与$\int v(x)du(x)$之间有什么关系?为此,给出如下的分部积分公式:

如果函数$u-u(x)$,$v=v(x)$具有连续导数,$u'=u'(x)$,$v'=v'(x)$,根据乘积微分公式

$$d(u\cdot v)=udv+vdu$$

两边积分,得

$$u\cdot v=\int u\cdot dv+\int vdu$$

即

$$\int udv=u\cdot v-\int vdu \tag{4-2}$$

上式称为分部积分公式,利用上式求不定积分的方法称为分部积分法(integration by parts)。它的特点是把求式(4-2)左边的不定积分$\int udv$换成了求右边的不定积分$\int vdu$。如果$\int udv$难求,而$\int vdu$易求,通过分部积分公式就使问题化难为易。

上例　求$\int \ln x dx$。

解　设$u=\ln x$,$dv=dx$,则$du=\frac{1}{x}dx$,$v=x$,由分部积分公式得

$$\begin{aligned}\int \ln x dx &= x\cdot\ln x-\int xd(\ln x)\\ &= x\ln x-\int x\cdot\frac{1}{x}dx\end{aligned}$$

$$= x\ln x - x + C$$

利用分部积分公式求不定积分 $\int f(x)dx$ 的步骤可分为四步：

(1)把被积函数 $f(x)$化为两个函数的乘积形式 $u(x)\cdot v'(x)$，再把 $v'(x)dx$ 凑成微分 $dv(x)$，得到 $v(x)$；

(2)将 $u(x)$、$v(x)$代入分部积分公式 $\int udv = u\cdot v - \int vdu$ 中；

(3)将 $\int vdu$ 化为 $\int v\cdot u'dx$；

(4)求不定积分 $\int v\cdot u'dx$。

例 1 求 $\int xe^x dx$。

解 被积函数是幂函数与指数函数的乘积，用分部积分法。

第(1)步：设 $u(x)=x$，$v'(x)=e^x$，$v'(x)dx = e^x dx = de^x$，得 $v(x)=e^x$。

第(2)步：将 $u(x)=x$，$v(x)=e^x$ 代入分部积分公式

$$\int xe^x dx = xe^x - \int e^x dx$$

因为此题中 $u(x)=x$，所以可将第(3)、(4)步合为一步进行。

第(3)步：$\int e^x dx = e^x + C$

于是有

$$\int xe^x dx = xe^x - e^x + C$$

该例如果第(1)步设 $u(x)=e^x$，$v'(x)=x$，$v'(x)dx = xdx = d\left(\frac{x^2}{2}\right)$，得 $v(x)=\frac{x^2}{2}$

第(2)步将 $u(x)=e^x$，$v(x)=\frac{x^2}{2}$代入分部积分公式，便得

$$\begin{aligned}\int xe^x dx &= \frac{x^2}{2}e^x - \int \frac{x^2}{2}de^x \\ &= \frac{x^2}{2}e^x - \int \frac{x^2}{2}e^x dx\end{aligned}$$

显见，上式右端的新积分 $\int \frac{x^2}{2}e^x dx$ 比左端的原积分 $\int xe^x dx$ 更难积出，所以不能这样设 u 和 dv。

上例说明，正确地选取 u 和 dv 是应用分部积分法的关键。一般地说，选取 u，dv 的原则有两点：(1)使 v 容易求出来；(2)新积分 $\int vdu$ 比原积分 $\int udv$ 容易积出来。

例 2 求 $\int x\cos x dx$。

解 被积函数是幂函数与余弦函数的乘积。设 $u=x$，$dv=\cos x dx = d\sin x$，即 $v=\sin x$，代入分部积分公式，得

$$\begin{aligned}\int x\cos x dx &= x\sin x - \int \sin x dx \\ &= x\sin x + \cos x + C\end{aligned}$$

此题如果选 $u=\cos x, dv=xdx$，在应用分部积分公式时，则会出现右端的新积分比左端的原积分更不容易求出的情况。读者不妨一试。

例 3 求 $\int x\ln(x-1)dx$。

解 被积函数是幂函数与对数函数的乘积。设 $u=\ln(x-1), dv=xdx=d\left(\frac{x^2}{2}\right)$，即 $v=\frac{1}{2}x^2$，代入分部积分公式，得

$$\begin{aligned}\int x\ln(x-1)dx &= \frac{x^2}{2}\ln(x-1)-\int\frac{x^2}{2}d[\ln(x-1)]\\ &= \frac{x^2}{2}\ln(x-1)-\int\frac{x^2}{2}\cdot\frac{dx}{x-1}\\ &= \frac{x^2}{2}\ln(x-1)-\frac{1}{2}\int\frac{x^2-1+1}{x-1}dx\\ &= \frac{x^2}{2}\ln(x-1)-\frac{1}{4}x^2-\frac{1}{2}x-\frac{1}{2}\ln(x-1)+C\end{aligned}$$

例 4 求 $\int x\operatorname{arctg}xdx$。

解 被积函数是幂函数与反正切函数的乘积。设 $u=\operatorname{arctg}x, dv=xdx=d\left(\frac{x^2}{2}\right)$，则 $v=\frac{1}{2}x^2, du=\frac{dx}{1+x^2}$，代入分部积分公式，得

$$\begin{aligned}\int x\operatorname{arctg}xdx &= \frac{x^2}{2}\operatorname{arctg}x-\frac{1}{2}\int\frac{x^2}{1+x^2}dx\\ &= \frac{x^2}{2}\operatorname{arctg}x-\frac{1}{2}\int\frac{x^2+1-1}{x^2+1}dx\\ &= \frac{x^2}{2}\operatorname{arctg}x-\frac{1}{2}(x-\operatorname{arctg}x)+C\end{aligned}$$

例 5 求 $\int e^x\sin xdx$。

解 被积函数是指数函数与正弦函数的乘积。设 $u=\sin x, dv=e^xdx=de^x$，则 $v=e^x$，$du=d\sin x=\cos xdx$，代入分部积分公式，得

$$\begin{aligned}\int e^x\sin xdx &= \int\sin xde^x\\ &= e^x\sin x-\int e^x\cos xdx\\ &= e^x\sin x-\int\cos xde^x\\ &= e^x\sin x-\left(e^x\cos x-\int e^xd\cos x\right)\\ &= e^x\sin x-e^x\cos x-\int e^x\sin xdx\end{aligned}$$

移项整理，得

$$\int e^x\sin xdx=\frac{1}{2}e^x(\sin x-\cos x)+C$$

这里有两点需要说明：

(1)当被积函数是指数函数与正弦函数乘积时,选正弦函数或指数函数为 u 均可。但是,在两次使用分部积分公式时,第一次选某类函数为 u,第二次仍需选该类函数为 u。

(2)由于移项后上式右端不再含有没有求出的不定积分,因此在结果中必须加上任意常数 C。

综上各例,如被积函数是两种不同类型的函数的乘积,在使用分部积分法时,选择 u 和 dv 的原则可归纳如下:

(1)当被积函数是幂函数与指数函数或三角函数的乘积时,设幂函数为 u,指数函数或三角函数与 dx 乘积部分为 dv,如例 1、例 2。

(2)当被积函数是幂函数与对数函数或反三角函数的乘积时,设对数函数或反三角函数为 u,幂函数与 dx 乘积部分为 dv,如例 3、例 4。

(3)当被积函数是指数函数与三角函数的乘积时,设哪个函数为 u 均可,如例 5。

分部积分法运用熟练后,设 u,dv 的步骤可不必写出。

二、逐次分部积分法

有些不定积分,在利用分部积分公式得到新的不定积分后,仍然不易直接计算,常常要对新的不定积分再利用分部积分公式,经过逐次分部积分,才能得到易求的不定积分。

例 6 求 $\int x^2e^{-x}dx$。

解 用分部积分法,得

$$\int x^2e^{-x}dx = -\int x^2de^{-x} = -x^2e^{-x}+2\int xe^{-x}dx$$

对上式右端的新积分 $\int xe^{-x}dx$ 继续使用分部积分公式,得

$$\int x^2e^{-x}dx = -x^2e^{-x}+2(-xe^{-x}-e^{-x})+C = -e^{-x}(x^2+2x+2)+C$$

例 7 求 $\int x^2\sin xdx$。

解 用分部积分法,得

$$\int x^2\sin xdx = -x^2\cos x+2\int x\cos xdx$$

对上式右端的新积分 $\int x\cos xdx$ 继续使用分部积分公式,得

$$\int x^2\sin xdx = -x^2\cos x+2x\sin x+2\cos x+C$$

例 8 求 $\int x^3\ln^2xdx$。

解 用逐次分部积分法,得

$$\int x^3\ln^2 xdx = \frac{1}{4}\int \ln^2 xdx^4$$
$$= \frac{1}{4}x^4\ln^2 x - \frac{1}{4}\int x^4\cdot 2\ln x\cdot\frac{1}{x}dx$$
$$= \frac{1}{4}x^4\ln^2 x - \frac{1}{2}\int x^3\ln xdx$$
$$= \frac{1}{4}x^4\ln^2 x - \frac{1}{8}\int \ln xdx^4$$
$$= \frac{1}{4}x^4\ln^2 x - \frac{1}{8}x^4\ln x + \frac{1}{8}\int x^3dx$$
$$= \frac{1}{4}x^4\ln^2 x - \frac{1}{8}x^4\ln x + \frac{1}{32}x^4 + C$$
$$= \frac{x^4}{8}\left(2\ln^2 x - \ln x + \frac{1}{4}\right) + C$$

从以上各例可以看出，利用逐次分部积分法可以计算下面几种类型的不定积分：

(1) $\int p_n(x)\sin xdx$

(2) $\int p_n(x)\cos xdx$

(3) $\int p_n(x)e^{\alpha x}dx$

(4) $\int x^\alpha\ln^m xdx$

其中，$p_n(x)$表示 x 的 n 次多项式，m 为正整数，α 为实数。对于(1)、(2)、(3)类型的不定积分，选 $p_n(x)$为 $u(x)$，$\sin x$，$\cos x$，$e^{\alpha x}$ 为 $v'(x)$；对于(4)类型的不定积分，选 $\ln^m x$ 为 $u(x)$，x^α 为 $v'(x)$。

三、换元积分法与分部积分法综合应用

有些不定积分需要综合运用换元积分法与分部积分法才能求出其结果。

例 9 求 $\int \frac{x\operatorname{arctg} x}{\sqrt{1+x^2}}dx$。

解 先用第一换元法，再使用分部积分法，得

$$\int \frac{x\operatorname{arctg} x}{\sqrt{1+x^2}}dx = \frac{1}{2}\int \frac{\operatorname{arctg} x}{\sqrt{1+x^2}}dx^2$$
$$= \frac{1}{2}\int \frac{\operatorname{arctg} x}{\sqrt{1+x^2}}d(1+x^2)$$
$$= \int \operatorname{arctg} x\, d\sqrt{1+x^2}$$
$$= \sqrt{1+x^2}\operatorname{arctg} x - \int \sqrt{1+x^2}\, d\operatorname{arctg} x$$
$$= \sqrt{1+x^2}\operatorname{arctg} x - \int \frac{\sqrt{1+x^2}}{1+x^2}dx$$

$$= \sqrt{1+x^2}\text{arctg }x - \int \frac{1}{\sqrt{1+x^2}}dx$$

$$= \sqrt{1+x^2}\text{arctg }x - \ln(x+\sqrt{1+x^2}) + C$$

例 10 求 $\int e^{\sqrt{x}}dx$。

解 先用第二换元法，再使用分部积分法。设 $\sqrt{x}=t$，则 $x=t^2, dx=2tdt$，于是有

$$\begin{aligned}\int e^{\sqrt{x}}dx &= 2\int te^t dt \\ &= 2te^t - 2e^t + C \\ &= 2e^t(t-1) + C \\ &= 2e^{\sqrt{x}}(\sqrt{x}-1) + C\end{aligned}$$

例 11 求 $\int \sin\sqrt[3]{x}dx$。

解 先用第二换元法，再使用逐次分部积分法。设 $\sqrt[3]{x}=t$，则 $x=t^3, dx=3t^2dt$，于是有

$$\begin{aligned}\int \sin\sqrt[3]{x}dx &= \int \sin t\cdot 3t^2 dt \\ &= -3\int t^2 d\cos t \\ &= -3t^2\cos t + 3\int \cos t dt^2 \\ &= -3t^2\cos t + 6\int \cos t\cdot t dt \\ &= -3t^2\cos t + 6\int t d\sin t \\ &= -3t^2\cos t + 6t\sin t - 6\int \sin t dt \\ &= -3t^2\cos t + 6t\sin t + 6\cos t + C \\ &= -3\sqrt[3]{x^2}\cos\sqrt[3]{x} + 6\sqrt[3]{x}\sin\sqrt[3]{x} + 6\cos\sqrt[3]{x} + C\end{aligned}$$

习 题 4-3

1. 选择题

(1) $\int xf''(x)dx =$ ________。

(A) $xf'(x) - f(x) + C$；　　(B) $xf'(x) - f'(x) + C$；

(C) $xf'(x) + f'(x) + C$；　　(D) 以上都不对。

(2) 设 e^{-x} 是 $f(x)$ 的一个原函数，则 $\int xf(x)dx =$ ________。

(A) $e^{-x}(1+x) + C$；　　(B) $e^{-x}(1-x) + C$；

(C)$e^{-x}(x-1)+C$；　　(D)$-e^{-x}(1+x)+C$。

(3)如果$\int f(x)dx=F(x)+C$,那么$\int e^{-x}f(e^{-x})dx=$________。

(A)$F(e^{x})+C$；　　(B)$-F(e^{-x})+C$；

(C)$F(e^{-x})+C$；　　(D)$\frac{F(e^{-x})}{x}+C$。

(4)$\int\frac{\ln x}{x^2}dx=$________。

(A)$\frac{1}{x}(\ln x+1)+C$；　　(B)$\frac{1}{x}(\ln x-1)+C$；

(C)$-\frac{1}{x}(\ln x+1)+C$；　　(D)$-\frac{1}{x}(\ln x-1)+C$。

(5)$\int\frac{xdx}{\sin^2x}=$________。

(A)$x\cot x+\ln|\sin x|+C$；　　(B)$x\cot x-\ln|\cos x|+C$；

(C)$x\operatorname{tg}x-\ln|\cos x|+C$；　　(D)$-x\cot x+\ln|\sin x|+C$。

2．求下列不定积分：

(1)$\int x\sin xdx$；　　(2)$\int xe^{-x}dx$；

(3)$\int x\cdot 3^{x}dx$；　　(4)$\int x\cos 2xdx$；

(5)$\int(x-1)\ln xdx$；　　(6)$\int\log_3(x+1)dx$；

(7)$\int\operatorname{arctg}xdx$；　　(8)$\int x\sec^2xdx$；

(9)$\int x^2e^{x}dx$；　　(10)$\int\ln(x^2+1)dx$；

(11)$\int\ln^2xdx$；　　(12)$\int\sin\sqrt{x}dx$；

(13)$\int\frac{\ln x}{\sqrt{x}}dx$；　　(14)$\int e^{3\sqrt{x}}dx$；

(15)$\int\sin(\ln x)dx$；　　(16)$\int x\sin x\cos xdx$；

(17)$\int\frac{\ln(\ln x)}{x}dx$；　　(18)$\int\frac{x\arcsin x}{\sqrt{1-x^2}}dx$；

(19)$\int\frac{\lg x}{x^3}dx$；　　(20)$\int\frac{xdx}{\sqrt{2+4x}}$；

(21)$\int\frac{\ln(\cos x)}{\cos^2x}dx$；　　(22)$\int x^n\ln xdx\quad(n\neq-1)$。

3．求下列不定积分：

(1)$\int\frac{dx}{e^{x}+e^{-x}}$；　　(2)$\int\frac{\ln x}{x^2}dx$；

(3) $\int \frac{x^2}{a^6 - x^6}dx$；　(4) $\int \frac{1+\cos x}{x+\sin x}dx$；

(5) $\int \frac{\sqrt{x-1}}{x}dx$；　(6) $\int \frac{\sin^2 x}{\cos^4 x}dx$；

(7) $\int \left(\frac{1}{x} + \ln x\right)e^x dx$；　(8) $\int x^2 e^{3x}dx$；

(9) $\int e^{3x}\cos 2x dx$；　(10) $\int \sqrt{x}\sin\sqrt{x}dx$；

(11) $\int \frac{\operatorname{arctg}\sqrt{x}}{\sqrt{x}}dx$；　(12) $\int \frac{dx}{\sin x\cos^3 x}$；

(13) $\int \frac{2x^3 - x}{\sqrt{1-x^4}}dx$；　(14) $\int \frac{x^2}{\sqrt{4-x^2}}dx$；

(15) $\int \frac{dx}{x^2+2x+5}$；　(16) $\int \frac{1}{x}\sqrt{\frac{1+x}{x}}dx$；

(17) $\int \frac{x^3}{x+3}dx$；　(18) $\int \cos^2\sqrt{x}dx$；

(19) $\int f'(2x)dx$；　(20) $\int \frac{1}{2+\cos x}dx$。

第四节　不定积分表的使用方法

在求初等函数的积分时，如果都一一进行计算，则是一件很艰苦的工作。为了使用方便，常把常用的一些不定积分公式汇集成表，这种表称为不定积分表。本书附录四列出了一个不定积分表，以供读者查阅。该表是按被积函数的类型加以分类编排的。求不定积分时，可根据被积函数的类型直接或经过简单变形后，在表内查得其结果。

下面举例说明如何查表求不定积分。

一、直接查表

例 1　查表求 $\int \frac{dx}{x^2(2+3x)}$。

解　被积函数含 $a+bx$ 因式，在不定积分表类(一)中，查到公式 6，当 $a=2, b=3$ 时，得

$$\int \frac{dx}{x^2(2+3x)} = -\frac{1}{2x} + \frac{3}{4}\ln\left|\frac{2+3x}{x}\right| + C$$

例 2　查表求 $\int \frac{xdx}{\sqrt{5+6x}}$。

解　被积函数含 $\sqrt{a+bx}$ 因式，在不定积分表类(二)中，查到公式 13，当 $a=5, b=6$ 时，得

$$\int \frac{xdx}{\sqrt{5+6x}} = -\frac{2(2\cdot 5 - 6x)}{3\cdot 6^2}\sqrt{5+6x} + C$$

$$= -\frac{5-3x}{27}\sqrt{5+6x} + C$$

例 3 查表求 $\int \frac{dx}{5-4\sin x}$。

解 被积函数含 $a + b\sin x$ 因式，在不定积分表类（十一）中，查到公式 103 或 104。因为 $a=5, b=-4, a^2 > b^2$，所以用公式 103，得

$$\int \frac{dx}{5-4\sin x} = \frac{2}{5}\sqrt{\frac{5^2}{5^2-(-4)^2}}\operatorname{arctg}\left[\sqrt{\frac{5^2}{5^2-(-4)^2}}\left(\operatorname{tg}\frac{x}{2}+\frac{-4}{5}\right)\right] + C$$

$$= \frac{2}{3}\operatorname{arctg}\left[\frac{5}{3}\left(\operatorname{tg}\frac{x}{2}-\frac{4}{5}\right)\right] + C$$

二、先代换后查表

有些函数的积分在不定积分表中不能直接查到，需要先进行变量代换，然后再查不定积分表。

例 4 查表求 $\int \frac{dx}{x^2\sqrt{9x^2+4}}$。

解 设 $3x = t$，则 $x = \frac{1}{3}t, dx = \frac{1}{3}dt$，于是有

$$\int \frac{dx}{x^2\sqrt{9x^2+4}} = \int \frac{1}{\frac{t^2}{9}\sqrt{t^2+4}} \cdot \frac{1}{3}dt$$

$$= 3\int \frac{dt}{t^2\sqrt{t^2+2^2}}$$

上式右端积分的被积函数中含有 $\sqrt{t^2+2^2}$，在不定积分表类（五）中，查到公式 39，当 $a=2$ 时，得

$$\int \frac{dt}{t^2\sqrt{t^2+2^2}} = -\frac{\sqrt{t^2+4}}{4t} + C$$

即

$$\int \frac{dx}{x^2\sqrt{9x^2+4}} = 3\int \frac{dt}{t^2\sqrt{t^2+2^2}}$$

$$= -\frac{\sqrt{t^2+4}}{4t} + C$$

$$= -\frac{\sqrt{9x^2+4}}{4x} + C$$

三、用递推公式

例 5 查表求 $\int \sin^4 x dx$。

解 被积函数中含三角函数。在不定积分表类（十一）中，查到公式 95，递推公式为

$$\int \sin^n x dx = -\frac{\sin^{n-1} x\cos x}{n} + \frac{n-1}{n}\int \sin^{n-2} x dx$$

当 $n=4$ 时,原积分为

$$\int \sin^4 x dx = -\frac{\sin^3 x\cos x}{4} + \frac{3}{4}\int \sin^2 x dx$$

对上式右端的积分再用公式(95),得

$$\int \sin^2 x dx = -\frac{1}{2}\sin x\cos x + \frac{x}{2} + C$$

故所求的积分为

$$\int \sin^4 x dx = -\frac{\sin^3 x\cos x}{4} + \frac{3}{8}(x - \sin x\cos x) + C$$

与公式 95 相类似的公式称为递推公式。

例 6 查表求 $\int \frac{dx}{(x^2+1)^2}$。

解 在不定积分表类(三)中,查到递推公式 19,得

$$\int \frac{dx}{(x^2+a^2)^n} = \frac{x}{2(n-1)a^2(x^2+a^2)^{n-1}} + \frac{2n-3}{2(n-1)a^2}\int \frac{dx}{(x^2+a^2)^{n-1}}$$

当 $n=2, a=1$ 时,得

$$\int \frac{dx}{(x^2+1)^2} = \frac{x}{2(x^2+1)} + \frac{1}{2}\int \frac{dx}{x^2+1}$$

$$= \frac{x}{2(x^2+1)} + \frac{1}{2}\text{arctg}x + C$$

一般地说,查不定积分表可以节省计算积分的时间。但是,只有掌握了 前面学过的基本积分方法,才能灵活地使用不定积分表。对于具体问题,究竟使用哪种方法求不定积分,要视具体情况而定。

最后,应当指出的是,对于初等函数,在其定义域内其原函数一定存在,但是不一定都是初等函数,如不定积分

$$\int \frac{\sin x}{x}dx,\ \int e^{-x^2}dx,\ \int \sin(x^2)dx,\ \int \frac{1}{\ln x}dx,\ \int \frac{dx}{\sqrt{1+x^4}}$$

等,它们的原函数都不能用初等函数来表示。

习 题 4-4

查不定积分表求下列不定积分:

(1) $\int \frac{xdx}{\sqrt{3+2x}}$;

(2) $\int \sqrt{2x^2+9}dx$;

(3) $\int x^2\sqrt{25-x^2}dx$;

(4) $\int \frac{dx}{(x^2+9)^2}$;

(5) $\int \frac{dx}{\sqrt{1+2x+3x^2}}$;

(6) $\int \frac{1}{x\sqrt{x^2-1}}dx$;

(7) $\int e^{2x}\cos x dx$;

(8) $\int x\arcsin\frac{x}{2}dx$;

(9) $\int \sin 3x\sin 5x dx$;

(10) $\int \frac{dx}{\sin^3 x}$;

(11) $\int x^3\ln^2 x dx$； (12) $\int \ln^3 x dx$；

(13) $\int \sqrt{\frac{1-x}{1+x}}dx$； (14) $\int \frac{dx}{2+5\cos x}$。

（张德舜）

自 测 题 （三）

1. 是非题

(1)初等函数的原函数一定是初等函数。

(2)初等函数在其定义区间内是可积的。

(3)如果函数 $f(x)$在某区间内不连续，那么在这个区间内无原函数。

(4)设 e^{-x}是$f(x)$的一个原函数，则 $\int xf(x)dx = e^{-x}(1-x)+C$。

(5)设 $f'(\sin^2 x)=\cos^2 x$，则 $f(x)=x-\frac{x^2}{2}+C$。

2. 填空题

(1) $\int x|x|dx=$________。

(2) $\int \sqrt{x\sqrt{x\sqrt{x}}}\,dx=$________。

(3) $\int \frac{f'(x)}{1+f^2(x)}dx=$________。

(4)已知 $f'(x)=|x|$，且 $f(-2)=a$，则 $f(x)=$________。

(5)如果曲线 $y=f(x)$上点(x,y)处的切线斜率与 x^3 成正比例，且曲线通过 $A(1,6)$ 和 $B(2,-9)$，那么该曲线方程为________。

3. 选择题

(1)如果 $\int f(x)dx = x^2e^{2x}+C$，那么 $f(x)=$________。

(A)$2xe^{2x}$；　　(B)$2x^2e^{2x}$；

(C)xe^{2x}；　　(D)$2xe^{2x}(1+x)$。

(2)$f(x)=\sin|x|$的原函数是=________。

(A)$-\cos|x|$；　　(B)$-|\cos x|$；

(C)$F(x)=\begin{cases}-\cos x, & x\geqslant 0\\ \cos x-2, & x<0\end{cases}$

(D)$F(x)=\begin{cases}-\cos x+C_1, & x\geqslant 0\\ \cos x+C_2, & x<0\end{cases}$　　(C_1, C_2 为任意常数)；

(3) $\int \frac{e^{2x}}{1+e^x}dx=$________。

(A)$\ln(1+e^x)+C$; (B)$-\ln(1+e^x)+C$;

(C)$x-\ln(1+e^x)+C$; (D)$e^x-\ln(1+e^x)+C$。

(4)$\int \frac{x^4dx}{\sqrt{x^{10}-2}}=$______。

(A)$\frac{1}{5}\ln\left|x+\sqrt{x^2-2}\right|+C$; (B)$\frac{1}{5}\ln\left|x^5+\sqrt{x^{10}-2}\right|+C$;

(C)$5\ln\left|x^5+\sqrt{x^{10}-2}\right|+C$; (D)$\frac{1}{5}\ln\left|\sqrt{x^{10}-2}\right|+C$。

(5)如果$\frac{2}{1-x^2}f(x)=\frac{d}{dx}[f(x)]^2$,且 $f(0)=0$,那么 $f(x)=$______。

(A)$\frac{1+x}{1-x}$; (B)$\frac{1-x}{1+x}$;

(C)$\frac{1}{2}\ln\left|\frac{1+x}{1-x}\right|$; (D)$\frac{1}{2}\ln\left|\frac{1-x}{1+x}\right|$。

4. 求下列不定积分:

(1)$\int \frac{e^x+e^{-x}}{e^x-e^{-x}}dx$;

(2)$\int \frac{2-\sin\sqrt{x}}{\sqrt{x}}dx$;

(3)$\int \frac{\ln x}{x(\ln^2x-1)}dx$;

(4)$\int \frac{x}{x^8-1}dx$;

(5)$\int \frac{1}{x\sqrt{x^2-1}}dx$;

(6)$\int \frac{\sqrt{x+2}}{\sqrt[4]{(x+2)^3}+1}dx$;

(7)$\int \left(1-\frac{1}{x^2}\right)e^{x+\frac{1}{x}}dx$;

(8)$\int \left(\frac{\ln x}{x}\right)^2dx$;

(9)$\int x(x^2+1)e^{x^2}dx$;

(10)$\int \frac{x\cos x}{\sin^3x}dx$。

5. 设某质点作直线运动,其速度 $v(t)=\frac{1}{3}t^2-\frac{1}{2}t^3$,开始时它位于原点,求:

(1)路程与时间的关系;

(2)当 $t=3$ 时,质点位于何处?

(3)运动进行到何时刻,质点又位于原点?

6. 已知 $F(x)=f(x)-\frac{1}{f(x)}$, $G(x)=f(x)+\frac{1}{f(x)}$, 如果 $F'(x)=[G(x)]^2$, 且 $f\left(\frac{\pi}{4}\right)=1$, 试证明 $f(x)=\operatorname{tg}x$。

(张德舜)

第五章　定　积　分

本章介绍定积分的概念、性质和计算。历史上,定积分比不定积分的概念先产生,且具有较强的实践背景,后来由牛顿 - 莱布尼兹(Newton - Leibniz)将这两个概念联系起来,这就是本章将要介绍的微积分学基本公式——牛顿 - 莱布尼兹公式。

第一节　定积分的概念与性质

一、实际问题举例

1. *曲边梯形面积*

所谓曲边梯形是指在直角坐标系中,由闭区间$[a,b]$上的连续曲线$y=f(x)$($f(x)\geqslant 0$),直线$x=a$,$x=b$与x轴围成的平面图形$A\,a\,b\,B$,如图 5 - 1 所示。下面讨论曲边梯形面积的计算问题。

在初等数学中,解决了多边形和规则图形面积的计算问题。现在,由于曲边梯形的高是变化的,不能简单地象矩形那样用底乘高来计算面积,而需要用极限的方法来解决这个问题。

由于曲线$y=f(x)$是连续的,所以当点x在区间$[a,b]$上某处变化很小时,相应的高$f(x)$也就变化不大。基于这个想法,可以用一组平行于y轴的直线,把曲边梯形分割成若干个小曲边梯形,只要分割得较细,每个小曲边梯形足够窄,则其高$f(x)$的变化就很小。这样,可以在每个小曲边梯形上作一个与它同底,底上某点的函数值为高的小矩形,用小矩形面积近似代替小曲边梯形的面积,所有小矩形面积的和就是所求曲边梯形面积的近似值,如图 5 - 2 所示。

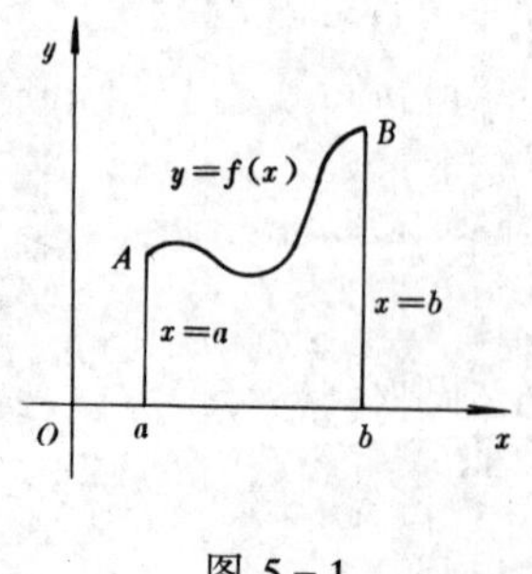

图 5 - 1

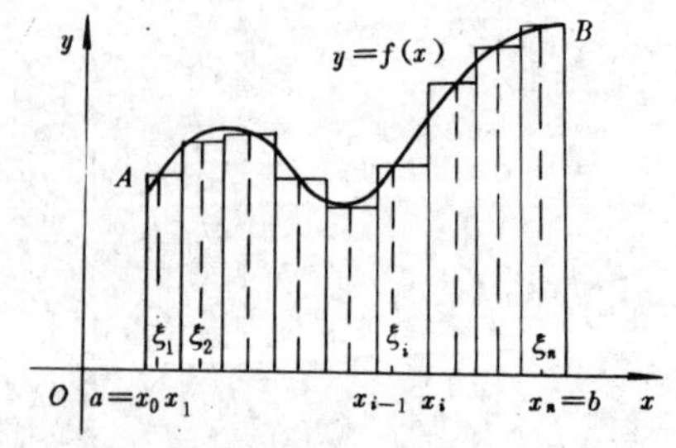

图 5 - 2

显然,区间$[a,b]$分得越细,小曲边梯形个数越多,所有小矩形面积的和就越接近于所求曲边梯形的面积。把区间$[a,b]$无限细分,使每个小区间的长度趋于零,这时所有小矩形面积之和的极限就应该是所求曲边梯形的面积的精确值。

上述过程归纳如下:

(1)分割　在区间$[a,b]$内任意插入$n-1$个分点:

$$a=x_0<x_1<x_2<\cdots<x_{n-1}<x_n=b$$

把区间$[a,b]$分成n个小区间:

$$[x_0,x_1],[x_1,x_2],\cdots,[x_{n-1},x_n]$$

小区间的长度依次为

$$\Delta x_1=x_1-x_0,\Delta x_2=x_2-x_1,\cdots,\Delta x_n=x_n-x_{n-1}$$

过每一个分点作平行于y轴的直线,把曲边梯形分成n个小曲边梯形,小曲边梯形的面积记为$\Delta A_i(i=1,2,\cdots,n)$。

(2)近似代替　在每个小区间$[x_{i-1},x_i](i=1,2,\cdots,n)$上任取一点$\xi_i(x_{i-1}\leqslant\xi_i\leqslant x_i)$,以$f(\xi_i)$为高,$\Delta x_i$为底作小矩形,用小矩形面积$f(\xi_i)\Delta x_i$近似代替相应的小曲边梯形面积$\Delta A_i$,即

$$\Delta A_i\approx f(\xi_i)\Delta x_i \qquad (i=1,2,\cdots,n)$$

(3)求和　把n个小矩形面积加起来,便得到所求曲边梯形面积A的近似值,即

$$\begin{aligned}A&=\Delta A_1+\Delta A_2+\cdots+\Delta A_n\\&\approx f(\xi_1)\Delta x_1+f(\xi_2)\Delta x_2+\cdots+f(\xi_n)\Delta x_n\\&=\sum_{i=1}^{n}f(\xi_i)\Delta x_i\end{aligned}$$

(4)取极限　记$\lambda=\max\{\Delta x_1,\Delta x_2,\cdots,\Delta x_n\}$,当$\lambda\to 0$时(这时$[a,b]$无限细分,即$n\to\infty$),取上式右端的和式的极限,就得到了所求曲边梯形面积的精确值,即

$$A=\lim_{\lambda\to 0}\sum_{i=1}^{n}f(\xi_i)\Delta x_i$$

2. 变速直线运动的路程

设一物体作直线运动,已知速度$v=v(t)$是时间t的连续函数,求在时间间隔$[T_1,T_2]$上物体所经过的路程S。

由于速度$v(t)$连续变化,它在很短的一段时间里变化很小,因此可以把时间间隔$[T_1,T_2]$分成若干小段时间间隔,在每一个小间隔内用匀速运动代替变速运动,求出路程的近似值。再将所有小段时间间隔的路程相加,就得到了整个路程的近似值。最后,通过对时间间隔无限细分的极限过程,得到变速直线运动的路程S。

上述过程可归纳如下:

(1)分割　在时间间隔$[T_1,T_2]$内任意插入$n-1$个分点:

$$T_1 = t_0 < t_1 < t_2 < \cdots < t_n = T_2$$

把$[T_1, T_2]$分成 n 个小段:

$$[t_0, t_1], [t_1, t_2], \cdots, [t_{n-1}, t_n]$$

各小段时间间隔长度依次为

$$\Delta t_1 = t_1 - t_0, \Delta t_2 = t_2 - t_1, \cdots, \Delta t_n = t_n - t_{n-1}$$

相应的路程 S 被分为 n 个小段 $\Delta S_i (i = 1, 2, \cdots, n)$。

(2)近似代替 在每一小段时间$[t_{i-1}, t_i]$里任取一个时刻 $\tau_i (t_{i-1} \leqslant \tau_i \leqslant t_i)$, 以 $v(\tau_i)$ 作为$[t_{i-1}, t_i]$上各点的速度, 得到某小段路程 ΔS_i 的近似值, 即

$$\Delta S_i \approx v(\tau_i) \Delta t_i \qquad (i = 1, 2, \cdots, n)$$

(3)求和 把 n 个小段路程相加, 便得到变速直线运动路程 S 的近似值, 即

$$\begin{aligned} S &= \Delta S_1 + \Delta S_2 + \cdots + \Delta S_n \\ &\approx v(\tau_1) \Delta t_1 + v(\tau_2) \Delta t_2 + \cdots + v(\tau_n) \Delta t_n \\ &= \sum_{i=1}^{n} v(\tau_i) \Delta t_i \end{aligned}$$

(4)取极限 记 $\lambda = \max\{\Delta t_1, \Delta t_2, \cdots, \Delta t_n\}$, 当 $\lambda \to 0$ 时, 取上式右端的和式的极限, 就得到了所求变速直线运动路程的精确值, 即

$$S = \lim_{\lambda \to 0} \sum_{i=1}^{n} v(\tau_i) \Delta t_i$$

二、定积分的定义

上述两例, 一个是要计算几何量, 一个是要计算物理量。虽然实际问题的意义不同, 但是解决问题的方法与计算的步骤却完全一样, 最后所得的结果都归结为和式的极限。在科学技术中有许多实际问题也可归结为这类和式的极限。抛开实际问题的具体意义, 数学上把这类和式的极限概括、抽象, 得出下述定积分定义。

定义 设函数 $f(x)$在区间$[a, b]$上有定义, 任意取分点

$$a = x_0 < x_1 < x_2 < \cdots < x_{n-1} < x_n = b$$

把区间$[a, b]$分成 n 个小区间$[x_{i-1}, x_i]$, 其长度记为

$$\Delta x_i = x_i - x_{i-1} \qquad (i = 1, 2, \cdots, n)$$

在每个小区间$[x_{i-1}, x_i]$上任取一点 $\xi_i (x_{i-1} \leqslant \xi_i \leqslant x_i)$, 得相应的函数值 $f(\xi_i)$, 作乘积

$$f(\xi_i) \Delta x_i \qquad (i = 1, 2, \cdots, n)$$

并作出和式

$$\sum_{i=1}^{n} f(\xi_i) \Delta x_i$$

记 $\lambda=\max\{\Delta x_1,\Delta x_2,\cdots,\Delta x_n\}$，当 n 无限增大，且 $\lambda\to 0$ 时，如果和式 $\sum_{i=1}^{n} f(\xi_i)\Delta x_i$ 的极限存在且唯一，那么就称此极限值为函数 $f(x)$ 在区间 $[a,b]$ 上的定积分（definite integral），记为 $\int_a^b f(x)dx$，即

$$\int_a^b f(x)dx=\lim_{\lambda\to 0}\sum_{i=1}^{n} f(\xi_i)\Delta x_i$$

其中 $f(x)$ 称为被积函数，$f(x)dx$ 称为被积表达式，x 称为积分变量，区间 $[a,b]$ 称为积分区间（integral interval），a 称为积分下限（lower limit），b 称为积分上限（upper limit）。

几点说明：

(1)所谓和式的极限 $\lim_{\lambda\to 0}\sum_{i=1}^{n} f(\xi_i)\Delta x_i$ 存在且唯一，是指不论对区间 $[a,b]$ 怎样分法，也不论对点 $\xi_i(i=1,2,\cdots,n)$ 怎样取法，极限都存在且相同。

(2)闭区间上连续函数或只有有限个第一类间断点的函数是可积的，也就是定积分 $\int_a^b f(x)dx$ 存在。

(3)定积分由被积函数 $f(x)$ 与积分区间 $[a,b]$ 所确定，与积分变量的记号无关，即

$$\int_a^b f(x)dx=\int_a^b f(t)dt=\int_a^b f(u)du$$

(4)在定积分的定义中，假定了 $a<b$，为了今后计算方便，对定积分作如下规定：

当 $a=b$ 时，$\int_a^b f(x)dx=0$；当 $a>b$ 时，$\int_a^b f(x)dx$ 也有意义，且

$$\int_a^b f(x)dx=-\int_b^a f(x)dx$$

利用定积分定义，前面所讨论的两个实际问题可以分别表述如下：

曲线 $y=f(x)(f(x)\geqslant 0)$，x 轴及两直线 $x=a$，$x=b$ 所围成的曲边梯形面积 A，等于函数 $f(x)$ 在区间 $[a,b]$ 上的定积分，即

$$A=\int_a^b f(x)dx$$

物体以速度 $v=v(t)$ 作变速直线运动，从时刻 $t=T_1$ 到时刻 $t=T_2$ 所经过的路程 S，等于速度函数 $v(t)$ 在区间 $[T_1,T_2]$ 上的定积分，即

$$S=\int_{T_1}^{T_2} v(t)dt$$

三、定积分的几何意义

当 $[a,b]$ 上 $f(x)\geqslant 0$ 时，$\int_a^b f(x)dx$ 在几何上表示由曲线 $y=f(x)$，x 轴及两直线 $x=$

$a, x=b$ 所围成的曲边梯形的面积，如图 5－3 所示。

当 $[a,b]$ 上 $f(x)\leqslant 0$ 时，由于和式 $\sum\limits_{i=1}^{n} f(\xi_i)\Delta x_i$ 的每一项 $f(\xi_i)\Delta x_i \leqslant 0$，得 $\int_a^b f(x)dx \leqslant 0$，它在几何上表示由曲线 $y=f(x)$，x 轴及两直线 $x=a$，$x=b$ 所围成的曲边梯形面积的负值，如图 5－4 所示。

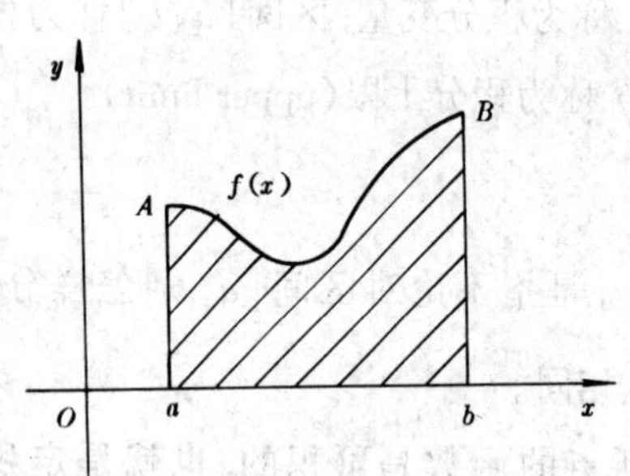

图 5－3

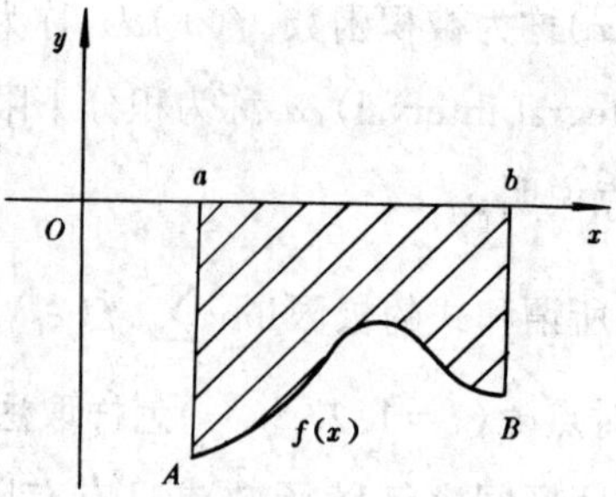

图 5－4

当 $[a,b]$ 上 $f(x)$ 有时为正值、有时为负值时，如果规定位于 x 轴上方的面积为正，下方的面积为负，$\int_a^b f(x)dx$ 在几何上表示由曲线 $y=f(x)$，x 轴及两直线 $x=a$，$x=b$ 所围成的平面图形的面积为各部分面积的代数和，如图 5－5 所示。

例 1　利用定积分的几何意义，求 $\int_0^1 \sqrt{1-x^2}\,dx$ 的值。

解　定积分 $\int_0^1 \sqrt{1-x^2}\,dx$ 在几何上表示以原点为圆心、半径为 1 的四分之一圆的面积（图 5－6 中的阴影部分），所以

$$\int_0^1 \sqrt{1-x^2}\,dx = \frac{\pi}{4}$$

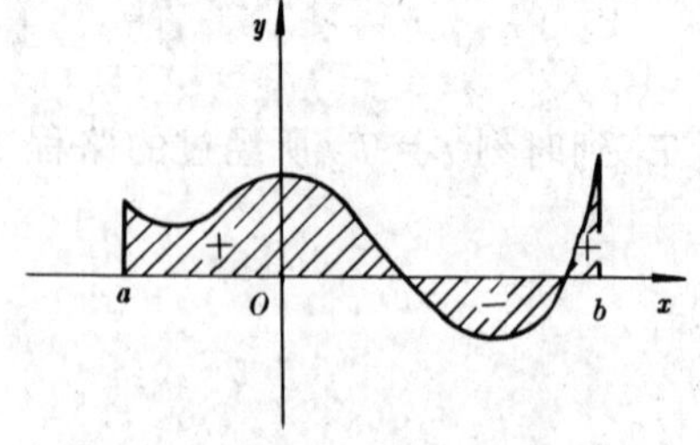

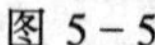

图 5－5

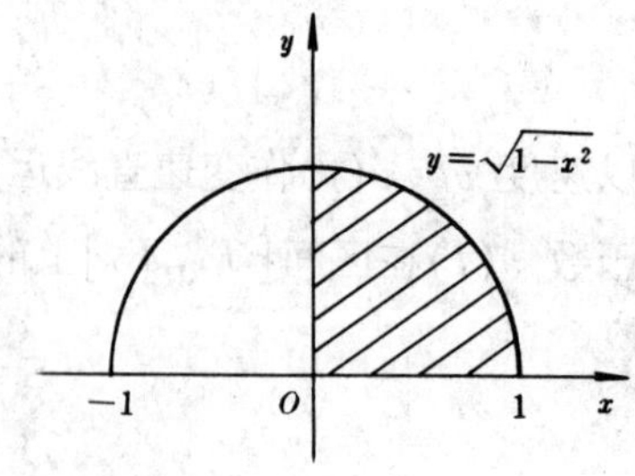

图 5－6

四、定积分的性质

下列各性质中积分上、下限的大小,如无特别说明,均不加限制,并且假定各性质中的函数都是可积的。

性质 1　两个函数代数和的定积分等于它们定积分之代数和,即

$$\int_a^b [f(x) \pm g(x)]dx = \int_a^b f(x)dx \pm \int_a^b g(x)dx$$

证　根据定积分的定义,有

$$\begin{aligned}\int_a^b [f(x) \pm g(x)]dx &= \lim_{\lambda \to 0} \sum_{i=1}^{n} [f(\xi_i) \pm g(\xi_i)]\Delta x_i \\ &= \lim_{\lambda \to 0} \sum_{i=1}^{n} f(\xi_i)\Delta x_i \pm \lim_{\lambda \to 0} \sum_{i=1}^{n} g(\xi_i)\Delta x_i \\ &= \int_a^b f(x)dx \pm \int_a^b g(x)dx\end{aligned}$$

性质 1 可推广到有限多个函数代数和的情况,即

$$\begin{aligned}&\int_a^b [f_1(x) \pm f_2(x) \pm \cdots \pm f_n(x)]dx \\ &= \int_a^b f_1(x)dx \pm \int_a^b f_2(x)dx \pm \cdots \pm \int_a^b f_n(x)dx\end{aligned}$$

性质 2　被积函数的常数因子可以提到积分号外面,即

$$\int_a^b kf(x)dx = k\int_a^b f(x)dx \qquad (k \text{ 为常数})$$

性质 3(积分对区间的可加性)　如果将区间 $[a,b]$ 分成两部分 $[a,c]$ 和 $[c,b]$,那么

$$\int_a^b f(x)dx = \int_a^c f(x)dx + \int_c^b f(x)dx$$

证　因为函数 $f(x)$ 在区间 $[a,b]$ 上可积,所以定积分与区间 $[a,b]$ 的分法无关,因而把点 c 可取为一个分点,例如取 $x_k = c$,则和式为

$$\sum_{i=1}^{n} f(\xi_i)\Delta x_i = \sum_{i=1}^{k} f(\xi_i)\Delta x_i + \sum_{i=k+1}^{n} f(\xi_i)\Delta x_i$$

令 $\lambda \to 0$,上式两端同时取极限,从而有

$$\int_a^b f(x)dx = \int_a^c f(x)dx + \int_c^b f(x)dx$$

实际上,不论 a,b,c 的相对位置如何,等式

$$\int_a^b f(x)dx = \int_a^c f(x)dx + \int_c^b f(x)dx$$

总是成立的。例如,当 $a<b<c$ 时,由上述知

$$\int_a^c f(x)dx=\int_a^b f(x)dx+\int_b^c f(x)dx$$

于是有

$$\begin{aligned}\int_a^b f(x)dx &= \int_a^c f(x)dx-\int_b^c f(x)dx\\ &= \int_a^c f(x)dx+\int_c^b f(x)dx\end{aligned}$$

性质 4 如果在区间 $[a,b]$ 上 $f(x)\equiv 1$,那么

$$\int_a^b f(x)dx=\int_a^b dx=b-a$$

性质 5 如果在区间 $[a,b]$ 上有 $f(x)\leqslant g(x)$,那么

$$\int_a^b f(x)dx\leqslant\int_a^b g(x)dx$$

证 由性质 1 与定积分的定义知

$$\begin{aligned}\int_a^b f(x)dx-\int_a^b g(x)dx &= \int_a^b [f(x)-g(x)]dx\\ &=\lim_{\lambda\to 0}\sum_{i=1}^{n}[f(\xi_i)-g(\xi_i)]\Delta x_i\end{aligned}$$

因为 $f(\xi_i)\leqslant g(\xi_i)$,即 $f(\xi_i)-g(\xi_i)\leqslant 0$,且 $\Delta x_i>0(i=1,2,\cdots,n)$,所以上式右端的极限值为负,从而有

$$\int_a^b f(x)dx-\int_a^b g(x)dx\leqslant 0$$

即

$$\int_a^b f(x)dx\leqslant\int_a^b g(x)dx$$

说明:当两个定积分比较大小时,可以由它们的被积函数在积分区间上的大小来确定。

性质 6(估值定理) 如果函数 $f(x)$ 在闭区间 $[a,b]$ 上的最大值为 M,最小值为 m,那么

$$m(b-a)\leqslant\int_a^b f(x)dx\leqslant M(b-a)$$

证 因为在 $[a,b]$ 上 $m\leqslant f(x)\leqslant M$,所以

$$\int_a^b m dx\leqslant\int_a^b f(x)dx\leqslant\int_a^b M dx$$

再由性质 2 及性质 4 得

$$m(b-a)\leqslant\int_a^b f(x)dx\leqslant M(b-a)$$

说明：由被积函数在积分区间上的最大值和最小值，可以估计积分值的大致范围。

性质 7(积分中值定理)　如果函数 $f(x)$ 在闭区间 $[a,b]$ 上连续，那么在区间 $[a,b]$ 上至少存在一点 ξ，使得

$$\int_a^b f(x)dx=f(\xi)(b-a)$$

证　由闭区间上连续函数的性质，可令 $m\leqslant f(x)\leqslant M, x\in[a,b]$。因为 $b-a>0$，由估值定理得

$$m\leqslant\frac{1}{b-a}\int_a^b f(x)dx\leqslant M$$

由闭区间上连续函数的介值定理知，在 $[a,b]$ 上至少有一点 ξ，使得

$$f(\xi)=\frac{1}{b-a}\int_a^b f(x)dx$$

即

$$\int_a^b f(x)dx=f(\xi)(b-a)$$

该性质的几何解释：对于以 $[a,b]$ 为底边，曲线 $y=f(x)(f(x)\geqslant 0)$ 为曲边的曲边梯形，至少有一个以 $f(\xi)(a\leqslant\xi\leqslant b)$ 为高、$[a,b]$ 为底的矩形，使得它们的面积相等，如图 5-7 所示。

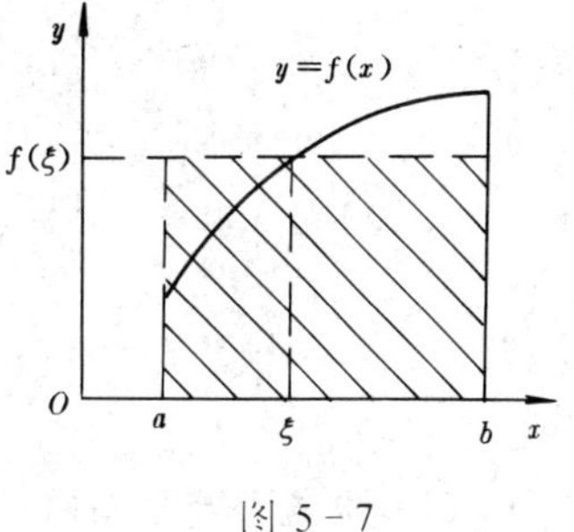

图 5-7

例 2　比较 $\int_0^1 xdx$ 与 $\int_0^1 \ln(1+x)dx$ 的大小。

解　令 $f(x)=x-\ln(1+x)$，在闭区间 $[0,1]$ 上有

$$f'(x)=1-\frac{1}{1+x}=\frac{x}{1+x}>0$$

即函数 $f(x)$ 在区间 $[0,1]$ 上单调增加，所以

$$f(x)\geqslant f(0)=[x-\ln(1+x)]\Big|_{x=0}$$

$$=0$$

从而有

$$x\geqslant\ln(1+x)$$

由性质5得

$$\int_0^1 xdx > \int_0^1 \ln(1+x)dx$$

例3 估计定积分 $\int_1^2 \ln x dx$ 的值。

解 令 $f(x)=\ln x$，由于它在[1,2]上是单调增加的，于是有

$$M=f(2)=\ln 2$$

$$m=f(1)=0$$

由性质6得

$$0\cdot(2-1)\leqslant\int_1^2 \ln x dx\leqslant(2-1)\cdot\ln 2$$

即

$$0\leqslant\int_1^2 \ln x dx\leqslant\ln 2$$

例4 估计定积分 $\int_{-1}^2 (x^2+1)dx$ 的值。

解 令 $f(x)=x^2+1$，则 $f'(x)=2x$。由 $f'(x)=0$，得 $x=0$。因为 $f(-1)=2$，$f(0)=1$，$f(2)=5$，得

$$m=1, M=5$$

由性质6得

$$1\cdot[2-(-1)]\leqslant\int_{-1}^2 (x^2+1)dx\leqslant 5\cdot[2-(-1)]$$

即

$$3\leqslant\int_{-1}^2 (x^2+1)dx\leqslant 15$$

习 题 5-1

1. 已知电流强度 i 与时间 t 的函数关系为 $i=i(t)$，试用定积分表示从时刻0到时刻 t 这一段时间流过导线横截面的电量 Q。

2. 放射性物体的分解速度 v 是时间 t 的函数，$v=v(t)$。试表示放射性物体由时间 T_0 到 T_1 所分解的质量 M：(1)用积分和式表示其近似值；(2)用积分表示其精确值。

3. 设有一质量非均匀的细棒，长为 l。取棒的一端为原点，假设细棒上任一点处的线密度为 $\rho(x)$，试用定积分表示细棒的质量 M。

4. 由曲线 $y=x^3$，直线 $x=1$，$x=3$ 及 x 轴所围成一个曲边梯形，试用定积分表示该曲边梯形面积 A。

5. 利用定积分的几何意义，说明下列各题：

(1) $\int_{-\frac{\pi}{2}}^{\frac{\pi}{2}} \cos x dx = 2\int_0^{\frac{\pi}{2}} \cos x dx$；

(2) $\int_0^a \sqrt{a^2 - x^2}\, dx = \frac{\pi}{4}a^2 \quad (a > 0)$；

(3) $\int_{-1}^{1} \operatorname{arctg} x dx = 0$；

(4) $\int_{-a}^{a} f(x)dx = \begin{cases} 0 & ,当\ f(x)为奇函数时 \\ 2\int_0^a f(x)dx, & 当\ f(x)为偶函数时。\end{cases}$

6. 设函数 $y = f(x)$ 的图形为图 5－8 中所示的直线。试由定积分的几何意义求下列定积分：

(1) $\int_0^1 f(x)dx$；

(2) $\int_1^2 f(x)dx$；

(3) $\int_0^2 f(x)dx$。

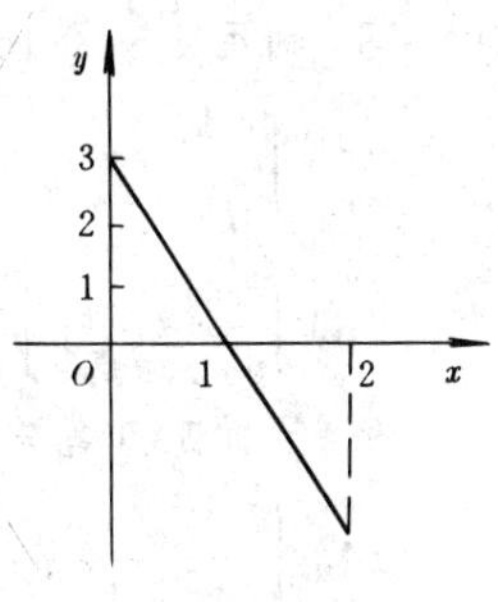

图 5－8

7. 选择题

(1)定积分定义所表示的和式极限是________。

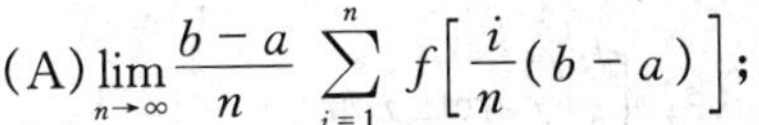
(A) $\lim\limits_{n\to\infty} \frac{b-a}{n} \sum\limits_{i=1}^{n} f\left[\frac{i}{n}(b-a)\right]$；

(B) $\lim\limits_{n\to\infty} \frac{b-a}{n} \sum\limits_{i=1}^{n} f\left[\frac{i-1}{n}(b-a)\right]$；

(C) $\lim\limits_{n\to\infty} \sum\limits_{i=1}^{n} f(\xi_i)\Delta x_i$（$\xi_i$ 为 Δx_i 中任意一点）；

(D) $\lim\limits_{\lambda\to 0} \sum\limits_{i=1}^{n} f(\xi_i)\Delta x_i$（$\lambda = \max\{\Delta x_i\}$，$\xi_i$ 为 $[x_{i-1}, x_i]$ 中任一点）。

(2)定积分定义 $\int_a^b f(x)dx = \lim\limits_{\lambda\to 0} \sum\limits_{i=1}^{n} f(\xi_i)\Delta x_i$ 说明________。

(A) $[a, b]$ 必须 n 等分，ξ_i 是 $[x_{i-1}, x_i]$ 端点；

(B) $[a, b]$ 可任意分法，ξ_i 必须是 $[x_{i-1}, x_i]$ 端点；

(C) $[a, b]$ 可任意分法，$\lambda = \max\{\Delta x_i\} \to 0$，$\xi_i$ 可在 $[x_{i-1}, x_i]$ 内任取；

(D) $[a, b]$ 必须等分，$\lambda = \max\{\Delta x_i\} \to 0$，$\xi_i$ 可在 $[x_{i-1}, x_i]$ 内任取。

(3) $\int_a^b f(x)dx$ 的几何意义说明________。

(A)因为它是 $y = f(x)$ 与 $x = a$，$x = b$ 及 x 轴所围图形的面积，所以 $\int_a^b f(x)dx$ 必为正值；

(B)只有当 $f(x)$ 恒正或恒负时，它才表示是 $y = f(x)$，$x = a$，$x = b$，x 轴所围图形的面

积；

(C)是 $y=f(x)$，$x=a$，$x=b$，x 轴所围图形面积的代数和；

(D)是 $y=|f(x)|$，$x=a$，$x=b$，x 轴所围面积。

(4)积分中值定理 $\int_a^b f(x)dx=f(\xi)(b-a)$，其中________。

(A)ξ 是$[a,b]$内任一点；

(B)ξ 是$[a,b]$内必定存在的某一点；

(C)ξ 是$[a,b]$内唯一的某点；

(D)ξ 是$[a,b]$的中点。

(5)$f(x)$在$[a,b]$上连续是 $\int_a^b f(x)dx$ 存在的________。

(A)必要条件；　　(B)充要条件；

(C)充分条件；　　(D)以上都不对。

8. 利用定积分性质，比较下列各对定积分值的大小：

(1) $\int_0^1 x^2dx$ 与 $\int_0^1 x^3dx$；　　(2) $\int_1^2 \ln xdx$ 与 $\int_1^2 \ln^2 xdx$；

(3) $\int_0^1 e^x dx$ 与 $\int_0^1 (1+x)dx$；　　(4) $\int_0^{\frac{\pi}{2}} xdx$ 与 $\int_0^{\frac{\pi}{2}} \sin xdx$。

9. 估计下列各定积分的值：

(1) $\int_1^2 \frac{x}{x^2+1}dx$；　　(2) $\int_0^1 e^{-\frac{x^2}{2}}dx$；

(3) $\int_{\frac{\pi}{4}}^{\frac{\pi}{2}} \frac{\sin x}{x}dx$；　　(4) $\int_{\frac{1}{\sqrt{3}}}^{\sqrt{3}} x\,\mathrm{arctg}\,xdx$。

第二节 微积分学基本公式

利用定积分的定义计算积分值是很困难的，为此必须寻求计算定积分的简便而有效的方法，这就是牛顿－莱布尼兹公式或称微积分学基本公式。

一、变上限定积分

由本章第一节知，定积分 $\int_a^b f(t)dt$ 在几何上表示连续曲线 $y=f(x)$在区间$[a,b]$上的曲边梯形 $A\,a\,b\,B$ 的面积。如果 x 是区间$[a,b]$上任意一点，同样定积分$\int_a^x f(t)dt$ 表示曲线 $y=f(x)$在部分区间$[a,x]$上曲边梯形 $A\,a\,x\,C$ 的面积，如图 5－9 中阴影部分所示的面积。当 x 在区间$[a,b]$上变化时，阴影部分的曲边梯形面积也随之变化。所以，变上限定积分 $\int_a^x f(t)dt$ 是上限变量 x 的函数。我们把这个函数记作 $\Phi(x)$，即

$$\Phi(x)=\int_a^x f(t)dt \qquad x\in[a,b]$$

变上限定积分有如下性质：

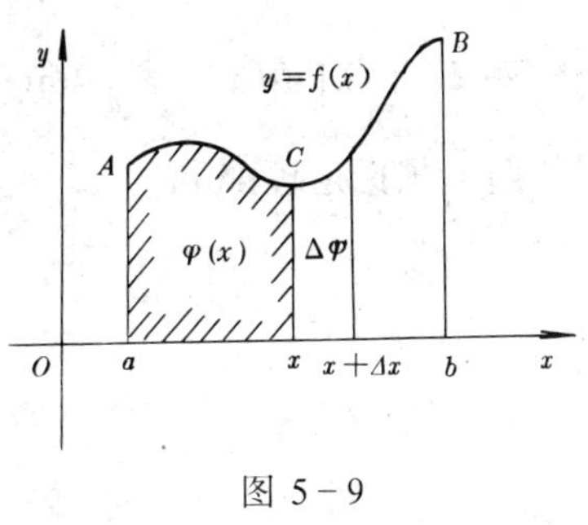

图 5-9

定理 1　如果函数 $f(x)$ 在区间 $[a, b]$ 上连续，那么变上限定积分

$$\Phi(x)=\int_a^x f(t)dt$$

在区间 $[a, b]$ 上可导，并且它的导数等于被积函数，即

$$\Phi'(x)=\left[\int_a^x f(t)dt\right]'=f(x)$$

证　给上限 x 以增量 Δx，则函数 $\Phi(x)$ 在 $x+\Delta x(a\leqslant x+\Delta x\leqslant b)$ 处的函数值为

$$\Phi(x+\Delta x)=\int_a^{x+\Delta x} f(t)dt$$

于是，函数 $\Phi(x)$ 的增量

$$\begin{aligned}\Delta\Phi(x)&=\Phi(x+\Delta x)-\Phi(x)\\&=\int_a^{x+\Delta x} f(t)dt-\int_a^x f(t)dt\\&=\int_x^a f(t)dt+\int_a^{x+\Delta x} f(t)dt\\&=\int_x^{x+\Delta x} f(t)dt\end{aligned}$$

根据积分中值定理知，在 x 与 $x+\Delta x$ 之间至少存在一点 ξ，使得

$$\Delta\Phi(x)=\int_x^{x+\Delta x} f(t)dt=f(\xi)\Delta x$$

成立。又因为 $f(x)$ 在区间 $[a, b]$ 上连续，所以当 $\Delta x\to 0$ 时，$\xi\to x$，$f(\xi)\to f(x)$，从而

$$\Phi'(x)=\lim_{\Delta x\to 0}\frac{\Delta\Phi(x)}{\Delta x}=\lim_{\xi\to 0}f(\xi)=f(x)$$

故

$$\left[\int_a^x f(t)dt\right]_x'=f(x)$$

由这个定理知，变上限定积分 $\Phi(x)=\int_a^x f(t)dt$ 是函数 $f(x)$ 在区间 $[a, b]$ 上的一个原函数，这就肯定了连续函数的原函数总是存在的，所以，定理 1 也称为原函数存在定理。

例 1　已知 $\Phi(x)=\int_a^x \frac{\ln t}{t}dt\quad(a>0)$，求 $\Phi'(x)$。

解　根据定理 1，得

$$\Phi'(x)=\left[\int_a^x \frac{\ln t}{t}dt\right]'\frac{\ln x}{x}$$

例 2 已知 $\Phi(x)=\int_x^0 \sin(3t+2)\,dt$,求 $\Phi'(x)$。

解 根据定理 1,得

$$\begin{aligned}\Phi'(x) &= \left[\int_x^0 \sin(3t+2)\,dt\right]' \\ &= \left[-\int_0^x \sin(3t+2)\,dt\right]' \\ &= -\sin(3x+2)\end{aligned}$$

例 3 已知 $\Phi(x)=\int_0^{x^2}\sqrt{1+t^2}\,dt$,求 $\Phi'(x)$。

解 积分上限是 x^2,它是 x 的函数,所以变上限定积分是 x 的复合函数。根据复合函数求导法则和本节定理 1,得

$$\begin{aligned}\Phi'(x) &= \left[\int_0^{x^2}\sqrt{1+t^2dt}\right]'_x \\ &= \left[\int_0^{x^2}\sqrt{1+t^2dt}\right]'_{x^2}(x^2)^{1}x \\ &= 2x\sqrt{1+x^4}\end{aligned}$$

例 4 应用罗彼塔法则求 $\lim\limits_{r\to 0}\dfrac{\int_0^x \mathrm{tg}t\,dt}{x^2}$。

解 $$\begin{aligned}\lim_{x\to 0}\frac{\int_0^x \mathrm{tg}t\,dt}{x^2} &= \frac{\left[\int_0^x \mathrm{tg}t\,dt\right]'}{(x^2)'} \\ &= \lim_{x\to 0}\frac{\mathrm{tg}x}{2x} \\ &= \frac{1}{2}\end{aligned}$$

二、微积分学基本公式

现在可以建立用 $f(x)$ 的原函数计算定积分 $\int_a^b f(x)\,dx$ 的公式。

定理 2 如果函数 $f(x)$ 在区间 $[a,b]$ 上连续,且 $F(x)$ 是 $f(x)$ 在区间 $[a,b]$ 上任意一个原函数,那么

$$\int_a^b f(x)\,dx = F(b)-F(a)$$

证 由定理 1 知,$\Phi(x)=\int_a^x f(t)\,dt$ 是 $f(x)$ 在区间 $[a,b]$ 上的一个原函数。又由题设知 $F(x)$ 也是 $f(x)$ 在 $[a,b]$ 上的一个原函数。由原函数的性质得知,同一个函数的两个不

同的原函数只相差一个常数,即

$$F(x)-\int_a^x f(t)dt=C \qquad x\in[a,b]$$

令 $x=a$ 代入上式,因为 $\Phi(a)=\int_a^a f(t)dt=0$,得到 $C=F(a)$,于是有

$$F(x)-\int_a^x f(t)dt=F(a)$$

令 $x=b$ 代入上式,得

$$F(b)-\int_a^b f(t)dt=F(a)$$

移项,得

$$\int_a^b f(t)dt=F(b)-F(a)$$

把积分变量 t 换成 x,得

$$\int_a^b f(x)dx=F(b)-F(a)$$

上式右端也可记为 $F(x)\Big|_a^b$ 或 $[F(x)]_a^b$。

上式称为牛顿-莱布尼兹公式,也称为微积分学基本公式。这个公式揭示了定积分与原函数之间的密切关系:连续函数在积分区间 $[a,b]$ 上的定积分,等于它的任意一个原函数在 $[a,b]$ 上的增量。这样就为定积分的计算提供了一个简便而有效的方法。

例 5 求 $\int_0^1 x^3dx$。

解 被积函数 x^3 在 $[0,1]$ 上连续,满足本节定理 2 的条件,由牛顿-莱布尼兹公式得

$$\int_0^1 x^3dx=\frac{1}{4}x^4\Big|_0^1=\frac{1}{4}$$

例 6 求 $\int_{-1}^1 \frac{dx}{1+x^2}$。

解 被积函数 $\frac{1}{1+x^2}$ 在 $[-1,1]$ 在连续,$\mathrm{arctg}x$ 是 $\frac{1}{1+x^2}$ 的一个原函数,由牛顿-莱布尼兹公式得

$$\begin{aligned}\int_{-1}^1 \frac{dx}{1+x^2}&=\mathrm{arctg}x\Big|_{-1}^1\\&=\mathrm{arctg}1-\mathrm{arctg}(-1)\\&=\frac{\pi}{4}-\left(-\frac{\pi}{4}\right)\\&=\frac{\pi}{2}\end{aligned}$$

例 7 求 $\int_0^{2\pi}\sqrt{1-\cos^2 x}dx$。

解 因为 $\sqrt{1-\cos^2 x}=|\sin x|$,所以

$$\begin{aligned}\int_0^{2\pi}\sqrt{1-\cos^2 x}dx &= \int_0^{2\pi}|\sin x|dx\\ &= \int_0^{\pi}\sin x dx+\int_{\pi}^{2\pi}(-\sin x)dx\\ &= (-\cos x)\Big|_0^{\pi}+\cos x\Big|_{\pi}^{2\pi}\\ &= [-(-1)-(-1)]+[1-(-1)]\\ &= 4\end{aligned}$$

例 8 已知 $f(x)=\begin{cases}x+1, x\leqslant 1\\ \frac{1}{2}x^s, x>1\end{cases}$, 求 $\int_0^2 f(x)dx$。

解 因为在[0,2]区间上 $f(x)$ 是分段连续函数,$x=1$ 是第一类间断点,定积分存在,但求其定积分时要分段计算。根据定积分的性质和牛顿－莱布尼兹公式,得

$$\begin{aligned}\int_0^2 f(x)dx &= \int_0^1(x+1)dx+\int_1^2\frac{1}{2}x^2dx\\ &= \int_0^1 xdx+\int_0^1 dx+\int_1^2\frac{1}{2}x^2dx\\ &= \frac{1}{2}x^2\Big|_0^1+x\Big|_0^1+\frac{1}{6}x^3\Big|_1^2\\ &= \frac{8}{3}\end{aligned}$$

在使用牛顿－莱布尼兹公式计算定积分时,必须注意定理 2 中的条件,否则会产生错误。例如,$\int_{-1}^1\frac{1}{x^2}dx=-\frac{1}{x}\Big|_{-1}^1=-2$ 是错误的,原因是其被积函数在积分区间内的 $x=0$ 处为无穷间断,不满足定理 2 中的条件。

习 题 5－2

1. 是非题

(1)如果函数 $f(x)$,$g(x)$在$[a,b]$上都不可积,那么 $f(x)+g(x)$在$[a,b]$上一定不可积。

(2)如果 $\int_a^b f(x)dx=0$,且 $f(x)$在$[a,b]$上连续,那么必存在 x,使 $f(x)=0$。

(3)如果 $f(x)$为奇函数且连续,又 $F(x)=\int_0^x f(t)dt$ 为 $f(x)$的一个原函数,那么 $F(-x)=F(x)$。

(4)如果 $f(t)$是$(-\infty,+\infty)$内的连续函数,那么,当 $\int_1^{x^2} f(t)dt=\int_1^x \varphi(t)dt$ 恒成立时,必有 $\varphi(t)=f(t^3)$。

(5)如果 $\int_0^1 (2x+k)dx=2$,那么 $k=1$。

2. 选择题

(1)定积分 $\int_{-1}^1 \sqrt{x^2}dx=$ ________。

(A)0;　　(B)$\frac{1}{2}$;

(C)1;　　(D)2。

(2)如果 $\Phi(x)=\int_x^2 \sqrt{2+t^2}dt$,那么 $\Phi'(1)=$ ________。

(A)$-\sqrt{3}$;　　(B)$\sqrt{3}$;

(C)$\sqrt{6}-\sqrt{3}$;　　(D)$\sqrt{3}-\sqrt{6}$。

(3)如果 $f(x)$为可导函数,且 $f(0)=0,f'(0)=2$,那么$\lim\limits_{x\to0}\frac{\int_0^x f(t)dt}{x^2}=$ ________。

(A)0;　　(B)1;

(C)2;　　(D)不存在。

(4)如果 $\int_0^k (2x-3x^2)dx=0$,那么 $k=$ ________。

(A)-1;　　(B)$\frac{3}{2}$;

(C)2;　　(D)0 或 1。

3. 求下列函数的导数:

(1)$\Phi(x)=\int_0^x \sin(t^2)dt$;

(2)$\Phi(x)=\int_x^3 \frac{1}{\sqrt{1+t^2}}dt$;

(3)$\Phi(x)=\int_x^{x^2} e^{-t^2}dt$;

(4)设 $x=\int_0^t \sin u du,\ y=\int_0^t \cos u du$,求$\frac{dy}{dx}$。

4. 利用罗彼塔法则求下列极限:

(1)$\lim\limits_{x\to0}\frac{\int_0^x \ln(1+t)dt}{x^2}$;

(2) $\lim\limits_{x\to 0}\dfrac{\int_0^x \cos^2 t dt}{x}$。

5. 求函数 $\Phi(x)=\int_0^x \sin t dt$ 当 $x=0$ 及 $x=\dfrac{\pi}{4}$ 时的导数。

6. 计算下列定积分：

(1) $\int_{-1}^{4}\sqrt[3]{x}dx$；

(2) $\int_0^2 (\sqrt{2x}-\dfrac{x^2}{2})dx$；

(3) $\int_0^{\pi}(\sin x+\cos x)dx$；

(4) $\int_{-\frac{1}{2}}^{\frac{1}{2}}\dfrac{1-2\sqrt{1-x^2}}{\sqrt{1-x^2}}dx$；

(5) $\int_{-1}^{0}\dfrac{3x^4+3x^2+1}{1+x^2}dx$；

(6) $\int_0^{\frac{\pi}{4}}\mathrm{tg}^2 x dx$；

(7) $\int_{\frac{\pi}{6}}^{\frac{\pi}{2}}\cos^2 x dx$；

(8) $\int_0^2 |1-x|dx$；

(9) $\int_{-2}^{2}\max(1,x^2)dx$；

(10) $\int_0^{\frac{\pi}{2}}|\sin x-\cos x|dx$。

7. 验证下列各等式，其中 m,n 为正整数：

(1) $\int_{-\pi}^{\pi}\sin mx dx=0$；

(2) $\int_{-\pi}^{\pi}\cos mx dx=0$；

(3) $\int_{-\pi}^{\pi}\cos mx\sin nx dx=0,(m\neq n)$；

(4) $\int_{-\pi}^{\pi}\sin mx\sin nx dx=0,(m\neq n)$；

(5) $\int_{-\pi}^{\pi}\cos mx\cos nx dx=0,(m\neq n)$；

(6) $\int_{-\pi}^{\pi}\sin^2 mx dx=\pi$；

(7) $\int_{-\pi}^{\pi}\cos^2 mx dx=\pi$。

8. 求函数 $\Phi(x)=\int_0^x t(t-4)dt$ 在 $[-1,5]$ 上的最大值与最小值。

9. 设 $f(x)=\begin{cases}x+2, & x\leqslant 1\\ 2x^2, & x>1\end{cases}$，求 $\int_0^2 f(x)dx$。

10. 求 C 的值，使 $\int_0^1 (x^2+Cx+C)^2 dx$ 最小。

第三节　定积分的换元积分法与分部积分法

一、定积分的换元积分法

先看一个例子。

例 1　计算$\int_0^a \sqrt{a^2-x^2}dx \quad (a>0)$。

解　利用换元积分法求不定积分，由第四章第二节例 19 知

$$\int \sqrt{a^2-x^2}dx = \frac{a^2}{2}\left(\arcsin\frac{x}{a}+\frac{x}{a^2}\sqrt{a^2-x^2}\right)+C$$

由牛顿－莱布尼兹公式得

$$\begin{aligned}\int_0^a \sqrt{a^2-x^2}dx &= \frac{a^2}{2}\left(\arcsin\frac{x}{a}+\frac{x}{a^2}\sqrt{a^2-x^2}\right)\Bigg|_0^a \\ &= \frac{\pi}{4}a^2\end{aligned}$$

现在，用下述方法求解：设 $x=a\sin t$，则$\sqrt{a^2-x^2}=a\cos t$，$dx=a\cos t$；当 $x=0$ 时，$t=0$；当 $x=a$ 时，$t=\frac{\pi}{2}$。于是有

$$\begin{aligned}\int_0^a \sqrt{a^2-x^2}dx &= \int_0^{\frac{\pi}{2}} a^2\cos^2 tdt \\ &= a^2\int_0^{\frac{\pi}{2}}\frac{1+\cos 2t}{2}dt \\ &= \frac{a^2}{2}\int_0^{\frac{\pi}{2}}dt+\frac{a^2}{2}\int_0^{\frac{\pi}{2}}\cos 2tdt \\ &= \frac{a^2}{2}t\Bigg|_0^{\frac{\pi}{2}}+\frac{a^2}{4}(\sin 2t)\Bigg|_0^{\frac{\pi}{2}} \\ &= \frac{\pi}{4}a^2\end{aligned}$$

由此例可见，按第二种方法也可得到同样的结果。显然，第二种方法简便，其原因是定积分的积分上、下限随着变量代换的关系 $x=a\sin t$ 一起变换，因而省略了用不定积分的方法在求出关于新变量 t 的原函数后，还需把积分变量 t 回代 x 的一步。

一般有下面的定理：

定理　如果：

(1)函数 $f(x)$在区间$[a,b]$上连续；

(2)函数 $x=\varphi(t)$在区间$[\alpha,\beta]$上单值且有连续导数$\varphi'(t)$；

(3)当 t 在$[\alpha,\beta]$上变化时,函数 $x=\varphi(t)$的值在$[a,b]$上变化,且 $\varphi(\alpha)=a,\varphi(\beta)=b$,那么

$$\int_a^b f(x)dx=\int_\alpha^\beta f[\varphi(t)]\varphi'(t)dt$$

证 由题设知,$f(x)$在区间$[a,b]$上连续,所以 $f(x)$可积。设 $F(x)$是 $f(x)$的一个原函数,由牛顿-莱布尼兹公式得

$$\begin{aligned}\int_a^b f(x)dx &= F(x)\Big|_a^b \\ &= F(b)-F(a)\end{aligned}$$

又由不定积分的换元法得

$$\int f[\varphi(t)]\varphi'(t)dt=F[\varphi(t)]+C$$

于是有

$$\begin{aligned}\int_\alpha^\beta f[\varphi(t)]\varphi'(t)dt &= F[\varphi(t)]\Big|_\alpha^\beta \\ &= F[\varphi(\beta)]-F[\varphi(\alpha)] \\ &= F(b)-F(a)\end{aligned}$$

即

$$\int_a^b f(x)dx=\int_\alpha^\beta f[\varphi(t)]\varphi'(t)dt$$

上式称为定积分的换元公式。应用上式求定积分时有两点需要注意:

(1)换元同时要换上、下限;

(2)α 不一定小于 β。

例 2 计算$\int_1^4\frac{dx}{x+\sqrt{x}}$。

解 用定积分换元法。令$\sqrt{x}=t$,则 $x=t^2,dx=2tdt$,且 $\begin{array}{c|c} x & 1\to4 \\ \hline t & 1\to2\end{array}$,于是有

$$\begin{aligned}\int_1^4\frac{dx}{x+\sqrt{x}} &= \int_1^2\frac{2tdt}{t^2+t} \\ &= \int_1^2\frac{2dt}{t+1} \\ &= 2\Big[\ln|t+1|\Big]_1^2 \\ &= 2(\ln3-\ln2)\end{aligned}$$

$$=2\ln\frac{3}{2}$$

例 3　计算 $\int_1^5 \frac{\sqrt{x-1}}{x}dx$。

解　令 $\sqrt{x-1}=t$，则 $x=t^2+1$，$dx=2tdt$，且

x	$1\to5$
t	$0\to2$

，于是有

$$\int_1^5 \frac{\sqrt{x-1}}{x}dx = \int_0^2 \frac{t}{t^2+1}\cdot 2tdt$$
$$=2\int_0^2 \frac{t^2}{t^2+1}dt$$
$$=2\Big[t-\text{arctg}t\Big]_0^2$$
$$=2(2-\text{arctg}2)$$

例 4　计算 $\int_0^{\ln2} \sqrt{e^x-1}dx$。

解　令 $\sqrt{e^x-1}=t$，则 $e^x=t^2+1$，$x=\ln(t^2+1)$，$dx=\frac{2t}{t^2+1}dt$，且

x	$0\to\ln2$
t	$0\to1$

，

于是有

$$\int_0^{\ln2} \sqrt{e^x-1}dx = \int_0^1 t\frac{2t}{t^2+1}dt$$
$$=2\Big[t-\text{arctg}t\Big]_0^1$$
$$=2\left(1-\frac{\pi}{4}\right)$$
$$=2-\frac{\pi}{2}$$

例 5　计算 $\int_0^{\frac{\pi}{2}} 3\cos^2 x\sin x dx$。

解　令 $t=\cos x$，则 $dt=-\sin x dx$，且

x	$0\to\frac{\pi}{2}$
t	$1\to0$

，于是有

$$\int_0^{\frac{\pi}{2}} 3\cos^2 x\sin x dx = -\int_1^0 3t^2 dt$$
$$=-t^3\Big|_1^0$$

$$=1$$

例 6 计算 $\int_0^1 \frac{x^2}{(1+x^2)^2}dx$。

解 令 $x=\mathrm{tg}t$，则 $dx=\sec^2 tdt$，且 $\begin{array}{c|c} x & 0\to 1 \\ \hline t & 0\to \frac{\pi}{4} \end{array}$，于是有

$$\begin{aligned}\int_0^1 \frac{x^2}{(1+x^2)^2}dx &= \int_0^{\frac{\pi}{4}} \frac{\mathrm{tg}^2 t}{\sec^4 t}\sec^2 tdt \\ &= \int_0^{\frac{\pi}{4}} \sin^2 tdt \\ &= \frac{1}{2}\int_0^{\frac{\pi}{4}} (1-\cos 2t)dt \\ &= \frac{1}{2}\left(\frac{\pi}{4}-\frac{1}{2}\right) \\ &= \frac{1}{4}\left(\frac{\pi}{2}-1\right)\end{aligned}$$

例 7 设函数 $f(x)$ 在对称区间 $[-a,a]$ 上连续，证明：

(1) $\int_{-a}^{a} f(x)dx=\int_0^a [f(x)+f(-x)]dx$

(2) 如果 $f(x)$ 为奇函数，那么 $\int_{-a}^{a} f(x)dx=0$

(3) 如果 $f(x)$ 为偶函数，那么 $\int_{-a}^{a} f(x)dx=2\int_0^a f(x)dx$

证 (1) 根据定积分性质，得

$$\int_{-a}^{a} f(x)dx=\int_{-a}^{0} f(x)dx+\int_0^a f(x)dx$$

对上式右端第一个积分用换元积分法，令 $x=-t$，则 $dx=-dt$，且 $\begin{array}{c|c} x & -a\to 0 \\ \hline t & a\to 0 \end{array}$，于是有

$$\begin{aligned}\int_{-a}^{0} f(x)dx &= \int_a^0 f(-t)(-dt) \\ &= \int_0^a f(-t)dt \\ &= \int_0^a f(-x)dx\end{aligned}$$

将此式代入原式中，得

$$\int_{-a}^{a} f(x)dx=\int_0^a f(-x)dx+\int_0^a f(x)dx$$

$$=\int_0^a[f(x)+f(-x)]dx$$

(2)因为 $f(x)$ 为奇函数，即 $f(-x)=-f(x)$，所以

$$\begin{aligned}\int_{-a}^a f(x)dx&=\int_0^a[f(x)+f(-x)]dx\\&=\int_0^a[f(x)-f(x)]dx\\&=0\end{aligned}$$

(3)因为 $f(x)$ 为偶函数，即 $f(-x)=f(x)$，所以

$$\begin{aligned}\int_{-a}^a f(x)dx&=\int_0^a[f(x)+f(-x)]dx\\&=\int_0^a[f(x)+f(x)]dx\\&=2\int_0^a f(x)dx\end{aligned}$$

利用例 7 的结论，可以简化奇、偶函数在对称区间上的积分计算。

例 8　计算 $\int_{-\pi}^{\pi}x^6\sin x dx$。

解　因为 $x^6\sin x$ 在对称区间 $[-\pi,\pi]$ 上是奇函数，所以

$$\int_{-\pi}^{\pi}x^6\sin x dx=0$$

例 9　计算 $\int_{-2}^{2}(1+3x^2+5x^4)dx$。

解　因为 $1+3x^2+5x^4$ 在对称区间 $[-2,2]$ 上是偶函数，所以

$$\begin{aligned}\int_{-2}^{2}(1+3x^2+5x^4)dx&=2\int_0^2(1+3x^2+5x^4)dx\\&=2(x+x^3+x^5)\Big|_0^2\\&=84\end{aligned}$$

例 10　证明 $\int_0^{\frac{\pi}{2}}f(\sin x)dx=\int_0^{\frac{\pi}{2}}f(\cos x)dx$。

证　令 $x=\frac{\pi}{2}-t$，则 $dx=-dt$，且

x	$0\to\frac{\pi}{2}$
t	$\frac{\pi}{2}\to 0$

，于是有

$$\int_0^{\frac{\pi}{2}}f(\sin x)dx=\int_{\frac{\pi}{2}}^{0}f\left[\sin\left(\frac{\pi}{2}-t\right)\right](-dt)$$

$$= \int_0^{\frac{\pi}{2}} f(\cos t)dt$$

$$= \int_0^{\frac{\pi}{2}} f(\cos x)dx$$

一个特例是，当 $f(\sin x) = \sin^n x$，n 为正整数时，有

$$\int_0^{\frac{\pi}{2}} \sin^n x dx = \int_0^{\frac{\pi}{2}} \cos^n x dx$$

二、定积分的分部积分法

不定积分的分部积分公式是

$$\int u dv = u \cdot v - \int v du$$

其中 $u(x)$，$v(x)$具有连续导数。对于定积分，不难推得其分部积分公式为

$$\int_a^b u dv = [uv]_a^b - \int_a^b v du$$

此公式的简便之处在于可把先积出来的部分代入积分上、下限，变为数值。

例 11 计算 $\int_0^1 xe^{-x}dx$。

解 根据定积分的分部积分公式，得

$$\int_0^1 xe^{-x}dx = -\int_0^1 x de^{-x}$$

$$= -\left[xe^{-x}\right]_0^1 + \int_0^1 e^{-x}dx$$

$$= -e^{-1} - e^{-x}\Big|_0^1$$

$$= 1 - \frac{2}{e}$$

例 12 计算 $\int_0^{\frac{\sqrt{3}}{2}} \arccos x dx$。

解 根据定积分的分部积分公式，得

$$\int_0^{\frac{\sqrt{3}}{2}} \arccos x dx = \left[x\arccos x\right]_0^{\frac{\sqrt{3}}{2}} + \int_0^{\frac{\sqrt{3}}{2}} \frac{x}{\sqrt{1-x^2}}dx$$

$$= \frac{\sqrt{3}}{12}\pi - \sqrt{1-x^2}\Big|_0^{\frac{\sqrt{3}}{2}}$$

$$= \frac{\sqrt{3}}{12}\pi - \frac{1}{2} + 1$$

$$=\frac{6+\sqrt{3}\pi}{12}$$

例 13　计算 $\int_{\frac{1}{e}}^{e}|\ln x|dx$。

解　先分成不同区间上的定积分，以脱掉绝对值符号，再用分部积分公式，得

$$\begin{aligned}\int_{\frac{1}{e}}^{e}|\ln x|dx &= \int_{\frac{1}{e}}^{1}(-\ln x)dx+\int_{1}^{e}\ln x dx\\ &=-\left[x\ln x-x\right]_{\frac{1}{e}}^{1}+\left[x\ln x-x\right]_{1}^{e}\\ &=1+\left(\frac{1}{e}\ln\frac{1}{e}-\frac{1}{e}\right)+(e\ln e-e)+1\\ &=2\left(1-\frac{1}{e}\right)\end{aligned}$$

例 14　计算 $\int_{1}^{4}\frac{\ln x}{\sqrt{x}}dx$。

解法 1　先用第一换元法，然后用分部积分法，得

$$\begin{aligned}\int_{1}^{4}\frac{\ln x}{\sqrt{x}}dx &=2\int_{1}^{4}\ln x d\sqrt{x}\\ &=2\left[(\sqrt{x}\ln x)\Big|_{1}^{4}-\int_{1}^{4}\sqrt{x}\cdot\frac{1}{x}dx\right]\\ &=2\left(2\ln 4-2\sqrt{x}\Big|_{1}^{4}\right)\\ &=4(2\ln 2-1)\end{aligned}$$

解法 2　先用第二换元法，然后用分部积分法。令 $\sqrt{x}=t$，则 $x=t^2$，$dx=2tdt$，且

x	$1\to4$
t	$1\to2$

，于是有

$$\begin{aligned}\int_{1}^{4}\frac{\ln x}{\sqrt{x}}dx &=\int_{1}^{2}\frac{2\ln t}{t}\cdot 2tdt\\ &=4\int_{1}^{2}\ln t dt\\ &=4(t\ln t-t)\Big|_{1}^{2}\\ &=4(2\ln 2-1)\end{aligned}$$

例 15　计算 $I_n=\int_{0}^{\frac{\pi}{2}}\sin^{n}xdx$　（n 为正整数）。

解　用定积分的分部积分法，得

$$I_n = \int_0^{\frac{\pi}{2}} \sin^n x dx = \int_0^{\frac{\pi}{2}} \sin^{n-1} x \sin x dx$$

$$= -\int_0^{\frac{\pi}{2}} \sin^{n-1} x d\cos x$$

$$= -(\cos x \sin^{n-1} x)\Big|_0^{\frac{\pi}{2}} + (n-1)\int_0^{\frac{\pi}{2}} \sin^{n-2} x \cos^2 x dx$$

$$= 0 + (n-1)\int_0^{\frac{\pi}{2}} (1-\sin^2 x)\sin^{n-2} x dx$$

$$= (n-1)\int_0^{\frac{\pi}{2}} \sin^{n-2} x dx - (n-1)\int_0^{\frac{\pi}{2}} \sin^n x dx$$

$$= (n-1)I_{n-2} - (n-1)I_n$$

移项,用 n 除,得

$$I_n = \frac{n-1}{n} I_{n-2}$$

这个等式称为积分 I_n关于下标的递推公式。

连续使用上述的递推公式,可导出如下的结果:当 n 为偶数时,有

$$I_n = \frac{n-1}{n} \cdot \frac{n-3}{n-2} \cdot \cdots \cdot \frac{3}{4} \cdot \frac{1}{2} \cdot I_0$$

其中,$I_0 = \int_0^{\frac{\pi}{2}} \sin^0 x dx = \int_0^{\frac{\pi}{2}} dx = \frac{\pi}{2}$,代入上式中,得

$$I_n = \frac{n-1}{n} \cdot \frac{n-3}{n-2} \cdot \cdots \cdot \frac{3}{4} \cdot \frac{1}{2} \cdot \frac{\pi}{2}$$

当 n 为奇数时,有

$$I_n = \frac{n-1}{n} \cdot \frac{n-3}{n-2} \cdot \cdots \cdot \frac{4}{5} \cdot \frac{2}{3} \cdot I_1$$

其中,$I_1 = \int_0^{\frac{\pi}{2}} \sin x dx = -\cos x \Big|_0^{\frac{\pi}{2}} = 1$,代入上式中,得

$$I_n = \frac{n-1}{n} \cdot \frac{n-3}{n-2} \cdot \cdots \cdot \frac{4}{5} \cdot \frac{2}{3} \cdot 1$$

利用上述公式作某些计算时比较方便。

例 16 计算 $\int_0^{\frac{\pi}{2}} \sin^5 x \cos^2 x dx$。

解 $\int_0^{\frac{\pi}{2}} \sin^5 x \cos^2 x dx = \int_0^{\frac{\pi}{2}} \sin^5 x (1-\sin^2 x) dx$

$$= \int_0^{\frac{\pi}{2}} \sin^5 x dx - \int_0^{\frac{\pi}{2}} \sin^7 x dx$$

$$= \frac{4}{5} \cdot \frac{2}{3} - \frac{6}{7} \cdot \frac{4}{5} \cdot \frac{2}{3}$$

$$=\frac{8}{105}$$

习　　题　5-3

1. 是非题

(1)如果 $f(x)$是连续函数,那么$\int_0^a f(x)dx=\int_0^a f(a-x)dx$。

(2)如果函数$f(x)$在$[-a,a]$上可积,且$f(-x)=-f(x)$,那么$\int_{-a}^0 f(x)dx=\int_0^a f(x)dx$

(3)如果函数 $f(x)$在给定的区间上连续,那么$\int_0^a x^3f(x^2)dx=\frac{1}{2}\int_0^{a^2} xf(x)dx$。

(4) $\int_{-a}^a x[f(x)+f(-x)]dx=0$。

2. 选择题

(1) $\int_1^e \frac{\ln x}{x}dx=$________。

(A)$\frac{e^2}{2}-\frac{1}{2}$;　　(B)$\frac{1}{2e^2}-\frac{1}{2}$;

(C)$\frac{1}{2}$;　　(D)-1。

(2) $\int_0^a f(x)dx=$________。

(A) $\int_0^{\frac{a}{2}}[f(x)+f(x-a)]dx$;　　(B) $\int_0^{\frac{a}{2}}[f(x)+f(a-x)]dx$;

(C) $\int_0^{\frac{a}{2}}[f(x)-f(a-x)]dx$;　　(D) $\int_0^{\frac{a}{2}}[f(x)-f(x-a)]dx$。

(3)设定积分　$I_1=\int_1^e \ln xdx, I_2=\int_1^e \ln^2 xdx$,则有________。

(A)$I_2-I_1^2=0$;　　(B)$I_2-2I_1=0$;

(C)$I_2+2I_1=e$;　　(D)$I_2-2I_1=e$。

(4)如果函数 $f(x)$在闭区间$[a,b]$上具有连续的导数,且 $f(a)=0, f(b)=0$,又$\int_a^b f^2(x)dx=1$,那么$\int_a^b xf(x)f'(x)dx=$________。

(A)$\frac{1}{2}$;　　(B)1;

(C)0;　　(D)$-\frac{1}{2}$。

3. 用换元积分法计算下列定积分:

(1) $\int_1^0 \frac{\sqrt{x}}{\sqrt{x}+1}dx$；

(2) $\int_1^4 \frac{dx}{1+\sqrt{x}}$；

(3) $\int_{\frac{1}{\sqrt{2}}}^1 \frac{\sqrt{1-x^2}}{x^2}dx$；

(4) $\int_{-2}^0 \frac{dx}{x^2+2x+2}$；

(5) $\int_{-2}^1 \frac{dx}{(11+5x)^2}$；

(6) $\int_1^2 \frac{e^{\frac{1}{x}}}{x^2}dx$；

(7) $\int_0^1 \frac{dx}{e^x+e^{-x}}$；

(8) $\int_0^1 xe^{-\frac{x^2}{2}}dx$；

(9) $\int_0^{\frac{\pi}{2}} \sin x\cos^5 xdx$；

(10) $\int_0^{\pi}(1-\sin^3 x)dx$。

4. 利用函数的奇偶性计算下列定积分：

(1) $\int_{-\pi}^{\pi} x^6\sin xdx$；

(2) $\int_{-\frac{\pi}{3}}^{\frac{\pi}{3}} \frac{x}{1+\cos x}dx$；

(3) $\int_{-\frac{\pi}{2}}^{\frac{\pi}{2}} \cos^5 xdx$；

(4) $\int_{-\frac{\pi}{2}}^{\frac{\pi}{2}} \sin^8 xdx$；

(5) $\int_{-\frac{1}{2}}^{\frac{1}{2}} \frac{(\arcsin x)^2}{\sqrt{1-x^2}}dx$；

(6) $\int_{-2}^2 \frac{x\sin^2 x}{x^4+x^2+1}dx$。

5. 设函数 $f(x)$ 在 $[a,b]$ 上连续，证明 $\int_a^b f(x)dx=(b-a)\int_0^1 f[a+(b-a)x]dx$。

6. 设 $f(x)$ 是以 T 为周期的连续函数，证明 $\int_a^{a+T} f(x)dx$ 的值与 a 无关。

7. 设 $I_n=\int_0^{\frac{\pi}{4}} \mathrm{tg}^n xdx$，证明

$$I_n+I_{n-2}=\frac{1}{n-1} \quad (n>2)。$$

8. 用分部积分法计算下列定积分：

(1) $\int_0^1 xe^{2x}dx$；

(2) $\int_1^e x\ln xdx$；

(3) $\int_0^{\frac{\pi}{2}} x\sin 2xdx$；

(4) $\int_{\frac{\pi}{4}}^{\frac{\pi}{3}} \frac{x}{\sin^2 x}dx$；

(5) $\int_0^{\frac{\pi}{2}} e^{2x}\cos xdx$；

(6) $\int_0^{\frac{1}{2}} (\arcsin x)^2 dx$。

第四节 定积分的近似计算

应用牛顿－莱布尼兹公式计算定积分时，必须求出被积函数的原函数。但是，有许多问

题，其被积函数不是解析式，而是由图形或表格给出的，或者其被积函数的原函数根本不能用初等函数表示。另外，有些实际问题的结果不要求其精确值，只要求具有一定精确度的近似值。因此，需要解决定积分的近似计算问题。

定积分的近似计算常用的方法有三种：矩形法、梯形法和抛物线法，本节只介绍梯形法。

一、梯形法公式

在定积分的几何意义中指出，定积分 $\int_a^b f(x)dx$ 在数值上恰好等于其相应的曲边梯形面积的代数和。当把曲边梯形分割成若干个小曲边梯形后，用直线段连接曲线 $y=f(x)$上相邻的分点，便得到了以直线代替曲线弧的 n 个小梯形，再用小梯形的面积近似代替小曲边梯形的面积。这种近似计算的方法称为梯形法。具体作法如下：

1．分割

用分点 $a=x_0<x_1<x_2<\cdots<x_{n-1}<x_n=b$ 把区间$[a,b]$分成 n 个长度相等的小区间，每个小区间的长度为 $\Delta x=\dfrac{b-a}{n}$，过各分点作平行于 y 轴的直线，把曲边梯形分成 n 个小曲边梯形。

设曲边 $y=f(x)$上对应于各分点的点为 $A=M_0(x_0,y_0)$，$M_1(x_1,y_1)$，…，$M_{n-1}(x_{n-1},y_{n-1})$，$M_n(x_n,y_n)=B$，如图 5－10 所示。

2．近似代替

用直线段$\overline{M_0M_1}$，$\overline{M_1M_2}$，…，$\overline{M_{n-1}M_n}$连接曲线$y=f(x)$上相邻点，得到 n 个小梯形，如图 5－10 所示。用 $\frac{1}{2}(y_0+y_1)\Delta x$，$\frac{1}{2}(y_1+y_2)\Delta x$，…，$\frac{1}{2}(y_{n-1}+y_n)\Delta x$ 近似代替相应的小曲边梯形的面积。

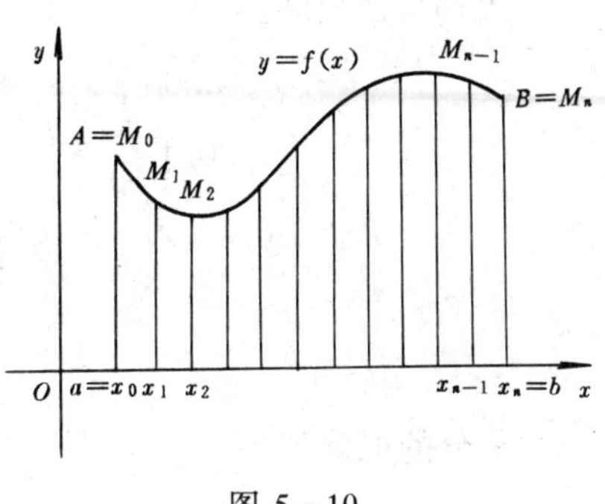

图 5－10

3．求和

把 n 个小梯形面积加起来，得到曲边梯形面积的近似值，即

$$A\approx\frac{1}{2}(y_0+y_1)\Delta x+\frac{1}{2}(y_1+y_2)\Delta x+\cdots+\frac{1}{2}(y_{n-1}+y_n)\Delta x$$

$$=\frac{b-a}{n}\left[\frac{1}{2}(y_0+y_n)+y_1+y_2+\cdots+y_{n-1}\right]$$

于是得到了定积分近似计算公式

$$\int_a^b f(x)dx\approx\frac{b-a}{n}\left[\frac{1}{2}(y_0+y_n)+y_1+y_2+\cdots+y_{n-1}\right]$$

上式称为定积分近似计算的梯形法公式。

二、举例

例 1 用梯形法求定积分 $\int_0^1 \frac{1}{1+x^2}dx$ 的近似值(准确到 10^{-4}),并与准确值作比较。

解 将区间[0,1]分成四等份,列表如下:

i	x_i	x_i^2	$1+x_i^2$	$y=\frac{1}{1+x_i^2}$	
0	0	0.0000	1.0000	1.0000	
1	0.25	0.0625	1.0625		0.9412
2	0.50	0.2500	1.2500		0.8000
3	0.75	0.5625	1.5625		0.6400
4	1.00	1.0000	2.0000	0.5000	
$\sum$				1.5000	2.3812

由梯形法公式得

$$\int_0^1 \frac{1}{1+x^2}dx \approx \frac{1-0}{4}\left[\frac{1}{2}(y_0+y_4)+y_1+y_2+y_3\right]$$

$$=\frac{1}{4}(0.7500+2.3812)$$

$$=0.7828$$

积分的准确值是

$$\int_0^1 \frac{1}{1+x^2}dx = \operatorname{arctg}x\Big|_0^1$$

$$=\frac{\pi}{4}\approx 0.7854$$

用梯形法公式求得的该积分近似值与准确值之间的误差不超过 0.003。

例 2 用梯形法公式求定积分 $\int_0^1 \sqrt{1-x^3}\,dx$,取 $n=10$,计算到小数点后三位。

解 把区间[0,1]分成 10 等份,列表如下:

i	x_i	x_i^3	$1-x_i^3$	$y=\sqrt{1-x_i^3}$	
0	0.0	0.0000	1.0000	1.0000	
1	0.1	0.0010	0.9990		0.9995
2	0.2	0.0080	0.9920		0.9960
3	0.3	0.0270	0.9730		0.9864
4	0.4	0.0640	0.9360		0.9675
5	0.5	0.1250	0.8750		0.9354
6	0.6	0.2160	0.7840		0.8854
7	0.7	0.3430	0.6570		0.8106
8	0.8	0.5120	0.4480		0.6986
9	0.9	0.7290	0.2710		0.5206
10	1.0	1.0000	0.0000	0.0000	
$\sum$				1.0000	7.8000

由梯形法公式得

$$\int_0^1 \sqrt{1-x^3}\,dx \approx \frac{1-0}{10}\left[\frac{1}{2}(y_0+y_{10})+y_1+y_2+\cdots+y_9\right]$$

$$=0.1(0.5000+7.8000)$$

$$=0.1\times 8.3000$$

$$=0.830$$

习　题　5-4

1. 用梯形法计算 $\int_0^1 \frac{\sin x}{x}dx$ 的近似值，取 $n=10$，计算到小数点后三位。

2. 某河床的横断面如图 5-11 所示，为了计算最大排洪量，需要计算它的横断面积。试根据图示的测量数据(单位为 m)，用梯形法计算其横断面积。

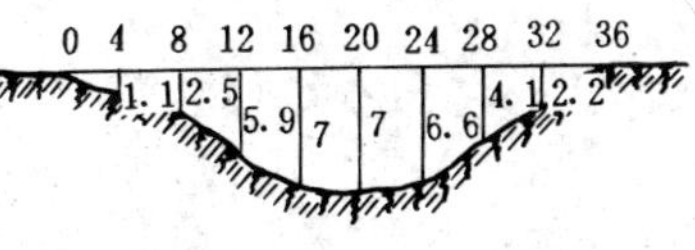

图 5-11

3. 药物动力学中常用梯形法近似计算血药浓度 C-时间 t 曲线下面积(记为 AUC)。现有一名受试者，口服一定剂量的某药后，测得 $C-t$ 数据如下：

$t(h)$	0	1	2	3	4	5	6	8	10	12
$C(\mu g/ml)$	0	10.2	19.3	21.4	17.7	16.4	13.8	9.8	7.4	5.3

求 0～12 小时内 $C-t$ 曲线下面积 AUC 的近似值。

第五节 无穷区间的广义积分

前面所讨论的定积分，是以积分区间为有限闭区间及在该区间函数有界为前提。但是，在医药学和其它科学技术的实际问题中，会遇到积分区间为无限区间，或被积函数在积分区间上具有无穷间断点的积分，前者称为无穷区间的积分，后者称为无穷间断点的积分，而两者统称为广义积分。本节只讨论无穷区间的广义积分(improper integral)。

例如，设静脉注射某药物后，血药浓度 C－时间 t 曲线可表示为 $C=C_0e^{-Kt}$，其中 C_0 为初始血药浓度，$K>0$ 为药物消除速率常数，求 $C-t$ 曲线下的总面积 AUC，如图 5－12 所示。

此问题实际上是要求一个开口曲边梯形的面积，即

$$AUC=\int_0^{+\infty} C_0e^{-Kt}dt$$

显然，这个积分已不是通常意义下的定积分，因为它的积分区间是无限的。

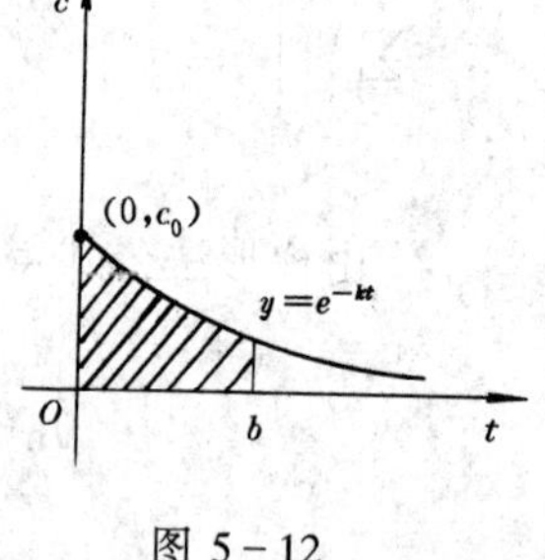

图 5－12

为了求解此问题，任取实数 $b>0$，在有限区间 $[0,b]$ 上，以曲线 $C=C_0e^{-Kt}$ 为曲边的曲边梯形的面积为

$$\int_0^b C_0e^{-Kt}dt=C_0\left(-\frac{1}{K}e^{-Kt}\right)\Big|_0^b$$

$$=C_0\left(-\frac{1}{K}e^{-Kb}+\frac{1}{K}\right)$$

如图 5－12 阴影部分所示。显然，当 $b\to+\infty$ 时，阴影部分曲边梯形面积的极限就是开口曲边梯形面积的精确值，即

$$AUC=\lim_{b\to+\infty}\int_0^b C_0e^{-Kt}dt$$

$$=\lim_{b\to+\infty}C_0\left(-\frac{1}{K}e^{-Kb}+\frac{1}{K}\right)$$

$$=\frac{C_0}{K}$$

下面给出无穷区间的广义积分的定义：

定义 1 设函数 $f(x)$ 在区间 $[a,+\infty)$ 上连续，取实数 $b>a$，如果极限

$$\lim_{b\to+\infty}\int_a^b f(x)dx$$

存在，那么称此极限值为函数 $f(x)$ 在无穷区间 $[a,+\infty)$ 上的广义积分，记为 $\int_a^{+\infty}f(x)dx$，即

$$\int_a^{+\infty}f(x)dx=\lim_{b\to+\infty}\int_a^b f(x)dx$$

这时也称广义积分收敛；如果极限不存在，那么称广义积分发散。

类似地，可定义函数 $f(x)$ 在 $(-\infty,b]$ 和 $(-\infty,+\infty)$ 上的广义积分。

定义 2　设函数 $f(x)$ 在 $(-\infty,b]$ 上连续，取实数 $a<b$，如果极限 $\lim\limits_{a\to-\infty}\int_a^b f(x)dx$ 存在，那么称此极限值为函数 $f(x)$ 在无穷区间 $(-\infty,b]$ 上的广义积分，记为 $\int_{-\infty}^b f(x)dx$，即

$$\int_{-\infty}^b f(x)dx=\lim_{a\to-\infty}\int_a^b f(x)dx$$

这时也称广义积分收敛；如果极限不存在，那么称广义积分发散。

定义 3　设函数 $f(x)$ 在 $(-\infty,+\infty)$ 内连续，且对任意实数 c，如果广义积分 $\int_{-\infty}^c f(x)dx$ 和 $\int_c^{+\infty}f(x)dx$ 都收敛，那么称上面两个广义积分之和为函数 $f(x)$ 在无穷区间 $(-\infty,+\infty)$ 内的广义积分，记为 $\int_{-\infty}^{+\infty}f(x)dx$，即

$$\int_{-\infty}^{+\infty}f(x)dx=\int_{-\infty}^c f(x)dx+\int_c^{+\infty}f(x)dx$$

这时也称广义积分 $\int_{-\infty}^{+\infty}f(x)dx$ 收敛；如果上式右端中至少有一个发散，那么称广义积分 $\int_{-\infty}^{+\infty}f(x)dx$ 发散。

例 1　计算 $\int_0^{+\infty}xe^{-x^2}dx$。

解　取实数 $b>0$，得

$$\begin{aligned}\int_0^{+\infty}xe^{-x^2}dx&=\lim_{b\to+\infty}\int_0^b xe^{-x^2}dx\\&=\lim_{b\to+\infty}\left[-\frac{1}{2}\int_0^b e^{-x^2}d(-x^2)\right]\\&=-\frac{1}{2}\lim_{b\to+\infty}\left[e^{-x^2}\right]_0^b\\&=\frac{1}{2}\end{aligned}$$

可将牛顿－莱布尼兹公式的记号引入无穷区间的广义积分计算过程中，以简化其极限的写法。

例 2　计算 $\int_{-\infty}^{+\infty}\frac{dx}{1+x^2}$。

解

$$\int_{-\infty}^{+\infty}\frac{dx}{1+x^2}=\int_{-\infty}^{0}\frac{dx}{1+x^2}+\int_{0}^{+\infty}\frac{dx}{1+x^2}$$

$$=\Big[\operatorname{arctg}x\Big]_{-\infty}^{0}+\Big[\operatorname{arctg}x\Big]_{0}^{+\infty}$$

$$=-\left(-\frac{\pi}{2}\right)+\frac{\pi}{2}$$

$$=\pi$$

这个广义积分值的几何意义是:当 $a\to-\infty, b\to+\infty$时,虽然图 5-13 中阴影部分向左、右无限延伸,但其面积有极限值 π。简单地说,它是位于曲线 $y=\dfrac{1}{1+x^2}$的下方和 x 轴上方的图形面积。

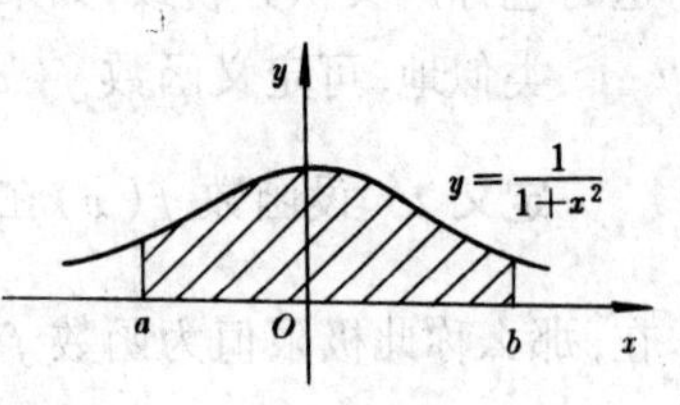

图 5-13

例 3　计算$\int_{-\infty}^{0}xe^x dx$。

解　用分部积分法,得

$$\int_{-\infty}^{0}xe^x dx=\int_{-\infty}^{0}x de^x$$

$$=\Big[xe^x\Big]_{-\infty}^{0}-\int_{-\infty}^{0}e^x dx$$

$$=0-\lim_{x\to-\infty}xe^x-e^x\Big|_{-\infty}^{0}$$

式中

$$\lim_{x\to-\infty}xe^x=\lim_{x\to-\infty}\frac{x}{e^{-x}}$$

$$=0$$

及

$$\lim_{x\to-\infty}e^x=0$$

所以

$$\int_{-\infty}^{0}xe^x dx=0-0-(1-0)$$

$$=-1$$

例 4　证明$\int_{1}^{+\infty}\dfrac{dx}{x^p}$,当 $p>1$ 时收敛;当 $p\leqslant1$ 时发散。

证　当 $p=1$ 时,则

$$\int_{1}^{+\infty}\frac{1}{x}dx=\ln x\Big|_{1}^{+\infty}$$

$$=+\infty$$

所以广义积分发散。

它在几何上表示在区间$[1,+\infty)$上介于曲线 $y=\dfrac{1}{x}$及x 轴之间的图形面积随x 的无限变大而无限变大，即图 5-14 阴影部分。

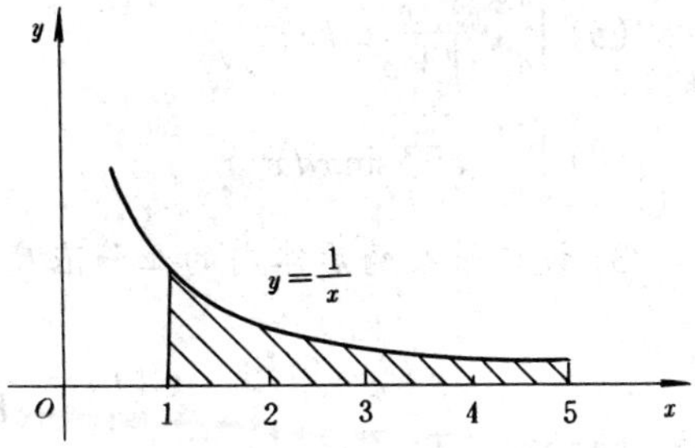

当 $p\neq 1$ 时，则

$$\int_1^{+\infty}\frac{1}{x^p}dx=\left[\frac{x^{1-p}}{1-p}\right]_1^{+\infty}=\begin{cases}\dfrac{1}{p-1}, & p>1\\ +\infty, & p<1\end{cases}$$

图 5-14

综上所得，当 $p>1$ 时，该广义积分收敛，其值为 $\dfrac{1}{p-1}$；当 $p\leqslant 1$ 时，该广义积分发散。

习　　题　5-5

1. 选择题

(1)当________时，广义积分 $\int_{-\infty}^{0}e^{-Kx}dx$ 收敛。

(A)$K>0$；　　(B)$K\geqslant 0$；

(C)$K<0$；　　(D)$K\leqslant 0$。

(2)如果 $\int_0^{+\infty}ae^{-\sqrt{x}}dx=1$，那么 $a=$________。

(A)1；　　(B)2；

(C)$\dfrac{1}{2}$；　　(D)$-\dfrac{1}{2}$。

(3)广义积分 $\int_0^{+\infty}xe^{-x}dx=$________。

(A)1；　　(B)-1；

(C)e；　　(D)发散。

(4)下列广义积分中收敛的是________。

(A) $\int_{-\infty}^{+\infty}\sin x dx$；　　(B) $\int_{-\infty}^{0}e^x dx$；

(C) $\int_1^{+\infty}\dfrac{dx}{\sqrt{x}}$；　　(D) $\int_2^{+\infty}\dfrac{dx}{x\ln x}$。

2. 下列广义积分是否收敛？如收敛，求出广义积分的值。

(1) $\int_1^{+\infty}\dfrac{1}{x^3}dx$；　　(2) $\int_0^{+\infty}e^{-\sqrt{x}}dx$；

(3) $\int_{-\infty}^{+\infty}\dfrac{dx}{x^2+2x+2}$；　　(4) $\int_{-\infty}^{0}\cos x dx$；

(5) $\int_{0}^{+\infty}\frac{x}{1+x^2}dx$； (6) $\int_{2}^{+\infty}\frac{dx}{x^2+x-2}$；

(7) $\int_{0}^{+\infty}e^{-x}\sin x dx$； (8) $\int_{-\infty}^{+\infty}\frac{dx}{e^{x}+e^{-x}}$。

3. 设口服某药后体内的血药浓度符合式

$$C(t)=\frac{K_aFD}{(K_a-K)V}(e^{-Kt}-e^{-K_a t})$$

其中 K_a、K、V、D 及 F 均为常数，试求 $C-t$ 曲线下的总面积 AUC。

4. 测得药物从尿中的排泄速率为

$$v(t)=te^{-Kt}(K>0)$$

计算从时间 $t=0$ 到 $t\to+\infty$ 时排泄的总药量 Q。

（张德舜）

第六章　定积分的应用

上一章从实际问题中概括出了定积分的概念和计算方法。本章介绍定积分在几何、物理及医药学方面的一些应用。通过这些应用，不仅要建立计算这些应用问题的公式，而且更重要的是介绍运用微元法将一个量表达成为定积分的分析方法。

第一节　定积分的微元法

在定积分的应用中，经常采用微元法。为了说明这种方法，先回忆一下在介绍定积分概念时引入的两个问题：曲边梯形的面积和变速直线运动的路程。它们都是采用以下四个步骤：

(1)分割　把所求量(设为 A)分为 n 个部分量之和，即用分点 $a=x_0<x_1<x_2<\cdots<x_n=b$ 将区间 $[a,b]$ 分成 n 个小区间 $[x_{i-1},x_i]$，相应的量 A 就被分为 n 个部分量 ΔA_i $(i=1,2,\cdots,n)$，且

$$A=\sum_{i=1}^{n}\Delta A_i$$

(2)近似代替　求部分量 ΔA_i 的近似值。

$$\Delta A_i\approx f(\xi_i)\Delta x_i\quad(x_{i-1}\leqslant\xi_i\leqslant x_i)\quad(i=1,2,\cdots,n)$$

(3)求和　求量 A 的近似值，得

$$A\approx\sum_{i=1}^{n}f(\xi_i)\Delta x_i$$

(4)取极限　求 A 的精确值，得

$$A=\lim_{\lambda\to0}\sum_{i=1}^{n}f(\xi_i)\Delta x_i=\int_a^b f(x)dx$$

这四步中，关键是第二步确定 ΔA_i 的近似值 $f(\xi_i)\Delta x_i$，使得

$$A=\lim_{\lambda\to0}\sum_{i=1}^{n}f(\xi_i)\Delta x_i=\int_a^b f(x)dx$$

即 $\Delta A_i\approx f(\xi_i)\Delta x_i$ 一旦确定，定积分的被积表达式 $f(x)dx$ 也就确定了。

在实际中，采用以下三步来解决问题：

(1)选取积分变量　根据具体问题，适当选取坐标系，确定积分变量及其变化区间 $[a,b]$。

(2)确定被积表达式　在区间$[a,b]$内任取一个小区间$[x,x+dx]$(图6-1),“以不变代变”求得整体量A相应于该区间$[x,x+dx]$上的部分量ΔA的近似值:

$$\Delta A \approx f(x)dx$$

其中$f(x)dx$称为量A的微元,记为dA,即

$$dA = f(x)dx$$

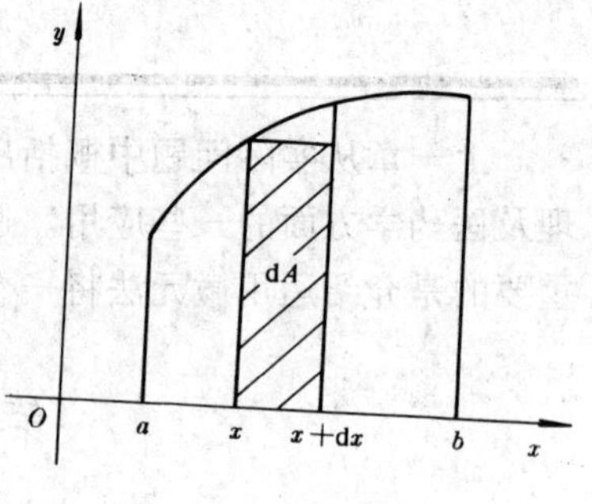

图6-1

(3)求定积分　以所求量A的微元$f(x)dx$为被积表达式,在区间$[a,b]$上直接取定积分(即把求和与取极限两步合并),得

$$A = \int_a^b f(x)dx$$

这就是所求量A的积分表达式,计算出定积分就得到所求量A的值。

以上这种方法叫做微元分析法,简称微元法,又称元素法(element method)。

一般地讲,实际问题中的所求量A要符合下列条件:

(1)量A与一个变量(如x)的变化区间$[a,b]$有关;

(2)A对于区间$[a,b]$具有可加性,就是说,如果把区间$[a,b]$分成许多部分区间,则A相应地分成许多部分量,而量A等于所有部分量之和;

(3)部分量ΔA_i的近似值可表示成$f(\xi_i)\Delta x_i$,那么就可考虑用定积分的微元法来表达量A,并求出量A的值。

例1　在点电荷$+q_0$的电场中,将实验电荷$+q$从距点电荷$+q_0$为a处移到b处,求电场力所做的功。

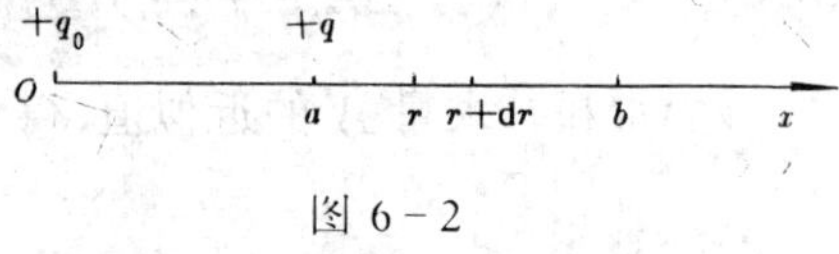

图6-2

解　建立坐标系如图6-2所示。设点电荷间距离为r,以r为积分变量,r的变化范围为$[a,b]$。

将实验电荷$+q$从距点电荷q_0为a处移至b处,电场对$+q$的作用力是变化的。在$[a,b]$内任取一小区间$[r,r+dr]$,因为dr很小,所以将实验电荷从距点电荷$+q_0$为r处移至$r+dr$处所受电场力作用可近似看作不变,即$[r,r+dr]$内所受作用力近似等于r处所受作用力。

由物理学中的库仑定律知,电荷在电场中所受的作用力大小为

$$F = k\frac{q_0 q}{r^2} \qquad (k\text{为常数})$$

所以电场力对它所作的功近似为

$$dA = k\frac{q_0 q}{r^2}\cdot dr$$

在$[a,b]$区间上电场力所作的功为

$$A=\int_a^b dA=\int_a^b k\frac{q_0q}{r^2}dr$$
$$=kq_0q\left(\frac{1}{a}-\frac{1}{b}\right)$$

注意,应用微元法取近似值时,$\Delta A\approx f(x)dx$,要求 $\Delta A-f(x)dx$是关于dx 的高阶无穷小。

习　题　6－1

是非题

(1) $\int_a^b f(x)dx$是以曲线$y=f(x)$为曲边的曲边梯形的面积。

(2)$y=f(x)$表示奇函数或偶函数,它在区间$[-a,a]$上与x 轴形成的曲边梯形的面积为

$$A=2\left|\int_0^a f(x)dx\right|$$

(3)在微元法中,对一小区间$[x,x+dx]$,可以取定点 a,以 $f(a)dx$ 作为微元。

第二节　定积分在几何学中的应用

本节讨论的函数,都假设是连续的。

一、平面图形的面积

1. 在直角坐标系中的情形

如果平面图形是由曲线 $y=f(x)$与直线 $x=a$, $x=b$ 及x 轴所围成的,则其面积 A 为:

(1)当 $f(x)\geqslant 0$ 时,面积微元为

$$dA=f(x)dx$$

面积为

$$A=\int_a^b f(x)dx$$

(2)当 $f(x)\leqslant 0$ 时,面积微元为

$$dA=|f(x)|dx$$

面积为

$$A=\int_a^b |f(x)|dx$$

(3)当 $f(x)$在$[a,c]$上为正,在$[c,b]$上为负时(图 6－3),则面积为

$$A=\int_a^c f(x)dx-\int_c^b f(x)dx$$

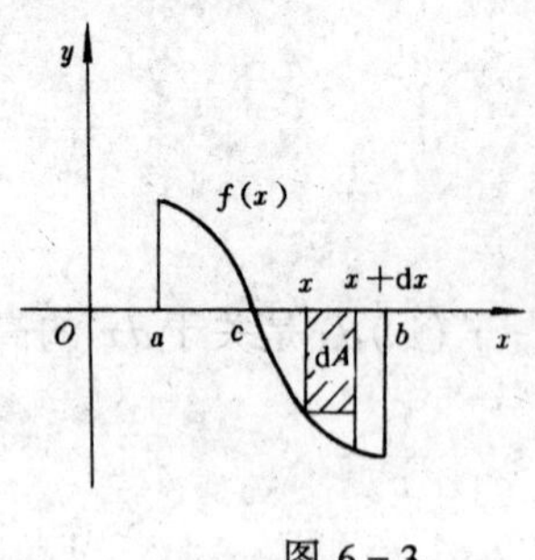

图 6-3

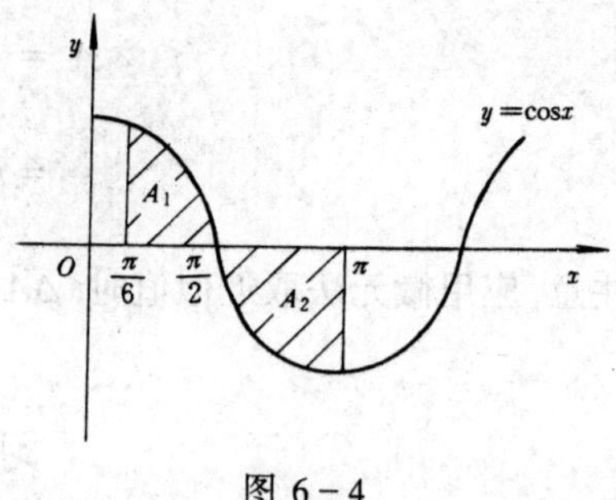

图 6-4

例 1　求曲线 $y=\cos x$ 与 $x=\frac{\pi}{6}$, $x=\pi$ 及 x 轴所围成的平面图形的面积。

解　(1)写出积分变量和变化区间

在直角坐标系中作出以上几条曲线，找出所要求的面积(图 6-4)。积分变量为 x，积分区间为 $\left[\frac{\pi}{6},\pi\right]$。因为 $y=\cos x$ 在该区间上有正有负，所以将其划分为 $\left[\frac{\pi}{6},\frac{\pi}{2}\right]$、$\left[\frac{\pi}{2},\pi\right]$。

(2)确定被积表达式

在区间 $\left[\frac{\pi}{6},\frac{\pi}{2}\right]$ 上 $y=\cos x\geqslant 0$，面积微元为

$$dA_1=\cos x dx$$

在区间 $\left[\frac{\pi}{2},\pi\right]$ 上 $y=\cos x\leqslant 0$，面积微元为

$$dA_2=|\cos x|dx$$

(3)计算定积分

所求平面图形面积为

$$\begin{aligned}A&=\int_{\frac{\pi}{6}}^{\frac{\pi}{2}}\cos x dx+\int_{\frac{\pi}{2}}^{\pi}|\cos x|dx\\&=\int_{\frac{\pi}{6}}^{\frac{\pi}{2}}\cos x dx-\int_{\frac{\pi}{2}}^{\pi}\cos x dx\\&=\Big[\sin x\Big]_{\frac{\pi}{6}}^{\frac{\pi}{2}}-\Big[\sin x\Big]_{\frac{\pi}{2}}^{\pi}\\&=\frac{3}{2}\end{aligned}$$

如果平面图形是由两条曲线 $y=f(x)$, $y=g(x)$ 与两条直线 $x=a$, $x=b$ 所围成的，其面积 A 为：

(1)如果 $f(x)\geqslant g(x)$, $x\in[a,b]$，任取一子区间 $[x,x+dx]$，其上面积可近似视为以 $f(x)-g(x)$ 为高、dx 为底的矩形面积，如图 6-5 所示，其面积微元为

$$dA=[f(x)-g(x)]dx$$

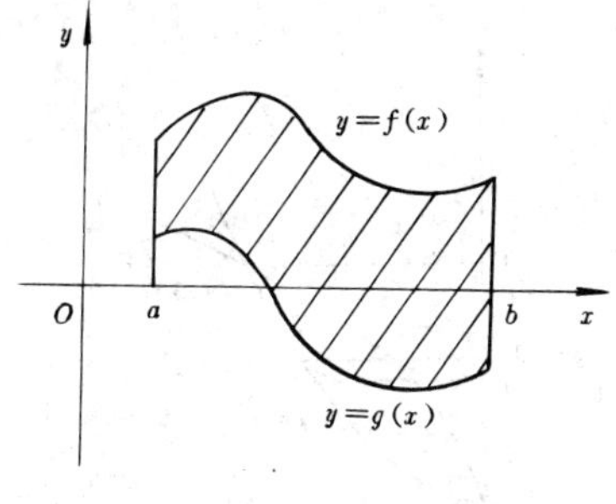

图 6-5

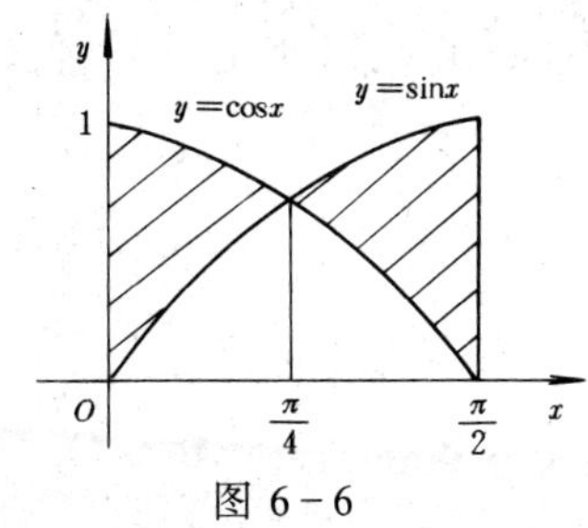

图 6-6

(2)如果 $f(x)\leqslant g(x), x\in[a,b]$，那么在任意一小区间 $[x, x+dx]$ 上有面积微元

$$dA=|f(x)-g(x)|dx$$

所以无论什么情况，都有

$$A=\int_a^b |f(x)-g(x)|dx$$

以 y 为积分变量情况类似。

例 2　求由 $y=\sin x, y=\cos x, x=\frac{\pi}{2}$ 及 y 轴所围成的平面图形的面积。

解　在直角坐标系中作图，如图 6-6 所示。以 x 为积分变量，其积分区间为 $\left[0,\frac{\pi}{2}\right]$。由上面公式知

$$A=\int_0^{\frac{\pi}{2}} |\sin x-\cos x|dx$$

从图形上可以看出，当 $x\in\left[0,\frac{\pi}{4}\right]$ 时，$\sin x\leqslant\cos x$；当 $x\in\left[\frac{\pi}{4},\frac{\pi}{2}\right]$ 时，$\sin x\geqslant\cos x$，所以

$$\begin{aligned}A&=\int_0^{\frac{\pi}{4}}-(\sin x-\cos x)dx+\int_{\frac{\pi}{4}}^{\frac{\pi}{2}}(\sin x-\cos x)dx\\&=\Big[\cos x+\sin x\Big]_0^{\frac{\pi}{4}}+\Big[-\cos x-\sin x\Big]_{\frac{\pi}{4}}^{\frac{\pi}{2}}\\&=2(\sqrt{2}-1)\end{aligned}$$

例 3　计算由两条抛物线 $y^2=x$ 和 $y=x^2$ 所围成图形的面积。

解　所求面积如图 6-7 所示，取 y 为积分变量。为了确定积分区间，先求两条抛物线的交点，为此解方程组

$$\begin{cases}y^2=x\\y=x^2\end{cases}$$

得两组解

$$\begin{cases}x=0\\y=0\end{cases}\text{及}\begin{cases}x=1\\y=1\end{cases}$$

即这两条抛物线的交点为 $(0,0)$ 及 $(1,1)$，积分区间为 $[0,1]$。

在 $[0,1]$ 区间上任取一小区间 $[y, y+dy]$，其上的面积微元

$$dA = (\sqrt{y} - y^2)\,dy$$

在区间[0,1]上作定积分，便得到所求的面积

$$A = \int_0^1 (\sqrt{y} - y^2)\,dy$$

$$= \left[\frac{2}{3}y^{\frac{3}{2}} - \frac{1}{3}y^3\right]_0^1$$

$$= \frac{1}{3}$$

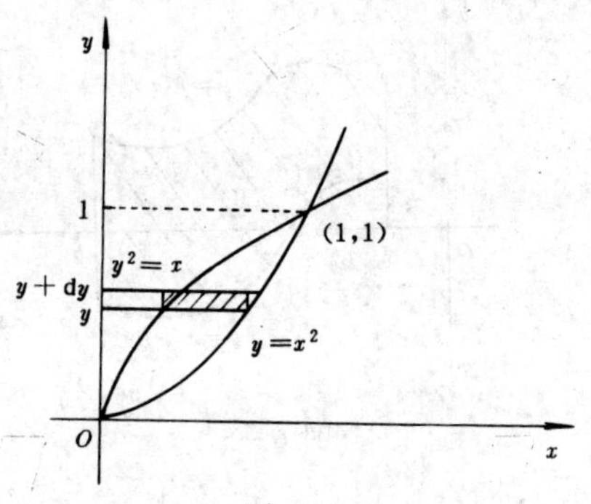

图 6－7

由以上两例可知，积分变量既可以是 x 也可以是 y。在实际解题中如果积分变量选取得当，那么求解就可简化。

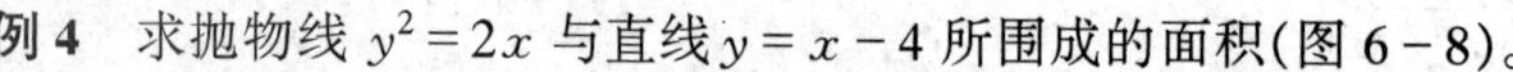
例 4 求抛物线 $y^2 = 2x$ 与直线 $y = x - 4$ 所围成的面积(图 6－8)。

解 选 y 为积分变量，并求两曲线的交点，以确定变量 y 的区间。

解方程组

$$\begin{cases} y^2 = 2x \\ y = x - 4 \end{cases}$$

得交点(2, －2)、(8, 4)，故 y 的变化区间为[－2,4]。面积微元为

$$dA - \left(y + 4 - \frac{1}{2}y^2\right)dy$$

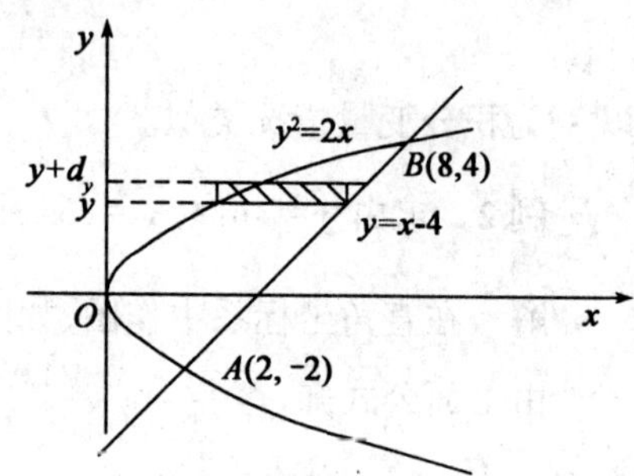

图 6－8

故所求面积为

$$A = \int_{-2}^4 \left(y + 4 - \frac{1}{2}y^2\right)dy$$

$$= \left[\frac{1}{2}y^2 + 4y - \frac{1}{6}y^3\right]_{-2}^4$$

$$= 18$$

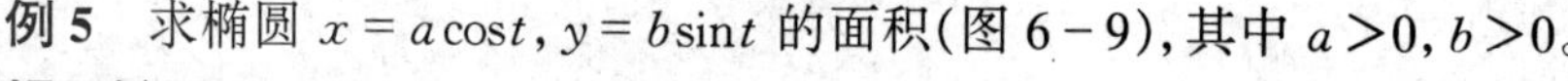
例 5 求椭圆 $x = a\cos t$, $y = b\sin t$ 的面积(图 6－9)，其中 $a>0$, $b>0$。

解 椭圆

$$\begin{cases} x = a\cos t \\ y = b\sin t \end{cases}$$

的图形是关于 x 轴、y 轴对称的。设图形在第一象限部分的面积为 A_1，则椭圆的面积

$$A = 4A_1$$

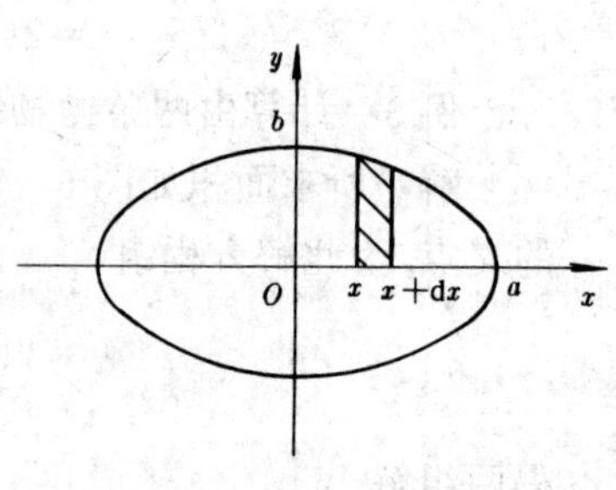

图 6－9

在第一象限内，取 x 为积分变量，其变化区间为[0, a]，在其上任取一个小区间[x, $x + dx$]，则面积微元为

$$dA_1 = y\,dx$$

面积 A_1 为

$$A_1 = \int_0^a y dx$$

又 $x = a\cos t \qquad y = b\sin t$，所以

$$dx = -a\sin t dt$$

且 $x=0$ 时，$t=\frac{\pi}{2}$，$x=a$ 时，$t=0$，故

$$\begin{aligned} A_1 &= \int_{\frac{\pi}{2}}^{0} b\sin t(-a\sin t)dt \\ &= ab\int_0^{\frac{\pi}{2}} \sin^2 t dt \\ &= ab\int_0^{\frac{\pi}{2}} \left(\frac{1}{2}-\frac{1}{2}\cos 2t\right)dt \\ &= ab\left(\frac{1}{2}t\Big|_0^{\frac{\pi}{2}} - \frac{1}{2}\int_0^{\frac{\pi}{2}} \cos 2t dt\right) \\ &= ab\left(\frac{\pi}{4} - \frac{1}{4}\sin 2t\Big|_0^{\frac{\pi}{2}}\right) \\ &= \frac{\pi}{4}ab \end{aligned}$$

椭圆面积为

$$A = 4A_1 = \pi ab$$

当遇到曲线用参数方程表示时，也可用上述方法计算。

2. *在极坐标系中的情形*

设曲线的极坐标方程为 $r = r(\theta)$，求由这条曲线与射线 $\theta=\alpha$，$\theta=\beta(\alpha<\beta)$ 所围成图形的面积（图 6－10）。图中 O 为极点，OA 为极轴，OMN 的面积与极角 θ 有关。

应用微元法，取 $\theta\in[\alpha,\beta]$ 为积分变量，在 $[\alpha,\beta]$ 内任取一小区间 $[\theta,\theta+d\theta]$，相应的小区间上面积微元可看作是以 $r(\theta)$ 为半径、$d\theta$ 为中心角的扇形，其面积为

$$dA = \frac{1}{2}[r(\theta)]^2 d\theta$$

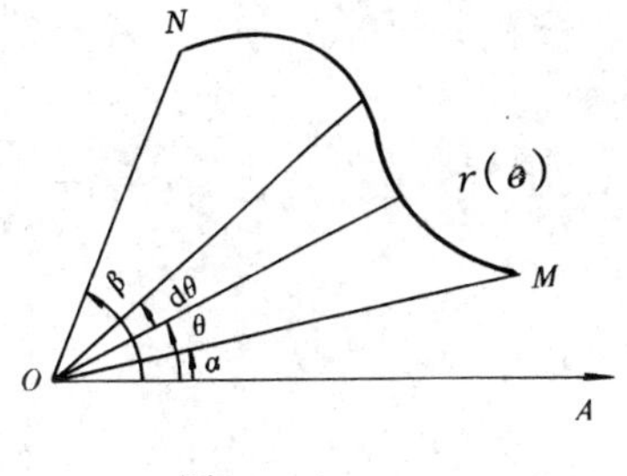

图 6－10

于是所求面积

$$A = \int_{\alpha}^{\beta} \frac{1}{2}[r(\theta)]^2 d\theta$$

例 6　求双纽线 $(x^2+y^2)^2 = 2a^2xy$ 所围成的图形面积 A（图 6－11）。

解　此曲线的方程是以直角坐标形式给出的，若用在直角坐标系下计算平面图形面积的方法就会很繁琐。所以，应将所给曲线方程化为极坐标的形式。令

$$\begin{cases} x = r\cos\theta \\ y = r\sin\theta \end{cases}$$

则原方程化为

$$r^2 = a^2\sin 2\theta$$

由图形的对称性知,只需计算第一象限面积 A_1

$$\begin{aligned}A &= 2A_1\\&= 2\int_0^{\frac{\pi}{2}}\frac{1}{2}a^2\sin 2\theta d\theta\\&= -\frac{1}{2}\left[a^2\cos 2\theta\right]_0^{\frac{\pi}{2}}\\&= a^2\end{aligned}$$

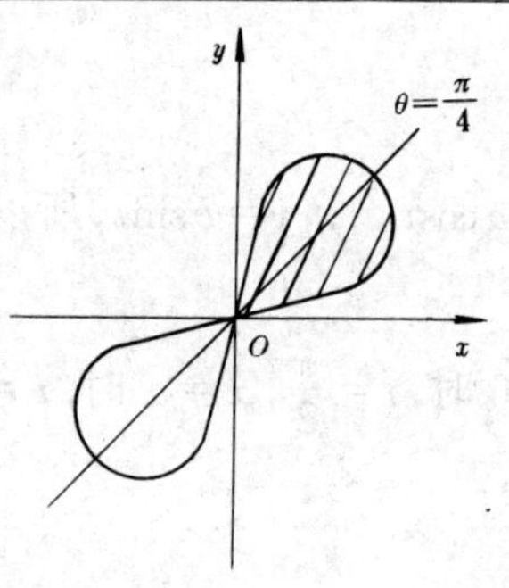

图 6-11

例 7　求由两条曲线 $r=3\cos\theta$ 和 $r=1+\cos\theta$ 所围成的公共部分的面积。

解　作出草图,如图 6-12 所示,并求两条曲线的交点,解方程组

$$\begin{cases}r=3\cos\theta\\r=1+\cos\theta\end{cases}$$

得两交点 $A\left(\frac{3}{2},\frac{\pi}{3}\right)$、$B\left(\frac{3}{2},\ -\frac{\pi}{3}\right)$。考虑到图形的对称性,只讨论 x 轴上方图形面积。面积微元为

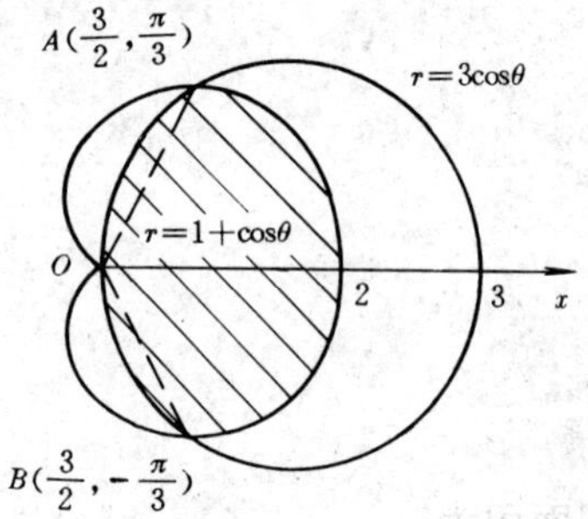

$$\left[0,\frac{\pi}{3}\right],\qquad dA_1=\frac{1}{2}(1+\cos\theta)^2d\theta$$

$$\theta\in\left[\frac{\pi}{3},\frac{\pi}{2}\right],\qquad dA_2=\frac{1}{2}(3\cos\theta)^2d\theta$$

图 6-12

得阴影部分面积

$$\begin{aligned}A &= 2\left[\int_0^{\frac{\pi}{3}}\frac{1}{2}(1+\cos\theta)^2d\theta+\int_{\frac{\pi}{3}}^{\frac{\pi}{2}}\frac{1}{2}(3\cos\theta)^2d\theta\right]\\&= \int_0^{\frac{\pi}{3}}(1+2\cos\theta+\cos^2\theta)d\theta+\int_{\frac{\pi}{3}}^{\frac{\pi}{2}}9\cos^2\theta d\theta\\&= \left[\frac{3}{2}\theta+2\sin\theta+\frac{1}{4}\sin 2\theta\right]_0^{\frac{\pi}{3}}+\left[\frac{9}{2}\theta+\frac{9}{4}\sin 2\theta\right]_{\frac{\pi}{3}}^{\frac{\pi}{2}}\\&= \frac{5}{4}\pi\end{aligned}$$

二、旋转体的体积

旋转体就是由一个平面图形绕平面内一条直线旋转一周而成的立体。例如,圆柱体可以看成是由矩形绕它的一条边旋转一周而成的旋转体;圆锥可以看成是直角三角形绕它的一条直角边旋转一周而成的旋转体。

由曲线 $y=f(x)$ 与直线 $x=a$, $x=b$ 及 x 轴所围成的图形,绕 x 轴旋转一周,形成一个旋转体(图 6-13)。若

$$f(x)=C\quad(C\text{ 为常数})$$

则旋转体为圆柱体,它的体积 $V=\pi r^2(b-a)$。若 $f(x)$ 不是常数,如何求此旋转体的体积呢?

为了求绕 x 轴旋转而成的旋转体体积,取 x 为积分变量,其变化区间为 $[a,b]$,在区间

$[a,b]$上任取一个小区间$[x,x+dx]$，其上的曲边梯形绕 x 轴旋转而成的薄片的体积，近似于以$f(x)$为底半径、dx 为高的扁圆柱体的体积(图 6－13)。体积微元为

$$dV=\pi[f(x)]^2dx$$

则旋转体的体积为

$$V=\int_a^b \pi[f(x)]^2dx$$

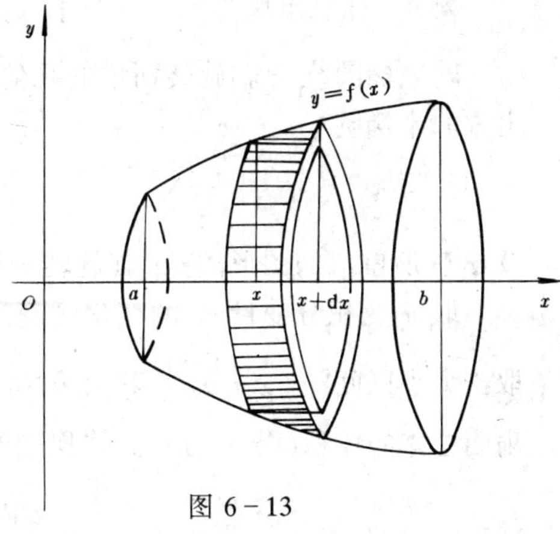

图 6－13

例 8　过原点 O 及点 $P(h,r)$的直线与直线 $x=h$ 及 x 轴围成一个直角三角形(图 6－14)，将它绕 x 轴旋转构成一个底半径为 r、高为 h 的圆锥体，计算圆锥体的体积。

解　图 6－14 所示旋转体是一个圆锥体，圆锥体体积为 $V=\frac{\pi}{3}r^2h$。下面用定积分微元法求圆锥体的体积。

直线 OP 的方程为　$y=\frac{r}{h}x$。取横坐标 x 为积分变量，x 的变化区间为$[0,h]$，在圆锥体中相应于区间$[0,h]$上任取一小区间$[x,x+dx]$，如图 6－14 所示。其上薄片的体积可以近似于以 $y=\frac{r}{h}x$ 为底半径、dx 为高的扁圆柱的体积。体积微元为

$$dV=\pi\left(\frac{r}{h}x\right)^2dx$$

圆锥体的体积为

$$\begin{aligned}V&=\int_0^h \pi\left(\frac{r}{h}x\right)^2dx\\&=\frac{\pi r^2}{h^2}\left[\frac{x^3}{3}\right]_0^h\\&=\frac{\pi}{3}r^2h\end{aligned}$$

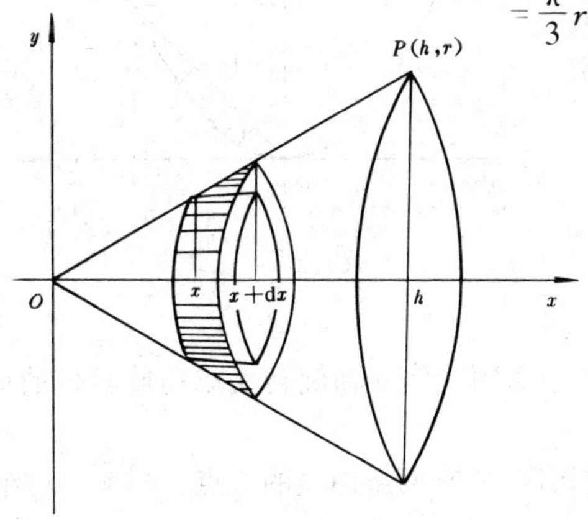

图 6－14

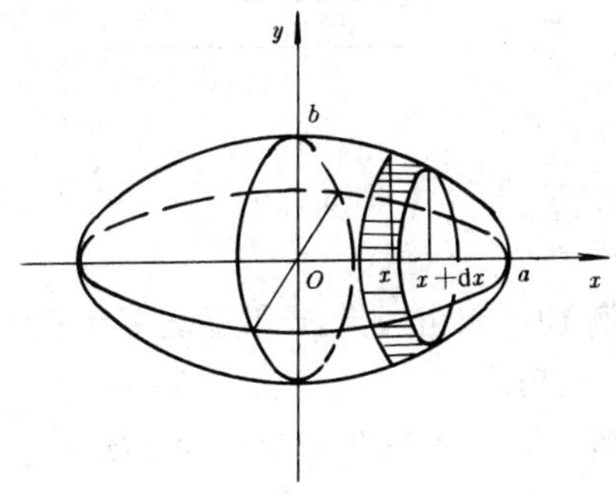

图 6－15

例 9 计算由椭圆$\frac{x^2}{a^2}+\frac{y^2}{b^2}=1(a>b>0)$绕 x 轴旋转而成的旋转体的体积。

解 椭圆绕 x 轴旋转而成的几何体称为旋转椭球。旋转椭球也可看作是由位于 x 轴上方的半椭圆

$$y=\frac{b}{a}\sqrt{a^2-x^2}$$

及 x 轴所围成的图形,绕 x 轴旋转一周而成的几何体(图 6-15)。

取 x 为积分变量,x 的变化区间为$[-a,a]$。在旋转椭球中相应于区间$[-a,a]$上任取一个小区间$[x,x+dx]$,其上薄片的体积可以近似于以$\frac{b}{a}\sqrt{a^2-x^2}$为底半径、$dx$ 为高的扁圆柱体的体积(图 6-15)。体积微元为

$$dV=\frac{\pi b^2}{a^2}(a^2-x^2)dx$$

旋转椭球的体积

$$\begin{aligned}V&=\int_{-a}^{a}\pi\frac{b^2}{a^2}(a^2-x^2)dx\\&=\pi\frac{b^2}{a^2}\left[a^2x-\frac{x^3}{3}\right]_{-a}^{a}\\&=\frac{4}{3}\pi ab^2\end{aligned}$$

当 $a=b$ 时,旋转椭球体就成为半径为 a 的球体,它的体积为$\frac{4}{3}\pi a^3$。

用类似的方法可以推出:由曲线 $x=\varphi(y)$,直线 $y=c$,$y=d(c<d)$与 y 轴所围成的曲边梯形,绕 y 轴旋转一周而成的旋转体(图 6-16)的体积为

$$V=\int_c^d\pi[\varphi(y)]^2dy$$

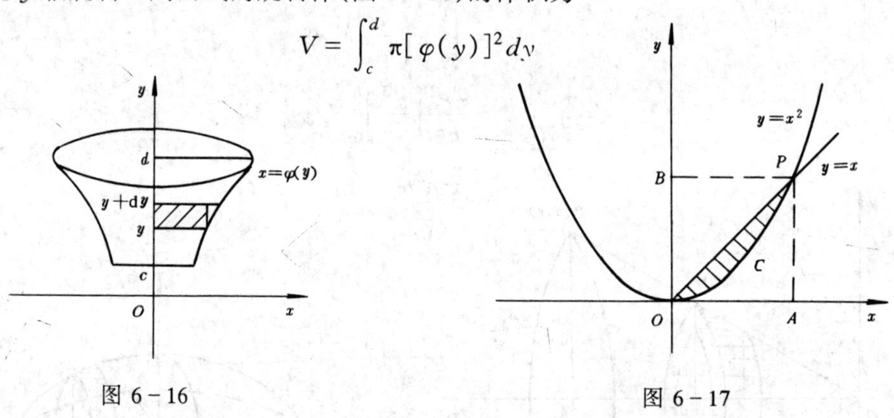

图 6-16　　图 6-17

例 10 求由 $y=x^2$ 和直线 $y=x$ 所围成的平面图形绕 y 轴旋转而成的旋转体的体积(图 6-17)。

解 取 y 为积分变量。为了确定 y 的变化区间,先求两条曲线的交点。即解方程组

$$\begin{cases}y=x^2\\y=x\end{cases}$$

得交点 $O(0,0)$,$P(1,1)$,则 y 的变化区间为$[0,1]$。

由图 6-17 可以看出:抛物线 OCP 绕 y 轴旋转一周生成一个抛物柱面,其体积记为

V_1;直角三角形 BOP 绕 y 轴旋转一周生成一圆锥体,其体积记为 V_2。所求旋转体就是由抛物面和圆锥面围成的,所以其体积

$$V = V_1 - V_2$$

$$V_1 = \pi\int_0^1 (\sqrt{y})^2 dy = \frac{1}{2}\pi\Big[y^2\Big]_0^1 = \frac{\pi}{2}$$

$$V_2 = \frac{\pi}{3}r^2 h = \frac{\pi}{3}\times 1^2 \times 1 = \frac{\pi}{3}$$

所以
$$V = \frac{\pi}{2} - \frac{\pi}{3} = \frac{\pi}{6}$$

习　　题　6－2

1．填空题

(1)由曲线 $y=f(x)$, $x=a$, $x=b$ 及 x 轴围成的曲边梯形的面积微元 $dA=$________。dA 的几何解释为________。

(2)由曲线 $r=r(\theta)$, $\theta=\alpha$, $\theta=\beta$ 围成的曲边扇形的面积微元 $dA=$________。dA 的几何解释为________。

(3)当曲线由参数方程 $x=\Phi(t)$, $y=\Psi(t)$ 表示时,相应的曲边梯形的面积为________。

(4)平面面积 S 为 $a\leqslant x\leqslant b, 0\leqslant y_1\leqslant y\leqslant y_2$,其中 $y_1(x)$, $y_2(x)$ 是 x 的连续函数,则 S 绕 x 轴旋转而得立体体积为________。

(5)写出图 6－18 中阴影部分的面积的积分表达式。

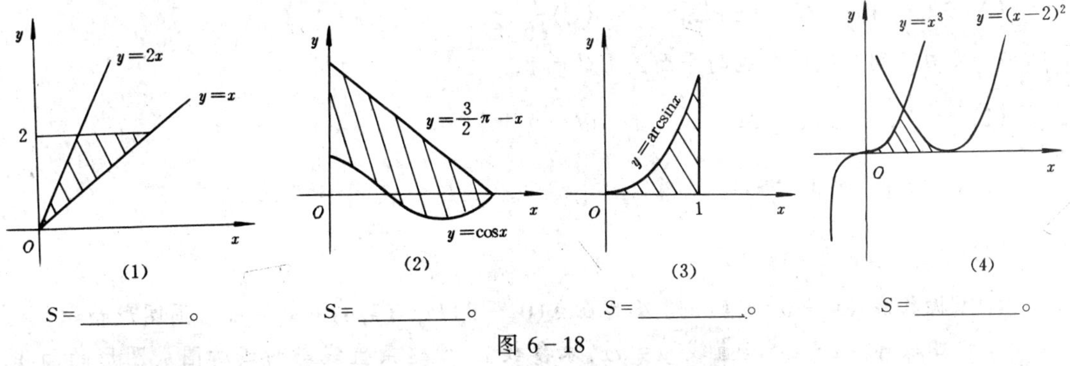

图 6－18

(6)如果曲线由极坐标 $r=r(\theta)$给出,则面积 $0\leqslant\alpha\leqslant\theta\leqslant\beta\leqslant\pi, 0\leqslant r\leqslant r(\theta)$绕极轴旋转

所成体积为________。

2. 选择题

(1) V_1, V_2 是椭圆 $\frac{x^2}{a^2}+\frac{y^2}{b^2}=1(a>b>0)$ 分别绕 x 轴与 y 轴旋转而得的两旋转体的体积,则有________成立。

(A) $V_1=V_2$;　(B) $V_1\geqslant V_2$;

(C) $V_1>V_2$;　(D) $V_1<V_2$。

(2)由曲线 $y=\ln x$ 与直线 $x=0, y=\ln a, y=\ln b\,(b>a>0)$ 所围图形的面积 $S=$ ________。

(A) $\ln b-\ln a$;　(B) e^b-e^a;

(C) $b-a$;　(D) $b\ln b-a\ln a-b+a$。

(3)由曲线 $y=e^x, y=e^{-x}$ 及直线 $x=1$ 所围图形的面积 $S=$ ________。

(A) $e+\frac{1}{e}-2$;　(B) $e+\frac{1}{e}$;

(C) $2+e-\frac{1}{e}$;　(D) $e-\frac{1}{e}$。

(4)曲线 $y=x^2-2x+4$ 上点 $M_0(0,4)$ 处的切线 M_0T 与曲线 $y^2=2(x-1)$ 所围图形的面积 $S=$ ________。

(A) $\frac{9}{4}$;　(B) $\frac{4}{9}$;

(C) $\frac{13}{12}$;　(D) $\frac{21}{4}$。

(5)曲线 $\rho^2=4\sin 2\theta$ 所围平面区域的面积 $S=$ ________。

(A) π;　(B) π^2;

(C) 4;　(D) 8。

(6)曲线 $y=|x^2-3x+2|$ 与直线 $y=2$ 所围图形的面积 $S=$ ________。

(A) $\frac{9}{2}$;　(B) $\frac{25}{8}$;　(C) 4;　(D) 6。

(7)由曲线 $y=x^2$ 及 $y=\sqrt{2x-x^2}$ 所围图形绕 ox 轴旋转所得旋转体的体积 $V=$ ________。

(A) $\frac{1}{3}(\pi-1)$;　(B) $\frac{\pi}{3}$;　(C) $\frac{7}{15}\pi$;　(D) $\pi-1$。

3. 求由下列曲线所围成的平面图形的面积

(1) $y=\frac{1}{x}, y=x, x=2$;

(2) $y=\frac{1}{2}x^2, x^2+y^2\leqslant 8$;

(3) $y=x^2, y=\frac{x^2}{4}, y=1$。

4. 求抛物线 $y=-x^2+4x-3$ 及其在点 $(0,-3)$ 和点 $(3,0)$ 处的切线所围图形面积。

5. 设曲线 $y=x-x^2$ 与直线 $y=ax$,求参数 a,使这条直线与曲线所围成图形的面积为 $\frac{9}{2}$。

6. 在区间$[0,1]$上给定函数 $y=x^2$，问 t 为何值时，图 6－19 中阴影部分的面积 A_1 与 A_2 之和为最小？何时最大？

7. 求由下列曲线所围成的图形的面积。

(1)三叶玫瑰线 $r=8\sin 3\theta$；

(2)心形线 $r=3(1-\sin\theta)$；

(3)$r=1+\sin\theta$　与 $r=1$。

8. 求 $r=2$ 与 $r=4\cos\theta$ 的公共部分的面积。

9. 选择适当的坐标系，求由 $x^2+y^2=3ax$ 与 $x^2+y^2=\sqrt{3}ay$ 所围成的公共部分的面积，$(a>0)$。

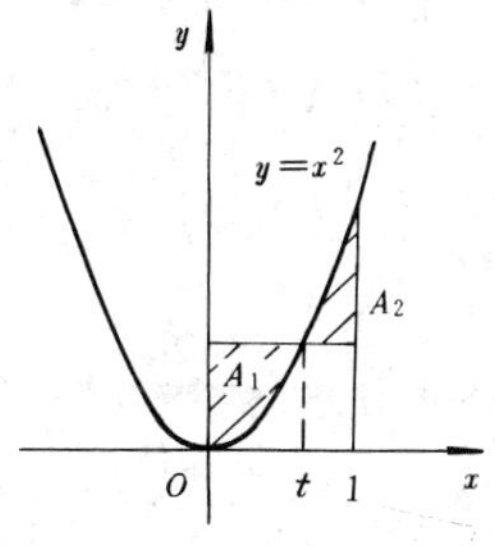

图 6－19

10. 求由下列曲线围成的图形绕指定轴旋转所产生的旋转体的体积。

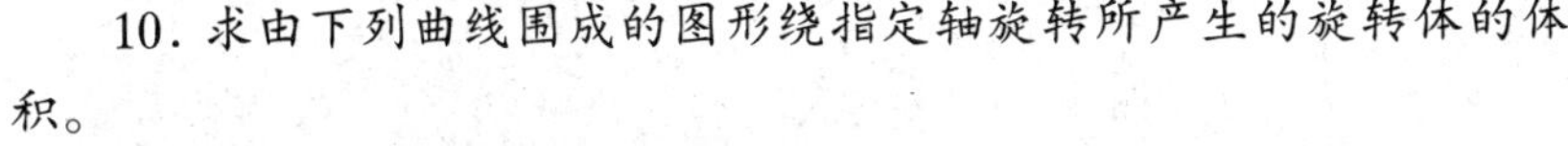

(1)$y=x^3$, $x=2$ 及 $y=0$，分别绕 x 轴及 y 轴；

(2)$y=x^2$, $x=y^2$ 绕 y 轴；

(3)$x^2+(y-5)^2=16$，绕 x 轴；

(4)$xy=4$, $x=1$, $x=4$, $y=0$，绕 x 轴；

(5)$\dfrac{x^2}{a^2}-\dfrac{y^2}{b^2}=1$, $y=\pm b$, $x=0$，绕 y 轴；

(6)$r=a\sin 2\theta$，绕极轴。

11. 用定积分微元法，证明球缺的体积为

$$V=\pi H^2\left(R-\frac{11}{3}\right)$$

其中 H 为球缺的高，R 为球半径。

12. 将抛物线 $y=x(x-a)$ 在横坐标为 0 与 $c(c>a>0)$ 之间的弧段与直线 PC 及 x 轴所围成的图形(图 6－20)绕 x 轴旋转，问 c 值等于多少时，旋转体的体积 V 等于以$\triangle OPC$ 绕 x 轴旋转所生成的锥体的体积。

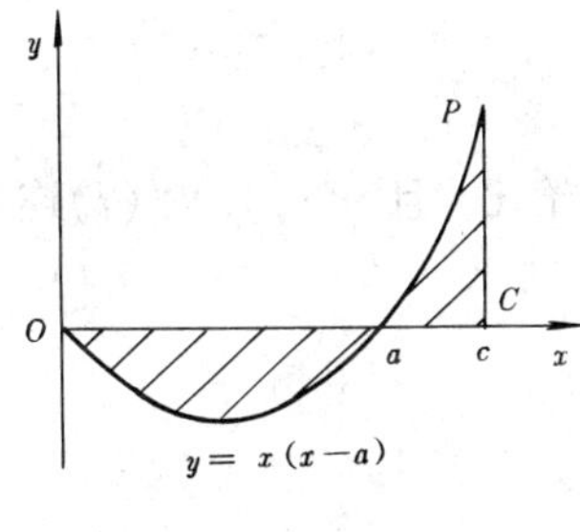

图 6－20

13. 飞机副油箱的中部是圆柱体，尾部是圆锥面，头部是旋转抛物面，它的尺寸如图 6－21 所示(单位为 mm)，求它的容积。

14. 有一半径为 a，而中心在原点的球体，被抛物线 $y=\dfrac{\sqrt{2}}{a}x^2$绕 x 轴旋转所成的旋转面所割，试计算球体被割成的两部分的体积(图 6－22)。

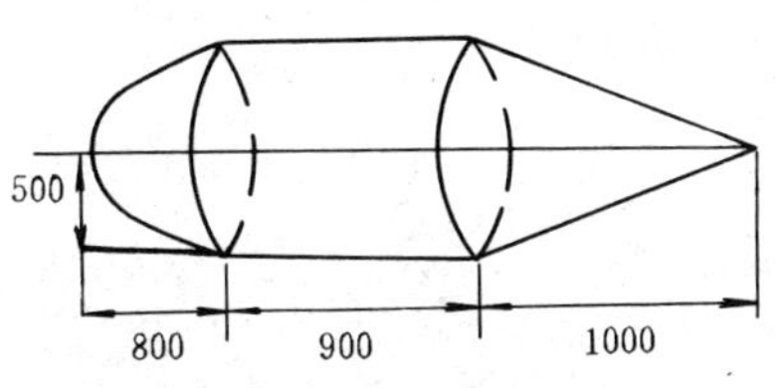

图 6－21

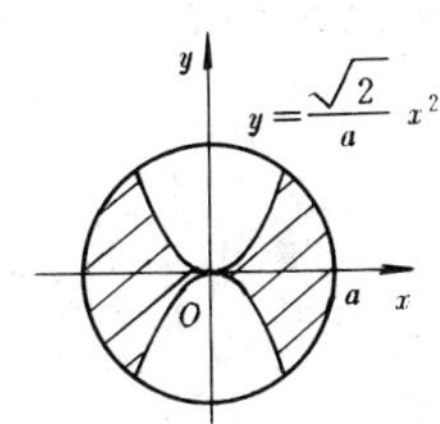

图 6－22

15. 曲线 $y=\dfrac{\sqrt{x}}{1+x^2}$ 绕 x 轴旋转得一旋转体，把它在点 $x=0$ 与 $x=\xi$(图 6－23)之间的体积记作 $V(\xi)$，求 $\lim\limits_{\xi\to+\infty} V(\xi)$

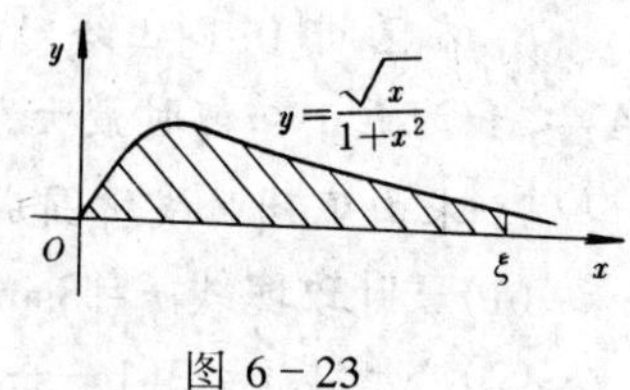

图 6－23

第三节 平面曲线弧长，函数平均值

一、平面曲线弧长

设函数 $y=f(x)$ 在 $[a,b]$ 上具有一阶连续的导数，在 $[a,b]$ 中任取一个子区间 $[x, x+dx]$，其上一段弧 $\overset{\frown}{MN}$ 的长度为 Δl，由图 6－24 知，它可以用弦 $\overline{MN}$ 的长度近似。弧长的微元为

$$dl=\sqrt{(dx)^2+(dy)^2}=\sqrt{1+(y')^2}\,dx$$

所以

$$l=\int_a^b \sqrt{1+(y')^2}\,dx \qquad (6-1)$$
$$=\int_a^b \sqrt{1+[f'(x)]^2}\,dx$$

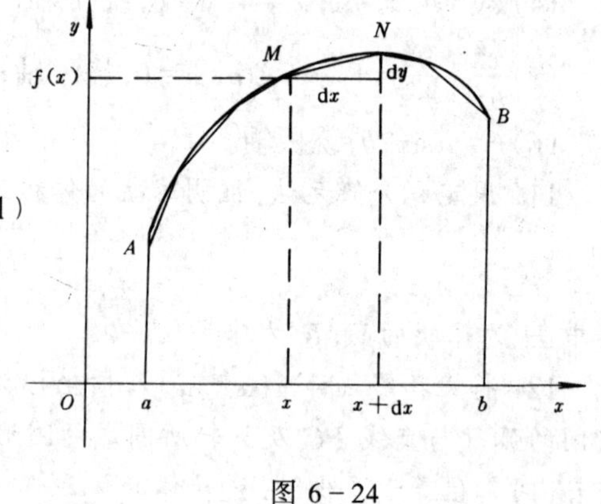

图 6－24

若曲线由参数方程

$$\begin{cases} x=\varphi(t) \\ y=\Psi(t) \end{cases} \qquad (\alpha\leqslant t\leqslant\beta)$$

给出，且 $\varphi'(t)$，$\Psi'(t)$ 连续，则

$$dl=\sqrt{(dx)^2+(dy)^2}=\sqrt{[\varphi'(t)dt]^2+[\Psi'(t)dt]^2}=\sqrt{[\varphi'(t)]^2+[\Psi'(t)]^2}\,dt$$

于是有

$$l=\int_\alpha^\beta \sqrt{[\varphi'(t)]^2+[\Psi'(t)]^2}\,dt \qquad (6-2)$$

若曲线为极坐标方程

$$r=r(\theta) \qquad (\theta_1\leqslant\theta\leqslant\theta_2)$$

因为

$$\begin{cases} x=r\cos\theta \\ y=r\sin\theta \end{cases} \qquad (\theta_1\leqslant\theta\leqslant\theta_2)$$

则有弧长微元为

$$dl=\sqrt{[(r(\theta)\cos\theta)']^2+[(r(\theta)\sin\theta)']^2}\,d\theta$$

$$= \sqrt{[r(\theta)]^2 + [r'(\theta)]^2} d\theta$$

于是有

$$l = \int_{\theta_1}^{\theta_2} \sqrt{[(r(\theta)]^2 + [(r'(\theta)]^2} d\theta \qquad (6-3)$$

例 1　计算半径为 R 的圆周长。

解　建立直角坐标系，以圆心为原点，则圆的方程为 $x^2 + y^2 = R^2$。由于对称性，整个圆周长等于第一象限的一段圆弧长度的四倍。此时

$$y = \sqrt{R^2 - x^2} \qquad y' = -\frac{x}{\sqrt{R^2 - x^2}}$$

则弧长微元为

$$\begin{aligned} dl &= \sqrt{1 + y'^2} dx \\ &= \sqrt{1 + \left(-\frac{x}{\sqrt{R^2 - x^2}}\right)^2} dx \\ &= \frac{R}{\sqrt{R^2 - x^2}} dx \end{aligned}$$

圆周长为

$$\begin{aligned} l &= 4\int_0^R \frac{R}{\sqrt{R^2 - x^2}} dx \\ &= 4R\left[\arcsin\frac{x}{R}\right]_0^R \\ &= 2\pi R \end{aligned}$$

例 2　求星形线 $x^{\frac{2}{3}} + y^{\frac{2}{3}} = a^{\frac{2}{3}}(a>0)$的弧长(图 6－25)。

解　将原方程化为参数方程形式，设

$$\left(\frac{x}{a}\right)^{\frac{1}{3}} = \cos t$$

$$\left(\frac{y}{a}\right)^{\frac{1}{3}} = \sin t$$

得

$$\begin{cases} x = a\cos^3 t \\ y = a\sin^3 t \end{cases}$$

则

$$x'(t) = -3a\sin t\cos^2 t\, dt$$
$$y'(t) = 3a\cos t\sin^2 t\, dt$$

当 $x = a$ 时，$t = 0$；$x = 0$ 时，$t = \frac{\pi}{2}$。

由对称性知，星形线弧长等于第一象限的弧长的四倍，则

$$\begin{aligned} l &= 4\int_0^{\frac{\pi}{2}} \sqrt{[x'(t)]^2 + [y'(t)]^2} dt \\ &= 4\int_0^{\frac{\pi}{2}} \sqrt{(-3a\sin t\cos^2 t)^2 + (3a\cos t\sin^2 t)^2} dt \end{aligned}$$

$$= 12a \int_0^{\frac{\pi}{2}} \sin t \cos t \, dt$$

$$= 12a \left[\frac{1}{2} \sin^2 t \right]_0^{\frac{\pi}{2}}$$

$$= 6a$$

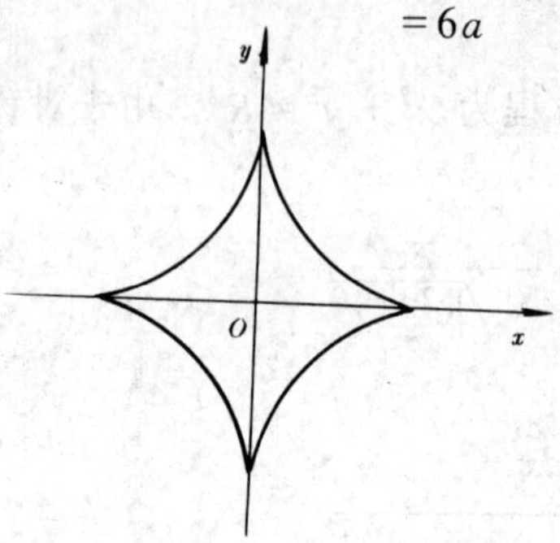

图 6-25

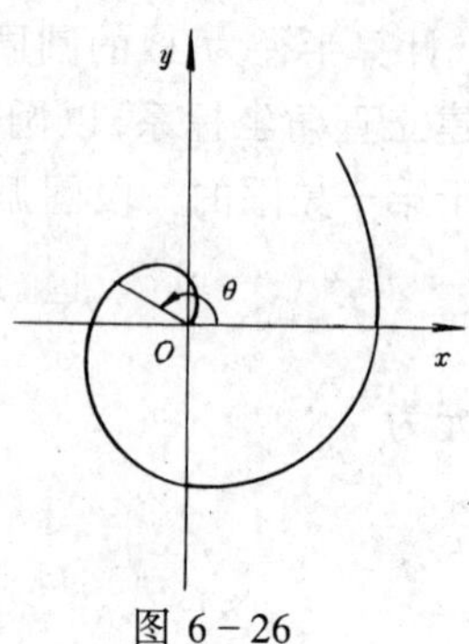

图 6-26

例 3　计算阿基米德螺线 $r = a\theta$ 从极点到 $\theta = 2\pi$ 的弧长(图 6-26)。

解　θ 的变化区间为$[0, 2\pi]$

$$r'(\theta) = a$$

由弧长公式得

$$l = \int_0^{2\pi} \sqrt{[r(\theta)]^2 + [r'(\theta)]^2} \, d\theta$$

$$= \int_0^{2\pi} \sqrt{a^2\theta^2 + a^2} \, d\theta$$

$$= a \int_0^{2\pi} \sqrt{1 + \theta^2} \, d\theta$$

$$= \frac{a}{2} \left[\theta \sqrt{1 + \theta^2} + \ln(\theta + \sqrt{1 + \theta^2}) \right]_0^{2\pi}$$

$$= \frac{a}{2} [2\pi \sqrt{1 + 4\pi^2} + \ln(2\pi + \sqrt{1 + 4\pi^2})]$$

二、函数的平均值

在实际问题中,往往要求 n 个数的平均值,这可用公式

$$\overline{y} = \frac{y_1 + y_2 + \cdots + y_n}{n}$$

得到。也常需要求某连续函数 $y = f(x)$在区间$[a, b]$上的平均值,例如求在一昼夜间的平均温度、化学反应的平均速度、药物在体内平均血药浓度等。下面讨论如何求函数在区间上的平均值问题。

把区间$[a, b]$分为 n 等份,设分点为

$$a = x_0 < x_1 < x_2 < \cdots < x_n = b$$

每个小区间的长度为

$$\Delta x = \frac{b - a}{n}$$

在各点处相应的函数值分别为

$$f(a)=f(x_0),f(x_1),\cdots,f(x_n)=f(b)$$

则可用函数的 n 个值 $f(x_1),f(x_2),\cdots,f(x_n)$ 的算术平均值近似表示函数 $f(x)$ 在 $[a,b]$ 上的一切值的平均值，即

$$\overline{y}=\frac{f(x_1)+f(x_2)+\cdots+f(x_n)}{n}$$

当 $n\to\infty$，即 $\Delta x\to 0$ 时，上式的极限就是函数 $f(x)$ 在区间 $[a,b]$ 上的平均值，即

$$\begin{aligned}\overline{y}&=\lim_{n\to\infty}\frac{f(x_1)+f(x_2)+\cdots+f(x_n)}{n}\\&=\lim_{n\to\infty}\frac{[f(x_1)+f(x_2)+\cdots+f(x_n)]\Delta x}{n\Delta x}\\&=\lim_{n\to\infty}\frac{[f(x_1)+f(x_2)+\cdots+f(x_n)]\Delta x}{b-a}\\&=\frac{1}{b-a}\lim_{n\to 0}\sum_{i=1}^{n}f(x_i)\Delta x\\&=\frac{1}{b-a}\int_a^b f(x)dx \qquad (6-4)\end{aligned}$$

这就是计算连续函数 $f(x)$ 在区间 $[a,b]$ 上的平均值的公式。由公式知，定积分中值定理中的 $f(\xi)$ 就等于 $\overline{y}$。

例 4　求 $y=\sin^2 x$ 在 $[0,\pi]$ 上的平均值。

解　由平均值公式得

$$\begin{aligned}\overline{y}&=\frac{\int_0^{\pi}\sin^2 xdx}{\pi-0}\\&=\frac{1}{\pi}\int_0^{\pi}\sin^2 xdx\\&=\frac{1}{\pi}\int_0^{\pi}\frac{1-\cos 2x}{2}dx\\&=\frac{1}{2\pi}\int_0^{\pi}dx-\frac{1}{2\pi}\int_0^{\pi}\cos 2xdx\\&=\frac{1}{2\pi}x\Big|_0^{\pi}-\frac{1}{4\pi}\sin 2x\Big|_0^{\pi}\\&=\frac{1}{2}\end{aligned}$$

例 5　已知某化学反应的速度为 $V=ake^{-rt}$，其中 a,k,r 为常数。求在时间区间 $[0,t_1]$ 内反应的平均速度。

解　由平均值公式得

$$\begin{aligned}\overline{V}&=\frac{\int_0^{t_1}ake^{-rt}dt}{t_1-0}\\&=\frac{ak}{rt_1}(1-e^{-rt_1})\end{aligned}$$

习 题 6-3

1. 求下列曲线上指定两点间的一段曲线弧长：

(1) $y=\frac{1}{2}x^2$，从 $x=0$ 至 $x=3$；

(2) $x=3t^2, y=3t-t^3$，从 $t=0$ 至 $t=3$；

(3) 心形线 $r=a(1+\cos\theta)$ 的全长 $(a>0)$。

2. 计算函数 $y=2xe^{-x}$ 在 $[0,2]$ 上的平均值。

3. 一物体以速度 $V=3t^2+2t$（米/秒）作直线运动，求由 $t=0$ 到 $t=3$ 秒一段时间内的平均速度。

第四节 定积分在物理学中的应用

一、功

从物理学知道，如果有一常力 F 作用于一个物体上，使物体沿力的方向的位移为 S，则力 F 对物体所作功为

$$A=F\cdot S$$

如果作用在物体上的力 F 不是常力，则力 F 对物体所作的功就要用定积分计算。

设物体在变力 $F(x)$ 作用下沿直线从 a 移动到 b（图 6-27），求这个力所作的功。

可用微元法解，取位移 x 为积分变量，x 的变化区间是 $[a,b]$。在区间 $[a,b]$ 上任取一个小区间 $[x,x+dx]$，由于力 F 是连续变化的，在这一小段上 F 可近似地看作是常力，即该段内力可近似看作是在 x 处的力 $F(x)$。于是物体从 x 移到 $x+dx$，变力 $F(x)$ 所作功 ΔA 可近似为 $F(x)$ 与 dx 的乘积，即 $\Delta A\approx F(x)dx$，得功的微元为

$$dA=F(x)dx$$

以它为被积表达式，在区间 $[a,b]$ 上作定积分，便得所求的功为

$$A=\int_a^b F(x)dx$$

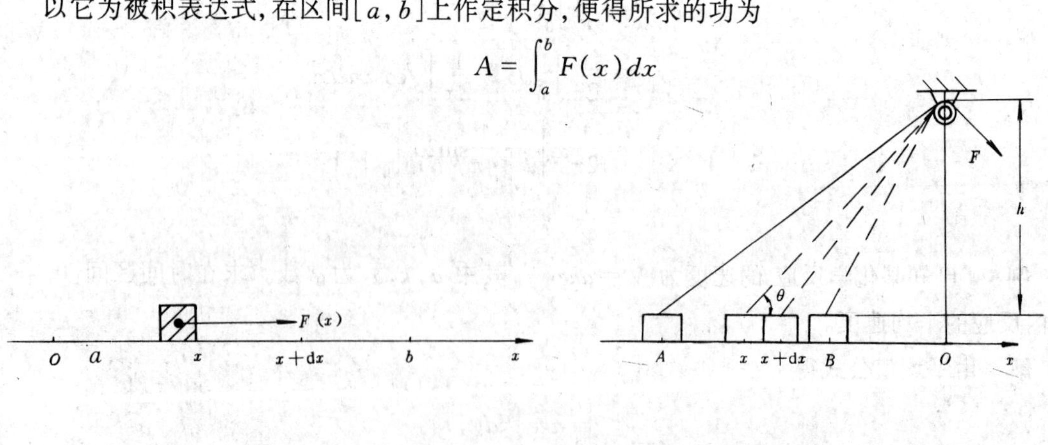

图 6-27　　图 6-28

例 1 已知定滑轮距光滑的玻璃平面的高为 h，一物体受到通过定滑轮绳子的牵引，其

力的大小为常数 F,沿着玻璃平面从点 A 直线移动到点 B 处(图 6-28)。设点 A,B 及定滑轮所在平面垂直玻璃板。求力 F 对物体所作的功。

解　建立坐标系,选取定滑轮在玻璃平面上的投影点为坐标原点 O,AB 连线为 x 轴,且 x 轴正向指向物体运动方向(图 6-28)。设 A 点的坐标为 $x=a$,B 点坐标为 $x=b$。取 $x\in[a,b]$为积分变量。物体在运动过程中所受到的牵引力大小始终不变,但其方向却是随着物体的位置变化而改变,所以,牵引力在运动方向上的分力的大小仍是变力。

在区间$[a,b]$上任取一小区间$[x,x+dx]$,其上分力可以近似看作不变,即可用点 x 处的分力代替

$$\begin{aligned}F_{水平}&=F\cos\theta\\&=-F\frac{x}{\sqrt{x^2+h^2}}\qquad(\text{因为 }\theta\text{ 为锐角,而 }x<0)\end{aligned}$$

力在小区间$[x,x+dx]$上对物体所作功的近似值为

$$\begin{aligned}\Delta A&\approx F_{水平}dx\\&=-F\frac{x}{\sqrt{x^2+h^2}}dx\end{aligned}$$

即功的微元为

$$dA=-F\frac{x}{\sqrt{x^2+h^2}}dx$$

所以力 F 将物体从 $x=a$ 处移动到 $x=b$ 处所作的功为

$$\begin{aligned}A&=\int_a^b dA\\&=-F\int_a^b\frac{x}{\sqrt{x^2+h^2}}dx\\&=-\frac{F}{2}\int_a^b\left(x^2+h^2\right)^{-\frac{1}{2}}d(x^2+h^2)\\&=-\frac{F}{2}\left[2\left(x^2+h^2\right)^{\frac{1}{2}}\right]_a^b\\&=-F(\sqrt{b^2+h^2}-\sqrt{a^2+h^2})\\&=F(\sqrt{a^2+h^2}-\sqrt{b^2+h^2})\end{aligned}$$

例 2　在底面积为 S 的圆柱形容器中盛有一定量的气体。在等温条件下,由于气体的膨胀,把容器中的一个活塞(面积为 S)从点 a 处推移到点 b 处(图 6-29)。试计算在移动的过程中气体压力所作的功。

解　如图 6-29 所示,活塞的位置用坐标 x 来表示。

由物理学知道,一定量的气体在等温条件下压强 P 与体积 V 的乘积是常数 k,即

$$PV=k\quad\text{或}\quad P=\frac{k}{V}$$

因为 $V=xS$,所以

$$P=\frac{k}{xS}$$

于是,作用在活塞上的力

$$\begin{aligned}F &= PS \\ &= \frac{k}{xS}\cdot S \\ &= \frac{k}{x}\end{aligned}$$

在气体膨胀的过程中,体积 V 是变化的。又因为圆柱形容器截面积 S 是恒定的,所以 x 也是变化的,故作用在活塞上的力 F 也是变化的。

取 x 为积分变量,$x\in[a,b]$。在区间$[a,b]$上任取一个小区间$[x,x+dx]$。当活塞从 x 移到$x+dx$ 时,变力 F 可近似看作是x 处的力$F=\frac{k}{x}$,力 F 所作功近似于$\frac{k}{x}dx$,即功的微元为

$$dA=\frac{k}{x}dx$$

以它为被积表达式便得到在$[a,b]$上所求功为

$$\begin{aligned}A &= \int_a^b \frac{k}{x}dx \\ &= k\Big[\ln x\Big]_a^b \\ &= k\ln\frac{b}{a}\end{aligned}$$

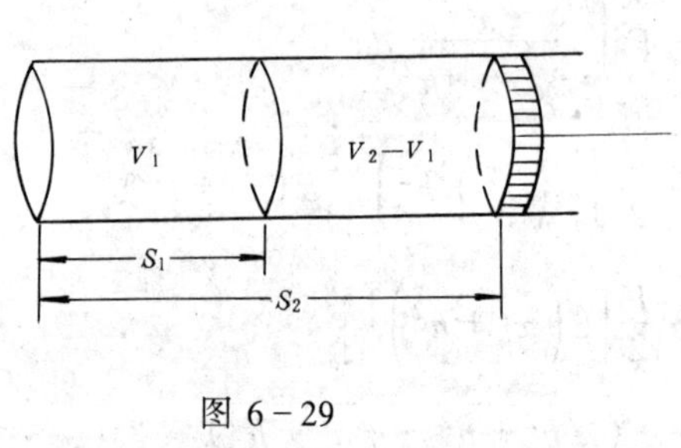

图 6-29

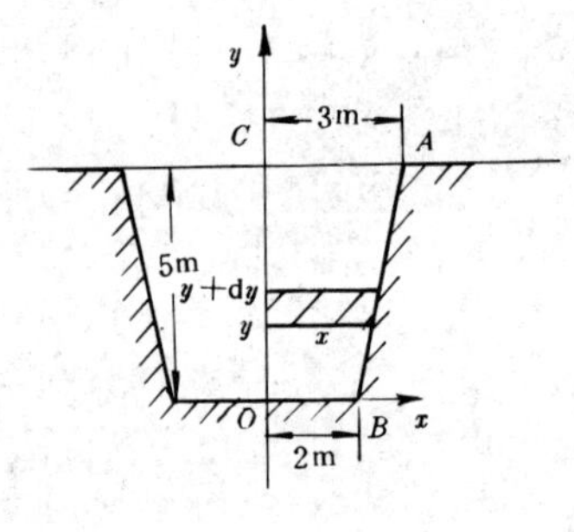

图 6-30

例 3 一圆台形容器高为 5 米,上底圆半径为 3 米,下底圆半径为 2 米(图 6-30),问将容器内盛满的水全部抽出需作多少功?

解 这是一个克服重力作功问题。解题的思路是,可将水全部抽出的过程,看作是从水的表面到底部将水一层一层地抽出,抽取每薄层水力的大小等于该层水的重量。由于每层水的深度不同,所以抽取每层水至容器外的位移量也不同。

选取坐标系如图 6-30 所示,以水的深度 y 为积分变量,$y\in[0,5]$。在区间$[0,5]$上任取一小区间$[y,y+dy]$,这层水所受的重力大小近似为

$$G=\rho gV=\rho g\pi x^2dy$$

$\rho=1000$ 千克/米^3 为水的密度。横坐标 x 在直线AB 上变化。直线 AB 的方程为

$$y=5(x-2)$$

$$x=\frac{y}{5}+2$$

所以

$$G=\pi\rho g\left(\frac{y}{5}+2\right)^2dy$$

抽取此层水所受外力 F 的方向与位移方向一致,大小与重力相等。此层水抽出容器外的位移为 $5-y$,所以功的微元为

$$dA=\pi\rho g\left(\frac{y}{5}+2\right)^2(5-y)dy$$

以它为被积表达式,将水全部抽出所做的功为

$$\begin{aligned}A&=\int_0^5\pi\rho g\left(\frac{y}{5}+2\right)^2(5-y)dy\\&=\pi\rho g\int_0^5\left(-\frac{y^3}{25}-\frac{3}{5}y^2+20\right)dy\\&=\pi\rho g\left[-\frac{y^4}{100}-\frac{y^3}{5}+20y\right]_0^5\\&=\pi\times1000\times9.8\times68.75\\&\approx2.116(焦耳)\end{aligned}$$

二、液体静压力

由中学物理学知,深度 h 处的液体的压强为

$$P=\rho gh$$

ρ 为液体密度,g 为重力加速度。

如果有一面积为 A 的平板,水平放置在深为 h 处的液体中,平板一侧所受的压力的方向垂直于平板的表面,大小为

$$F=PS=\rho ghS$$

如果平板垂直放置在液体中,由于深度不同,液体的压强不同,平板一侧所受的压力就不能用上述方法计算。这仍然是一个定积分应用问题。

设薄板的形状由曲线 $y=f(x)$,直线 $x=a,x=b$ 及 x 轴所围成(图 6-31)。取液面下的深度 x 为积分变量,x 的变化区间为$[a,b]$。在$[a,b]$上任取一个小区间$[x,x+dx]$,薄板上相应于这个小区间上各点处的压强近似为 ρgx,窄条面积近似于 $f(x)dx$。因此,此窄条一侧所受液体压力的近似值,即液压微元为

$$dF=\rho gxf(x)dx$$

从而得薄板一侧所受的压力

$$F=\int_a^b\rho gxf(x)dx$$

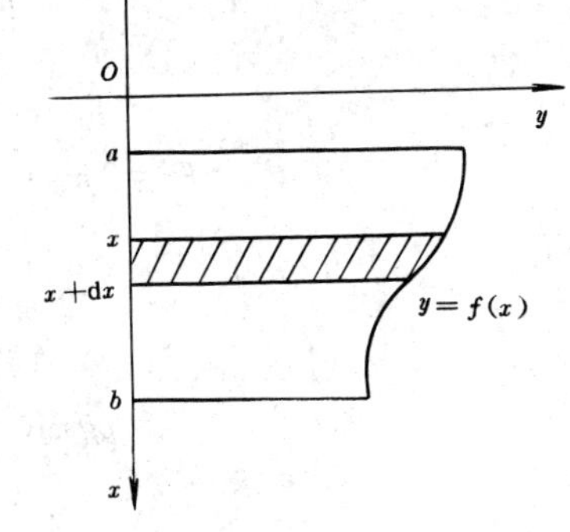

图 6-31

例 4　一个横放着的圆柱形的桶,桶里装满了水,设桶的底半径为 R,试计算桶的底面

所受到的水的压力。

解 将桶的底面上的最高点取作坐标原点 O，取 x 轴垂直向下。把过点 O 的底面圆周的切线取作 y 轴(图 6-32)。取 x 为积分变量，$x\in[0,2R]$。在 $[0,2R]$ 上任取一个小区间 $[x,x+dx]$，其上窄条所受到的水的压力为 ΔF，压强近似为 $\rho gx(\rho=1000$ 千克/米$^3)$，窄条的面积近似为 矩形的面积，

$$\Delta S\approx 2|y|dx$$

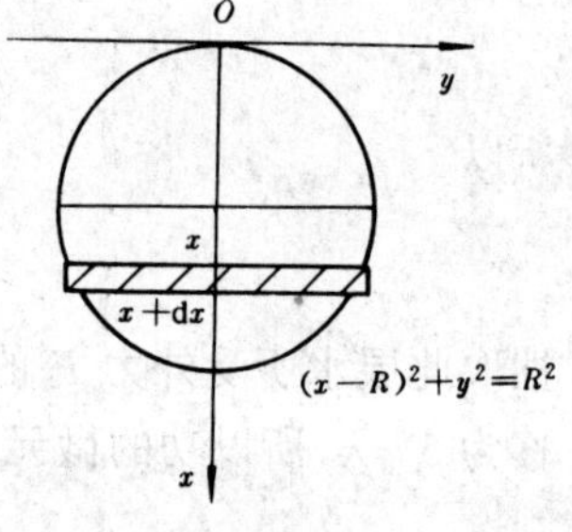

图 6-32

于是 ΔF 的近似值，即 F 的微元为

$$dF=2\rho gx|y|dx$$

于是得桶底面所受水压力为

$$F=\int_0^{2R}2\rho gx|y|dx$$

其中 $|y|$ 由 $(x-R)^2+y^2=R^2$ 解出，得

$$|y|=\sqrt{R^2-(x-R)^2}$$

定积分

$$\begin{aligned}F&=\int_0^{2R}2\rho gx\sqrt{R^2-(x-R)^2}dx\\&=2\rho g\int_0^{2R}(x-R+R)\sqrt{R^2-(x-R)^2}dx\\&=2\rho g\int_0^{2R}(x-R)\sqrt{R^2-(x-R)^2}dx\\&\quad+2\rho gR\int_0^{2R}\sqrt{R^2-(x-R)^2}dx\end{aligned}$$

因为

$\int_0^{2R}\sqrt{R^2-(x-R)^2}dx$ 为圆面积的二分之一，即

$$\int_0^{2R}\sqrt{R^2-(x-R)^2}dx=\frac{1}{2}\pi R^2$$

所以

$$\begin{aligned}F&=2\rho g\int_0^{2R}(x-R)\sqrt{R^2-(x-R)^2}dx+2\rho gR\cdot\frac{1}{2}\pi R^2\\&=-\frac{2\rho g}{3}\Big[R^2-(x-R)^2\Big]^{\frac{3}{2}}\Big|_0^{2R}+\rho g\pi R^3\\&=\rho g\pi R^3(\text{牛顿})\end{aligned}$$

习 题 6-4

1. 填空题

(1)如果物体在作直线运动的过程中，始终受到一个与运动方向成定角 α，且大小为

$F(x)$的力，问物体从 $x=a$ 运动到 $x=b$ 该力对物体作功的微元 $dA=$ ________？dA 的物理解释为__________。

(2)一质点作直线运动，已知其速度 $V=2t+4$ 厘米/秒，则在前 10 秒钟内质点所经过的路程为__________。

(3)用力拉一螺纹形弹簧，它的长度改变值与所加的力成正比。若弹簧伸长 1 厘米所需的拉力是 9.8 牛顿，那么要使弹簧伸长 5 厘米，所作的功应是__________。

(4)半径为 r(米)的半球形水池，其中充满了水，把池内的水全部吸尽，需作的功为__________。

2. 一物体按规律 $x=ct^3(c>0)$ 作直线运动，介质阻力与速度的平方成正比，试计算物体由 $x=0$ 移至 $x=a$ 时克服介质阻力所作的功。

3. 有一圆台形的水池，深 15 米，上下口半径分别为 20 米和 10 米。如果将其中盛满的水全部抽尽，需要作多少功？

4. 有一横面积为 $S=20$ 米^2，深为 5 米的圆柱形水池。若将池中盛满的水全部抽到高为 10 米的水塔中，需要作多少功？

5. 把半径为 R 的空心球，由与水面相切的位置压入水中至与水面相切为止，求克服浮力作的功。

6. 半径为 R 的球沉入水中，它与水面相切，球的密度为 1000 千克/米^2，试问将球从水中取出到水面要作功多少？

7. 直径为 20 厘米、高为 80 厘米的圆柱形容器内，充满压强为 98 牛顿/厘米^2 的蒸气。设温度保持不变，要使蒸气的体积缩小一半，问需要作多少功？

8. 用铁锤将一铁钉击入木板。设木板对铁钉之阻力与铁钉击入木板的深度成正比，在铁锤击第一次时能将铁钉击入板内 1 厘米，如果铁锤每次打击铁钉所作之功相等，问铁锤击第二次时能把铁钉又击入多少厘米？

9. 水闸门为矩形，宽 20 米、高 16 米，垂直立于水中，它的上沿与水平面相齐，求水对闸门的压力。

10. 垂直闸门的形状为等腰梯形，上底为 2 米，下底为 1 米，高为 3 米，露出水面 1 米，求水对闸门的压力。

11. 等腰三角形薄板铅直地沉没在水中，它的底与水面齐，薄板的底为 a，高为 h。

(1)计算在薄板上每侧所受的压力；

(2)如果倒转薄板使顶点与水面齐，而底平行于水面，则水对薄板的压力增大几倍；

(3)若三角形薄板沉入水中一部分，顶点朝下，底平行于水面，且在水面之下$\frac{h}{2}$，求其每侧所受的压力。

第五节　定积分在医药学中的应用

例 1　血液胰岛素平均水平。

正常人血液中的胰岛素水平受当前血糖含量的影响。当血糖含量增加时，由胰脏分泌的胰岛素就进入血液；进入血液后，胰岛素的生化特性变得不活泼，并呈指数衰减，半衰期为

20分钟。

在一临床实验中,先让病人禁食,以便降低体内的血糖含量,然后注射大量的葡萄糖,经测定血液中胰岛素浓度符合下列函数:

$$C(t)=\begin{cases}t(10-t), & 0\leqslant t\leqslant 5\\ 25e^{-k(t-5)}, & t>5\end{cases}$$

其中 $k=\dfrac{\ln 2}{20}$,时间 t 的单位为分,求1小时内血液中胰岛素的平均浓度。

解 由函数平均值的公式,有

$$\begin{aligned}\overline{C}(t)&=\frac{1}{60}\int_0^{60}C(t)dt\\&=\frac{1}{60}\int_0^5 C(t)dt+\int_5^{60}C(t)dt\\&=\frac{1}{60}\left[\int_0^5 t(10-t)dt+\int_5^{60}25e^{-k(t-5)}dt\right]\\&=\frac{1}{60}\left\{\left[5t^2-\frac{1}{3}t^3\right]_0^5-\left[\frac{25}{k}e^{-k(t-5)}\right]_5^{60}\right\}\\&=\frac{1}{60}\left(125-\frac{125}{3}\right)-\frac{5}{12k}(e^{-55k}-1)\\&\approx 11.63(\text{单位/毫升})\end{aligned}$$

例2 单位时间内流过血管截面的血流量。

有一段长为 l、半径为 R 的血管,一端血压为 P_1,另一端血压为 $P_2(P_1>P_2)$。已知血管截面上距离血管中心为 r 处的血液流速为

$$V(r)=\frac{P_1-P_2}{4\eta l}(R^2-r^2)$$

式中 η 为血液粘滞系数,求在单位时间内流过该截面的血流量[图6-33(a)]。

解 血液是有粘性的,当血液在血管内流动时,在血管壁处受到摩擦阻力,故血管中心流速比管壁附近流速大。为此,将血管截面分成许多圆环来讨论。建立坐标系如图6-33(b),取血管半径 r 为积分变量,$r\in[0,R]$,在其上取一小区间 $[r,r+dr]$,则对应一个小圆环,由于 dr 很小,环面上各点的流速变化不大,可近似看作不变,所以可用半径为 r 处圆周上流速 $V(r)$ 来近似代替。此圆环的面积也可近似看作为以圆环周长 $2\pi r$ 为长,dr 为宽的矩形面积 $2\pi rdr$,则该圆环内的血流量可近似为

$$\Delta Q\approx V(r)2\pi rdr$$

血流量微元为

$$dQ=V(r)2\pi rdr$$

于是得单位时间内流过该截面的血流量

$$\begin{aligned}Q&=\int_0^R V(r)2\pi rdr\\&=\int_0^R\frac{P_1-P_2}{4\eta l}(R^2-r^2)2\pi rdr\end{aligned}$$

$$=\frac{\pi(P_1-P_2)}{2\eta l}\int_0^R(R^2r-r^3)dr$$

$$=\frac{\pi(P_1-P_2)}{2\eta l}\left[\frac{R^2}{2}r^2-\frac{r^4}{4}\right]_0^R$$

$$=\frac{\pi(P_1-P_2)R^4}{8\eta l}$$

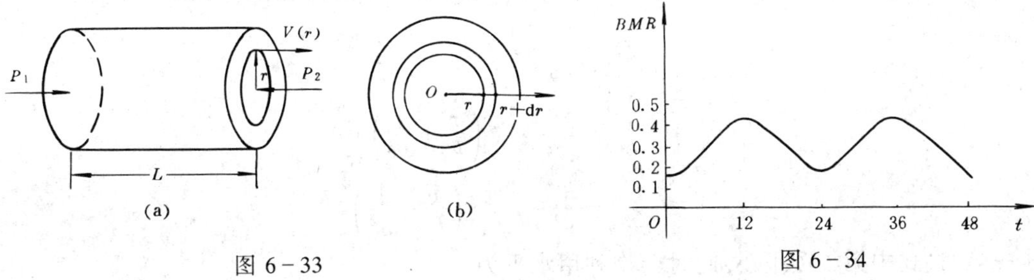

图 6－33　　图 6－34

例 3　基础代谢(BM)是描述非应激状态下有机体内正常化学活动的指标。所谓非应激状态,对植物而言,是指在理想条件下的发育,对动物而言,是指静止休息一段时间。

动物(包括人)的代谢速度随着外界环境和生理活动变化而相应地变化,所以在日周期内的基础代谢率(BMR)也是波动的。夜间基础代谢率增加以补偿温度的降低,而白天则减少。图 6－34 就是这种周期变化图形。

在一段时间内,基础代谢量可通过对基础代谢率在这段时间内的积分得到

$$\mathrm{BM}=\int_{t_0}^{t_1}\mathrm{BMR}(t)\,dt$$

图中的 BMR 满足

$$\mathrm{BMR}(t)=-0.15\cos\frac{\pi}{12}t+0.3\quad(千卡/小时)$$

一昼夜内 BM 的值是

$$\mathrm{BM}=\int_0^{24}\left(-0.15\cos\frac{\pi}{12}t+0.3\right)dt=\left[-0.15\times\frac{12}{\pi}\sin\frac{\pi}{12}t+0.3t\right]_0^{24}$$

$$=7.2(千卡)$$

这个值相当于一只老鼠的基础代谢量,而成人的基础代谢量约为 2000 千卡。

例 4　药物的有效度。病人口服药物后,被血液系统吸收,然后才能在人体各部分发生作用,但也不是全部剂量都能吸收并发挥作用。为了测定被血液系统利用的药物的总量,就必须监测药物在尿中的排泄速度。如果排泄速度为 $f(t)$,则在时间区间$[0, T]$内进入人体各部分的药物总量可用定积分求得。

建立坐标系如图 6－35 所示,取时间 t 为积分变量,$t\in[0, T]$。在$[0, T]$内任取一小区间$[t, t+dt]$,由于 dt 变化不大,此期间内药物排泄速度可近似于 t 时刻的药物排泄速度 $f(t)$,所以药物排泄量微元为

$$dD=f(t)\,dt$$

在时间$[0, T]$内进入人体各部分的药物总量，即药物有效剂量为

$$D=\int_0^T f(t)dt$$

有效剂量 D 就是图 6－35 中曲线 $f(t)$下的面积。

典型的药 物 清除速度函数为

$$f(t)=te^{-kt}\qquad (k>0)$$

相应的有效药物利用量为

$$\begin{aligned} D &= \int_0^T te^{-kt}dt \\ &= \left[-e^{-kt}\left(\frac{t}{k}+\frac{1}{k^2}\right)\right]_0^T \\ &= \frac{1}{k^2}-e^{-kT}\left(\frac{T}{k}+\frac{1}{k^2}\right) \end{aligned}$$

当 $T\to\infty$时，式中第二项很小，此时药物利用水平为

$$D\approx\frac{1}{k^2}$$

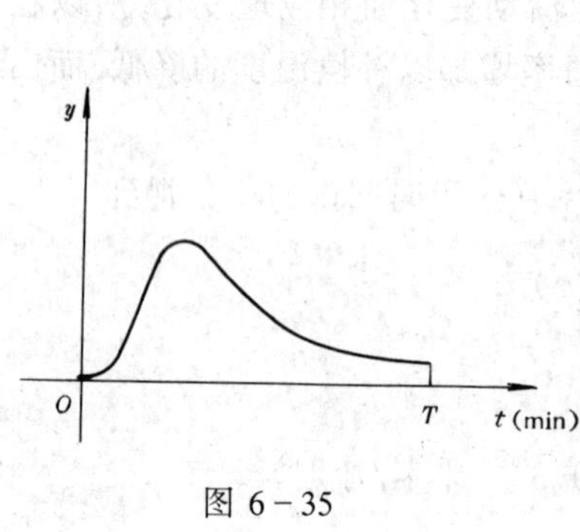

图 6－35

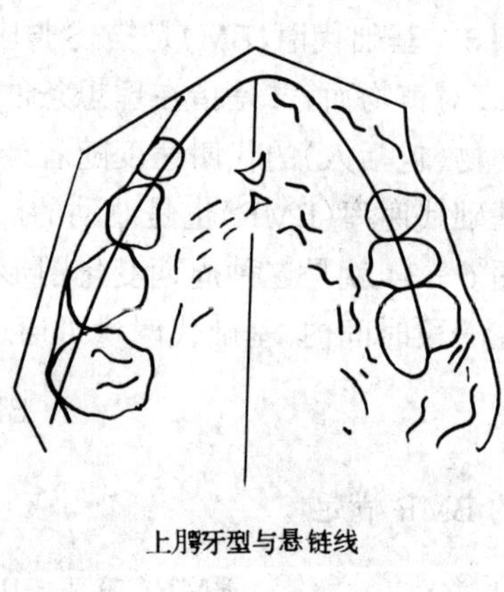

上腭牙型与悬链线

图 6－36

例 5　牙弓形状的数学模型。在口腔矫形科的临床中，确定治疗措施需考虑牙弓的形状。牙弓曲线可以用悬链线拟合(图 6－36)，其数学模型是

$$f(x)=\frac{a}{2}(e^{bx}+e^{-bx})$$

矫形科医生要求的是牙弓的长度，即悬链线的弧长

$$f'(x)=\frac{ab}{2}\left(e^{dx}-e^{-bx}\right)$$

由弧长公式得牙弓长度为

$$\begin{aligned} L &= \int_a^b \sqrt{1+(y')^2}\,dx \\ &= \int_a^b \left\{1+\left[f'(x)\right]^2\right\}^{\frac{1}{2}}dx \end{aligned}$$

$$= \int_a^b \left\{1 + \left[\frac{ab}{2}(e^{bx} - e^{-bx})\right]^2\right\}^{\frac{1}{2}} dx$$

参数 a, b 可通过某些测量值来确定。

习　题　6-5

1. 用药物的排出速率来测定有效药物的总量，是常用的一种方法。另有一种方法则是用药物进入血液系统的速率来计算有效药物总量。某类型的曲线常被用来比较不同的阿斯匹林型药物，典型的吸收率函数具有如下形式：

$$f(t) = kt(t-b)^2 \qquad (0 \leqslant t \leqslant b)$$

此函数的图像如图 6-37 所示。药物吸收总量可通过

$$A = \int_a^b f(t)dt$$

来计算。

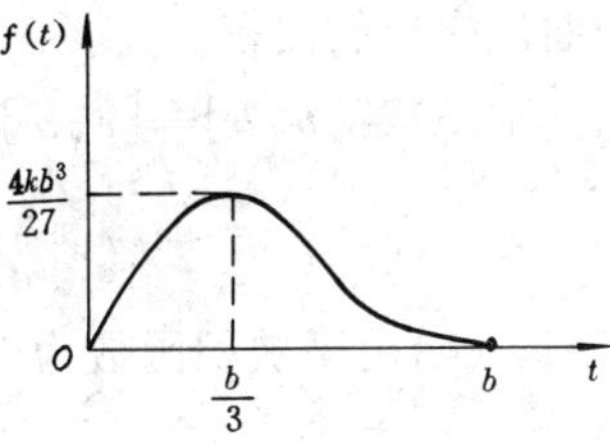

图 6-37

设有某种药物，遵从 $f(t)$ 式所示的吸收规律，其中 k, b 的值为 $k=0.15, b=3$。求该药物的吸收总量 A，并仿照图 6-37作出它的典型吸收率曲线。

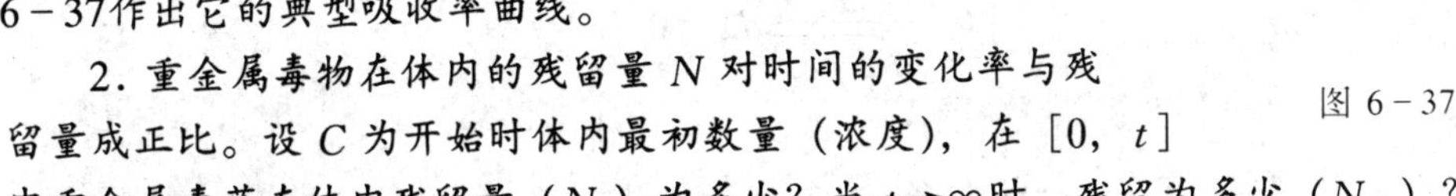

2. 重金属毒物在体内的残留量 N 对时间的变化率与残留量成正比。设 C 为开始时体内最初数量（浓度），在 $[0, t]$ 内重金属毒药在体内残留量（N_t）为多少？当 $t \to \infty$ 时，残留为多少（N_∞）？

（冯　丹）

自 测 题 (四)

1. 是非题

(1)若函数 $f(x)$在区间$[a,b]$上有界,则 $f(x)$在$[a,b]$上可积。

(2)定积分$\int_a^b f(x)dx$ 的几何意义是,介于函数 $f(x)$的曲线、x 轴与$x=a$, $x=b$之间曲边梯形的面积。

(3)若$[a,b]\equiv[c,d]$,则必有

$$\int_a^b f(x)dx \geqslant \int_c^d f(x)dx$$

(4)由于被积函数为奇函数,因而

$$\int_{-\infty}^{+\infty}\frac{x}{\sqrt{1+x^2}}dx=0$$

(5)运算

$$\frac{d}{dx}\int_0^{x^2}\frac{\sin t}{1+\cos^2 t}dt=\frac{\sin x^2}{1+\cos^2 x^2}$$

2. 填空题

(1)________$\leqslant \int_0^{2\pi}\frac{dx}{1+0.5\sin x}\leqslant$________。

(2) $\int_{-\pi}^{\pi} x^4\sin^3 x dx=$________。

(3)$\lim\limits_{x\to 0}\dfrac{\int_0^x \operatorname{tg} t dt}{x}=$________。

(4)设 $f(x)=\begin{cases}x,0\leqslant x\leqslant 1\\ 1,1<x\leqslant 2\end{cases}$ 则 $\int_0^2 f(x)dx=$________。

(5) $\int_1^{+\infty}\frac{1}{x^2}dx=$________。

3. 选择题

(1)$f(x)$在$[a,b]$上连续是$\int_a^b f(x)dx$ 存在的________。

(A)必要条件; (B)充要条件;

(C)充分条件; (D)以上都不对。

(2)设 $\Phi''(x)$在$[a,b]$上连续,且 $\Phi'(b)=a$, $\Phi'(a)=b$,则$\int_a^b\Phi'(x)\Phi''(x)dx=$________。

(A)$a-b$; (B)$\frac{1}{2}(a-b)$; (C)a^2-b^2; (D)$\frac{1}{2}(a^2-b^2)$。

(3) $y=\int_0^x (t-1)^3(t-2)dt$，则 $\left.\frac{dy}{dx}\right|_{x=0}=$ ________。

(A)2； (B)-2； (C)-1； (D)1。

(4)定积分 $\int_0^{19}\frac{1}{\sqrt[3]{x+8}}dx$ 作适当变换后应等于________。

(A) $\int_2^3 3xdx$； (B) $\int_0^3 3xdx$； (C) $\int_0^2 3xdx$； (D) $\int_{-2}^{-3} 3xdx$。

(5)曲线 $y=2x$, $y=3-x^2$ 所围面积 $A=$ ________。

(A) $\int_{-3}^{1}(3-x^2-2x)dx$； (B) $\int_{-6}^{2}\left(\frac{y}{2}-\sqrt{3-y^2}\right)dy$；

(C) $\int_{-1}^{3}(3-x^2-2x)dx$； (D) $\int_{-3}^{1}\left(\frac{y}{2}-\sqrt{3-y^2}\right)dy$。

4．计算下列各题：

(1) $\int_0^2\frac{dx}{\sqrt{x+1}+\sqrt{(x+1)^3}}$；

(2) $\int_0^{\frac{\pi}{4}} x\sin x dx$；

(3)求 $I=\int_0^1 x|x-a|dx$，其中 a 为参数；

(4)设 $f(x)=\frac{\cos x}{1+\sin^2 x}$，求 $\int_0^{\frac{\pi}{2}}\frac{f'(x)}{1+[f(x)]^2}dx$。

5．平面图形在区间 $\left[0,\frac{\pi}{2}\right]$ 上由曲线 $y=\sin x$，直线 $\pi y-2x=0$ 所围成，求：

(1)此图形的面积；

(2)此图形绕 x 轴和 y 轴旋转所产生的旋转体体积。

6．油在半径为 R 的输油管中流动，各点的流速 $v=\frac{v_0}{1+r}$，式中 v_0 为圆心处的流速，r 为所考虑的点到圆心的距离，求单位时间内通过油管截面的油量。

7．某患者静脉注射 2 克的药物，测得不同时刻的血药浓度如下：

时间(小时)	1.0	2.0	3.0	4.0	5.0	6.0	7.0	8.0	9.0	10.0
血药浓度(毫克/摩尔)	0.28	0.24	0.21	0.18	0.16	0.14	0.12	0.10	0.09	0.08

求药－时曲线下面积的近似值。

(冯　丹)

第七章　微　分　方　程

在科学研究和生产实践中,寻求变量之间的函数关系是十分重要的问题。然而,在许多情况下,函数关系往往不能直接求得,而是通过建立含有自变量、未知函数及其导数的关系式——微分方程来求出。本章主要介绍微分方程的一些基本概念和几种常见的微分方程的解法,并简要介绍它们在一些实际问题,特别是医药学中的应用。此外,本章还介绍拉普拉斯变换的基本概念及其在解微分方程中的一些应用。

第一节　微分方程的基本概念

下面通过具体例子来说明微分方程的一些基本概念。

例 1　一曲线通过点(1,0),且在该曲线上的任意一点 $M(x,y)$处的切线斜率为 $3x^2$,求该曲线的方程。

解　根据导数的几何意义可知,所求曲线的方程 $y=y(x)$应满足

$$\frac{dy}{dx}=3x^2 \quad \text{或} \quad dy=3x^2dx \tag{7-1}$$

对上式两端积分,得

$$y=x^3+C \tag{7-2}$$

其中 C 为任意常数。

又因为曲线过点(1,0),即所求函数 $y=y(x)$满足

$$x=1\text{ 时}, y=0 \tag{7-3}$$

将式(7-3)代入式(7-2),得

$$0=1^3+C$$

由此定出 $C=-1$,因此所求曲线方程为

$$y=x^3-1 \tag{7-4}$$

例 2　列车在平直的线路上以 20 米/秒的速度行驶,在制动过程中,列车获得的加速度为 -0.4 米/秒^2,问开始制动后多少时间列车才能停止,以及列车在这段时间里行驶了多少路程?

解　设列车在制动阶段的运动规律为 $S=S(t)$,则

$$\frac{d^2S}{dt^2}=-0.4 \tag{7-5}$$

对上式两端积分一次,得

$$v=\frac{dS}{dt}=-0.4t+C_1 \tag{7-6}$$

再积分一次,得

$$S = -0.2t^2 + C_1 t + C_2 \tag{7-7}$$

其中 C_1, C_2 都是任意常数。

此外,由题意可知,未知函数 $S = S(t)$ 满足如下条件:

$$t = 0 \text{ 时}, S = 0, v = \frac{dS}{dt} = 20 \tag{7-8}$$

将条件 $t = 0$ 时, $v = 20$ 代入式(7-6),得

$$C_1 = 20$$

将条件 $t = 0$ 时 $S = 0$ 代入式(7-7),得

$$C_2 = 0$$

因此,得到

$$v = -0.4t + 20 \tag{7-9}$$

$$S = -0.2t^2 + 20t \tag{7-10}$$

当列车停止时, $v = 0$,即

$$-0.4t + 20 = 0$$

由此得到列车从开始制动到停止所需时间为

$$t = 50(\text{秒})$$

把 $t = 50$ 代入式(7-10),得到列车在制动阶段行驶的路程为

$$S = 500(\text{米})$$

在上面两个例子中,式(7-1)和(7-5)都是含有未知函数的导数的方程。一般情况下,凡含有自变量、未知函数及其导数(或微分)的方程,通称为微分方程(differential equation),或简称方程。例如,方程(7-1)和(7-5)都是微分方程。在微分方程中,若未知函数只是一个自变量的函数,则称它为常微分方程;若未知函数是多个自变量的函数,则称它为偏微分方程。例如方程(7-1)和(7-5)都是常微分方程,而方程 $a\frac{\partial u}{\partial x} + b\frac{\partial u}{\partial y} = 0$ 则是偏微分方程。

本教材仅讨论常微分方程,简称微分方程。

微分方程中出现的未知函数的最高阶导数的阶数,称为微分方程的阶(order of differential equation)。例如:方程(7-1)是一阶微分方程;方程(7-5)是二阶微分方程。n 阶微分方程一般可记为

$$F(x, y, y', \cdots, y^{(n)}) = 0$$

满足微分方程的任一函数都称为微分方程的解。也就是说,把这一函数代入微分方程后能使方程成为恒等式。例如,函数(7-2)和(7-4)都是方程(7-1)的解,函数(7-7)和(7-10)都是方程(7-5)的解。求微分方程解的过程称为解方程。

如果微分方程的解中含有任意常数,且任意常数的个数与微分方程的阶数相同,这样的解称为微分方程的通解(general solution)。从通解中给出任意常数的特定值而得到的解,称为微分方程的特解(particular solution),它通常可按照问题所给的条件,从通解中确定出任意常数的特定值而得到。例如,函数式(7-2)是方程(7-1)的通解,函数式(7-7)是方程(7-5)的通解;而函数式(7-4)是方程(7-1)的一个特解,函数式(7-10)是方程(7-5)的一个特解。

用来确定特解的条件，如例 1 中的式(7－3)与例 2 中的式(7－8)，称为初始条件(initial condition)。一般地，如果微分方程是一阶的，则初始条件为

$$\text{当 } x = x_0 \text{ 时}, y = y_0$$

或写成

$$y\big|_{x=x_0} = y_0 \quad \text{或} \quad y(x_0) = y_0$$

其中 x_0, y_0 都是给定的值；如果微分方程是二阶的，则初始条件为

$$\text{当 } x = x_0 \text{ 时}, y = y_0, y' = y_1$$

或写成

$$y\big|_{x=x_0} = y_0, \quad y'\big|_{x=x_0} = y_1 \quad \text{或} \quad y(x_0) = y_0, \quad y'(x_0) = y_1$$

其中 x_0, y_0 及 y_1 都是给定的值。

微分方程的解的图形称为微分方程的积分曲线。通解的图形就是积分曲线族，特解的图形就是其中一条确定的曲线。如例 1 中通解式(7－2)是以常数 C 为参数的立方抛物线族，如图 7－1 所示。而特解式(7－4)是表示通过点(1,0)的一条积分曲线 $y = x^3 - 1$。

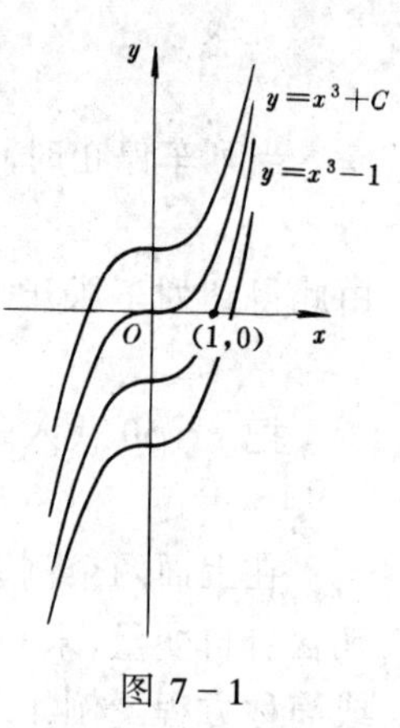

图 7－1

例 3　验证函数 $y = Ce^{-x} + x - 1$ 是微分方程 $y' + y = x$ 的解。

解　因为　$y' = -Ce^{-x} + 1$，把 y 和 y' 代入微分方程的左端，得

$$\begin{aligned} \text{左} &= y' + y \\ &= -Ce^{-x} + 1 + Ce^{-x} + x - 1 \\ &= x \\ &= \text{右} \end{aligned}$$

所以函数 $y = Ce^{-x} + x - 1$ 满足所给的微分方程，因此是微分方程的解。

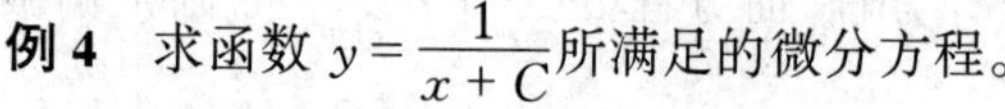

例 4　求函数 $y = \dfrac{1}{x+C}$ 所满足的微分方程。

解　因为　$y' = -\dfrac{1}{(x+C)^2}$，即 $y' + y^2 = 0$，所以函数 $y = \dfrac{1}{x+C}$ 所满足的微分方程为 $y' + y^2 = 0$。

在例 4 中，$y = \dfrac{1}{x+C}$ 是一阶微分方程 $y' + y^2 = 0$ 的通解，显然 $y = 0$ 也是方程的解，但它不包含在通解之中。由此可以看出，微分方程的通解并不一定是它的一切解。这是要注意的。

习　题　7－1

1．什么叫微分方程的阶？指出下列各微分方程的阶数：

(1) $y' = xy$；

(2) $(x^2 - y^2)dx + (x^2 + y^2)dy = 0$；

(3) $\dfrac{d^2y}{dx^2} + 4y = x$；

(4) $yy'' - (y')^3 = 0$。

2. 验证 $y=C_1e^{3x}+C_2e^{-x}$（其中 C_1,C_2 为任意常数）是微分方程 $y''-2y'-3y=0$ 的通解。

3. 验证方程 $y'=\dfrac{2y}{x}$ 的通解为 $y=Cx^2$（C 为任意常数），并求满足初始条件 $y|_{x=1}=2$ 的特解。

4. 已知曲线上点 $P(x,y)$ 的切线与线段 OP 垂直，求曲线所满足的微分方程。

第二节　一阶微分方程

一阶微分方程的一般形式为

$$F(x,y,y')=0$$

以后仅讨论已解出导数的一阶微分方程：

$$y'=f(x,y) \tag{7-11}$$

一、可分离变量的微分方程

经过整理，如果方程(7－11)能表达成

$$\frac{dy}{dx}=h(x)\cdot g(y) \tag{7-12}$$

那么称之为可分离变量的微分方程。这里 $h(x)$，$g(y)$ 分别是变量 x，y 的已知连续函数。当 $g(y)\neq 0$ 时，式(7－12)可以写成

$$\frac{dy}{g(y)}=h(x)dx \tag{7-13}$$

此时，方程中的变量已被分离。然后，对式(7－13)式两端积分

$$\int\frac{dy}{g(y)}=\int h(x)dx$$

可得到方程(7－12)的通解。

注意：方程(7－13)有一个特点，即其中 x 的函数与 dx 在等式一边，y 的函数与 dy 在等式的另一边，两边可以各自积分，而不必考虑 y 是 x 的什么样的函数，故称此法为分离变量法。

例 1　求微分方程 $\dfrac{dy}{dx}=x(1+y^2)$ 的通解。

解　分离变量，得

$$\frac{dy}{1+y^2}=xdx$$

两端积分，得

$$\text{arctg}\,y=\frac{1}{2}x^2+C$$

因而得到方程的通解为

$$y=\text{tg}\left(\frac{1}{2}x^2+C\right)$$

其中 C 为任意常数。

例 2 求方程$\frac{dy}{dx}=-\frac{y}{x}$的通解。

解 分离变量，得

$$\frac{dy}{y}=-\frac{dx}{x}$$

两端积分，得

$$\ln|y|=\ln\left|\frac{1}{x}\right|+\ln C_1 \qquad (C_1>0)$$

即

$$|y|=\frac{C_1}{|x|}$$

$$y=\pm\frac{C_1}{x}$$

$$=\frac{C}{x} \qquad (C=\pm C_1)$$

为原方程的通解，其中 C 为任意常数（$C\neq0$）。

凡遇到积分后是对数的情形，理应作类似于上述的讨论。但是，这样的演算过程没有必要重复，故为方便起见，今后凡遇到积分后是对数情形都作如下简化处理，以例 2 为例，示范如下：

分离变量，得

$$\frac{dy}{y}=-\frac{dx}{x}$$

两端积分，得

$$\ln y=\ln\frac{1}{x}+\ln C$$

$$\ln y=\ln\frac{C}{x}$$

即通解为

$$y=\frac{C}{x}$$

其中 C 为任意常数。

例 3 求微分方程$\frac{dx}{y}+\frac{dy}{x}=0$满足初始条件 $x=2$ 时，$y=4$ 的特解。

解 先求微分方程的通解。分离变量后将方程写成

$$ydy=-xdx$$

两端积分，得

$$\frac{y^2}{2}=-\frac{x^2}{2}+C$$

当 $x=2$ 时，$y=4$，由此得

$$C=10$$

于是，所求特解为

$$x^2+y^2=20$$

例 4 放射性元素的质量随着时间的增加而逐渐减少，这种现象称为衰变。由物理学知道，放射性元素铀在某时刻的衰变速度与该时刻铀的质量 M 成正比。已知 $t=0$ 时，铀的

质量为 M_0，求在衰变过程中铀的质量随时间变化的规律。

解　设铀在时刻 t 的质量是 $M=M(t)$，则铀的衰变速度是 $\frac{dM}{dt}$，由题意得

$$\frac{dM}{dt}=-\lambda M$$

其中 $\lambda(\lambda>0)$ 是常数，称为衰变常数（负号是由于当 t 增加时质量 M 减少，即 $\frac{dM}{dt}<0$，且初始条件为 $M|_{t=0}=M_0$。将方程分离变量后，得

$$\frac{dM}{M}=-\lambda dt$$

两端积分，得

$$\ln M=-\lambda t+C_1$$

$$M=e^{-\lambda t+C_1}=e^{C_1}\quad e^{-\lambda t}$$

记 $C=e^{C_1}$，得微分方程的通解为

$$M=Ce^{-\lambda t}$$

把初始条件代入，得

$$M_0=Ce^0=C$$

于是有

$$M=M_0e^{-\lambda t}$$

就是所求铀的衰变规律。

例 5　一容器内盛有 100 升葡萄糖水，其中含葡萄糖 10 千克，今以 2 升/分的均匀速度把净水注入容器，并以同样速度使葡萄糖水流出。在容器内有一搅拌器在不停地搅拌着，因此可以认为溶液的浓度在每一时刻都是均匀的。求：(1) t 时刻溶液中的葡萄糖含量；(2) 50 分钟后溶液中的葡萄糖含量。

解　设 t 时刻溶液中的葡萄糖含量为 $x=x(t)$，则在微小时间间隔 $[t,t+dt]$ 内溶液中葡萄糖含量的变化情况应为

溶液内葡萄糖含量的增量=(流进的葡萄糖量)-(流出的葡萄糖量)

在这段时间内葡萄糖含量的增量近似为 dx，流进的葡萄糖量为零。取 t 时刻溶液的浓度 $\frac{x}{100}$ 为这段时间内的浓度，则流出的葡萄糖量近似为 $\frac{x}{100}\cdot 2dt$。因此，可列出微分方程

$$dx=-0.02xdt$$

分离变量后两边积分，得

$$\ln x=-0.02t+\ln C$$

即

$$x=Ce^{-0.02t}$$

由题意可列出初始条件

$$t=0\text{ 时},\ x=10$$

代入上式，得

$$C=10$$

因此 t 时刻溶液中的葡萄糖含量为

$$x=10e^{-0.02t}$$

当 $t=50$ 时,得

$$\begin{aligned} x &= 10e^{-1} \\ &= 3.679(\text{千克}) \end{aligned}$$

这就是 50 分钟后溶液中的葡萄糖含量。

在这个例子中,通过对微元 dx 的分析列出微分方程,这也是建立微分方程的一种常用的方法,即微元法。

例 6 化学反应 A+B→C 称为二级化学反应。实验表明,在一定温度下的恒溶反应 A+B→C 的反应速度与各反应物的浓度的乘积成正比。已知反应物 A,B 和生成物 C 的初始浓度分别为 a,b 和零(设 $a\neq b$),求 t 时刻 A,B 和 C 的浓度。

解 设时刻 t 生成物 C 的浓度为 $x=x(t)$,则反应物 A,B 的浓度分别为 $a-x$,$b-x$,由题意可列出微分方程

$$\frac{dx}{dt}=k(a-x)(b-x)$$

式中 k 为反应速度常数。分离变量,得

$$\frac{dx}{(a-x)(b-x)}=kdt$$

两端积分,得

$$\frac{1}{b-a}\ln\frac{b-x}{a-x}=kt+C$$

由初始条件 $t=0$ 时,$x=0$,得

$$C-\frac{1}{b-a}\ln\frac{b}{a}$$

故所求之解为

$$\frac{1}{b-a}\ln\frac{a(b-x)}{b(a-x)}=kt$$

即

$$x=\frac{ab(e^{bkt}-e^{akt})}{be^{bkt}-ae^{akt}}$$

同时可求得 A 和 B 的浓度为

$$a-x=\frac{a(a-b)e^{akt}}{ae^{akt}-be^{bkt}}$$

$$b-x=\frac{b(a-b)e^{bkt}}{ae^{akt}-be^{bkt}}$$

可分离变量的微分方程(7-12)并不常见,但有的方程只须经过适当的变量代换,就能化成方程(7-12)的形式,然后再用分离变量法求解。

例 7 求方程 $y'=\frac{y}{x}\left(1+\ln\frac{y}{x}\right)$的通解。

解 所给方程不能分离变量,但如果令 $u=\frac{y}{x}$,即 $y=ux$,则有

$$y'=u+xu'$$

代入方程,得

$$u+xu'=u(1+\ln u)$$

这是一个可分离变量的方程。分离变量后，得

$$\frac{du}{u\ln u}=\frac{dx}{x}$$

两端积分，得

$$\ln\ln u=\ln x+\ln C$$

即

$$\ln u=Cx$$

再以 $u=\frac{y}{x}$ 代入，得原方程的通解为

$$y=xe^{Cx}$$

这种形如 $y'=f\left(\frac{y}{x}\right)$ 的方程称为齐次微分方程，简称为齐次方程。齐次方程都可以用变换 $u=\frac{y}{x}$ 的方法来求解。还应注意，使用变量代换求解的题，最后必须换回原变量。

例 8　解微分方程 $y^2+x^2\frac{dy}{dx}=xy\frac{dy}{dx}$。

解　将原方程写成

$$\frac{dy}{dx}=\frac{y^2}{xy-x^2}$$

即

$$\frac{dy}{dx}=\frac{\left(\frac{y}{x}\right)^2}{\frac{y}{x}-1}$$

显然，它是齐次方程。令 $u=\frac{y}{x}$，则上式变为

$$u+x\frac{du}{dx}=\frac{u^2}{u-1}$$

分离变量，得

$$\frac{1}{x}dx=\frac{u-1}{u}du$$

两端积分，得

$$\ln x=u-\ln u+\ln C$$

即

$$xu=Ce^u$$

再以 $u=\frac{y}{x}$ 代入，得原方程的通解为

$$y=Ce^{\frac{y}{x}}$$

例 9　求方程 $y''=\ln x$ 的通解。

解　这是一个二阶微分方程，可以通过降阶的方法，将其变成一阶方程。

令 $y'=p(x)$，于是 $y''=\frac{dp}{dx}$，这样原方程就成为

$$\frac{dp}{dx}=\ln x$$

这是关于函数 p 的一阶方程,且可分离变量。分离变量后积分,得

$$p=x(\ln x-1)+C_1$$

即
$$\frac{dy}{dx}=x(\ln x-1)+C_1$$

再次积分,便得原方程的通解为

$$y=\frac{1}{2}x^2\ln x-\frac{3}{4}x^2+C_1x+C_2$$

其中 C_1,C_2 为任意常数。

例 9 中的方程为 $y''=f(x)$型,凡这种类型的二阶方程,都可用上述降阶的方法求出其通解。

二、一阶线性微分方程

未知函数及其一阶导数都是一次幂的微分方程

$$\frac{dy}{dx}+P(x)y=Q(x) \tag{7-14}$$

称为一阶线性微分方程,其中 $P(x),Q(x)$都是 x 的连续函数。如果 $Q(x)\equiv 0$,那么称方程

$$\frac{dy}{dx}+P(x)y=0 \tag{7-15}$$

为与方程(7-14)对应的一阶线性齐次微分方程,简称线性齐次方程;如果 $Q(x)\neq 0$,那么方程(7-14)称为一阶线性非齐次微分方程,简称线性非齐次方程。

下面讨论一阶线性微分方程的解法。

对于一阶线性齐次方程

$$\frac{dy}{dx}+P(x)y=0$$

可用分离变量法求其通解。分离变量后,得

$$\frac{dy}{y}=-P(x)dx \qquad (y\neq 0)$$

两端积分,得

$$\ln y=-\int P(x)dx+\ln C$$

即

$$y=Ce^{-\int P(x)dx} \tag{7-16}$$

为一阶线性齐次方程(7-15)的通解,其中 C 为任意常数。

例 10 求方程 $y'+(\sin x)y=0$ 的通解。

解 所给方程是一阶线性齐次方程,且 $P(x)=\sin x$。由于

$$-\int P(x)dx=-\int \sin x\,dx=\cos x$$

所以由公式(7-16)可得通解为

$$y=Ce^{\cos x}$$

对于一阶线性非齐次方程

$$\frac{dy}{dx}+P(x)y=Q(x)$$

的通解,可用所谓常数变易法求得。这种方法是把与方程(7-14)相对应的线性齐次方程(7-15)的通解

$$y=Ce^{-\int P(x)dx}$$

中的常数 C 换为 x 的未知函数 $C(x)$,即作变换

$$y=C(x)e^{-\int P(x)dx} \tag{7-17}$$

则

$$\frac{dy}{dx}=C'(x)e^{-\int P(x)dx}-P(x)C(x)e^{-\int P(x)dx}$$

将 y 和 $\frac{dy}{dx}$ 代入方程(7-14),可得

$$C'(x)e^{-\int P(x)dx}=Q(x)$$

即

$$C'(x)=Q(x)e^{\int P(x)dx}$$

积分后得

$$C(x)=\int Q(x)e^{\int P(x)dx}dx+C$$

由于 $P(x)$,$Q(x)$ 为已知,因而 $C(x)$ 便确定了。把 $C(x)$ 代回式(7-17),就得到了线性非齐次方程(7-14)的通解公式

$$y=e^{-\int P(x)dx}\left[\int e^{\int P(x)dx}Q(x)dx+C\right] \tag{7-18}$$

其中 C 为任意常数。

上述这种将常数 C 变为待定函数 $C(x)$,再通过确定 $C(x)$ 而求得方程解的方法,称为常数变易法。

将式(7-18)写成

$$y=Ce^{-\int P(x)dx}+e^{-\int P(x)dx}\int e^{\int P(x)dx}Q(x)dx$$

可见,式中的第一项是对应的线性齐次方程(7-15)的通解,第二项是线性非齐次方程(7-14)的一个特解(可在通解式(7-18)中取 $C=0$ 得到)。由此可知,一阶线性非齐次方程的通解,是对应的齐次方程的通解与非齐次方程的一个特解迭加而成。这就是一阶线性非齐次微分方程通解的结构形式。

在求解一阶线性非齐次方程时,式(7-18)可以作为通解的公式使用,但这个公式比较复杂,不易记住,必要时可用常数变易法直接求解。

例 11 求方程 $\frac{dy}{dx}+2xy=2xe^{-x^2}$ 的通解。

解法 1 先求解对应的齐次方程

$$\frac{dy}{dx}+2xy=0$$

分离变量,得

$$\frac{dy}{y}=-2xdx$$

两端积分,得

$$\ln y = -x^2 + \ln C$$

即

$$y = Ce^{-x^2}$$

为对应的齐次方程的通解。

再用常数变易法求原方程的解。设 $y = C(x)e^{-x^2}$ 为原方程的解,则

$$\frac{dy}{dx} = C'(x)e^{-x^2} - 2xC(x)e^{-x^2}$$

将$\frac{dy}{dx}$及 y 代入原方程,整理后,得

$$C'(x) = 2x$$

积分上式,得

$$C(x) = x^2 + C$$

则所求方程的通解为

$$y = (x^2 + C)e^{-x^2}$$

其中 C 为任意常数。

解法 2 运用通解公式求解。

$$P(x) = 2x \qquad Q(x) = 2xe^{-x^2}$$

算出

$$\begin{aligned} -\int P(x)dx &= -\int 2xdx \\ &= -x^2 \end{aligned}$$

$$e^{-\int P(x)dx} = e^{-x^2}$$

$$\begin{aligned} \int Q(x)e^{\int P(x)dx}dx &= \int 2xe^{-x^2}e^{x^2}dx \\ &= \int 2xdx \\ &= x^2 \end{aligned}$$

代入通解公式,得原方程的通解为

$$y = (x^2 + C)e^{-x^2}$$

其中 C 为任意常数。

例 12 求方程 $x\frac{dy}{dx} + 2y = x^4$ 满足初始条件$y|_{x=1} = \frac{1}{6}$的特解。

解 将方程化为标准形式

$$\frac{dy}{dx} + \frac{2}{x}y = x^3$$

先解对应的齐次方程

$$\frac{dy}{dx} + \frac{2}{x}y = 0$$

分离变量,得

$$\frac{dy}{y} = -\frac{2}{x}dx$$

两边积分，得

$$\ln y = -2\ln x + \ln C$$

即

$$y = Cx^{-2}$$

为对应的齐次方程的解。

再用常数变易法求原方程的解。设原方程的解为

$$y = C(x)x^{-2}$$

代入原方程得

$$\frac{C'(x)}{x^2} - \frac{2}{x^3}C(x) + \frac{C(x)}{x^2}\cdot\frac{2}{x} = x^3$$

即

$$C'(x) = x^5$$

积分上式得

$$C(x) = \frac{x^6}{6} + C$$

故原方程的通解为

$$\begin{aligned} y &= \frac{1}{x^2}\left(\frac{1}{6}x^6 + C\right) \\ &= \frac{1}{6}x^4 + \frac{C}{x^2} \end{aligned}$$

其中 C 为任意常数。

由初始条件$y|_{x=1} = \frac{1}{6}$，得 $C=0$，故所求特解为

$$y = \frac{x^4}{6}$$

例 13　求方程$(x+y^2)\frac{dy}{dx} = y$ 满足初始条件$y|_{x=3} = 1$ 的特解。

解　所给方程中含有 y^2，因此，如果仍把 x 看作自变量，y 看作未知函数，则它不是线性方程。对于这类一阶微分方程，如果把 $x = x(y)$看作未知函数，则原方程就是关于未知函数 $x(y)$的线性方程

$$\frac{dx}{dy} - \frac{x}{y} = y$$

利用一阶线性非齐次方程的通解公式，有

$$\begin{aligned} x &= e^{-\int -\frac{1}{y}dy}\left[\int e^{\int -\frac{1}{y}dy}\cdot y dy + C\right] \\ &= y(y+C) \end{aligned}$$

其中 C 为任意常数。

由初始条件$y|_{x=3} = 1$ 得 $C=2$，故特解为

$$x = 2y + y^2$$

关于一阶微分方程，以上介绍了可分离变量、齐次和线性方程三种基本类型以及它们的解法。有一些方程，虽不属于上述类型，但可以通过变量代换，化成上述类型，或化为已知其求解步骤的方程。

例 14 求方程$(x+y)^2\dfrac{dy}{dx}=4$的通解。

解 这个方程既不是可分离变量的方程,也不是线性方程,但如果令 $u=x+y$,则

$$\frac{dy}{dx}=\frac{du}{dx}-1$$

代入原方程,得

$$u^2\left(\frac{du}{dx}-1\right)=4$$

即

$$\frac{du}{dx}=\frac{4+u^2}{u^2}$$

此方程为可分离变量的方程。分离变量,得

$$\frac{u^2}{u^2+4}du=dx$$

两端积分,得

$$u-2\text{arctg}\,\frac{u}{2}=x+C$$

将 $u=x+y$ 代入,得原方程通解为

$$y-2\text{arctg}\,\frac{x+y}{2}=C$$

其中 C 为任意常数。

例 15 求微分方程$(1-x^2)y''-xy'=0$的通解。

解 这个方程是二阶方程,但它不显含未知函数 y,故可设 $y'=p$,得

$$(1-x^2)\frac{dp}{dx}-xp=0$$

问题转化为一阶微分方程。分离变量,得

$$\frac{dp}{p}=\frac{x}{1-x^2}dx$$

两端积分,得

$$\ln p=\frac{-\ln(1-x^2)}{2}+\ln C_1$$

所以

$$p=\frac{C_1}{\sqrt{1-x^2}}$$

即

$$\frac{dy}{dx}=\frac{C_1}{\sqrt{1-x^2}}$$

两端再积分一次,得方程的通解为

$$y=C_1\arcsin x+C_2$$

其中 C_1,C_2 为任意常数。

例 15 的方程为 $y''=f(x,y')$型,它不显含未知函数 y。对于这种类型的二阶微分方程,可作变量代换 $y'=p$,将二阶微分方程转化为一阶微分方程。

例 16 解微分方程 $xy''+y'-x^2=0$。

解　设 $y'=p$，则方程化为

$$x\frac{dp}{dx}+p-x^2=0$$

即
$$\frac{dp}{dx}+\frac{1}{x}p=x$$

这是一阶线性非齐次微分方程，利用公式(7-18)得

$$p=e^{-\int\frac{1}{x}dx}\left[\int xe^{\int\frac{1}{x}dx}dx+C_1\right]$$
$$=\frac{1}{3}x^2+\frac{C_1}{x}$$

即
$$\frac{dy}{dx}=\frac{1}{3}x^2+\frac{C_1}{x}$$

再积分，得方程的通解为

$$y=\frac{x^3}{9}+C_1\ln x+C_2$$

其中 C_1,C_2 为任意常数。

习　　题　7-2

1．求下列微分方程的通解：

(1)$2x^2yy'=y^2+1$；

(2)$3x^2+5x-5y'=0$；

(3)$\sqrt{1-x^2}y'-\sqrt{1-y^2}=0$；

(4)$(xy^2+x)dx+(y-x^2y)dy=0$；

(5)$y'=1+x+y^2+xy^2$；

(6)$\sin x\cos ydx-\cos x\sin ydy=0$；

(7)$2\frac{dy}{dx}=\frac{y}{x}+\frac{y^2}{x^2}$；

(8)$y'=\frac{y}{y-x}$；

(9)$x\sin\frac{y}{x}\frac{dy}{dx}=y\sin\frac{y}{x}+x$；

(10)$(x^2+y^2)dx-xydy=0$；

(11)$x\frac{dy}{dx}=y+2xe^{-\frac{y}{x}}$；

(12)$y''=(x-2)e^{-x}$；

(13)$y''=x+\sin x$。

2．求满足下列微分方程及初始条件的特解：

(1)$\frac{dy}{dx}=e^{x-y}, y|_{x=0}=\ln2$；

(2)$xdy+2ydx=0, y|_{x=2}=1$；

(3) $y^2y'=t+\sin t$, $y|_{t=0}=2$;

(4) $(y^2-3x^2)dy+2xydx=0$, $y|_{x=0}=1$;

(5) $xy'=y(1+\ln y-\ln x)$, $y|_{x=1}=e^2$。

3. 求下列微分方程的通解:

(1) $\frac{dy}{dx}=e^{-x}-y$;

(2) $y'-2y-x-2=0$;

(3) $y'+y\cos x=e^{-\sin x}$;

(4) $xy'=x\sin x-y$;

(5) $x\ln xdy+(y-x\ln x-x)dx=0$;

(6) $(y^2-6x)y'+2y=0$;

(7) $\frac{dy}{dx}=\frac{1}{x+\sin y}$;

(8) $\frac{dy}{dx}=\frac{1}{x-y}+1$;

(9) $y''-y'=x$。

4. 求满足下列微分方程及初始条件的特解:

(1) $\frac{dy}{dx}+3y=8$, $y|_{x=0}=2$;

(2) $xy'+y-e^x=0$, $y|_{x=1}=3e$;

(3) $\frac{dy}{dx}+\frac{2-3x^2}{x^3}y=1$, $y|_{x=1}=0$;

(4) $(t+2)\frac{dx}{dt}=3x+1$, $x|_{t=0}=0$;

(5) $(y^2-6x)\frac{dy}{dx}+2y=0$, $y|_{x=1}=1$。

5. 求曲线的方程,使曲线上任意一点(x,y)处的切线垂直于此点与原点的连线。

6. 设在一个理想的环境中,某种细胞的生长速率与当时的体积成正比(比例系数为λ),若$t=0$时,体积$V=V_0$,试求细胞在任意时刻t的体积。

7. 设一容器内有1000毫升的溶液,内含盐500克,现以10毫升/分的速度注入0.001克/毫升的盐水,以同样速度流出盐水(由于不断地搅拌,使容器内浓度保持相同),求容器内盐量随时间变化的规律。

8. 在化学反应中,反应速度常数K随温度T的变化而变化,由实验可知,K对T的变化率与K成正比,与T的平方成反比,比例系数为$\frac{E}{R}$(R为气体常数,E为活化能)。若已知温度为T_0时,速度常数为K_0,试写出K所满足的微分方程式及K随T的变化规律。

9. 求一曲线的方程,该曲线通过原点,并且它的每一点处的切线斜率都等于$2x+y$。

第三节　二阶常系数线性微分方程

一、二阶线性微分方程解的结构

二阶线性微分方程的一般形式为

$$y''+p(x)y'+q(x)y=f(x) \tag{7-19}$$

其中未知函数 y 及其一阶导数 y'、二阶导数 y'' 都是一次的，$p(x)$，$q(x)$ 和 $f(x)$ 都是自变量 x 的已知连续函数。

如果 $f(x)\equiv 0$，方程(7－19)成为

$$y''+p(x)y'+q(x)y=0 \tag{7-20}$$

称方程(7－20)为与方程(7－19)对应的二阶线性齐次方程。

如果 $f(x)\not\equiv 0$，方程(7－19)称为二阶线性非齐次方程。

1. 二阶线性齐次方程解的结构

关于二阶线性齐次方程解的结构，有以下定理：

定理 1　如果 $y_1(x)$，$y_2(x)$ 是方程(7－20)的两个解，那么

$$y(x)=C_1y_1(x)+C_2y_2(x) \tag{7-21}$$

也是方程(7－20)的解，其中 C_1，C_2 为任意常数。

证　因为 $y_1(x)$，$y_2(x)$ 是方程(7－20)的解，所以

$$y''_1+p(x)y'_1+q(x)y_1=0$$

$$y''_2+p(x)y'_2+q(x)y_2=0$$

将 $y=C_1y_1+C_2y_2$ 代入式(7－20)的左端，由上面两个等式即得

$$\begin{aligned}&(C_1y_1+C_2y_2)''+p(x)(C_1y_1+C_2y_2)'+q(x)(C_1y_1+C_2y_2)\\&=C_1(y''_1+p(x)y'_1+q(x)y_1)+C_2(y''_2+p(x)y'_2+q(x)y_2)\\&=C_1\cdot 0+C_2\cdot 0\\&=0\end{aligned}$$

所以 $y(x)=C_1y_1(x)+C_2y_2(x)$ 是方程(7－20)的解。

线性齐次方程解的这一性质称为解的叠加性，它是线性齐次方程所特有的性质，非线性方程或线性非齐次方程，都没有这一性质。

定理 1 表明，当已知二阶线性齐次方程的两个解 y_1，y_2 时，可以构造出无穷多个解 $C_1y_1+C_2y_2$，但 $y=C_1y_1+C_2y_2$ 并不一定是方程(7－20)的通解。例如，容易验证 $y_1=e^x$ 和 $y_2=2e^x$ 都是二阶线性齐次方程 $y''-2y'+y=0$ 的解。由定理 1 知，$y=C_1e^x+2C_2e^x=(C_1+2C_2)e^x=Ce^x$(其中 C_1，C_2 为任意常数，$C=C_1+2C_2$)也是它的解，但这个解形式上含有两个任意常数 C_1，C_2，实质上只有一个任意常数 C。然而我们知道，二阶微分方程的通解应包含两个独立的任意常数，因此这个叠加起来的解并不是方程 $y''-2y'+y=0$ 的通解。那么在什么情况下 $y=C_1y_1+C_2y_2$ 才是方程(7－20)的通解呢？要解决这个问题，还需引入一个新的概念，即所谓函数的线性相关和线性无关。

如果

$$\frac{y_1(x)}{y_2(x)} \equiv k \qquad (k\text{ 为常数}) \tag{7-22}$$

那么称 $y_1(x)$和 $y_2(x)$线性相关;否则,就称其为线性无关。

例如,函数 $y_1=\sin 2x$, $y_2=4\sin x\cos x$ 是两个线性相关的函数,这是因为

$$\frac{y_1}{y_2}=\frac{\sin 2x}{4\sin x\ \cos x}\equiv\frac{1}{2}$$

又如,函数 $y_1=e^{-x}$, $y_2=e^{x}$ 是两个线性无关的函数,这是因为

$$\frac{y_1}{y_2}=\frac{e^{-x}}{e^{x}}=\frac{1}{e^{2x}}\neq\text{常数}$$

设 $y_1(x)$, $y_2(x)$为方程(7-20)的两个解,且 $y_1(x)$和 $y_2(x)$线性相关,即

$$y_1(x)\equiv k y_2(x) \qquad (k\text{ 为常数})$$

则

$$\begin{aligned} C_1y_1+C_2y_2&=(C_1k+C_2)y_2\\ &=Cy_2 \quad (C=C_1k+C_2)\end{aligned}$$

此时,函数(7-21)就不是方程(7-20)的通解。

反之,如果 $y_1(x)$和 $y_2(x)$线性无关,此时 $y=C_1y_1+C_2y_2$ 中的任意常数 C_1, C_2 就不能合并,即 y 中确实含有两个任意常数,它就是方程(7-20)的通解。

综上所述,二阶线性齐次方程的通解结构可叙述为如下的定理:

定理 2 如果 $y_1(x)$, $y_2(x)$是方程(7-20)的两个线性无关的特解,那么

$$y(x)=C_1y_1(x)+C_2y_2(x)$$

是方程(7-20)的通解,其中 C_1, C_2 是任意常数。

这个定理的重要意义在于:只要找到方程(7-20)的两个线性无关的特解,就能构造出它的通解。对于一般情形,求特解是很困难的,但对于一些简单的情形,可以用观察法求得。

例 1 求方程 $y''+y=0$ 的通解。

解 直接验证可知

$$y_1=\sin x,\ y_2=\cos x$$

都是所给方程的解,且

$$\frac{y_1}{y_2}=\frac{\sin x}{\cos x}=\mathrm{tg}\,x\neq\text{常数}$$

即 $y_1=\sin x$ 和 $y_2=\cos x$ 线性无关,所以方程的通解为

$$y=C_1\sin x+C_2\cos x$$

其中 C_1, C_2 是任意常数。

2. 二阶线性非齐次方程解的结构

我们知道,一阶线性非齐次方程的通解,是由对应的线性齐次方程的通解和非齐次方程的一个特解两部分组成的。实际上,不仅一阶线性非齐次方程的通解具有这样的结构,二阶线性非齐次方程的通解也具有这样的结构。

定理 3 设 $y^*(x)$是二阶线性非齐次方程(7-19)的一个特解,$y(x)$是其对应的二阶线性齐次方程(7-20)的通解,则

$$y=y(x)+y^*(x)$$

是二阶线性非齐次方程(7-19)的通解。

证　把 $y=y(x)+y^*(x)$ 代入方程(7－19)的左端，由假设

$$y^{*\prime\prime}+p(x)y^{*\prime}+q(x)y^*=f(x)$$

$$y''+p(x)y'+q(x)y=0$$

即得

$$\begin{aligned}\text{左}&=(y+y^*)''+p(x)(y+y^*)'+q(x)(y+y^*)\\&=y''+p(x)y'+q(x)y+y^{*\prime\prime}+p(x)y^{*\prime}+q(x)y^*\\&=0+f(x)\\&=f(x)\\&=\text{右}\end{aligned}$$

因为 y 是对应的齐次方程(7－20)的通解，含有两个任意常数，所以 $y=y+y^*$ 也含有两个任意常数，因而它是方程(7－19)的通解。

例 2　求微分方程 $y''+y=x$ 的通解。

解　由例 1 已知其对应的齐次方程 $y''+y=0$ 的通解为

$$y=C_1\sin x+C_2\cos x$$

容易验证 $y^*=x$ 是它的一个特解，因此

$$y=C_1\sin x+C_2\cos x+x$$

是非齐次线性方程 $y''+y=x$ 的通解，其中 C_1,C_2 为任意常数。

定理 4　设二阶线性非齐次方程(7－19)的右端 $f(x)$ 是两个函数的和

$$y''+p(x)y'+q(x)y=f_1(x)+f_2(x)\tag{7-23}$$

而 y_1^* 与 y_2^* 分别是方程

$$y''+p(x)y'+q(x)y=f_1(x)$$

与

$$y''+p(x)y'+q(x)y=f_2(x)$$

的特解，则 $y_1^*+y_2^*$ 是方程(7－23)的特解。

证　由假设有

$$y_1^{*\prime\prime}+p(x)y_1^{*\prime}+q(x)y_1^*=f_1(x)$$

$$y_2^{*\prime\prime}+p(x)y_2^{*\prime}+q(x)y_2^*=f_2(x)$$

将 $y_1^*+y_2^*$ 代入方程(7－23)的左端，得

$$\begin{aligned}\text{左}&=(y_1^*+y_2^*)''+p(x)(y_1^*+y_2^*)'+q(x)(y_1^*+y_2^*)\\&=y_1^{*\prime\prime}+p(x)y_1^{*\prime}+q(x)y_1^*+y_2^{*\prime\prime}+p(x)y_2^{*\prime}+q(x)y_2^*\\&=f_1(x)+f_2(x)\\&=\text{右}\end{aligned}$$

因此 $y_1^*+y_2^*$ 是方程(7－23)的一个特解。

二、二阶常系数线性齐次微分方程的解法

如果二阶线性微分方程为

$$y''+py'+qy=0\tag{7-24}$$

其中 p,q 均为常数，那么称方程(7－24)为二阶常系数线性齐次微分方程。

由二阶线性微分方程解的结构定理可知，求二阶常系数线性齐次微分方程(7－24)的通

解,关键在于找出它的两个线性无关的特解。下面讨论这两个特解的求法。

当 r 为常数时,指数函数 $y=e^{rx}$ 和它的各阶导数都只相差一个常数因子。由于指数函数具有这种特性,因此用函数 $y=e^{rx}$ 来尝试,看能否适当地选取常数 r,使 $y=e^{rx}$ 满足方程(7-24)。

将 $y=e^{rx}, y'=re^{rx}, y''=r^2e^{rx}$ 代入方程(7-24),得

$$r^2e^{rx}+pre^{rx}+qe^{rx}=0$$

或

$$e^{rx}(r^2+pr+q)=0$$

因为 $e^{rx}\neq 0$,故有

$$r^2+pr+q=0 \tag{7-25}$$

由此可见,若 r 是二次代数方程(7-25)的一个根,则 $y=e^{rx}$ 必是方程(7-24)的一个特解。于是,方程(7-24)的求解问题,就转化为求代数方程(7-25)的根的问题。代数方程(7-25)称为微分方程(7-24)的特征方程,特征方程的根称为微分方程(7-24)的特征根。

容易看出,特征方程(7-25)是一个以 r 为未知数的一元二次代数方程,其中 r^2, r 的系数及常数项依次是微分方程(7-24)中 y'', y' 及 y 的系数。由一元二次方程的求根公式知,特征方程(7-25)的两个根 r_1 和 r_2 为

$$r_{1,2}=\frac{-p\pm\sqrt{p^2-4q}}{2}$$

根据判别式 p^2-4q 的符号不同,我们分以下三种情况讨论:

(1)当 $p^2-4q>0$ 时,特征方程有两个不相等的实根 r_1 及 r_2,其中

$$r_1=\frac{-p+\sqrt{p^2-4q}}{2} \qquad r_2=\frac{-p-\sqrt{p^2-4q}}{2}$$

于是 $y_1=e^{r_1x}$ 与 $y_2=e^{r_2x}$ 都是微分方程(7-24)的特解,且因

$$\frac{y_1}{y_2}=\frac{e^{r_1x}}{e^{r_2x}}=e^{(r_1-r_2)x}$$

不是常数,即 y_1, y_2 线性无关,因此方程(7-24)的通解为

$$y=C_1e^{r_1x}+C_2e^{r_2x}$$

其中 C_1, C_2 为任意常数。

(2)当 $p^2-4q=0$ 时,特征方程有两个相等的实根 $r_1=r_2=-\frac{p}{2}$,于是只得到微分方程(7-24)的一个特解

$$y_1=e^{r_1x}$$

还要找一个与 $y_1=e^{r_1x}$ 线性无关的解 y_2,使得

$$\frac{y_2}{y_1}=\frac{y_2}{e^{r_1x}}$$

$$=u(x) \qquad (不是常数)$$

为此可设

$$y_2=u(x)e^{r_1x}$$

$u(x)$是待定函数。对 $y_2=u(x)e^{r_1x}$ 求导,得

$$y_2' = u'(x)e^{r_1x} + r_1u(x)e^{r_1x}$$

$$y_2'' = u''(x)e^{r_1x} + 2r_1u'(x)e^{r_1x} + r_1^2u(x)e^{r_1x}$$

将 y_2, y_2', y_2''代入微分方程(7-24),得

$$e^{r_1x}[u''(x) + (2r_1 + p)u'(x) + (r_1^2 + pr_1 + q)u(x)] = 0$$

因 $e^{r_1x} \neq 0$,故

$$u''(x) + (2r_1 + p)u'(x) + (r_1^2 + pr_1 + q)u(x) = 0$$

因为 $r_1 = -\frac{p}{2}$是特征方程的二重根,故有 $r_1^2 + pr_1 + q = 0$ 及 $2r_1 + p = 0$,于是得

$$u''(x) = 0$$

积分两次,得

$$u(x) = C_1x + C_2$$

其中 C_1, C_2 为任意常数。由于,只要求得与 e^{r_1x}线性无关的一个特解,为简便起见,取 $C_1 = 1, C_2 = 0$,即 $u(x) = x$,从而

$$y_2 = xe^{r_1x}$$

因此,特征方程有重根时,方程(7-24)的通解是

$$y = C_1e^{r_1x} + C_2xe^{r_1x}$$

其中 C_1, C_2 为任意常数。

(3)当 $p^2 - 4q < 0$ 时,特征方程有一对共轭复根 $r_1 = \alpha + i\beta, r_2 = \alpha - i\beta$,其中 $\alpha = -\frac{p}{2}$, $\beta = \frac{\sqrt{4q - p^2}}{2} \neq 0$。这时,微分方程(7-24)有两个线性无关的复数形式的特解:

$$y_1 = e^{(\alpha + i\beta)x} \qquad y_2 = e^{(\alpha - i\beta)x}$$

可是,这种复数形式的解不便于应用。为了得到实数形式的解,需再找两个线性无关的实数解。

利用欧拉公式

$$e^{ix} = \cos x + i\sin x$$

将 y_1 与 y_2 写成

$$y_1 = e^{\alpha x}(\cos\beta x + i\sin\beta x)$$

$$y_2 = e^{\alpha x}(\cos\beta x - i\sin\beta x)$$

由解的叠加性可知

$$\frac{y_1 + y_2}{2} = e^{\alpha x}\cos\beta x$$

$$\frac{y_1 - y_2}{2i} = e^{\alpha x}\sin\beta x$$

也是方程(7-24)的解,且它们线性无关。因此,方程(7-24)的通解为

$$y = e^{\alpha x}(C_1\cos\beta x + C_2\sin\beta x)$$

其中 C_1, C_2 为任意常数。

上述求二阶常系数线性齐次方程通解的方法称为特征根法,其步骤是:

第一步:写出微分方程的特征方程

$$r^2 + pr + q = 0;$$

第二步：求出特征方程的两个根 r_1, r_2；

第三步：根据特征方程的两个根的不同情况，写出对应的特解，并写出其通解。

微分方程的通解与特征方程的根的对应关系如下表所示：

特征方程 $r^2 + pr + q = 0$ 的两个根 r_1, r_2	微分方程 $y'' + py' + qy = 0$ 的通解
两个不相等的实根 r_1, r_2	$y = C_1 e^{r_1 x} + C_2 e^{r_2 x}$
两个相等的实根 $r_1 = r_2$	$y = (C_1 + C_2 x) e^{r_1 x}$
一对共轭复根 $r_{1,2} = \alpha \pm i\beta$	$y = e^{\alpha x}(C_1 \cos\beta x + C_2 \sin\beta x)$

例 3 求方程 $y'' - 4y' - 5y = 0$ 的通解。

解 特征方程

$$r^2 - 4r - 5 = 0$$

有两个不相等的实根 $r_1 = -1, r_2 = 5$，因此所求方程的通解为

$$y = C_1 e^{-x} + C_2 e^{5x}$$

其中 C_1, C_2 为任意常数。

例 4 求方程 $\frac{d^2 s}{dt^2} + 2\frac{ds}{dt} + s = 0$ 满足初始条件 $s|_{t=0} = 4, s'|_{t=0} = \ \ 2$ 的特解。

解 特征方程

$$r^2 + 2r + 1 = 0$$

有两个相等的实根 $r_1 = r_2 = -1$，因此所求方程的通解为

$$s = (C_1 + C_2 t) e^{-t}$$

其中 C_1, C_2 为任意常数。

又

$$s' = C_2 e^{-t} - e^{-t}(C_1 + C_2 t)$$

将 $s|_{t=0} = 4, s'|_{t=0} = -2$ 代入，得 $C_1 = 4, C_2 = 2$，于是所求特解为

$$s = 2(2 + t) e^{-t}$$

例 5 求方程 $y'' + 4y' + 5y = 0$ 的通解。

解 特征方程

$$r^2 + 4r + 5 = 0$$

有共轭复根

$$r_{1,2} = \frac{-4 \pm \sqrt{16 - 20}}{2} = -2 \pm i$$

即 $\alpha = -2, \beta = 1$，所以方程的通解为

$$y = e^{-2x}(C_1 \cos x + C_2 \sin x)$$

其中 C_1, C_2 为任意常数。

习　题　7-3

1．下列函数组哪些是线性无关的？

(1) $1, x$；　(2) $e^{2x}, 2e^{2x}$；

(3) $\sin 2x, \cos 2x$；　(4) $x, x+1$；

(5) $\ln\dfrac{1}{x}, \ln x^2 \quad (x>0)$；　(6) $e^{ax}, e^{bx} \quad (a\neq b)$。

2．验证函数 $y_1=\sin 3x$, $y_2=2\sin 3x$ 是方程 $y''+9y=0$ 的两个解。能否说 $y=C_1y_1+C_2y_2$ 是该方程的通解？又 $y_3=\cos 3x$ 满足方程，则 $y=C_1y_1+C_2y_3$ 是该方程的通解吗？为什么？

3．验证 $y_1=\cos wx$, $y_2=\sin wx$ 都是方程 $y''+w^2y=0$ 的解，并写出该方程的通解。

4．已知函数 $y_1=e^x$, $y_2=e^{-x}$ 是方程 $y''+p(x)y'+q(x)y=0$ 的两个特解，试写出其通解，并求其满足初始条件 $y|_{x=0}=1$, $y'|_{x=0}=-2$ 的特解。

5．求下列微分方程的通解：

(1) $y''+8y'+15y=0$；

(2) $y''+5y'=0$；

(3) $y''-9y=0$；

(4) $y''+10y'+25y=0$；

(5) $4y''+12y'+9y=0$；

(6) $3y''-2y'-8y=0$；

(7) $4\dfrac{d^2x}{dt^2}-8\dfrac{dx}{dt}+5x=0$；

(8) $2y''+y'+(2\sin^2 15°\cos^2 15°)y=0$；

(9) $y''+2y'+5y=0$；

(10) $\dfrac{d^2x}{dt^2}+16x=0$。

6．求下列微分方程的特解：

(1) $y''-5y'+6y=0$, $y|_{x=0}=\dfrac{1}{2}$, $y'|_{x=0}=1$；

(2) $y''+3y=0$, $y|_{x=0}=2$, $y'|_{x=0}=3\sqrt{3}$；

(3) $4y''+4y'+y=0$, $y|_{x=0}=2$, $y'|_{x=0}=-5$；

(4) $\dfrac{d^2x}{dt^2}-\dfrac{dx}{dt}+x=0$, $x|_{t=0}=0$, $\left.\dfrac{dx}{dt}\right|_{t=0}=\dfrac{1}{2}$。

7．方程 $y''+9y=0$ 的一条积分曲线通过点 $(\pi,-1)$，且在该点和直线 $y+1=x-\pi$ 相切，求此曲线。

8．将质量为 m 的物体安置在弹簧上，当物体在平衡位置时，作用在物体上的重力与弹性力大小相等、方向相反。如用外力使物体向下移动到离开平衡位置距离为 x_0 处，并给以速度 v_0，则物体在平衡位置附近振动，如不考虑阻力，求物体的振动规律。

第四节 拉普拉斯变换

拉普拉斯变换(Laplace transformation)是应用较广泛的一种数学方法。它是一种积分变换,是解线性微分方程的一种简便而有力的工具。用它可将一个微分方程转化为一个代数方程,从而使求解微分方程得以简化。

一、拉普拉斯变换的概念和性质

设实变量函数 $f(t)$当 $t\geqslant 0$ 时有定义,如果积分

$$\int_0^{+\infty} f(t)e^{-st}dt$$

在 s 的某区域内收敛,那么称此积分所确定的函数

$$F(s)=\int_0^{+\infty} f(t)e^{-st}dt \tag{7-26}$$

为函数 $f(t)$的拉普拉斯变换,简称为拉氏变换(或象函数),并记为

$$F(s)=L[f(t)]$$

一般地,s 是复变量,本节仅就 s 为实值的情况加以讨论。利用定义,可直接计算一些函数的拉氏变换。

例 1 求函数 $u(t)=\begin{cases}0, & t<0\\ 1, & t\geqslant 0\end{cases}$的拉氏变换。

解 根据定义,有

$$\begin{aligned}L[u(t)]&=\int_0^{+\infty} e^{-st}dt\\&=-\frac{1}{s}e^{-st}\Big|_0^{+\infty}\\&=\frac{1}{s}\qquad (s>0)\end{aligned}$$

所以,当 $s>0$ 时,$L[u(t)]=\dfrac{1}{s}$。

函数 $u(t)$通常称为单位阶跃函数,表示当 $t=0$ 时,一个不变的信号突然加到系统上。例如在电生理中,当用电刺激机体时,外加电压由零突然加到某一单位值。

例 2 求函数 $f(t)=e^{at}$(a 为实数)在 $t>0$ 的拉氏变换。

解
$$\begin{aligned}L[e^{at}]&=\int_0^{+\infty} e^{at}e^{-st}dt\\&=\int_0^{+\infty} e^{-(s-a)t}dt\\&=-\frac{1}{s-a}e^{-(s-a)t}\Big|_0^{+\infty}\\&=\frac{1}{s-a}\qquad (s-a>0)\end{aligned}$$

例 3 求函数 $f(t)=\sin at$ 在 $t>0$ 时的拉氏变换。

解 $L[\sin at]=\int_0^{+\infty}\sin at\cdot e^{-st}dt$

$$=\left[\frac{e^{-st}}{s^2+a^2}(-s\sin at-a\cos at)\right]_0^{+\infty}$$

$$=\frac{a}{s^2+a^2}\qquad (s>0)$$

同理可得

$$L[\cos at]=\frac{s}{s^2+a^2}\qquad (s>0)$$

从上面的例子可以看到,象函数是 s 的函数。在实际工作中,有专门的拉氏变换表可查,附录五中给出了常用的拉氏变换表。利用拉氏变换表,已知 $f(t)$,便可求出 $F(s)$。

例 4　求函数 $\frac{t}{8}\sin 4t$ 的拉氏变换。

解　根据拉氏变换表中的第 19 式,可得

$$L\left[\frac{t}{8}\sin 4t\right]=\frac{s}{(s^2+16)^2}$$

拉氏变换有许多重要性质,这里介绍几个基本性质,它在拉氏变换的实际应用中是很有用的。

1. 线性性质

如果 α,β 为常数,且

$$L[f_1(t)]=F_1(s),L[f_2(t)]=F_2(s)$$

则

$$L[\alpha f_1(t)+\beta f_2(t)]=\alpha L[f_1(t)]+\beta L[f_2(t)]\tag{7-27}$$

证　根据拉氏变换的定义,有

$$\begin{aligned}L[\alpha f_1(t)+\beta f_2(t)]&=\int_0^{+\infty}[\alpha f_1(t)+\beta f_2(t)]e^{-st}dt\\&=\alpha\int_0^{+\infty}f_1(t)e^{-st}dt+\beta\int_0^{+\infty}f_2(t)e^{-st}dt\\&=\alpha L[f_1(t)]+\beta L[f_2(t)]\end{aligned}$$

从而式(7-27)得证。

这个性质表明,函数线性组合的拉氏变换等于拉氏变换的线性组合。

例 5　求 $f(t)=\sin 2t\cos 3t$ 的拉氏变换。

解

$$\begin{aligned}L[\sin 2t\cos 3t]&=L\left[\frac{1}{2}\sin 5t-\frac{1}{2}\sin t\right]\\&=\frac{1}{2}L[\sin 5t]-\frac{1}{2}L[\sin t]\\&=\frac{1}{2}\cdot\frac{5}{s^2+25}-\frac{1}{2}\cdot\frac{1}{s^2+1}\\&=\frac{2s^2-10}{(s^2+1)(s^2+25)}\end{aligned}$$

2. 微分性质

如果 $L[f(t)]=F(s)$,那么

$$L[f'(t)]=sF(s)-f(0)\tag{7-28}$$

证　$L[f'(t)]=\int_0^{+\infty}f'(t)e^{-st}dt$

$$= f(t)e^{-st}\Big|_0^{+\infty} + s\int_0^{+\infty} f(t)e^{-st}dt$$
$$= sF(s) - f(0)$$

这个性质表明，一个函数导数的拉氏变换等于该函数的拉氏变换乘以参数 s，再减去函数在 $t=0$ 时的值。这个性质使我们有可能将 $f(t)$ 的微分方程转化为 $F(s)$ 的代数方程，因此它对求解微分方程起着重要的作用。

推论 如果 $L[f(t)]=F(s)$，则

$$L[f^{(n)}(t)] = s^n L[f(t)] - s^{n-1}f(0) - s^{n-2}f'(0) - \cdots - f^{(n-1)}(0) \quad (7-29)$$

例 6 利用微分性质，求函数 $f(t)=\cos at$ 的拉氏变换。

解 由于 $f(0)=1, f'(0)=0, f''(t)=-a^2\cos at$，则由式(7-29)得

$$L[-a^2\cos at] = L[f''(t)]$$
$$= s^2L[f(t)] - sf(0) - f'(0)$$

即

$$-a^2L[\cos at] = s^2L[\cos at] - s$$

故

$$L[\cos at] = \frac{s}{s^2+a^2}$$

3. 积分性质

如果 $L[f(t)]=F(s)$，则有

$$L\left[\int_0^t f(t)dt\right] = \frac{1}{s}F(s) \quad (7-30)$$

证 令 $h(t)=\int_0^t f(t)dt$，则

$$h'(t)=f(t), h(0)=0$$

根据微分性质有

$$L[h'(t)] = sL[h(t)] - h(0)$$
$$= sL[h(t)]$$

即

$$L[\int_0^t f(t)dt] = \frac{1}{s}L[f(t)]$$
$$= \frac{1}{s}F(s)$$

这个性质表明，一个函数积分后再取拉氏变换，等于该函数的拉氏变换除以参数 s。

4. 位移性质

如果 $L[f(t)]=F(s)$，则有

$$L[e^{at}f(t)] = F(s-a) \quad (7-31)$$

其中 a 为任一常数。

证 根据拉氏变换的定义

$$L[e^{at}f(t)] = \int_0^{+\infty} e^{at}f(t)e^{-st}dt$$
$$= \int_0^{+\infty} f(t)e^{-(s-a)t}dt$$

即

$$L[e^{at}f(t)]=F(s-a)$$

这个性质表明，一个函数乘以 e^{at} 后的拉氏变换，等于该函数的拉氏变换作位移 a。

例 7　求 $e^{-bt}\sin at$ 的拉氏变换。

解　由例 3 结果知

$$L[\sin at]=\frac{a}{s^2+a^2}$$

故由位移性质得

$$L[e^{-bt}\sin at]=\frac{a}{(s+b)^2+a^2}$$

5. 延迟性质

如果 $L[f(t)]=F(s)$，又 $t<0$ 时，$f(t)=0$，那么对于任一非负实数 τ，有

$$L[f(t-\tau)]=e^{-s\tau}F(s) \tag{7-32}$$

证　$$\begin{aligned}L[f(t-\tau)]&=\int_0^{+\infty}f(t-\tau)e^{-st}dt\\&=\int_0^{\tau}f(t-\tau)e^{-st}dt+\int_{\tau}^{+\infty}f(t-\tau)e^{-st}dt\\&=0+\int_0^{+\infty}f(u)e^{-s(u+\tau)}du\\&=e^{-s\tau}F(s)\end{aligned}$$

这个性质表明，若将函数 $f(t)$ 开始取非零值的时刻 $t=0$ 推迟到 $t=\tau$，则所得函数 $f(t-\tau)$ 的拉氏变换等于函数 $f(t)$ 的拉氏变换乘以因子 $e^{-s\tau}$。

例 8　求函数 $\sin(t-\tau)$ 的拉氏变换。

解　由例 3 结果知

$$L[\sin t]=\frac{1}{s^2+1}$$

所以

$$L[\sin(t-\tau)]=\frac{1}{s^2+1}e^{-s\tau}$$

二、拉普拉斯逆变换

如果 $F(s)$ 是函数 $f(t)$ 的拉普拉斯变换，即

$$F(s)=L[f(t)]$$

那么称 $f(t)$ 是 $F(s)$ 的拉普拉斯逆变换（inverse Laplace transformation）简称为拉氏逆变换（或象原函数），并记为

$$f(t)=L^{-1}[F(s)] \tag{7-33}$$

由拉氏变换的线性性质、积分性质、位移性质和延迟性质，可分别导出拉氏逆变换的以下性质：

性质 1　如果 α,β 为常数，且

$$L[f_1(t)]=F_1(s)\qquad L[f_2(t)]=F_2(s)$$

那么

$$L^{-1}[\alpha F_1(s)+\beta F_2(s)]=\alpha L^{-1}[F_1(s)]+\beta L^{-1}[F_2(s)] \tag{7-34}$$

性质 2　如果 $L[f(t)]=F(s)$，那么有

$$L^{-1}\left[\frac{1}{s}F(s)\right]=\int_0^t f(t)dt \tag{7-35}$$

性质 3 如果 $L[f(t)]=F(s)$，那么有

$$L^{-1}[F(s-a)]=e^{at}f(t) \tag{7-36}$$

其中 a 为任一常数。

性质 4 如果 $L[f(t)]=F(s)$，又 $t<0$ 时，$f(t)=0$，那么对于任一非负实数 τ，有

$$L^{-1}[e^{-s\tau}F(s)]=f(t-\tau) \tag{7-37}$$

利用拉氏逆变换的性质和拉氏变换表，可求出一些函数的拉氏逆变换。

例 9 求 $\dfrac{6}{(s+2)^2+36}$ 的拉氏逆变换。

解 根据拉氏变换表中的第 11 式，得

$$L^{-1}\left[\frac{6}{(s+2)^2+36}\right]=e^{-2t}\sin 6t$$

例 10 求 $F(s)=\dfrac{1}{s^2+9}-\dfrac{2s}{s^2+16}$ 的拉氏逆变换。

解

$$\begin{aligned}L^{-1}[F(s)]&=\frac{1}{3}L^{-1}\left[\frac{3}{s^2+3^2}\right]-2L^{-1}\left[\frac{s}{s^2+4^2}\right]\\&=\frac{1}{3}\sin 3t-2\cos 4t\end{aligned}$$

至于拉氏逆变换的一般表达式，需用到复变函数积分的理论，这里就不介绍了。以下只讨论有理函数的拉氏逆变换。

设 $F(s)$ 为有理函数，即

$$F(s)=\frac{N(s)}{D(s)}$$

式中 $N(s)$ 和 $D(s)$ 是 S 的多项式，且 $N(s)$ 的阶次低于 $D(s)$ 的阶次（如若不然，可用多项式除法把它化为一个多项式与一个余分式之和）。

1. *部分分式展开法*

如果能将 $F(s)$ 分解为若干个简单的部分分式之和，即

$$\begin{aligned}F(s)&=\frac{N(s)}{D(s)}\\&=\frac{N_1(s)}{D_1(s)}+\frac{N_2(s)}{D_2(s)}+\cdots+\frac{N_k(s)}{D_k(s)}\end{aligned} \tag{7-38}$$

而且其中每个 $\dfrac{N_k(s)}{D_k(s)}$ 的拉氏逆变换都可求得，那么 $F(s)$ 的拉氏逆变换为

$$\begin{aligned}f(t)&=L^{-1}[F(s)]\\&=L^{-1}\left[\frac{N_1(s)}{D_1(s)}\right]+L^{-1}\left[\frac{N_2(s)}{D_2(s)}\right]+\cdots+L^{-1}\left[\frac{N_k(s)}{D_k(s)}\right]\end{aligned} \tag{7-39}$$

例 11 求 $F(s)=\dfrac{s^2+3s+8}{(s+1)(s^2-s+1)}$ 的拉氏逆变换。

解 将 $F(s)$ 化成部分分式，得

$$F(s)=\frac{s^2+3s+8}{(s+1)(s^2-s+1)}$$

$$=\frac{2}{s+1}+\frac{-s+6}{s^2-s+1}$$

所以

$$L^{-1}[F(s)]=L^{-1}\left[\frac{2}{s+1}+\frac{-s+6}{s^2-s+1}\right]$$

$$=L^{-1}\left[2\cdot\frac{1}{s+1}-\frac{s-\frac{1}{2}}{\left(s-\frac{1}{2}\right)^2+\left(\frac{\sqrt{3}}{2}\right)^2}+\frac{11}{\sqrt{3}}\cdot\frac{\frac{\sqrt{3}}{2}}{\left(s-\frac{1}{2}\right)^2+\left(\frac{\sqrt{3}}{2}\right)^2}\right]$$

$$=2e^{-t}+e^{-\frac{1}{2}t}\left(-\cos\frac{\sqrt{3}}{2}t+\frac{11}{\sqrt{3}}\sin\frac{\sqrt{3}}{2}t\right)$$

2．海维赛(Heaviside)公式法

(1)如果 $D(s)$ 含 n 个单零点 $s_1,s_2,\cdots,s_n$，那么

$$L^{-1}[F(s)]=\sum_{k=1}^{n}\frac{N(s_k)}{D'(s_k)}e^{s_kt}\qquad(t>0)\tag{7-40}$$

(2)如果 $D(s)$ 含 m 重零点 s_1 和单零点 $s_{m+1},s_{m+2},\cdots,s_n$，那么

$$L^{-1}[F(s)]=\sum_{i=m+1}^{n}\frac{N(s_i)}{D'(s_i)}e^{s_it}+\frac{1}{(m-1)!}\lim_{s\to s_1}\frac{d^{m-1}}{ds^{m-1}}\left[(s-s_1)^m\frac{N(s)}{D(s)}e^{st}\right]\qquad(t>0)\tag{7-41}$$

例 12　求函数 $F(s)=\dfrac{2s+1}{s(s+1)(s+2)}$ 的拉氏逆变换。

解　$F(s)$是有理函数，$N(s)=2s+1$，$D(s)=s(s+1)(s+2)$，$D(s)$含有 3 个单零点 $0,-1,-2$，故根据海维赛公式，得

$$L^{-1}[F(s)]=\sum_{k=1}^{3}\frac{N(s_k)}{D'(s_k)}e^{s_kt}$$

$$=\frac{1}{2}+e^{-t}-\frac{3}{2}e^{-2t}$$

例 13　求函数 $F(s)=\dfrac{1}{s^3(s-1)}$ 的拉氏逆变换。

解　$F(s)$是有理函数，$N(s)=1$，$D(s)=s^3(s-1)$，$D(s)$含有 3 重零点 0 和单零点 1，故根据海维赛公式，得

$$L^{-1}[F(s)]=\frac{N(1)}{D'(1)}e^t+\frac{1}{2!}\lim_{s\to0}\frac{d^2}{ds^2}\left[s^3\frac{N(s)}{D(s)}e^{st}\right]$$

$$=e^t+\frac{1}{2}\lim_{s\to0}\frac{d^2}{ds^2}\left(\frac{e^{st}}{s-1}\right)$$

$$=e^t-\frac{t^2}{2}-t-1$$

三、拉普拉斯变换在解微分方程中的应用

利用拉氏变换及其性质，可以解某些微分方程。下面举例说明这种应用。

例 14　求微分方程 $y''+4y=\sin t$ 满足初始条件 $y(0)=y'(0)=0$ 的特解。

解　设所求解为 $y=y(t)$，且 $L[y(t)]=Y(s)$，将方程两端取拉氏变换，有

$$L[y''+4y]=L[\sin t]$$

由线性性质和微分性质，得

$$s^2Y(s)-sy(0)-y'(0)+4Y(s)=\frac{1}{s^2+1}$$

代入初始条件，上式即为

$$s^2Y(s)+4Y(s)=\frac{1}{s^2+1}$$

于是，象函数为

$$Y(s)=\frac{1}{(s^2+1)(s^2+4)}$$

然后，取拉氏逆变换，即得所求的解

$$\begin{aligned}y&=L^{-1}\left[\frac{1}{3}\left(\frac{1}{s^2+1}-\frac{1}{s^2+4}\right)\right]\\&=\frac{1}{3}\sin t-\frac{1}{6}\sin 2t\end{aligned}$$

例 15 求微分方程 $y''+2y'+y=e^{-t}$ 满足初始条件 $y(0)=y'(0)=0$ 的特解。

解 设所求解为 $y=y(t)$，且 $L[y(t)]=Y(s)$，将方程两端取拉氏变换，有

$$L[y''+2y'+y]=L[e^{-t}]$$

根据线性性质和微分性质，再代入初始条件，得

$$Y(s)(s^2+2s+1)=\frac{1}{s+1}$$

从中解出象函数为

$$Y(s)=\frac{1}{(s+1)^3}$$

取拉氏逆变换，即得所求的解

$$\begin{aligned}y&=L^{-1}\left[\frac{1}{(s+1)^3}\right]\\&=\frac{1}{(3-1)!}\lim_{s\to -1}\frac{d^{3-1}}{ds^{3-1}}\left[(s+1)^3\frac{1}{(s+1)^3}e^{st}\right]\\&=\frac{1}{2!}\lim_{s\to -1}\frac{d^2}{ds^2}\left[(s+1)^3\frac{1}{(s+1)^3}e^{st}\right]\\&=\frac{1}{2}t^2e^{-t}\end{aligned}$$

上面两个例题均是利用拉氏变换求二阶线性微分方程的一个特解。若要求通解，只须应用二阶线性微分方程解的结构定理即可得到。

用拉氏变换法还可以求解微分方程组。

例 16 求微分方程组

$$\begin{cases}\dfrac{dx}{dt}=4x+2y\\[2mm]\dfrac{dy}{dt}=6x+3y\end{cases}$$

满足初始条件 $x(0)=y(0)=1$ 的特解。

解 对方程组中的每一个方程取拉氏变换，利用拉氏变换的性质和初始条件，得

$$\begin{cases} sL[x]-1=4L[x]+2L[y] \\ sL[y]-1=6L[x]+3L[y] \end{cases}$$

由此可解得

$$\begin{cases} L[x]=\dfrac{s-1}{s(s-7)}=\dfrac{1}{7}\left(\dfrac{1}{s}+\dfrac{6}{s-7}\right) \\ L[y]=\dfrac{s+2}{s(s-7)}=\dfrac{1}{7}\left(\dfrac{9}{s-7}-\dfrac{2}{s}\right) \end{cases}$$

取拉氏逆变换，得原方程组的特解为

$$\begin{cases} x=\dfrac{1}{7}(1+6e^{7t}) \\ y=\dfrac{1}{7}(9e^{7t}-2) \end{cases}$$

例 17　解微分方程组

$$\begin{cases} \dfrac{dx}{dt}-\dfrac{dy}{dt}+x=0 \\ \dfrac{d^2x}{dt^2}-\dfrac{dy}{dt}+3x-y=0 \end{cases}$$

满足初始条件 $x(0)=1, x'(0)=0, y(0)=1$ 的特解。

解　对方程组中的每一个方程取拉氏变换，得

$$\begin{cases} sL[x]-x(0)-(sL[y]-y(0))+L[x]=0 \\ s^2L[x]-sx(0)-x'(0)-(sL[y]-y(0))+3L[x]-L[y]=0 \end{cases}$$

代入初始条件，经整理得

$$\begin{cases} (s+1)L[x]-sL[y]=0 \\ (s^2+3)L[x]-(s+1)L[y]=s-1 \end{cases}$$

解出

$$\begin{cases} L[x]=\dfrac{s}{s^2+1} \\ L[y]=\dfrac{s+1}{s^2+1}=\dfrac{s}{s^2+1}+\dfrac{1}{s^2+1} \end{cases}$$

取拉氏逆变换，得原方程组的特解为

$$\begin{cases} x=\cos t \\ y=\cos t+\sin t \end{cases}$$

从以上解题过程可以看出，利用拉氏变换解微分方程的一般步骤为：

(1)对方程两端取拉氏变换，把微分方程转化为所求函数的象函数的代数方程；

(2)解此代数方程，求出象函数；

(3)对象函数取拉氏逆变换，得到原微分方程的解。

在解题过程中，同时代入初始条件，从而减少了在一般解法中先求通解，再利用初始条件来确定特解的运算。因此，用拉氏变换解微分方程是最常用的方法之一。

习　题　7－4

1. 利用拉氏变换的定义和性质求下列函数的拉氏变换：

(1) $f(t)=\sin\frac{t}{2}$;

(2) $f(t)=t^m$ (m 为自然数);

(3)) $f(t)=\begin{cases}3, & 0\leqslant t<2\\ -1, & 2\leqslant t<4\\ 0, & t\geqslant 4;\end{cases}$

(4) $f(t)=\begin{cases}3, & 0\leqslant t<\frac{\pi}{2}\\ \cos t, & t\geqslant\frac{\pi}{2};\end{cases}$

(5) $f(t)=t^3+t^2+2t+1$;

(6) $f(t)=5\sin 2t-3\cos 2t$;

(7) $f(t)=\frac{t}{2a}\sin at$ ($a\neq 0$);

(8) $f(t)=(t-1)^2e^t$;

(9) $f(t)=\frac{A}{k_2-k_1}(e^{-k_1t}-e^{-k_2t})$ ($k_1\neq k_2$);

(10) $f(t)=te^t\cos t$。

2. 求下列函数的拉氏逆变换:

(1) $F(s)=\frac{1}{s^3}$;

(2) $F(s)=\frac{s+1}{s^2+4}$;

(3) $F(s)=\frac{1}{s(s+1)}$;

(4) $F(s)=\frac{1}{(s-2)^2}$;

(5) $F(s)=\frac{1}{s^4+5s^2+4}$;

(6) $F(s)=\frac{s+1}{9s^2+6s+5}$;

(7) $F(s)=\frac{s+3}{s^3+3s^2+6s+4}$;

(8) $F(s)=\frac{s^2+29s+30}{s^3+7s^2+10s}$;

(9) $F(s)=\frac{-7s^2+10s-4}{(s-1)^3}$;

(10) $F(s)=\frac{1}{s(s-1)^2}$。

3. 利用拉氏变换解下列微分方程或微分方程组:

(1) $y'+y=3e^{2t}, y(0)=0$;

(2) $y''-y'-6y=0, y(0)=0, y'(0)=1$;

(3) $y''+3y'+y=3\cos t, y(0)=0, y'(0)=1$；

(4) $y''-2y'+2y=2e^t\cos t, y(0)=0, y'(0)=0$；

(5) $y'''-3y''+3y'-y=-1, y(0)=2, y'(0)=y''(0)=1$；

(6) $\begin{cases}\dfrac{dx}{dt}+x-y=e^t\\ \dfrac{dy}{dt}+3x-2y=2e^t\end{cases}, x(0)=y(0)=1$；

(7) $\begin{cases}x''+y''+x+y=0\\ 2x''-y''-x+y=\sin t\end{cases}, x(0)=y(0)=0, x'(0)=y'(0)=-1$。

第五节　微分方程在医药学中的应用

随着生命科学的发展，数学在医药学中的应用日益广泛和深入。总的说来，数学在医药学中的应用，主要是采用各种数学方法建立医药学数学模型(mathematical model)，即建立表示医药学问题中各变量之间关系的数学方程。微分方程是最常见的数学方程之一。本节仅就微分方程在医药学数学模型中的应用作简单介绍。

一、催化作用

考虑把胰朊酶原转换成胰朊酶的过程。反应刚开始时只有一些胰朊酶参加，把它作为产生反应的催化剂。

设 $t=0$ 时，胰朊酶的初始浓度是 y_0，在时刻 t，由于反应而产生的追加浓度为 $y=y(t)$，那么此时总浓度为 $y_0+y(t)$。用 B 表示胰朊酶原的初始浓度，因为每一个胰朊酶原的分子可以产生一个胰朊酶分子，所以 B 减少的量与胰朊酶增加的量 y 是相同的。因此，在 t 时刻胰朊酶原的浓度与胰朊酶的浓度分别为 $B-y$ 和 y_0+y。假设反应速率 $\dfrac{dy}{dt}$ 与 y_0+y 和 $B-y$ 成正比例是合理的，这样，就得到微分方程

$$\frac{dy}{dt}=k(y_0+y)(B-y) \tag{7-42}$$

其中 k 是常数。对式(7-42)分离变量后，两端积分得

$$y=-y_0+\frac{B+y_0}{1+Ce^{-k(B+y_0)t}} \tag{7-43}$$

其中 C 为积分常数。

由初始条件 $t=0$ 时 $y=0$，得 $C=\dfrac{B}{y_0}$。所以，胰朊酶原转换成胰朊酶与时间的关系为

$$y=-y_0+\frac{B+y_0}{1+\dfrac{B}{y_0}e^{-k(B+y_0)t}} \tag{7-44}$$

二、无移除的简单流行病学模型

假定感染通过一个群体内成员之间的接触而传播，感染者不因死亡、痊愈或隔离而被

移除,则所有的易感者最终都将转变为感染者。显然,这种假定对实际情况而言是太简化了,但可近似地适用于下述情况:疾病有高度的传染力,但尚未严重到发生死亡或需要隔离的程度,例如某种上呼吸道感染。也可近似地表示这样一种疾病的流行:从流行中移除的时间一般要比感染传遍群体的时间更长。

为了建立这类流行病的数学模型,对群体及其流行病学状态作如下假设:

(1)在时间 t 时的易感人数和感染人数分别为 S 和 I;

(2)群体是封闭性的,总人数为 N,在这 N 个人中开始时只有一个感染者;

(3)该群体中各成员之间接触是均匀的,易感者转为感染者的变化率与当时的易感人数和感染人数的乘积成正比。

根据上述假设,可建立如下数学模型:

$$\frac{dS}{dt} = -\beta SI \tag{7-45}$$

$$S + I = N \tag{7-46}$$

初始条件是 $I(0) = 1$,比例系数 β 称为感染率。

将式(7-46)代入式(7-45),得

$$\frac{dS}{dt} = -\beta S(N - S) \tag{7-47}$$

分离变量后再两边积分,得

$$\frac{1}{N}\ln\frac{S}{N-S} = -\beta t + C \tag{7-48}$$

其中 C 为积分常数。将初始条件 $I(0) = 1$ 代入上式,可得 $C = \frac{\ln(N-1)}{N}$,代入式(7-48)即得

$$\frac{1}{N}\ln\frac{S}{N-S} = -\beta t + \frac{\ln(N-1)}{N}$$

整理后则得易感人数随时间变化的动态关系式

$$S = \frac{N(N-1)}{(N-1) + e^{\beta Nt}} \tag{7-49}$$

三、肿瘤生长的数学模型

设 V 表示在时刻 t 肿瘤的大小(体积、重量、细胞数等),由经验知,肿瘤在时刻 t 增长的速率与当时的大小 V 值成正比,比例系数为 k;但比例系数 k 不是常数,它随时间 t 减小,其减小速率与当时 k 的大小成正比,此比例系数($\alpha \geqslant 0$)为常数。由此得如下数学模型:

$$\begin{cases} \dfrac{dV}{dt} = kV & (7-50) \\ \dfrac{dk}{dt} = -\alpha k & (7-51) \end{cases}$$

分两种情况讨论上述模型的解:

(1)如果 $\alpha = 0$,这时 $\frac{dk}{dt} = 0$,故 k 为常数,记为 A。

设 $t = 0$ 时,$V = V_0$,则由(7-50)式,得

$$V = V_0 e^{At} \tag{7-52}$$

由此可知，在这种情况下，肿瘤完全呈指数生长，生长速率常数为 A。

(2)如果 $\alpha>0$，这时由(7-51)式，得

$$k=Ae^{-\alpha t}$$

其中 A 为 $t=0$ 时的 k 值。

将上式代入方程(7-50)，有

$$\frac{dV}{dt}=AVe^{-\alpha t}$$

分离变量后积分，得

$$\ln V=-\frac{A}{\alpha}e^{-\alpha t}+\ln C$$

其中 C 为任意常数。

设 $t=0$ 时，$V=V_0$，于是有 $C=V_0e^{\frac{A}{\alpha}}$，从而有

$$V=V_0e^{\frac{A}{\alpha}(1-e^{-\alpha t})} \tag{7-53}$$

这就是描述肿瘤生长的数学关系式，称为高姆帕茨(Gompertz)函数。

现在利用高姆帕茨函数来研究肿瘤生长情况：

(1)当 $\alpha t\to 0$ 时，由于 $e^{-\alpha t}\approx 1-\alpha t$，于是式(7-53)成为

$$V=V_0e^{At}$$

可见，当 α 为不等于0的有限值时，只要 t 足够小，即肿瘤生长的初期阶段，肿瘤是呈指数生长的。

(2)当 $t\to+\infty$ 时，$e^{-\alpha t}\to 0$，由式(7-53)得 V 的最大渐近值

$$V_{\max}=V_0e^{\frac{A}{\alpha}}$$

这就是肿瘤生长的理论上限。容易知道，$\frac{dV}{dt}>0$，故 V 单调递增，从而当 $t\to+\infty$ 时，$V\to V_{\max}$。

(3)通常把肿瘤体积增大一倍所需的时间称为肿瘤的倍增时间，记为 t_d。不难算出，在式(7-52)所示指数生长的情况下，$t_d=\frac{\ln 2}{A}$ 为常数，而在按高姆帕茨函数生长的情况下，则有

$$t_d=\frac{1}{\alpha}\ln\left(\frac{A}{A-\alpha e^{\alpha t}\ln 2}\right)$$

显然，t_d 不是常数，它随 t 的增大而增大

四、药物动力学室模型

在药物动力学中，广泛采用室模型来研究药物在体内的吸收、分布、代谢和排泄的时间过程。这里介绍最常用的几种模型。

1. 静脉注射一室模型

在快速静脉注射给药时，常用的一室模型如图7-2所示。假设一次注射的剂量为 D，V 为室的理论容积，通常称 V 为药物的表观分布容积，时刻 t 时体内的药量为 $x(t)$，k 为消除(包括代谢和排泄)速率常数。设体内药量减小的速率与体内当时的药量成正比，即消

除为一级速 率过程，于是有如下数学模型：

$$\frac{dx}{dt}=-kx \tag{7-54}$$

初始条件 $x(0)=D$，式中负号表示药量在体内是减小的。

在上述初始条件下，式(7-54)的解为

$$x(t)=De^{-kt}$$

由于在肌体内的药量 x 无法测定，因此常常用相应时间的血药浓度来代替。若 C 表示在时刻 t 的血药浓度，则 $C=\frac{x(t)}{V}$，于是有

$$C=C_0e^{-kt} \tag{7-55}$$

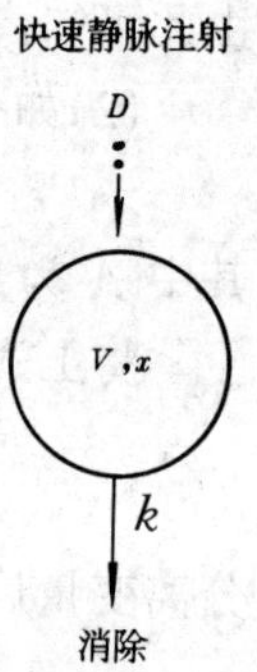

快速静脉注射

D

V, x

k

消除

图 7-2

式中 $C_0=\frac{D}{V}$ 为初始血药浓度。式(7-55)称为静脉注射药物的一室模型方程式。此式表示静脉注射药物在体内的血药浓度与时间的关系，即药物在体内的变化过程，其血药浓度－时间曲线如图 7-3 所示。

2．口服给药室模型

口服给药与静脉给药的一个重要区别在于，药物有一个从吸收部位（胃肠道等）进入全身血液循环的过程，即吸收过程。图 7-4 是常用的口服给药一室模型。假设口服药物剂量为 D，吸收分数为 F（表示药物进入体循环的量与所用剂量的比值），药物的吸收速率常数为 k_a（表示药物在使用部位被吸收入体循环的速度），又消除速率为 k。如果吸收和消除都是一级速率过程，则药物在吸收部位的药量 x_a 和体内药量 x 随时间 t 的变化规律，可以用下述数学模型来描述：

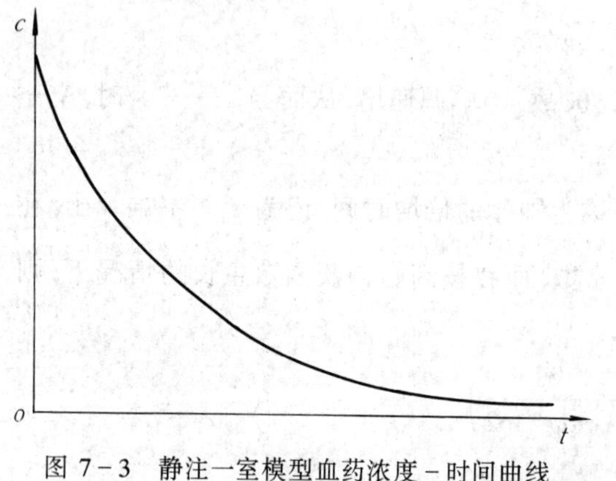

图 7-3　静注一室模型血药浓度－时间曲线

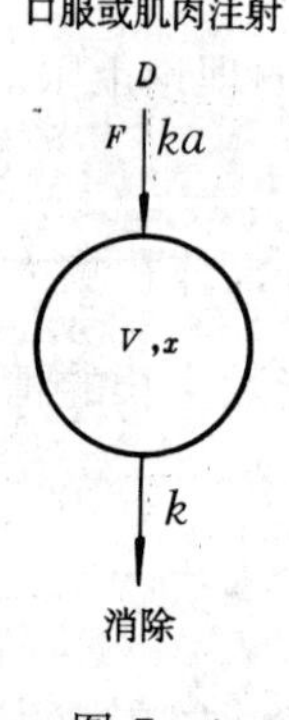

图 7-4

$$\begin{cases}\frac{dx_a}{dt}=-k_ax_a\\ \frac{dx}{dt}=k_ax_a-kx\end{cases} \tag{7-56}$$

初始条件为 $t=0$ 时，$x_a=FD$，$x=0$。

对方程组(7-56)中各个方程的两边分别取拉氏变换，并利用初始条件，得

$$\begin{cases} sL[x_a(t)] - FD = -k_a L[x_a(t)] \\ sL[x(t)] = k_a L[x_a(t)] - kL[x(t)] \end{cases}$$

解此代数方程组，得

$$\begin{cases} L[x_a(t)] = \dfrac{FD}{s+k_a} \\ L[x(t)] = \dfrac{k_a FD}{(s+k)(s+k)_a} \end{cases}$$

取拉氏逆变换，得

$$\begin{cases} x_a(t) = FDe^{-k_a t} \\ x(t) = \dfrac{k_a FD}{k_a - k}(e^{-kt} - e^{-k_a t}) \end{cases} \tag{7-57}$$

由 $C = \dfrac{x}{V}$ 得到药物在体内的血药浓度 C 随时间 t 的变化规律为

$$C = \frac{k_a FD}{(k_a - k)V}(e^{-kt} - e^{-k_a t}) \tag{7-58}$$

此式表示口服药物在体内的血药浓度与时间的关系，即药物在体内的变化过程。其血药浓度－时间曲线如图 7－5 所示。

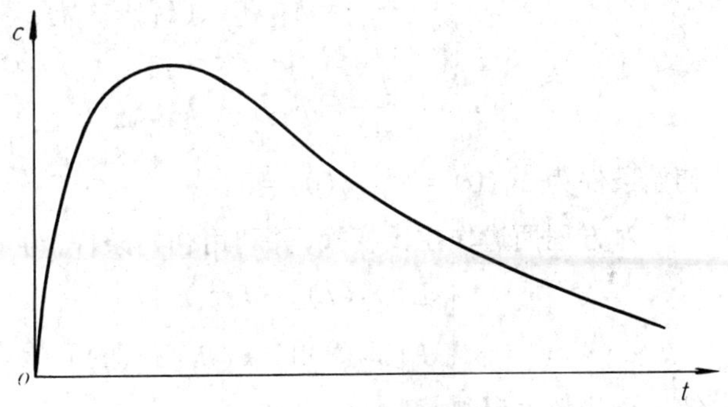

图 7－5　口服给药室模型血药浓度－时间曲线

下面求最大血药浓度（峰浓度）$C_{\max}$ 及其到达的时间（达峰时）t_m。为此，求导数

$$\frac{dC}{dt} = \frac{k_a FD}{V(k_a - k)}\left(-ke^{-kt} + k_a e^{-k_a t}\right)$$

令　$$\frac{dC}{dt} = 0$$

得　$$t_m = \frac{1}{k_a - k}\ln\frac{k_a}{k} \tag{7-59}$$

代入式（7－58），有

$$C_{\max} = \frac{k_a FD}{V(k_a - k)}(e^{-kt_m} - e^{-k_a t_m}) \tag{7-60}$$

由于 $\left.\dfrac{dC}{dt}\right|_{t=t_m} = 0$ 时，有下式成立：

$$-ke^{-kt_m} + k_a e^{-k_a t_m} = 0$$

所以式（7－60）可简化为

$$\begin{aligned} C_{\max} &= \frac{FD}{V}e^{-kt_m} \\ &= \frac{FD}{V}\left(\frac{k_a}{k}\right)^{-\frac{k}{k_a - k}} \end{aligned} \tag{7-61}$$

在药物动力学中，血药浓度－时间曲线下的总面积（AUC）有重要作用，这是由于在一定条件下，AUC 能反映药物最终被吸收的完全程度，即它与吸收分数 F 有关。事实上，根据式（7－58），有

$$\begin{aligned}\text{AUC} &= \int_0^{+\infty} C dt \\ &= \int_0^{+\infty} \frac{k_a FD}{V(k_a - k)}(e^{-kt} - e^{-kat})dt \\ &= \frac{k_a FD}{V(k_a - k)}\left(\frac{1}{k} - \frac{1}{k_a}\right) \\ &= \frac{FD}{Vk}\end{aligned}$$

这表明,在一定的剂量 D 下,AUC 与 F 成正比。

3. 静脉注射二室模型

图 7-6 为快速静脉注射给药时常用的二室模型示意图。假设一次快速静脉注射剂量 D 的药物后,中央室和外周室在时刻 t 的药量分别记为 $x_1(t)$ 和 $x_2(t)$,则 $x_1(0)=D$, $x_2(0)=0$; k_{12} 和 k_{21} 分别表示中央室和外周室之间的转运速率常数, k_{10} 表示中央室消除速率常数。如果转运和消除都是一级速率过程,那么根据上述条件,可建立如下数学模型:

$$\begin{cases}\dfrac{dx_1}{dt} = k_{21}x_2 - (k_{12} + k_{10})x_1 \\ \dfrac{dx_2}{dt} = k_{12}x_1 - k_{21}x_2\end{cases} \tag{7-62}$$

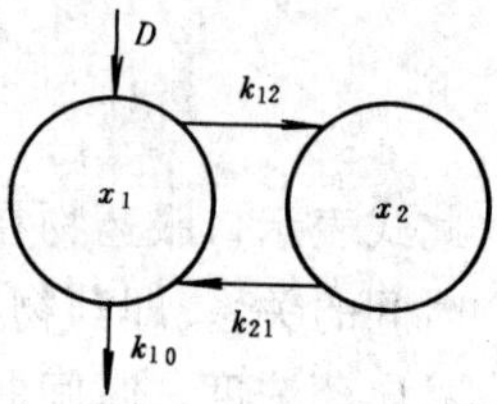

图 7-6

初始条件为 $x_1(0)=D, x_2(0)=0$。

对方程两边作拉氏变换,并利用初始条件,得

$$\begin{cases}sL[x_1(t)] - D = k_{21}L[x_2(t)] - (k_{12} + k_{10})L[x_1(t)] \\ sL[x_2(t)] = k_{12}L[x_1(t)] - k_{21}L[x_2(t)]\end{cases}$$

解这个代数方程组,得

$$L[x_1(t)] = \frac{sD + k_{21}D}{s^2 + (k_{21} + k_{12} + k_{10})s + k_{21}k_{10}}$$

$$L[x_2(t)] = \frac{k_{12}D}{s^2 + (k_{21} + k_{12} + k_{10})s + k_{21}k_{10}}$$

令 $\alpha + \beta = k_{12} + k_{21} + k_{10}, \alpha\beta = k_{21}k_{10}$,则有

$$\begin{cases}L[x_1(t)] = \dfrac{sD + k_{21}D}{(s+\alpha)(s+\beta)} \\ L[x_2(t)] = \dfrac{k_{12}D}{(s+\alpha)(s+\beta)}\end{cases}$$

化成部分分式,并求拉氏逆 变换,得

$$\begin{cases}x_1(t) = L^{-1}\left[\dfrac{\alpha D - k_{21}D}{\alpha - \beta}\cdot\dfrac{1}{s+\alpha} + \dfrac{k_{21}D - \beta D}{\alpha - \beta}\cdot\dfrac{1}{s+\beta}\right] \\ \qquad = \dfrac{\alpha D - k_{21}D}{\alpha - \beta}e^{-\alpha t} + \dfrac{k_{12}D - \beta D}{\alpha - \beta}e^{-\beta t} \\ x_2(t) = \dfrac{k_{12}D}{\alpha - \beta}(e^{-\beta t} - e^{-\alpha t})\end{cases} \tag{7-63}$$

其中

$$\alpha=\frac{1}{2}[(k_{12}+k_{21}+k_{10})+\sqrt{(k_{21}+k_{12}+k_{10})^2-4k_{21}k_{10}}]$$

$$\beta=\frac{1}{2}[(k_{12}+k_{21}+k_{10})-\sqrt{(k_{21}+k_{12}+k_{10})^2-4k_{21}k_{10}}]$$

α 称为快处置速率常数，β 称为慢处置速率常数。

假设 V 为中央室的表观分布容积，则得到二室静注药物在中央室的血药浓度与时间的关系

$$C=\frac{\alpha D-k_{21}D}{V(\alpha-\beta)}e^{-\alpha t}+\frac{k_{21}D-\beta D}{V(\alpha-\beta)}e^{-\beta t} \tag{7-64}$$

其血药浓度－时间曲线如图 7－7。

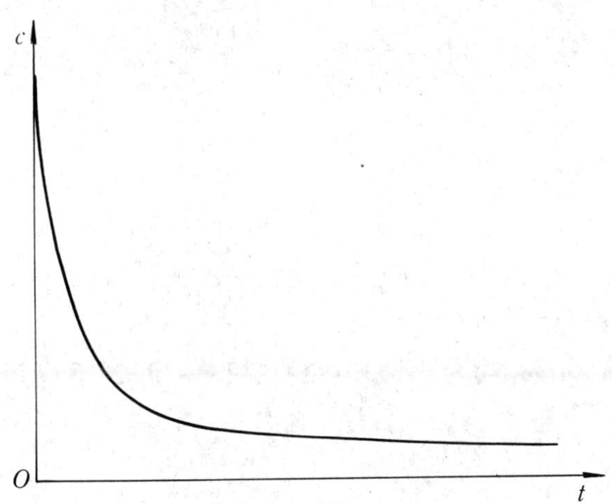

图 7－7　二室静注模型中央室血药浓度－时间曲线

习　　题　7－5

1. 求在快速静脉注射一室模型中血药浓度的半衰期 $t_{\frac{1}{2}}$。

2. 持续性颅内压与容积的关系表现为如下的微分方程：

$$\frac{dP}{dV}=aP(b-P)$$

其中 P 是颅内压，V 是容积，求方程的解。

3. 在口服药片的疗效研究中，需要了解药片的溶解浓度。溶解浓度 C 为 t 的函数，记为 $C(t)$。由实验可知，微溶药片在时刻 t 的溶解速度与药片的表面积 A 及浓度差 C_s-C 的乘积成正比（C_s 是药溶液的饱和浓度，把药片嵌在管内，仅一表面与溶液接触，A 便为不变的常量），求药片的溶解浓度（设比例系数为 D）。

4. 考虑一个流行病学问题，假设某地人群以感染率 a 转变为感染者（阳性者），同时阳性者又以率 b 转回为易感者（阴性者）。试求在时刻 t 人群中被感染者的比率 y，初始条件为 $y(0)=0$。

5. 在自身催化过程中，一个反应的生成物 p 催化了它从底物 s 的产生。假定底物和生成物的初始浓度分别为 s_0 和 p_0，试写出各浓度的速率方程组，并求出它们在时间上的相依函数。在反应中不必假设有中间型复合体的形成。

（单华宁）

自 测 题 （五）

1. 填空题

(1)微分方程 $x(y')^2 - yy' + x = 0$ 是否为线性微分方程？ ________；是________阶微分方程。

(2)函数 $y = Ce^{-2x^2}$（C 为任意常数）是否是微分方程$\frac{dy}{dx} + 4xy = 0$ 的解？ ________。

(3)已知 $y = C\sin x$（C 为任意常数）是微分方程 $y' = y\text{ctg}x$ 的通解，则这微分方程满足初始条件$y|_{x=\frac{\pi}{4}} = 1$ 的特解为________。

(4)函数 $x+1$ 和 $x+2$ 是线性______关的；$2\sin 4x$ 和 $4\sin x\cos x\cos 2x$ 是线性______关的。

(5)已知 $y_1 = \sin 5x$，$y_2 = \cos 5x$ 是方程 $y'' + 25y = 0$ 的两个解，能否说 $y = C_1y_1 + C_2y_2$ 是该方程的通解？ ________。

(6)微分方程 $y' = \frac{1+x}{2y}$的通解为__________。

(7)微分方程 $y' = e^{2x-y}$满足$y|_{x=0} = 0$ 的特解为__________。

(8)微分方程 $y'' + 6y' - 7y = 0$ 的特征方程为__________，特征根是__________，通解为__________。

(9)$f(t) = 4\sin t - 2\cos t$ 的拉氏变换为__________；$F(s) = \frac{1}{s(s-1)}$的拉氏逆变换为__________。

(10)微分方程 $y'' + y = 1$ 满足初始条件$y|_{x=0} = 1$，$y'|_{x=0} = 0$ 的特解为________。

2. 求下列微分方程的解：

(1)$x\sqrt{1+y^2} + y\sqrt{1+x^2}\frac{dy}{dx} = 0$；

(2)$xy' + y = 2\sqrt{xy}$；

(3)$t\frac{dx}{dt} = 6te^{2t} + 2x(t-1)$；

(4)$y''(1+e^x) + y' = 0$；

(5)$y'' + 2y' + 2y = 0$；

(6)$xy\frac{dy}{dx} = 1 + y^2$，$x = 2$ 时，$y = 3$；

(7)$y' - y = e^x$，$x = 0$ 时，$y = 1$；

(8)$y'' + 4y' + 4y = 0$，$x = 0$ 时，$y = 0$，$y' = 1$。

3. 求下列函数的拉氏变换：

(1)$f(t) - 1 - te^{-t}$；

(2)$f(t) = t\sin^2 t$；

(3) $f(t)=te^{-3t}\sin 2t$。

4. 求下列函数的拉氏逆变换：

(1) $F(s)=\dfrac{4s-3}{s^2+9}$；

(2) $F(s)=\dfrac{3s+1}{(s-1)(s^2+1)}$；

(3) $F(s)=\dfrac{s^3}{(s-1)^3(s-2)}$。

5. 利用拉氏变换解下列微分方程(组)：

(1) $y''-y=4\sin t+5\cos 2t$, $t=0$ 时, $y=-1$, $y'=-2$；

(2) $\begin{cases} y''+x=0 \\ x''+y=1 \end{cases}$, $x(0)=y(0)=x'(0)=y'(0)=0$。

6. 设曲线上任一点处的切线斜率与切点的横坐标成反比，且曲线过点(1,2)，求该曲线方程。

7. 设一桶内有100升的糖水，含糖10公斤，现以浓度为0.5公斤/升的糖水以4公斤/分的速度流入，同时搅拌均匀，混合水以2公斤/分的速度流出，问经过20分钟后桶内含糖多少？

8. 恶性肿瘤满足高姆帕茨关系

$$V(t)=V_0e^{\frac{\lambda}{\alpha}(1-e^{-\alpha t})}$$

最初当肿瘤含有10^4个细胞时，其增长的速率是每单位时间增加20%，迟滞常数α的数值是0.02，试问在这个肿瘤中细胞的极限数是多少？

(单华宁)

第八章　多元函数微分学

第一节　空间解析几何与向量代数

一、空间解析几何简介

1. 空间直角坐标系

过空间一个定点 O 作三条互相垂直的数轴，它们都以 O 为原点，而且一般具有相同的度量单位。这三条数轴分别称做 x 轴（横轴）、y 轴（纵轴）、z 轴（竖轴），把它们统称为坐标轴。它们的方向符合右手法则（图 8－1）。这样的三条坐标轴就组成了空间直角坐标系 $O-xyz$。点 O 称为坐标原点，或简称原点。

三条坐标轴每两条所决定一个平面：xOy、yOz、zOx 称为坐标面。三个坐标面把空间分成八个部分，而每一部分称为一个卦限（图 8－2）。上半空间（$z>0$）中，从 x, y, z 三个坐标轴都为正的卦限开始数起，按逆时针方向旋转分别为Ⅰ，Ⅱ，Ⅲ，Ⅳ四个卦限，下半空间（$z<0$）中与Ⅰ，Ⅱ，Ⅲ，Ⅳ四个卦限相对应的依次为Ⅴ，Ⅵ，Ⅶ，Ⅷ四个卦限。

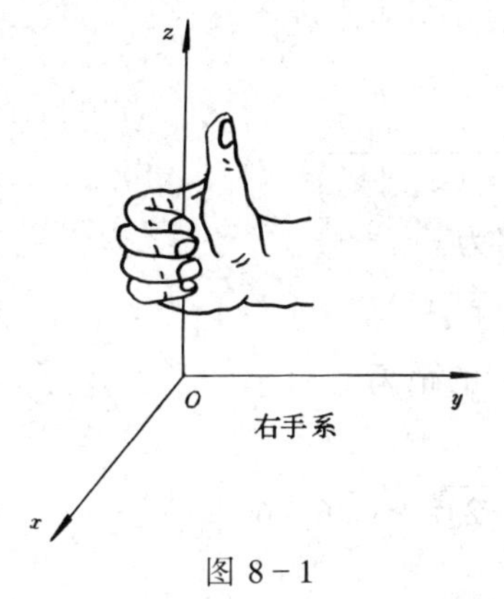

图 8－1

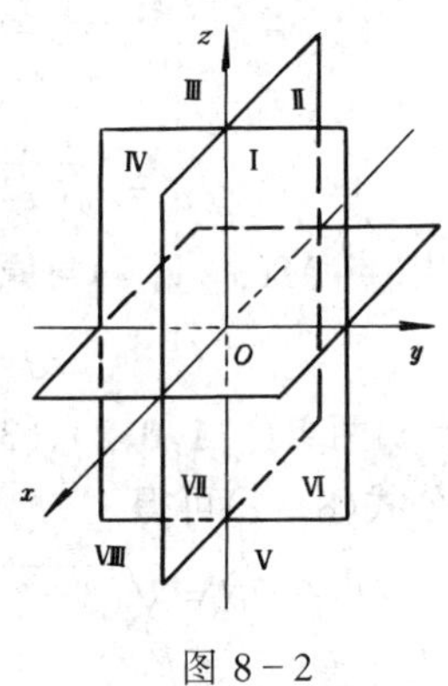

图 8－2

取定了空间直角坐标系后，就可以建立空间的点与有序数组之间的一一对应关系。

设 M 为空间中的一点，若过点 M 分别作垂直于三坐标轴的平面，与三坐标轴分别相交于 P, Q, R 三点，且这三点在 x 轴，y 轴，z 轴上的坐标依次为 x、y、z，则点 M 唯一地确定了一组有序数组 x、y 和 z。反之，设给定一组有序数组 x, y 和 z，且它们分别在 x 轴，y 轴和 z 轴上依次对应于 P、Q 和 R 点，若过 P、Q 和 R 点分别作平面垂直于所在坐标轴，则这三个平面确定了唯一的交点 M。这样，空间的点就与一组有序数组 x, y, z 之间建立了一一对应关系（图 8－3）。有序数组 x, y, z 就称为点 M 的坐标，记为 $M(x, y, z)$，并依次称为点 M 的横坐标、纵坐标和竖坐标。

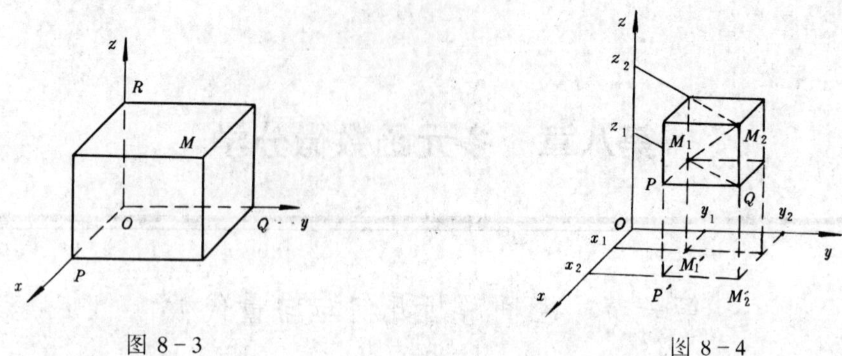

图 8-3　　　　图 8-4

显然,原点 O 的坐标为(0,0,0);在 x 轴上点的坐标为$(x,0,0)$,在 y 轴和 z 轴上点的坐标分别为$(0,y,0)$及$(0,0,z)$;而在坐标平面 xOy、yOz 及 zOx 上点的坐标分别为$(x,y,0)$,$(0,y,z)$及$(x,0,z)$。

2. 空间两点间的距离

设 $M_1(x_1,y_1,z_1)$, $M_2(x_2,y_2,z_2)$为空间任意两点,求它们之间的距离 $d=|M_1M_2|$。过点 M_1、M_2 各作三个平面分别垂直于三个坐标轴,形成如图 8-4 所示的长方体,易知

$$
\begin{aligned}
d^2 &= |M_1M_2|^2 = |M_1Q|^2 + |QM_2|^2 && (\triangle M_1QM_2 \text{ 是直角三角形}) \\
&= |M_1P|^2 + |PQ|^2 + |QM_2|^2 && (\triangle M_1PQ \text{ 是直角三角形}) \\
&= |M_1'P'|^2 + |P'M_2'|^2 + |QM_2|^2 \\
&= (x_2-x_1)^2 + (y_2-y_1)^2 + (z_2-z_1)^2
\end{aligned}
$$

所以

$$d=\sqrt{(x_2-x_1)^2+(y_2-y_1)^2+(z_2-z_1)^2} \tag{8-1}$$

特别指出,点 $M(x,y,z)$与原点 $O(0,0,0)$的距离为

$$d=|OM|=\sqrt{x^2+y^2+z^2} \tag{8-2}$$

例 1 已知两点$(-1,0,2)$、$(3,-2,6)$,求这两点间的距离。

解 由公式(8-1)可得

$$d=\sqrt{(3+1)^2+(-2-0)^2+(6-2)^2}=\sqrt{36}=6$$

3. 曲面与方程

如同平面解析几何中曲线与方程的关系一样,可以建立空间曲面与方程的对应关系。

如果曲面 S 上的任何点的坐标都满足方程 $F(x,y,z)=0$,而不在曲面 S 上的任何点的坐标都不满足方程 $F(x,y,z)=0$,那么方程 $F(x,y,z)=0$ 叫做曲面 S 的方程,曲面 S 称为方程 $F(x,y,z)=0$ 的图形(图 8-5)。

下面讨论几种具体的曲面。

例 2 已知 $A(2,-3,2)$、$B(1,4,-2)$两点,求垂直平分线段 AB 的平面方程。

解 设 $M(x,y,z)$为所求平面上的任意一点,由题意知

$$|MA|=|MB|$$

由公式(8-1),得

$$\sqrt{(x-2)^2+(y+3)^2+(z-2)^2}=\sqrt{(x-1)^2+(y-4)^2+(z+2)^2}$$

两边平方化简后即得

$$x-7y+4z+2=0$$

这就是所求的平面方程。

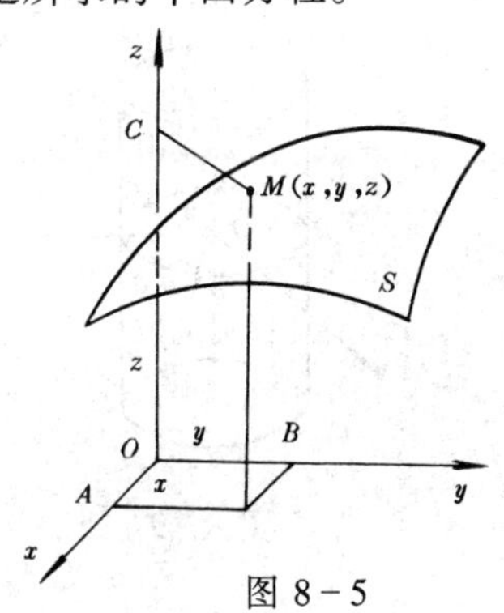

图 8-5

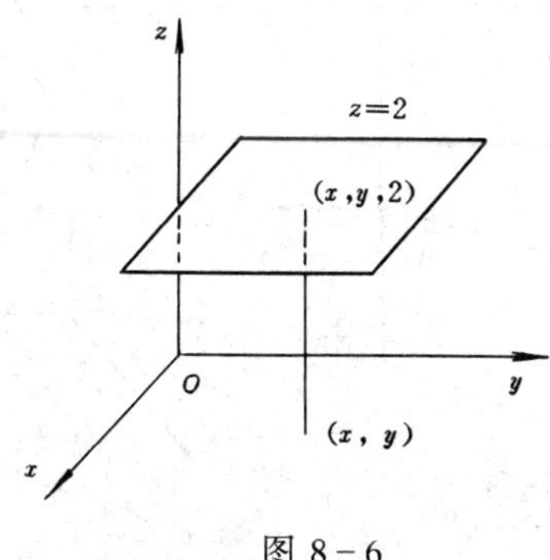

图 8-6

例 3　如果一平面平行于 xOy 面，且过点(0,0,2)，求这个平面方程(图 8-6)。

解　这个平面上任一点(x,y,z)的竖坐标 z 恒为 2，且不在这平面上的任何点的竖坐标 z 都不等于 2，因此所求平面方程为

$$z=2 \text{ 或 } z-2=0$$

同理有，xOy 面的方程为 $z=0$，yOz 面的方程为 $x=0$，zOx 面的方程为 $y=0$。

例 4　作方程 $x+y-1=0$ 的图形。

解　方程 $x+y-1=0$ 不含 z，说明 z 可以取任意值而总有 $x+y-1=0$。

首先在 xOy 平面上作直线 $x+y-1=0$。如果空间的某个点在 xOy 平面上的投影落在该直线上，则这个点的 x 坐标和 y 坐标与它在直线上投影点的坐标相同，故适合方程 $x+y-1=0$，而具备这种性质的点必在过直线 $x+y-1=0$ 且与 Oz 轴平行的平面上。于是，过该直线作平行于 Oz 轴的平面 π，就是所求作的图形(图 8-7)。

上述四例都是平面，均为一次方程。可以证明，空间任意一个平面的方程都是三元一次方程

$$Ax+By+Cz+D=0 \tag{8-3}$$

其中 A,B,C,D 均为常数，且 A,B,C 不同时为零。

例 5　求以 $M_0(a,b,c)$为球心，半径为 R 的球面方程。

解　设点 $M(x,y,z)$为球面上任意一点(图 8-8)，则有 $|M_0M|=R$，由公式(8-1)得

$$\sqrt{(x-a)^2+(y-b)^2+(z-c)^2}=R$$

化简后得球面方程

$$(x-a)^2+(y-b)^2+(z-c)^2=R^2 \tag{8-4}$$

若球心在原点，则 $a=b=c=0$，球面方程为

$$x^2+y^2+z^2=R^2 \tag{8-5}$$

由此式可解得

$$z = \pm \sqrt{R^2 - x^2 - y^2}$$

当 z 取正值时，是球面的上半部分；当 z 取负值时，是球面的下半部分。

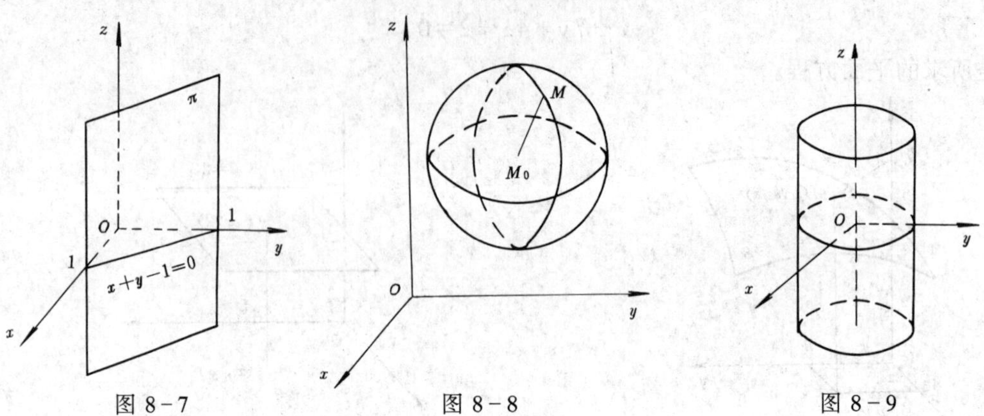

图 8-7　　　　图 8-8　　　　图 8-9

例 6　求底面半径为 R 的圆柱面的方程，且该柱面的轴与 z 轴重合(图 8-9)。

解　此圆柱面与 xOy 平面的交线是以原点为圆心，R 为半径的圆 $x^2+y^2=R^2$。圆柱面上任何一点在 xOy 平面上的投影都在此圆上，也就是柱面上任何一点 x 和 y 的坐标都满足方程 $x^2+y^2=R^2$。反之，若某个点的坐标不满足这个方程，则该点在 xOy 平面上的投影就不在此圆上，也就是该点不在此圆柱面上。因而，所求圆柱面方程为

$$x^2+y^2=R^2$$

例 7　讨论 $z=x^2+y^2$ 的图形。

解　用平面 $z=h$ 去截曲面 $z=x^2+y^2$，其截痕为圆 $x^2+y^2=h$。

当 $h>0$ 时，截痕为以点 $(0,0,h)$ 为圆心，$\sqrt{h}$ 为半径的圆。当截面 $z=h$ 向上移动时，截面变大，即 h 越大圆截痕也越大。

当 $h=0$ 时，圆截痕缩为一点 $(0,0,0)$。

当 $h<0$ 时，方程无解，平面与曲面不相交，此时没有图形。

用平面 $x=a$ 或 $y=b$ 去截该曲面，截痕为 $z=y^2+a^2$ 或 $z=x^2+b^2$，两者皆为抛物线。

概括以上两种截面，曲面 $z=x^2+y^2$ 的图形称为旋转抛物面(paraboloid of revolution)，如图 8-10 所示。

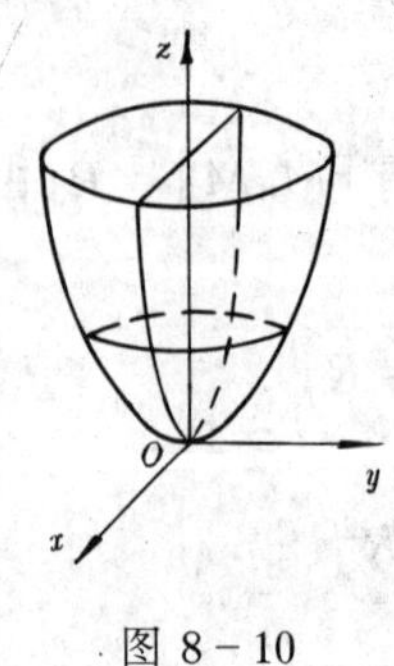

图 8-10

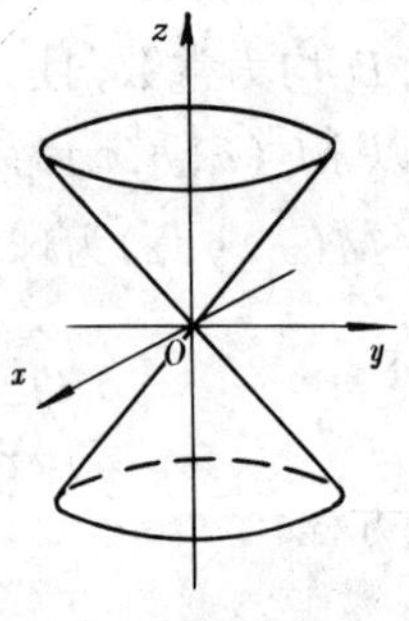

图 8-11

例 8　讨论曲面 $x^2+y^2-z^2=0$ 的图形。

解　用平面 $z=h$ 去截曲面 $x^2+y^2-z^2=0$，其截痕为圆 $x^2+y^2=h^2$。

当 $h>0$ 时，截痕圆在 xOy 坐标面的上方，它是以点 $(0,0,h)$ 为圆心，h 为半径的圆。当截面 $z=h$ 向上移动时，截痕圆变大，即 h 越大圆截痕也越大。

当 $h=0$ 时，圆截痕缩为一点 $(0,0,0)$。

当 $h<0$ 时，截痕在 xOy 坐标面下方，它的图形是以点 $(0,0,h)$ 为圆心，$|h|$ 为半径的圆。

用平面 $y=0$ 去截曲面 $x^2+y^2-z^2=0$，截痕为 $x^2-z^2=0$，它是过原点的两条相交直线 $x+z=0$ 和 $x-z=0$。

用平面 $x=0$ 去截曲面 $x^2+y^2-z^2=0$，其截痕为 $y^2-z^2=0$，它是过原点的两条相交直线 $y+z=0$ 和 $y-z=0$。事实上，凡是用过 z 轴的平面去截曲面 $x^2+y^2-z^2=0$，其截痕都是过原点的两条相交直线。

因而，这种曲面可以视为是由过原点而沿着圆 $x^2+y^2=h^2$ 移动的直线所构成的。通常把这种曲面称为旋转锥面，简称锥面 (conicai surface)，如图 8－11 所示。

由方程 $x^2+y^2-z^2=0$ 可以解得

$$z=\pm\sqrt{x^2+y^2}$$

其中，z 取正值时，它是在 xOy 平面上方的锥面部分；z 取负值时，它是在 xOy 平面下方的锥面部分。

二、向量代数简介

1. 向量的概念

在力学、物理学以及其它学科中所遇到的量可分为两类：一类是只有大小的量，称为数量或标量，如温度、时间、质量、面积、体积、密度、比热等；另一类是既有大小又有方向的量，称为向量或矢量，如力、速度、加速度、位移、力矩等。

任何一个向量都可用一条有向线段来表示，有向线段的长度表示向量的大小，有向线段的方向表示向量的方向。以 A 为起点 B 为终点的向量，记为 $\overrightarrow{AB}$（图 8－12）；向量可用一个拉丁字母上面加一个箭头表示，也可用一个黑体字母来表示，如 $\vec{a},\vec{i},\vec{v},\vec{F}$ 或 $\boldsymbol{a},\boldsymbol{i},\boldsymbol{u},\boldsymbol{F}$ 等。

向量 $\boldsymbol{a}$ 的大小称为向量的模，记为 $|\boldsymbol{a}|$。向量 $\overrightarrow{AB}$ 的模等于线段 AB 的长度，记为 $|\overrightarrow{AB}|$。模为零的向量称为零向量，记为 $\boldsymbol{0}$，它的方向可看作是任意的。模等于 1 的向量称为单位向量。若以坐标原点 O 为起点向已知点 M 引向量 $\overrightarrow{OM}$，则称此向量为点 M 对于原点 O 的向径，常用 $\vec{r}$ 表示，即 $\vec{r}=\overrightarrow{OM}$。与向量 $\boldsymbol{a}$ 大小相等方向相反的向量称为向量 $\boldsymbol{a}$ 的负向量，记为 $-\boldsymbol{a}$。

在很多实际问题中所遇到的向量，常常与起点无关，只考虑它们的大小及方向，这种向量称为自由向量。在这种意义下，一个向量经过平移后仍是原来的向量。若两个向量 $\boldsymbol{a}$ 和 $\boldsymbol{b}$ 的大小相等且方向相同，则称它们相等，记为 $\vec{a}=\vec{b}$。以下我们所讨论的向量，若无特殊说明都是指自由向量。

在物理学中知道，若有两个力 $\boldsymbol{F}_1$、$\boldsymbol{F}_2$ 作用在同一质点上，则它们的合力 $\boldsymbol{F}$ 可按平行四边形法则或三角形法则求得，仿此可定义两个向量的和。

定义 1　设有两个非零向量 $\boldsymbol{a}$、$\boldsymbol{b}$，以 $\boldsymbol{a}$、$\boldsymbol{b}$ 为邻边的平行四边形的对角线所表示的向量，称为两向量 $\boldsymbol{a}$ 与 $\boldsymbol{b}$ 的和向量，记为 $\boldsymbol{a}+\boldsymbol{b}$，这就是向量加法的平行四边形法则（图 8－13）。

由图 8－13 可以看出，如果以向量 $\boldsymbol{a}$ 的终点作为向量 $\boldsymbol{b}$ 的起点，那么由 $\boldsymbol{a}$ 的起点到 $\boldsymbol{b}$ 的终点的向量也是 $\boldsymbol{a}$ 与 $\boldsymbol{b}$ 的和向量。这种方法称为向量加法的三角形法则。这个法则可以推广到任意有限个向量相加的情形(图 8－14)。

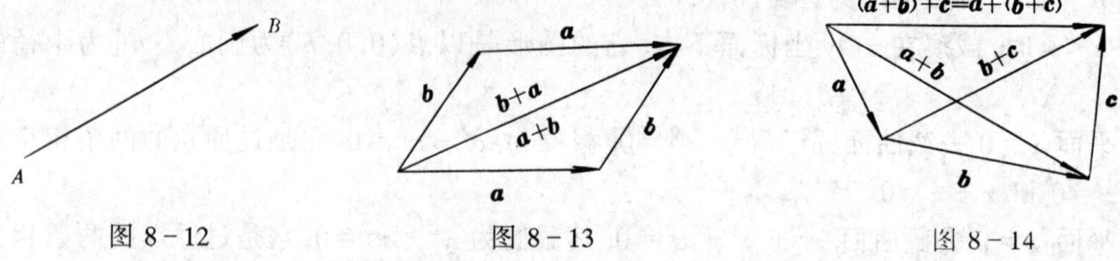

图 8－12　　图 8－13　　图 8－14

由图 8－13 和图 8－14，显然可得向量加法的运算规律：

(1) $\boldsymbol{a}+\boldsymbol{b}=\boldsymbol{b}+\boldsymbol{a}$　　（交换律）

(2) $(\boldsymbol{a}+\boldsymbol{b})+\boldsymbol{c}=\boldsymbol{a}+(\boldsymbol{b}+\boldsymbol{c})$　　（结合律）

向量的减法是向量加法的逆运算。因此，有如下定义：

定义 2　如果向量 $\boldsymbol{b}$ 与 $\boldsymbol{c}$ 的和等于 $\boldsymbol{a}$，即 $\boldsymbol{b}+\boldsymbol{c}=\boldsymbol{a}$，那么向量 $\boldsymbol{c}$ 称为向量 $\boldsymbol{a}$ 与 $\boldsymbol{b}$ 之差，记为 $\boldsymbol{a}-\boldsymbol{b}$(图 8－15)。

由图 8－15 看到，当向量 $\boldsymbol{a}$ 与 $\boldsymbol{b}$ 的始点重合时，则从 $\boldsymbol{b}$ 的终点到 $\boldsymbol{a}$ 的终点的向量就是向量 $\boldsymbol{a}-\boldsymbol{b}$。

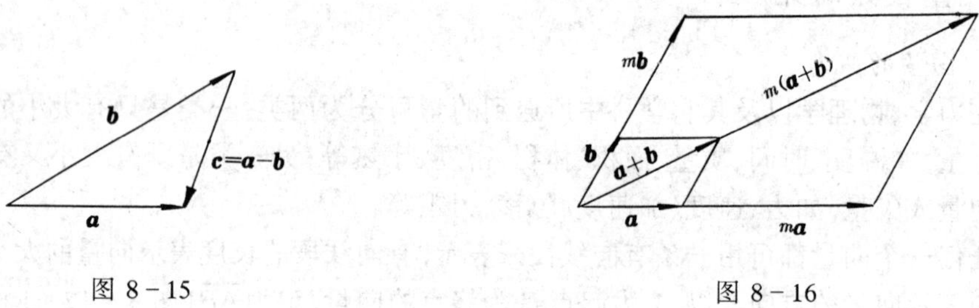

图 8－15　　图 8－16

如果一个力 $\boldsymbol{F}$ 是另一个力 $\boldsymbol{f}$ 的 3 倍，即 $\boldsymbol{F}=3\boldsymbol{f}$。此时出现了数量与向量的乘积，对此我们给出以下的一般定义：

定义 3　数量 m 与向量 $\boldsymbol{a}$ 的乘积 $m\boldsymbol{a}$ 是一个向量，它的模等于 $|\boldsymbol{a}|$ 的 $|m|$ 倍，即 $|m\boldsymbol{a}|=|m|\cdot|\boldsymbol{a}|$。当 $m>0$ 时，它的方向与 $\boldsymbol{a}$ 相同；当 $m<0$ 时，它的方向与 $\boldsymbol{a}$ 相反；当 $m=0$ 时，$m\boldsymbol{a}$ 是一个零向量。

-1 与向量 $\boldsymbol{a}$ 的乘积 $(-1)\boldsymbol{a}$，它的模与 $\boldsymbol{a}$ 的模相等而方向相反，记为 $-\boldsymbol{a}$，即

$$(-1)\boldsymbol{a}=-\boldsymbol{a}$$

与向量 $\boldsymbol{a}$ 同方向的单位向量称为 $\boldsymbol{a}$ 的单位向量，记作 $\boldsymbol{a}^0$，根据定义 3，可得

$$\boldsymbol{a}=|\boldsymbol{a}|\boldsymbol{a}^0$$

或

$$\boldsymbol{a}^0=\frac{\boldsymbol{a}}{|\boldsymbol{a}|}$$

由此可见，一个非零向量除以它的模便是它的单位向量。

数量与向量的乘法满足下列运算规律：

(1)结合律　$(mn)\boldsymbol{a}=n(m\boldsymbol{a})=m(n\boldsymbol{a})$

(2)分配律　$(m+n)\boldsymbol{a}=m\boldsymbol{a}+n\boldsymbol{a}$

$$m(\boldsymbol{a}+\boldsymbol{b})=m\boldsymbol{a}+m\boldsymbol{b}$$

上面三个等式中,前二式的正确性可由向量与数量的乘积的定义直接推得,最后一式可利用相似形验证其正确性。图 8-16 给出了 $m>0$ 的情形。

2. 向量的坐标表示法

向量的几何表示虽然直观,但不便于运算,下面讨论如何用坐标来表示向量。

在空间直角坐标系中,与 x 轴,y 轴,z 轴同向的单位向量,称为基本单位向量,分别记为 $\boldsymbol{i},\boldsymbol{j},\boldsymbol{k}$。

设向量 $\boldsymbol{a}$ 的起点在坐标原点 O,而终点为 $P(x,y,z)$。我们过 $\boldsymbol{a}$ 的终点 $P(x,y,z)$ 作三个平面分别垂直于三条坐标轴,设垂足依次为 A、B、C(图 8-17),则点 A 在 x 轴上的坐标为 x,根据向量与数量的乘法运算得向量 $\overrightarrow{OA}=x\boldsymbol{i}$,同理 $\overrightarrow{OB}=y\boldsymbol{j}$,$\overrightarrow{OC}=z\boldsymbol{k}$。于是,由向量加法的三角形法则有

$$\begin{aligned}\boldsymbol{a}&=\overrightarrow{OP}=\overrightarrow{OQ}+\overrightarrow{QP}=\overrightarrow{OA}+\overrightarrow{OB}+\overrightarrow{OC}\\&=x\boldsymbol{i}+y\boldsymbol{j}+z\boldsymbol{k}\end{aligned}$$

我们称 $\boldsymbol{a}=x\boldsymbol{i}+y\boldsymbol{j}+z\boldsymbol{k}$ 为向量 $\boldsymbol{a}$ 的坐标表示式,记为

$$\boldsymbol{a}=\{x,y,z\}$$

其中 x,y,z 称为向量 $\boldsymbol{a}$ 的坐标。

例 9　已知 $\boldsymbol{a}=\overrightarrow{AB}$ 是以 $A(x_1,y_1,z_1)$ 为起点,$B(x_2,y_2,z_2)$ 为终点的向量(图 8-18),求向量 $\boldsymbol{a}$ 的坐标表示式。

解　$$\begin{aligned}\boldsymbol{a}&=\overrightarrow{AB}=\overrightarrow{OB}-\overrightarrow{OA}=(x_2\boldsymbol{i}+y_2\boldsymbol{j}+z_2\boldsymbol{k})-(x_1\boldsymbol{i}+y_1\boldsymbol{j}+z_1\boldsymbol{k})\\&=(x_2-x_1)\boldsymbol{i}+(y_2-y_1)\boldsymbol{j}+(z_2-z_1)\boldsymbol{k}\end{aligned}$$

或

$$\boldsymbol{a}=\{x_2-x_1,y_2-y_1,z_2-z_1\}$$

由此可知,起点不在坐标原点的向量的坐标,恰好等于向量相应的终点坐标与起点坐标之差。

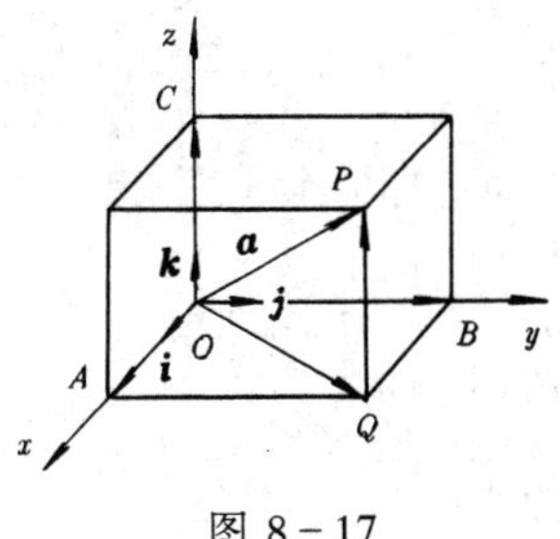

图 8-17

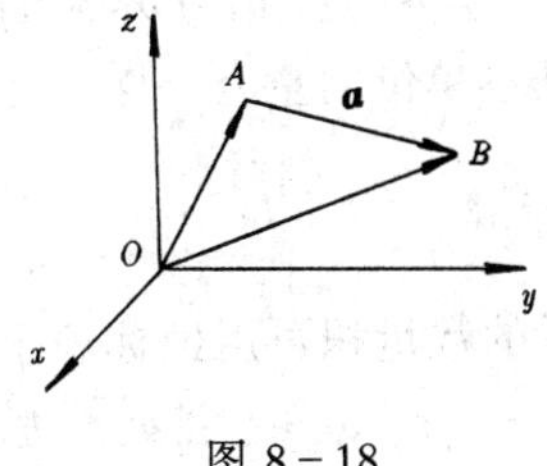

图 8-18

利用向量的坐标可得两向量的加减法及数量与向量的乘积运算如下:

设　$\boldsymbol{a}=x_1\boldsymbol{i}+y_1\boldsymbol{j}+z_1\boldsymbol{k}$,　　$\boldsymbol{b}=x_2\boldsymbol{i}+y_2\boldsymbol{j}+z_2\boldsymbol{k}$

则得

$$\begin{aligned}\boldsymbol{a}\pm\boldsymbol{b}&=(x_1\boldsymbol{i}+y_1\boldsymbol{j}+z_1\boldsymbol{k})\pm(x_2\boldsymbol{i}+y_2\boldsymbol{j}+z_2\boldsymbol{k})\\&=(x_1\pm x_2)\boldsymbol{i}+(y_1\pm y_2)\boldsymbol{j}+(z_1\pm z_2)\boldsymbol{k}\end{aligned}$$

$$= \{x_1 \pm x_2, y_1 \pm y_2, z_1 \pm z_2\}$$

$$m\boldsymbol{a} = m(x_1\boldsymbol{i} + y_1\boldsymbol{j} + z_1\boldsymbol{k}) = mx_1\boldsymbol{i} + my_1\boldsymbol{j} + mz_1\boldsymbol{k}$$

$$= \{mx_1, my_1, mz_1\} \qquad (m \text{ 为数量})$$

3. 两向量的数量积和向量积

(1)数量积。在物理学中我们知道,如果物体受常力 $\boldsymbol{F}$ 作用而产生直线位移 $\boldsymbol{S}$(图 8-19),并且 $\boldsymbol{F}$ 与 $\boldsymbol{S}$ 夹角为 $\theta(0\leqslant\theta\leqslant\pi)$,则力 $\boldsymbol{F}$ 所做的功等于 $\boldsymbol{F}$ 在位移 $\boldsymbol{S}$ 方向上分力大小 $|\boldsymbol{F}|\cos\theta$ 与位移大小 $|\boldsymbol{S}|$ 的乘积,即

$$W = |\boldsymbol{F}||\boldsymbol{S}|\cos\theta$$

定义 4 两向量 $\boldsymbol{a}$、$\boldsymbol{b}$ 的模及其夹角余弦的连乘积,称为向量 $\boldsymbol{a}$ 与 $\boldsymbol{b}$ 的数量积(也称内积或点积),记为 $\boldsymbol{a}\cdot\boldsymbol{b}$,即

$$\boldsymbol{a}\cdot\boldsymbol{b} = |\boldsymbol{a}|\cdot|\boldsymbol{b}|\cdot\cos(\widehat{\boldsymbol{a},\boldsymbol{b}}) \tag{8-6}$$

其中 $(\widehat{\boldsymbol{a},\boldsymbol{b}})$ 表示 $\boldsymbol{a}$ 与 $\boldsymbol{b}$ 的夹角,$0\leqslant(\widehat{\boldsymbol{a},\boldsymbol{b}})\leqslant\pi$。

注意,两个向量的数量积是一个数值。

由数量积的定义,上述作功问题可表示为

$$W = \boldsymbol{F}\cdot\boldsymbol{S}$$

数 $|\boldsymbol{a}|\cos(\widehat{\boldsymbol{a},\boldsymbol{b}})$ 称为向量 $\boldsymbol{a}$ 在向量 $\boldsymbol{b}$ 上的投影(Project)记为 $\mathrm{P}_{\mathrm{rj}\boldsymbol{b}}\boldsymbol{a}$。

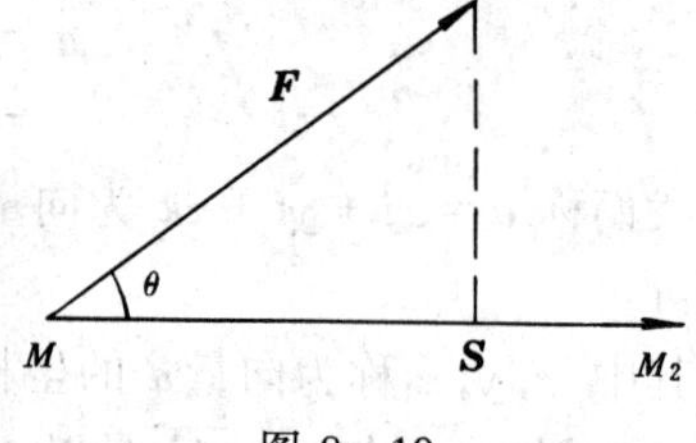

图 8-19

所以,两向量的数量积也可以用投影表示为

$$\boldsymbol{a}\cdot\boldsymbol{b} = |\boldsymbol{b}|\mathrm{P}_{\mathrm{rj}\boldsymbol{b}}\boldsymbol{a} = |\boldsymbol{a}|\mathrm{P}_{\mathrm{rj}\boldsymbol{a}}\boldsymbol{b}$$

数量积满足下列运算规律:

(1)交换律 $\boldsymbol{a}\cdot\boldsymbol{b} = \boldsymbol{b}\cdot\boldsymbol{a}$

(2)结合律 $m(\boldsymbol{a}\cdot\boldsymbol{b}) = (m\boldsymbol{a})\cdot\boldsymbol{b} = \boldsymbol{a}\cdot(m\boldsymbol{b})$ (m 为数量)

(3)分配律 $\boldsymbol{a}\cdot(\boldsymbol{b}+\boldsymbol{c}) = \boldsymbol{a}\cdot\boldsymbol{b} + \boldsymbol{a}\cdot\boldsymbol{c}$

又由数量积的定义可知:

(1) $\boldsymbol{a}\cdot\boldsymbol{a} = |\boldsymbol{a}||\boldsymbol{a}|\cos(\widehat{\boldsymbol{a},\boldsymbol{a}}) = |\boldsymbol{a}|^2$

(2)两个非零向量 $\boldsymbol{a}$ 与 $\boldsymbol{b}$ 垂直的充要条件是 $\boldsymbol{a}\cdot\boldsymbol{b} = 0$

对于基本单位向量有

$$\boldsymbol{i}\cdot\boldsymbol{i} = \boldsymbol{j}\cdot\boldsymbol{j} = \boldsymbol{k}\cdot\boldsymbol{k} = 1$$

$$\boldsymbol{i}\cdot\boldsymbol{j} = \boldsymbol{j}\cdot\boldsymbol{k} = \boldsymbol{k}\cdot\boldsymbol{i} = 0$$

两向量的数量积可用坐标表示。

设 $\boldsymbol{a} = x_1\boldsymbol{i} + y_1\boldsymbol{j} + z_1\boldsymbol{k}$, $\boldsymbol{b} = x_2\boldsymbol{i} + y_2\boldsymbol{j} + z_2\boldsymbol{k}$, 则

$$\begin{aligned}\boldsymbol{a}\cdot\boldsymbol{b} &= (x_1\boldsymbol{i} + y_1\boldsymbol{j} + z_1\boldsymbol{k})\cdot(x_2\boldsymbol{i} + y_2\boldsymbol{j} + z_2\boldsymbol{k}) \\ &= x_1x_2\boldsymbol{i}\cdot\boldsymbol{i} + x_1y_2\boldsymbol{i}\cdot\boldsymbol{j} + x_1z_1\boldsymbol{i}\cdot\boldsymbol{k} + y_1x_2\boldsymbol{j}\cdot\boldsymbol{i} + y_1y_2\boldsymbol{j}\cdot\boldsymbol{j} \\ &\quad + y_1z_2\boldsymbol{j}\cdot\boldsymbol{k} + z_1x_2\boldsymbol{k}\cdot\boldsymbol{i} + z_1y_2\boldsymbol{k}\cdot\boldsymbol{j} + z_1z_2\boldsymbol{k}\cdot\boldsymbol{k} \\ &= x_1x_2 + y_1y_2 + z_1z_2\end{aligned}$$

因此,两向量的数量积等于它们对应坐标乘积之和。

如果 $\boldsymbol{a}$、$\boldsymbol{b}$ 为两个非零向量,那么由数量积的定义可得

$$\cos\theta=\frac{\boldsymbol{a}\cdot\boldsymbol{b}}{|\boldsymbol{a}|\cdot|\boldsymbol{b}|}=\frac{x_1x_2+y_1y_2+z_1z_2}{\sqrt{x_1^2+y_1^2+z_1^2}\sqrt{x_2^2+y_2^2+z_2^2}}$$

由上式可得，两个非零向量 $\boldsymbol{a}$ 与 $\boldsymbol{b}$ 垂直的充要条件是

$$x_1x_2+y_1y_2+z_1z_2=0$$

即 $\boldsymbol{a}\cdot\boldsymbol{b}=0$

例 10　在 xOy 平面上求一单位向量与已知向量 $\overrightarrow{OA}=\{-4,3,7\}$ 垂直。

解　因所求向量在 xOy 平面上，故可设所求向量 $\overrightarrow{OB}=\{x,y,0\}$。由向量垂直的条件得

$$-4x+3y=0$$

又知 $\overrightarrow{OB}$ 是单位向量。因此，有

$$x^2+y^2=1$$

解得

$$x=\pm\frac{3}{5}\qquad y=\pm\frac{4}{5}$$

故所求向量为 $\left\{\frac{3}{5},\frac{4}{5},0\right\}$ 和 $\left\{-\frac{3}{5},-\frac{4}{5},0\right\}$

(2)向量积

设力 $\boldsymbol{F}$ 作用于支点为 O 的杠杆上 P 点处，且与 $\overrightarrow{OP}$ 夹角为 φ 时所产生的力矩为 $\boldsymbol{M}$(图 8-20(a))。由力学知道，力 $\boldsymbol{F}$ 对支点 O 的力矩是一个向量 $\boldsymbol{M}$，它的模等于力臂 $|OQ|$ 与 $|\boldsymbol{F}|$ 的乘积，即

$$|\boldsymbol{M}|=|OQ|\cdot|\boldsymbol{F}|=|\overrightarrow{OP}|\cdot|\boldsymbol{F}|\sin\varphi$$

而 $\boldsymbol{M}$ 的方向垂直于 $\overrightarrow{OP}$ 与 $\boldsymbol{F}$ 所决定的平面，其正方向按右手法则确定[图 8-20(b)]。

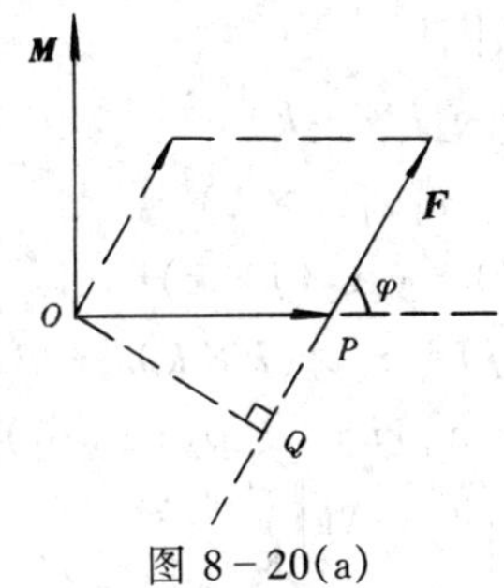

图 8-20(a)

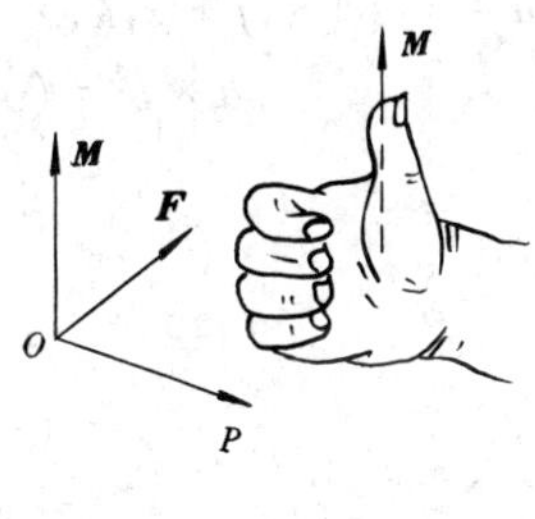

图 8-20(b)

定义 5　设有两向量 $\boldsymbol{a}$、$\boldsymbol{b}$，如果向量 $\boldsymbol{c}$ 满足：

(1) $|\boldsymbol{c}|=|\boldsymbol{a}||\boldsymbol{b}|\sin(\widehat{\boldsymbol{a},\boldsymbol{b}})\qquad(0\leqslant\widehat{\boldsymbol{a},\boldsymbol{b}}\leqslant\pi)$

(2) $\boldsymbol{c}$ 垂直于 $\boldsymbol{a}$、$\boldsymbol{b}$ 所决定的平面，它的正方向按右手法则确定，即 $\boldsymbol{a}$，$\boldsymbol{b}$，$\boldsymbol{c}$ 构成右手系。

则称向量 $\boldsymbol{c}$ 为 $\boldsymbol{a}$ 与 $\boldsymbol{b}$ 的向量积，记为 $\boldsymbol{a}\times\boldsymbol{b}$，即

$$\boldsymbol{c}=\boldsymbol{a}\times\boldsymbol{b}$$

于是，上述力 $\boldsymbol{F}$ 对杠杆上支点 O 的力矩 $\boldsymbol{M}$，可以表示为

$$\boldsymbol{M}=\overrightarrow{OP}\times\boldsymbol{F}$$

由向量积的定义可知，$\boldsymbol{a}\times\boldsymbol{b}$ 的模等于以 $\boldsymbol{a}$、$\boldsymbol{b}$ 为邻边的平行四边形的面积(图 8-21)。

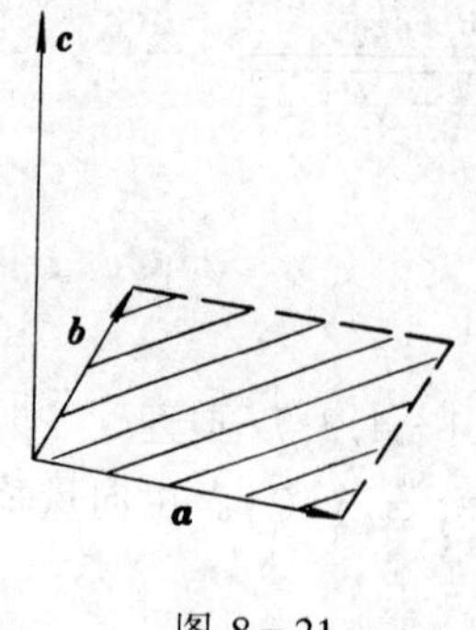

图 8-21

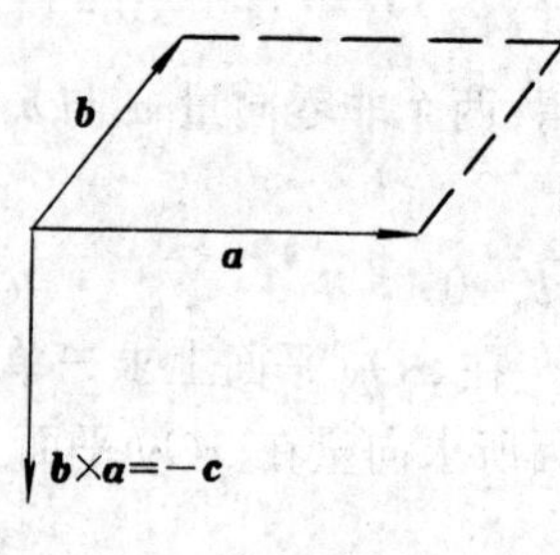

图 8-22

向量积有下列运算规律：

(1)反交换律　$\boldsymbol{a}\times\boldsymbol{b}=-\boldsymbol{b}\times\boldsymbol{a}$　(图 8-22)

(2)结合律　$m(\boldsymbol{a}\times\boldsymbol{b})=(m\boldsymbol{a})\times\boldsymbol{b}=\boldsymbol{a}\times(m\boldsymbol{b})$　(m 为数量)

(3)分配律　$\boldsymbol{a}\times(\boldsymbol{b}+\boldsymbol{c})=\boldsymbol{a}\times\boldsymbol{b}+\boldsymbol{a}\times\boldsymbol{c}$

根据定义可推得下列结果：

(1)$\boldsymbol{a}\times\boldsymbol{a}=\boldsymbol{0}$

(2)若 $\boldsymbol{a},\boldsymbol{b}$ 都是非零向量,则 $\boldsymbol{a}$ 与 $\boldsymbol{b}$ 平行的充分必要条件是$\boldsymbol{a}\times\boldsymbol{b}\quad\boldsymbol{0}$

(3)基本单位向量具有以下性质：

$\boldsymbol{i}\times\boldsymbol{i}=\boldsymbol{0}$；$\boldsymbol{j}\times\boldsymbol{j}=\boldsymbol{0}$；$\boldsymbol{k}\times\boldsymbol{k}=\boldsymbol{0}$；

$\boldsymbol{i}\times\boldsymbol{j}=\boldsymbol{k}$；$\boldsymbol{j}\times\boldsymbol{k}=\boldsymbol{i}$；$\boldsymbol{k}\times\boldsymbol{i}=\boldsymbol{j}$；

$\boldsymbol{j}\times\boldsymbol{i}=-\boldsymbol{k}$；$\boldsymbol{k}\times\boldsymbol{j}=-\boldsymbol{i}$；$\boldsymbol{i}\times\boldsymbol{k}=-\boldsymbol{j}$。

两向量的向量积也可以用向量的坐标来表示。

设　$\boldsymbol{a}=x_1\boldsymbol{i}+y_1\boldsymbol{j}+z_1\boldsymbol{k}$,　　$\boldsymbol{b}=x_2\boldsymbol{i}+y_2\boldsymbol{j}+z_2\boldsymbol{k}$,则

$$\begin{aligned}\boldsymbol{a}\times\boldsymbol{b}&=(x_1\boldsymbol{i}+y_1\boldsymbol{j}+z_1\boldsymbol{k})\times(x_2\boldsymbol{i}+y_2\boldsymbol{j}\times z_2\boldsymbol{k})\\&=x_1x_2(\boldsymbol{i}\times\boldsymbol{i})+x_1y_2(\boldsymbol{i}\times\boldsymbol{j})+x_1z_1(\boldsymbol{i}\times\boldsymbol{k})\\&\quad+y_1x_2(\boldsymbol{j}\times\boldsymbol{i})+y_1y_2(\boldsymbol{j}\times\boldsymbol{j})+y_1z_2(\boldsymbol{j}\times\boldsymbol{k})\\&\quad+z_1x_2(\boldsymbol{k}\times\boldsymbol{i})+z_1y_2(\boldsymbol{k}\times\boldsymbol{j})+z_1z_2(\boldsymbol{k}\times\boldsymbol{k})\\&=(y_1z_2-y_2z_1)\boldsymbol{i}+(z_1x_2-z_2x_1)\boldsymbol{j}+(x_1y_2-x_2y_1)\boldsymbol{k}\\&=\begin{vmatrix}y_1&z_1\\y_2&z_2\end{vmatrix}\boldsymbol{i}-\begin{vmatrix}x_1&z_1\\x_2&z_2\end{vmatrix}\boldsymbol{j}+\begin{vmatrix}x_1&y_1\\x_2&y_2\end{vmatrix}\boldsymbol{k}\end{aligned}\tag{8-7}$$

为了便于记忆,常将这个结果写成行列式的形式,即

$$\boldsymbol{a}\times\boldsymbol{b}=\begin{vmatrix}\boldsymbol{i}&\boldsymbol{j}&\boldsymbol{k}\\x_1&y_1&z_1\\x_2&y_2&z_2\end{vmatrix}\tag{8-8}$$

有关行列式的计算参见附录七。

由于两个非零向量 $\boldsymbol{a}$、$\boldsymbol{b}$ 平行的充要条件是 $\boldsymbol{a}\times\boldsymbol{b}=\boldsymbol{0}$,因此可将 $\boldsymbol{a}$、$\boldsymbol{b}$ 平行的充要条件表示为

$$y_1z_2-y_2z_1=0,\ z_1x_2-z_2x_1=0,\ x_1y_2-x_2y_1=0\tag{8-9}$$

当 x_2,y_2,z_2 全不为零时,有

$$\frac{x_1}{x_2}=\frac{y_1}{y_2}=\frac{z_1}{z_2} \tag{8-10}$$

当 x_2,y_2,z_2 中为零时，其分母出现零，式(8-10)失去意义。但是，为了方便起见，仍采用这一形式，把它看成是式(8-9)的简便写法。例如，我们把等式$\frac{x_1}{0}=\frac{y_1}{0}=\frac{z_1}{6}$理解为 $x_1=0$，$y_1=0$。

例 11　已知 $\boldsymbol{a}=\{3,2,-1\}$，$\boldsymbol{b}=\{1,-1,2\}$，求 $\boldsymbol{a}\times\boldsymbol{b}$。

解　由公式(8-8)得

$$\boldsymbol{a}\times\boldsymbol{b}=\begin{vmatrix}\boldsymbol{i}&\boldsymbol{j}&\boldsymbol{k}\\3&2&-1\\1&-1&2\end{vmatrix}=\begin{vmatrix}2&-1\\-1&2\end{vmatrix}\boldsymbol{i}-\begin{vmatrix}3&-1\\1&2\end{vmatrix}\boldsymbol{j}+\begin{vmatrix}3&2\\1&-1\end{vmatrix}\boldsymbol{k}$$
$$=3\boldsymbol{i}-7\boldsymbol{j}-5\boldsymbol{k}$$

例 12　求以 $A(1,1,2)$，$B(3,2,1)$，$C(2,0,4)$为顶点的$\triangle ABC$ 的面积。

解　由向量积的定义可知$\triangle ABC$ 的面积

$$S=\frac{1}{2}|\overrightarrow{AB}\times\overrightarrow{BC}|$$

因为 $\overrightarrow{AB}=\{2,1,-1\}$，$\overrightarrow{BC}=\{-1,-2,3\}$，所以

$$\overrightarrow{AB}\times\overrightarrow{BC}=\begin{vmatrix}\boldsymbol{i}&\boldsymbol{j}&\boldsymbol{k}\\2&1&-1\\-1&-2&3\end{vmatrix}=\boldsymbol{i}-5\boldsymbol{j}-3\boldsymbol{k}$$

故$\triangle ABC$ 的面积 $S=\frac{1}{2}|\overrightarrow{AB}\times\overrightarrow{BC}|$

$$=\frac{1}{2}\sqrt{1^2+(-5)^2+(-3)^2}$$
$$=\frac{1}{2}\sqrt{35}$$

习　题　8-1

1. 坐标面和坐标轴上点的坐标有什么特点？指出下列各点位置的特殊性：$A(3,1,4)$、$B(-2,3,5)$、$C(0,-6,3)$、$D(-1,-5,7)$、$E(-4,-4,-7)$、$F(0,9,0)$。

2. 求证以 $A(-3,2,-7)$、$B(2,2,-3)$、$C(-3,6,-2)$为顶点的三角形是等腰三角形。

3. 某气象台放出甲、乙两气球，在某一时刻测得甲球在气象台正东 300 米，正北 400 米，高为 300 米处；乙球在气象台正南 200 米，高为 500 米处，求这一时刻甲、乙两球间的距离。

4. 已知两点 $A(-1,2,3)$、$B(4,1,3)$，用坐标表示向量 $\overrightarrow{AB}$ 和 $-3\overrightarrow{AB}$，并求出它们的单位向量。

5. 设 $\boldsymbol{a}=\{1,-2,2\}$、$\boldsymbol{b}=\{-2,4,m\}$，若 $\boldsymbol{a}/\!/\boldsymbol{b}$，$m$ 应等于多少？若 $\boldsymbol{a}\perp\boldsymbol{b}$，$m$ 应等于多少？

6. 设 $\boldsymbol{a}=\{3,2,-1\}$、$\boldsymbol{b}=\{1,-1,2\}$，求(1)$\boldsymbol{a}\times\boldsymbol{b}$；(2)$2\boldsymbol{a}\times7\boldsymbol{b}$；(3)$\boldsymbol{a}\times\boldsymbol{i}$；(4)$\boldsymbol{k}\times\boldsymbol{b}$。

7. 已知二力 $\boldsymbol{f}_1-4\boldsymbol{i}+3\boldsymbol{j}+4\boldsymbol{k}$，$\boldsymbol{f}_2=2\boldsymbol{i}-3\boldsymbol{j}-\boldsymbol{k}$ 作用于一点，要用怎样的力才能使它们平衡？

8. 求力 $\boldsymbol{F}=4\boldsymbol{i}+7\boldsymbol{j}+3\boldsymbol{k}$ 使一物体产生位移 $\boldsymbol{S}=3\boldsymbol{i}-5\boldsymbol{j}+\boldsymbol{k}$ 所做的功。

9. 求直线 $\frac{x-2}{1}=\frac{y-3}{1}=\frac{z-4}{2}$ 与平面 $2x+y+z-6=0$ 的交点。

10. 过点 $A(-1,0,4)$ 作直线 L，使其平行平面 $\pi:3x-4y+z-10=0$，且与直线 L_1：$\frac{x+1}{3}=\frac{y-1}{1}=\frac{z}{2}$ 相交，试求其方程。

11. 求下列球面的中心及半径：

(1) $x^2+y^2+z^2-4x+2y+6z+10=0$；　(2) $2x^2+2y^2+2z^2+x-4y+\frac{1}{4}=0$。

12. 已知三角形的顶点为 $A(4,-1,2)$、$B(-8,0,4)$、$C(8,2,3)$，利用向量积求这个三角形的面积。

13. 设 $A(1,2,-3)$、$B(2,-3,5)$ 是平行四边形相邻两个顶点，$M(1,1,1)$ 是对角线的交点，求其余两个顶点的坐标。

14. 已知 $\boldsymbol{a}=2\boldsymbol{i}+3\boldsymbol{j}$，$\boldsymbol{b}=3\boldsymbol{j}+2\boldsymbol{k}$，求以这两个向量为邻边的平行四边形的面积。

15. 已知三个向量 $\boldsymbol{a}$、$\boldsymbol{b}$、$\boldsymbol{c}$，其中 $\boldsymbol{c}\perp\boldsymbol{a}$，$\boldsymbol{c}\perp\boldsymbol{b}$，又 $(\widehat{\boldsymbol{a},\boldsymbol{b}})=\frac{\pi}{6}$，$|\boldsymbol{a}|=6$，$|\boldsymbol{b}|=|\boldsymbol{c}|=3$，求 $(\boldsymbol{a}\times\boldsymbol{b})\cdot\boldsymbol{c}$。

16. 求过点 $(1,2,3)$ 且与平面 $2x+y-z=0$，垂直的直线。

17. 设以 A、B、C、D 为顶点的四面体中，AA' 垂直于面 BCD，BB' 垂直于面 ACD，试用向量证明：如果 AA' 与 BB' 共面，那么 $AB\perp CD$（如图 8－23）。

18. 设有三个向量：$\boldsymbol{a}=\boldsymbol{i}$，$\boldsymbol{b}=\boldsymbol{j}-2\boldsymbol{k}$，$\boldsymbol{c}=2\boldsymbol{i}-2\boldsymbol{j}+\boldsymbol{k}$，试在 $\boldsymbol{a}$ 与 $\boldsymbol{b}$ 所确定的平面内，求一个单位向量 $\boldsymbol{q}$，使 $\boldsymbol{q}\perp\boldsymbol{c}$。

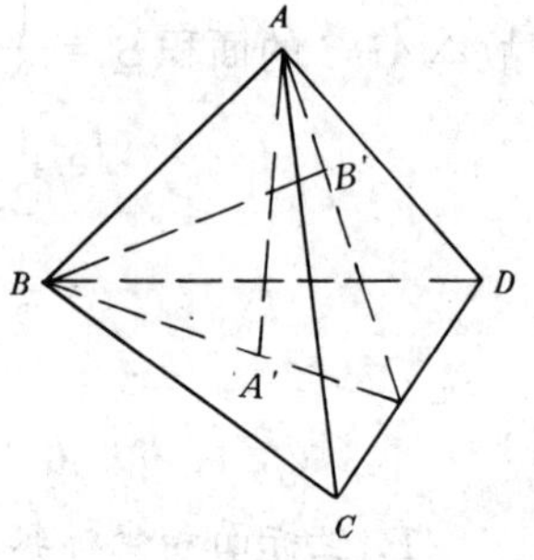

图 8－23

19. 光线沿 $\begin{cases}x+y-3=0\\x+z-1=0\end{cases}$，投射到平面 π，即 $x+y+z+1=0$ 上，求反射线所在的直线方程。

20. 画出下列各曲面的图形：

(1) $y^2=2pz$　　$(p>0)$；

(2) $-\frac{x^2}{a^2}+\frac{y^2}{b^2}=1$；

(3) $\begin{cases}z^2=y\\z=0\end{cases}$ 绕 y 轴旋转所成的旋转面；

(4) $\begin{cases}y^2-z^2=1\\z=0\end{cases}$ 绕 z 轴旋转所成的旋转面；

(5) $1-x=\sqrt{y^2+z^2}$；

(6) 由 $x+z=1$，$x^2+y^2=1$ 和 $z=0$ 所围立体的表面。

第二节　多元函数的概念，二元函数的极限和连续性

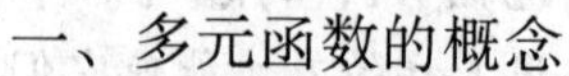

一、多元函数的概念

先举几个实例。

例 1　圆柱体的体积 V 和它的底面半径 r、高 h 之间有关系

$$V=\pi r^2 h \qquad (r>0, h>0)$$

其中 r 与 h 是两个独立变量，体积 V 是随着 r, h 的变化而变化的。当 r, h 的值取定时，V 总有确定的值与之相对应。

例 2　1 摩尔理想气体的压强 P、体积 V 和绝对温度 T 之间有状态方程

$$PV=RT \qquad (R\ 是常数)$$

其中 P, V, T 是三个变量，根据研究问题的需要，它们当中任意两个变量在一定范围内取定一对数值时，另一变量根据给定的关系，就有一个确定的值与之相对应。比如，当 V, T 在其变化范围内任取一对数值 V_0, T_0 时，根据给定的关系，P 就有一个确定的值 $P_0=\dfrac{RT_0}{V_0}$ 与之相对应。

例 3　设三角形的边长分别为 a 和 b，其夹角为 θ，则三角形面积 S 为

$$S=\frac{1}{2}ab\sin\theta$$

其中 S 依赖于三个独立变量 a, b 和 θ，当 a, b, θ 在一定范围($a>0, b>0, 0<\theta<\pi$)内取一组值时，S 也就随之而得到对应值。

上述三个实例的具体含义虽有所不同，但它们确有一个共同的属性，由此可概括出多元函数的定义。

定义 1　设有三个变量 x, y 和 z，如果当变量 x, y 在某区域 D 内任意取定一组值时，变量 z 按照一定的规律，总有确定的数值与之相对应，那么变量 z 称为变量 x, y 的二元函数，记为

$$z=f(x,y) \qquad (x,y)\in D$$

其中 x, y 称为自变量，而 z 称为因变量。自变量的取值区域 D 称为函数的定义域，对应的函数值的集合称为值域。

类似可定义三元函数 $u=f(x,y,z)$ 以及 n 元函数 $u=f(x_1,x_2,\cdots,x_n)$。我们把多于一个自变量的函数统称为多元函数。

在多元函数中，主要是研究二元函数，因为由它的原理，很容易推出二元以上的多元函数的理论和公式。

为了便于研究函数的性质，类似一元函数，需要首先给出邻域、内点、边界点、闭区域和开区域等概念。

把以点 $p_0(x_0, y_0)$ 为中心，$\delta>0$ 为半径的圆内的一切点 $p(x, y)$ 所组成的区域称为点 p_0 的邻域，记为 $N(p_0, \delta)$。

显然，邻域内点皆满足

$$\sqrt{(x-x_0)^2+(y-y_0)^2}<\delta$$

若点 p 的某个邻域内的点都属于区域 D，则称点 p 为区域 D 的内点(interior point)；若点 p' 的任一邻域内的点，有属于区域 D 的点，也有不属于区域 D 的点，则称点 p' 为区域 D 的边界点(boundary point)(图 8－24)。由所有内点和以闭曲线为边界的所有边界点而组成的区域称为闭区域(closed domain)，仅由内点所组成的区域称为开区域(open domain)。这些概念很容易推广到三维空间。

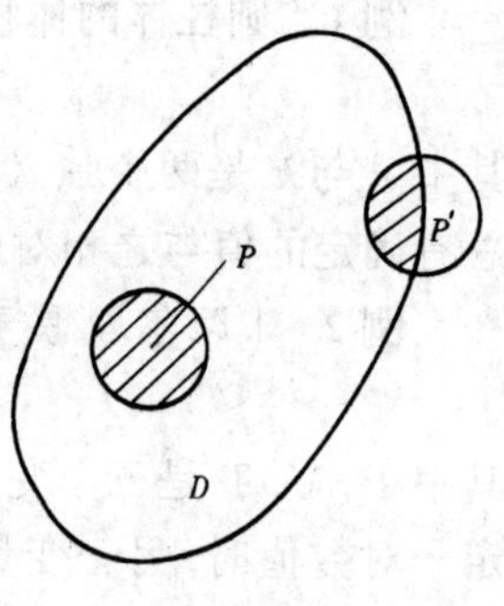

图 8-24

例 4　求函数 $z=\dfrac{1}{\sqrt{x+y}}-\ln(x-y+2)$的定义域。

解　欲使所给等式右边有意义，只需自变量 x,y 同时满足不等式

$$x+y>0 \text{ 及 } x-y+2>0$$

其中第一个不等式表示 xOy 平面上直线$y=-x$ 的上方的半个平面(不包括该直线)；第二个不等式表示 xOy 平面上直线$y=x+2$ 的下方的半个平面(也不包括该直线)。因此，同时满足这两个不等式的区域 D 为图 8-25 所表示的阴影部分，即

$$D=\{(x,y)\mid x+y>0,\ x-y+2>0\}$$

就是所求函数 z 的定义域

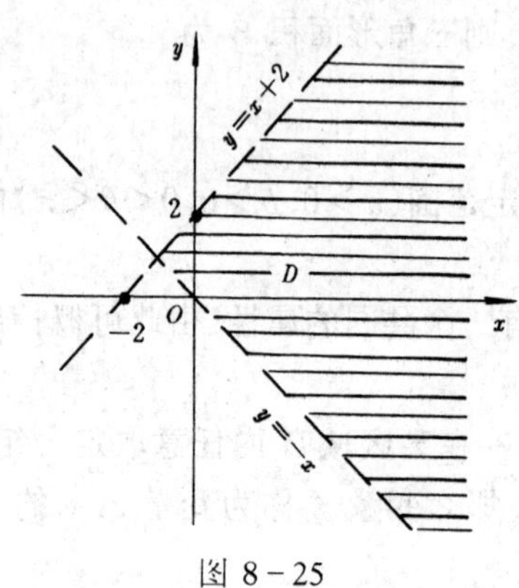

图 8-25

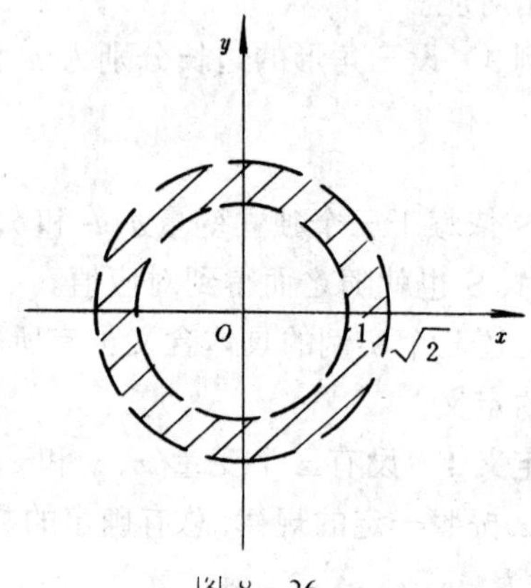

图 8-26

例 5　求函数 $z=\dfrac{\arcsin(x^2+y^2-1)}{\ln(x^2+y^2-1)}+e^{x+y}$的定义域。

解　因为所给等式右边第一项中分子 $\arcsin(x^2+y^2-1)$的定义域为 $-1\leqslant x^2+y^2-1\leqslant 1$，即 $0\leqslant x^2+y^2\leqslant 2$；分母 $\ln(x^2+y^2-1)$的定义域为 $x^2+y^2-1>0$ 且 $x^2+y^2-1\neq 1$，即 $x^2+y^2>1$ 且 $x^2+y^2\neq 2$；而第二项 e^{x+y}的定义域是整个 xOy 平面。所以，此函数 z 的定义域为

$$\begin{cases}0\leqslant x^2+y^2\leqslant 2\\ x^2+y^2>1\\ x^2+y^2\neq 2\end{cases}$$

即

$$1<x^2+y^2<2$$

它是一个既不包括外边界也不包括内边界的环形区域，即图 8-26 中阴影部分。

例 6　求函数 $z=\sqrt{4y-x^2-y^2}+\sqrt{x^2+y^2-2y}$的定义域。

解　欲使所给等式右边有意义，自变量 x,y 必须同时满足不等式

$$4y-x^2-y^2\geqslant 0 \text{ 及 } x^2+y^2-2y\geqslant 0$$

即
$$\begin{cases}x^2+(y-2)^2\leqslant 4\\ x^2+(y-1)^2\geqslant 1\end{cases}$$

它是一个既包括外边界也包括内边界的区域，图 8－27 中阴影部分即为所求函数 z 的定义域。

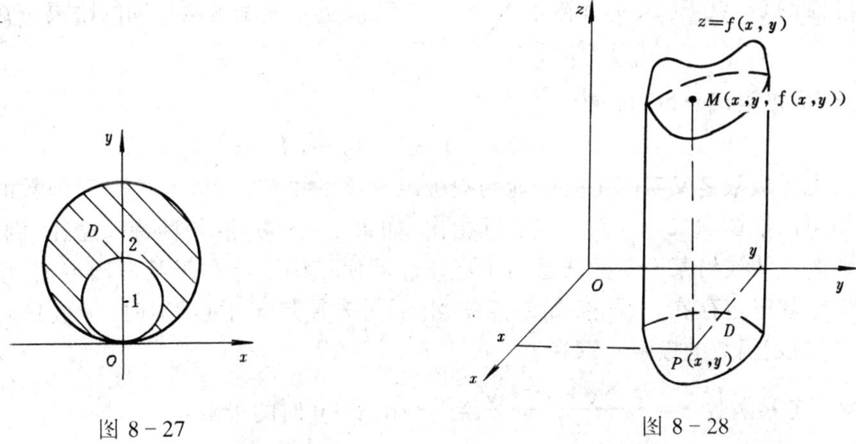

图 8－27　　　图 8－28

例 7　求函数 $z=f(x,y)=e^{(x+y)}-xy+8$ 在点(0,0)和(ln$a$,0)的函数值。

解　函数 z 在点(0,0)的函数值为

$$f(0,0)=(e^{x+y}-xy+8)\bigg|_{\substack{x=0\\y=0}}=9$$

函数 z 在点(ln$a$,0)的函数值为

$$f(\ln a,0)=(e^{x+y}-xy+8)\bigg|_{\substack{x=\ln a\\y=0}}=a+8$$

二、二元函数的几何意义

已知一元函数 $y=f(x)$ 在几何上一般表示平面上的一条曲线，而对于二元函数 $z=f(x,y)$，其定义域是 xOy 平面上区域 D。对于区域 D 中任意一点 $P(x,y)$，必定有确定的数值 z 与它对应。因此，三个有序实数 (x,y,z) 就确定了空间一个点 $M(x,y,z)$。当点 P 在区域 D 内变动时，点 M 也就相应地随之在空间变动。通常说来，当 P 点历遍 D 中所有点时，点 M 也就在空间形成一个曲面。因此，二元函数在几何上表示一个曲面(图 8－28)。例如，函数 $z=-\sqrt{R^2-x^2-y^2}$ 的图形是球心在原点、半径为 R 的下半球面。

三、二元函数的极限

与一元函数情况类似，对于二元函数 $z=f(x,y)$，需要考察当自变量 $x\to x_0, y\to y_0$，即点 $P(x,y)\to P_0(x_0,y_0)$ 时，对应的函数值 $f(x,y)$ 的变化趋势。

定义 2　设 $z=f(x,y)$ 在点 $P_0(x_0,y_0)$ 的某一邻域内有定义(点 P_0 可以除外)，$P(x,y)$ 是该邻域内异于 P_0 的任一点，如果当点 $P(x,y)$ 以任何方式趋近于点 $P_0(x_0,y_0)$ 时，对应的函数值总是趋近于一个确定的常数 A，那么称 A 为函数 $z=f(x,y)$ 当 $x\to x_0, y\to y_0$ 时的极限，记为

$$\lim_{\substack{x\to x_0\\y\to y_0}} f(x,y)=A$$

或

$$f(x,y)\to A\quad (x\to x_0, y\to y_0)$$

应注意的是,点 $P(x,y)$ 无限趋近于点 $P_0(x_0,y_0)$,就是这两点间的距离 ρ 趋于零,即

$$\rho=|PP_0|=\sqrt{(x-x_0)^2+(y-y_0)^2}\to 0$$

于是,上面的极限记号也可记为

$$f(x,y)\to A\quad (\rho\to 0)$$

因为上述极限定义实际上是一元函数极限定义的推广,所以有关一元函数的极限运算法则同样可以推广到二元函数。但必须指出,如果 $P(x,y)$ 沿某种特殊途径,例如,沿平行于坐标轴的直线或沿某一条曲线趋向于点 P_0,即使该函数趋向于某一确定值,也不能断定该函数极限就一定存在。反之,如果点 P 沿不同途径趋向于点 P_0 时,函数趋向于不同的值,那么可断定函数的极限不存在。

例 8　考察函数 $z=\dfrac{x-y+x^2+y^2}{x+y}$,当 $x\to 0, y\to 0$ 时的极限。

解　选取特殊的途径来考察,令 $P(x,y)$ 沿直线 $y=kx$ 趋近于点 $O(0,0)$,此时

$$\begin{aligned}\lim_{\substack{x\to 0\\ y\to 0}}\frac{x-y+x^2+y^2}{x+y}&=\lim_{\substack{x\to 0\\ y\to 0}}\frac{x-kx+x^2+k^2x^2}{x+kx}\\&=\lim_{\substack{x\to 0\\ y\to 0}}\frac{1-k+(1+k^2)x}{1+k}\\&=\frac{1-k}{1+k}\end{aligned}$$

若取 $k=0$,则 $\dfrac{1-k}{1+k}=1$;若取 $k=1$,则 $\dfrac{1-k}{1+k}=0$;,因此可断言 $\lim\limits_{\substack{x\to 0\\ y\to 0}}\dfrac{x-y+x^2+y^2}{x+y}$ 不存在。

例 9　考察函数 $z=f(x,y)=\begin{cases}\dfrac{xy}{x^2+y^2} & (x,y\text{ 不同时为 }0)\\ 0 & (x,y\text{ 同时为 }0)\end{cases}$

在原点 $O(0,0)$ 的极限。

解　当点 $P(x,y)$ 沿 x 轴趋近于点 $O(0,0)$ 时,

$$\lim_{x\to 0}f(x,0)=\lim_{x\to 0}\frac{x\cdot 0}{x^2+0}=0$$

又当点 $P(x,y)$ 沿 y 轴趋于 $O(0,0)$ 时,

$$\lim_{y\to 0}f(0,y)=\lim_{y\to 0}\frac{0\cdot y}{0+y^2}=0$$

虽然上面两个特殊途径的极限都存在而且相等,但并不能武断地说函数的极限存在。因为,当点 $P(x,y)$ 沿直线 $y=kx$ 趋向于原点 $(0,0)$ 时,有

$$\begin{aligned}\lim_{\substack{x\to 0\\ y\to 0}}\frac{xy}{x^2+y^2}&=\lim_{x\to 0}\frac{kx^2}{x^2+k^2x^2}\\&=\frac{k}{k^2+1}\end{aligned}$$

显然,极限值随 k 的不同而不同,因此函数 $f(x,y)$ 在原点的极限并不存在。

例 10　设 $f(x,y)=\dfrac{x^2y}{x^2+y^2}\quad(x^2+y^2\neq 0)$,求 $\lim\limits_{\substack{x\to 0\\ y\to 0}}f(x,y)$。

解　因为 $x^2\leqslant x^2+y^2$, $|y|\leqslant\sqrt{x^2+y^2}$,所以

$$f(x,y)\leqslant\frac{x^2|y|}{x^2+y^2}\leqslant\frac{(x^2+y^2)^{\frac{3}{2}}}{x^2+y^2}=\sqrt{x^2+y^2}$$

显然,不论以任何方式 $P(x,y)\to O(0,0)$时,总有这两点之间的距离 $\rho=\sqrt{x^2+y^2}\to 0$,故得

$$\lim_{\substack{x\to 0\\ y\to 0}}f(x,y)=0$$

四、二元函数的连续性

类似一元函数连续的定义,可给出二元函数连续的定义。

定义 3　设函数 $z=f(x,y)$在点 $P_0(x_0,y_0)$的某一邻域 $N(P_0,y)$内有定义,如果

$$\lim_{\substack{x\to 0\\ y\to 0}}f(x,y)=f(x_0,y_0)$$

那么称函数 $z=f(x,y)$在点 $P_0(x_0,y_0)$处连续。

如果函数 $z=f(x,y)$在区域 D 内每一点都连续,那么称函数 $z=f(x,y)$在区域 D 内连续。连续函数的图形是一个既无孔隙又无裂缝的曲面。

二元连续函数也具有一元连续函数的相同性质:诸如连续函数的和、差、积、商、复合仍是连续函数;多元初等函数在其定义域内具有连续性等等。

函数不连续的点称为间断点。二元函数 $f(x,y)$的间断点,可以是一些孤立的点,也可以是一条曲线。在例 9 中,函数在点(0,0)处没有极限,因此该点是函数 $f(x,y)$的间断点,而除原点外的整个平面 xoy 上连续。函数

$$z=\frac{1}{y-x^2}$$

的间断点是一条抛物线 $y=x^2$。

例 11　求极限$\lim\limits_{\substack{x\to 2\\ y\to 1}}(x^3-2x^2y+3xy-y^2)$。

解　由于 $x^3-2x^2y+3xy-y^2$ 是一个二元初等函数,故在其整个平面内连续,根据连续函数的定义,得

$$\begin{aligned}\lim_{\substack{x\to 2\\ y\to 1}}(x^3-2x^2y+3xy-y^2)&=2^3-2\cdot 2^2\cdot 1+3\cdot 2\cdot 1-1^2\\&=5\end{aligned}$$

上述关于二元函数的极限与连续性定义,可推广到三元或更多元的函数。

习　题 8－2

1. 求在球面 $x^2+y^2+z^2=a^2$ 内接长方体的体积函数及其定义域。

2. 求下列函数的定义域 D,并作出 D 的图形。

(1) $z=x+\sqrt{y}$;

(2) $z=\dfrac{\sqrt{x}}{x^2+y^2}$;

(3) $z=\arcsin\frac{x^2+y^2}{4}+\arccos\frac{1}{x^2+y^2}$；

(4) $z=\ln(-x-y)$；

(5) $z=\sqrt{x-y+1}$；

(6) $z=\sqrt{1-\frac{x^2}{4}-\frac{y^2}{9}}$；

(7) $z=\ln[(y-x)\sqrt{2x-y}]$。

3．求下列各函数在给定点的函数值：

(1) $z=\frac{x+y}{\sqrt{x^2+y^2}}$ 在点(0,1)，(2,4)；

(2) $f(x,y)=2\sin(x+y)+\frac{\sqrt{y}}{x}-1$ 在点$\left(\frac{\pi}{2},0\right)$、$\left(\pi,\frac{\pi}{2}\right)$。

4．已知 $f(x,y)=1+x-y^2$，求 $f(x+\Delta x,y+\Delta y)-f(x,y)$。

5．已知 $f(x,y,z)=(x+y)^z+z^{(x+y)}$，求 $f(\alpha+\beta,\alpha-\beta,\alpha\beta)$。

6．求下列各式的极限：

(1) $\lim\limits_{\substack{x\to1\\y\to0}}\frac{x-y}{x^2+y^2}$；

(2) $\lim\limits_{\substack{x\to0\\y\to0}}\frac{xy}{2-\sqrt{xy+4}}$；

(3) $\lim\limits_{\substack{x\to0\\y\to0}}\frac{\sin(x^2+xy)}{x}$。

7．证明 $\lim\limits_{\substack{x\to0\\y\to0}}\frac{x^2y^2}{x^2+y^2}=0$。

8．证明 $\lim\limits_{\substack{x\to0\\y\to0}}\frac{x+y}{x-y}$ 不存在。

9．下列函数在何处间断？

(1) $z=\frac{1}{x-y}$；

(2) $u=\ln\frac{1}{(x-a)^2+(y-b)^2+(z-c)^2}$；

(3) $z=\frac{y^2+2x}{y^2-2x}$。

10．若 $f\left(x+y,\frac{y}{x}\right)=x^2-y^2$，求 $f(x,y)$。

第三节 偏导数与全微分

一、偏导数的概念

在一元函数中，我们已经知道了函数的变化率（导数）的重要意义。对于多元函数，同样需要研究它的变化率。由于多元函数的自变量不止一个，因此函数与自变量的关系要比一元函数复杂。那么应该怎样去考虑它的变化率呢？以二元函数 $z=f(x,y)$ 为例，如果考虑它对自变量 x 的变化率（导数）时，就把自变量 y 固定（即视为常量），此时 z 就是自变量 x 的一元函数了，z 对 x 的导数就称做函数 z 对 x 的偏导数，对 y 的偏导数也类似。

定义 1　设函数 $z=f(x,y)$ 在点 $P_0(x_0,y_0)$ 的某一邻域 $N(P_0,\delta_0)$ 内有定义，当 y 固定在 y_0，而 x 在 x_0 处有增量 Δx 时，相应的函数增量为 $f(x_0+\Delta x,y_0)-f(x_0,y_0)$，如果极限

$$\lim_{\Delta x\to 0}\frac{f(x_0+\Delta x,y_0)-f(x_0,y_0)}{\Delta x}$$

存在，那么称此极限值为函数 $z=f(x,y)$ 在点 (x_0,y_0) 处关于 x 的偏导数，记为

$$\left.\frac{\partial z}{\partial x}\right|_{\substack{x=x_0\\y=y_0}},\quad \left.\frac{\partial f}{\partial x}\right|_{\substack{x=x_0\\y=y_0}},\quad \left.z_x'\right|_{\substack{x=x_0\\y=y_0}}\text{或 } f_x'(x_0,y_0)$$

即

$$f_x'(x_0,y_0)=\lim_{\Delta x\to 0}\frac{f(x_0+\Delta x,y_0)-f(x_0,y_0)}{\Delta x}$$

类似地可定义 $z=f(x,y)$ 在点 (x_0,y_0) 处关于 y 的偏导数，记为

$$\left.\frac{\partial z}{\partial y}\right|_{\substack{x=x_0\\y=y_0}},\quad \left.\frac{\partial f}{\partial y}\right|_{\substack{x=x_0\\y=y_0}},\quad \left.z_y'\right|_{\substack{x=x_0\\y=y_0}}\text{或 } f_y'(x_0,y_0)$$

即

$$f_y'(x_0,y_0)=\lim_{\Delta y\to 0}\frac{f(x_0,y_0+\Delta y)-f(x_0,y_0)}{\Delta y}$$

如果在区域 D 内每一点 (x,y) 处，函数 $z=f(x,y)$ 对于 x 和 y 的偏导数都存在，那么称函数 $f(x,y)$ 在区域 D 内偏导数存在。此时，二元函数 $f_x'(x,y)$ 和 $f_y'(x,y)$ 分别称为 $f(x,y)$ 对于 x 和 y 的偏导函数，简称为偏导数，记为

$$\frac{\partial z}{\partial x},\quad \frac{\partial f}{\partial x},\quad f_x'(x,y)\text{ 或}\frac{\partial z}{\partial y},\quad \frac{\partial f}{\partial y},\quad f_y'(x,y)$$

由偏导数定义可知，求偏导数并不需要新的方法，因为对某一个自变量求偏导数时，只有这个自变量在变动，而其余的自变量都视为常数，所以实质上就是求一元函数的导数。于是，一元函数的求导法则及其求导公式，对于多元函数求偏导数仍然适用。

例 1　求 $z=x^3-3xy+2y^2$ 在点 $(1,2)$ 的偏导数。

解　因为

$$\frac{\partial z}{\partial x}=3x^2-3y\qquad \frac{\partial z}{\partial y}=-3x+4y$$

所以

$$\left.\frac{\partial z}{\partial x}\right|_{\substack{x=1\\y=2}}=3\times 1^2-3\times 2=-3$$

$$\left.\frac{\partial z}{\partial y}\right|_{\substack{x=1\\y=2}}=-3\times 1+4\times 2=5$$

例 2　求函数 $z=x^y$ 在点 $(1,9)$ 的偏导数。

解　因为 $\dfrac{\partial z}{\partial x}=yx^{y-1}\qquad \dfrac{\partial z}{\partial y}=x^y\ln x$

所以

$$\left.\frac{\partial z}{\partial x}\right|_{\substack{x=1\\y=9}}=9 \qquad \left.\frac{\partial z}{\partial y}\right|_{\substack{x=1\\y=9}}=0$$

例 3 求 $z=e^{xy}+\cos(x^2+y^2)$的偏导数。

解

$$\begin{aligned}\frac{\partial z}{\partial x}&=e^{xy}\cdot y-\sin(x^2+y^2)\cdot 2x\\&=ye^{xy}-2x\sin(x^2+y^2)\\\frac{\partial z}{\partial y}&=e^{xy}\cdot x-\sin(x^2+y^2)\cdot 2y\\&=xe^{xy}-2y\sin(x^2+y^2)\end{aligned}$$

例 4 设 $u=\sqrt{x^2+y^2+z^2}$,求证$\left(\frac{\partial u}{\partial x}\right)^2+\left(\frac{\partial u}{\partial y}\right)^2+\left(\frac{\partial u}{\partial z}\right)^2=1$。

证

$$\begin{aligned}\frac{\partial u}{\partial x}&=\frac{1}{2\sqrt{x^2+y^2+z^2}}\cdot(x^2+y^2+z^2)'_x\\&=\frac{x}{\sqrt{x^2+y^2+z^2}}=\frac{x}{u}\end{aligned}$$

同理可得 $\frac{\partial u}{\partial y}=\frac{y}{u},\frac{\partial u}{\partial z}=\frac{z}{u}$代入等式左边,得

$$\left(\frac{\partial u}{\partial x}\right)^2+\left(\frac{\partial u}{\partial y}\right)^2+\left(\frac{\partial u}{\partial z}\right)^2=\frac{x^2+y^2+z^2}{u^2}=\frac{u^2}{u^2}=1$$

所以

$$\left(\frac{\partial u}{\partial x}\right)^2+\left(\frac{\partial u}{\partial y}\right)^2+\left(\frac{\partial u}{\partial z}\right)^2=1$$

例 5 已知理想气体的状态方程为 $PV=RT$(R 为常数),求证$\frac{\partial P}{\partial V}\cdot\frac{\partial V}{\partial T}\cdot\frac{\partial T}{\partial P}=-1$。

证 因为由 $P=\frac{RT}{V}$,得$\frac{\partial P}{\partial V}=\frac{-RT}{V^2}$,又由 $V=\frac{RT}{P}$,得$\frac{\partial V}{\partial T}=\frac{R}{P}$,再由 $T=\frac{PV}{R}$,得$\frac{\partial T}{\partial P}=\frac{V}{R}$。把以上结果代入等式左边得

$$\begin{aligned}\frac{\partial P}{\partial V}\cdot\frac{\partial V}{\partial T}\cdot\frac{\partial T}{\partial P}&=-\frac{RT}{V^2}\cdot\frac{R}{P}\cdot\frac{V}{R}=-\frac{RT}{VP}\\&=-\frac{RT}{RT}\\&=-1\end{aligned}$$

故

$$\frac{\partial P}{\partial V}\cdot\frac{\partial V}{\partial T}\cdot\frac{\partial T}{\partial P}=-1$$

此例表明偏导数的记号$\frac{\partial z}{\partial x},\frac{\partial z}{\partial y}$等是一个整体,决不能看成$\partial z$ 与∂x 或∂z 与∂y 之商,否则上面的式子应等于 1。

二、偏导数的几何意义

为了对偏导数的概念理解得更清楚,下面从几何上来说明二元函数的偏导数的意义。

在三维空间中,二元函数 $z=f(x,y)$一般表示一个曲面。若 y 固定在y_0(即 $y=y_0$)

时，此时曲面 $z=f(x,y)$ 被平面 $y=y_0$ 截出的曲线为 $z=f(x,y_0)$，而这个函数在 $x=x_0$ 处的导数 $f_x'(x_0,y_0)$，就是该曲线在 $M(x_0,y_0)$ 处的切线对于 x 轴的斜率

$$\left.\frac{\partial f(x,y)}{\partial x}\right|_{x=x_0}=\mathrm{tg}\alpha$$

即 $f_x'(x_0,y_0)$ 为函数 $z=f(x,y)$ 在 $M(x_0,y_0)$ 处沿 x 轴方向的变化率(图 8-29)。

同理可知 $f_y'(x_0,y_0)$ 的几何意义，就是 $z=f(x,y)$ 曲面被平面 $x=x_0$ 截得的曲线在点 $M(x_0,y_0)$ 处的切线对 y 轴的斜率，亦即该函数在此点 $M(x_0,y_0)$ 沿 y 轴方向的变化率为 $f_y'(x_0,y_0)=\mathrm{tg}\beta$(图 8-29)。

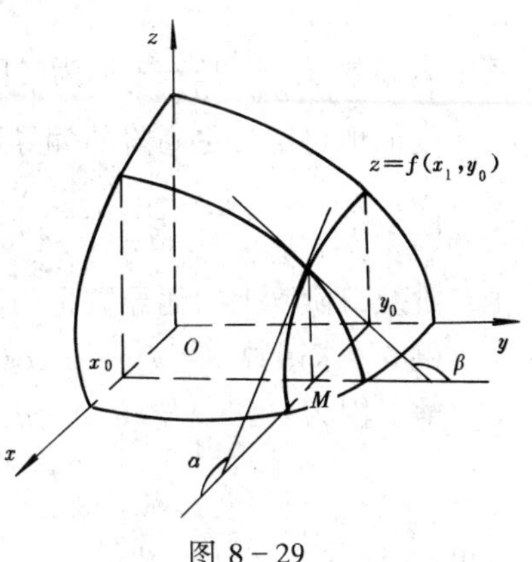

图 8-29

我们知道，如果一元函数在某点有导数，那么它在该点必连续。但是，对多元函数则不然，也就是它的各个偏导数都存在，也不能保证函数在该点连续。这是因为各个偏导数存在只能保证当点 (x,y) 沿平行坐标轴的方向趋于 (x_0,y_0) 时，函数值 $f(x,y)$ 趋近于 $f(x_0,y_0)$，但它不能保证点 (x,y) 以任何途径趋于 (x_0,y_0) 时，函数值 $f(x,y)$ 都趋近于 $f(x_0,y_0)$。例如，函数

$$z=f(x,y)=\begin{cases}\dfrac{xy}{x^2+y^2} & (x,y\text{ 不同时为零})\\ 0 & (x=y=0)\end{cases}$$

在点(0,0)对 x 的偏导数为

$$\begin{aligned}f_x'(0,0)&=\lim_{\Delta x\to 0}\frac{f(0+\Delta x,0)-f(0,0)}{\Delta x}\\&=\lim_{\Delta x\to 0}\frac{\dfrac{\Delta x\cdot 0}{(\Delta x)^2+0^2}}{\Delta x}\\&=\lim_{\Delta x\to 0}\frac{0}{(\Delta x)^2}=0\end{aligned}$$

同样有

$$f_y'(0,0)=\lim_{\Delta y\to 0}\frac{f(0,0+\Delta y)-f(0,0)}{\Delta y}=0$$

但在上节例 9 中已经知道，这个函数在原点(0,0)的极限不存在，所以此函数在原点(0,0)并不连续。

三、高阶偏导数

二元函数 $z=f(x,y)$ 的偏导数

$$\frac{\partial z}{\partial x}=f_x'(x,y)\qquad \frac{\partial z}{\partial y}=f_y'(x,y)$$

通常仍然是 x,y 的函数，如果它们的偏导数也存在，那么这些偏导数称为函数 $z=f(x,y)$ 的二阶偏导数。按对变量的不同求导次序，二阶偏导数共有四个，分别记为

$$\frac{\partial}{\partial x}\left(\frac{\partial z}{\partial x}\right)=\frac{\partial^2 z}{\partial x^2}=f_{xx}''(x,y)=z_{xx}''$$

$$\frac{\partial}{\partial y}\left(\frac{\partial z}{\partial y}\right)=\frac{\partial^2 z}{\partial y^2}=f''_{yy}(x,y)=z''_{yy}$$

$$\frac{\partial}{\partial y}\left(\frac{\partial z}{\partial x}\right)=\frac{\partial^2 z}{\partial x\partial y}=f''_{xy}(x,y)=z''_{xy}$$

$$\frac{\partial}{\partial x}\left(\frac{\partial z}{\partial y}\right)=\frac{\partial^2 z}{\partial y\partial x}=f''_{yx}(x,y)=z''_{yx}$$

其中偏导数$\frac{\partial^2 z}{\partial x\partial y}$和$\frac{\partial^2 z}{\partial y\partial x}$称为二阶混合偏导数。

类似地可定义更高阶的偏导数,如三阶偏导数为

$$\frac{\partial}{\partial x}\left(\frac{\partial^2 z}{\partial x^2}\right)=\frac{\partial^3 z}{\partial x^3}\qquad \frac{\partial}{\partial y}\left(\frac{\partial^2 z}{\partial x^2}\right)=\frac{\partial^3 z}{\partial x^2\partial y}\text{等等。}$$

把二阶及二阶以上的偏导数称为高阶偏导数。

例 6 求函数 $z=xy+x^2\cos y$ 的二阶偏导数。

解 因为

$$\frac{\partial z}{\partial x}=y+2x\cos y\qquad \frac{\partial z}{\partial y}=x-x^2\sin y$$

所以

$$\frac{\partial^2 z}{\partial x^2}=\frac{\partial}{\partial x}(y+2x\cos y)=2\cos y$$

$$\frac{\partial^2 z}{\partial x\partial y}=\frac{\partial}{\partial y}(y+2x\cos y)=1-2x\sin y$$

$$\frac{\partial^2 z}{\partial y\partial x}=\frac{\partial}{\partial x}(x-x^2\sin y)=1-2x\sin y$$

$$\frac{\partial^2 z}{\partial y^2}=\frac{\partial}{\partial y}(x-x^2\sin y)=-x^2\cos y$$

本例中,两个混合偏导数虽然求导次序不同,但其结果却相等。这不是偶然的,关于混合偏导数的关系,有下述定理:

定理 如果函数 $z=f(x,y)$的两个二阶混合偏导数$\frac{\partial^2 z}{\partial x\partial y}$和$\frac{\partial^2 z}{\partial y\partial x}$在区域$D$ 内连续,那么它在区域 D 上必有

$$\frac{\partial^2 z}{\partial x\partial y}=\frac{\partial^2 z}{\partial y\partial x}$$

证明从略。此定理也适用于三元及三元以上的函数。

例 7 求 $u=\frac{1}{\sqrt{x^2+y^2+z^2}}$的二阶偏导数。并验证 u 满足偏微分方程(拉普拉斯方程)

$$\frac{\partial^2 u}{\partial x^2}+\frac{\partial^2 u}{\partial y^2}+\frac{\partial^2 u}{\partial z^2}=0$$

解 $\frac{\partial u}{\partial x}=-x(x^2+y^2+z^2)^{-\frac{3}{2}}$

$$\frac{\partial^2 u}{\partial x^2}=-(x^2+y^2+z^2)^{-\frac{3}{2}}+3x^2(x^2+y^2+z^2)^{-\frac{5}{2}}$$

$$\frac{\partial^2 u}{\partial x\partial y}=3xy(x^2+y^2+z^2)^{-\frac{5}{2}}$$

$$=\frac{2x^2-y^2-z^2}{(x^2+y^2+z^2)^{\frac{5}{2}}}$$

根据函数的对称性，得

$$\frac{\partial^2 u}{\partial y^2}=\frac{2y^2-x^2-z^2}{(x^2+y^2+z^2)^{\frac{5}{2}}}$$

$$\frac{\partial^2 u}{\partial z^2}=\frac{2z^2-x^2-y^2}{(x^2+y^2+z^2)^{\frac{5}{2}}}$$

$$\frac{\partial^2 u}{\partial y\partial x}=\frac{\partial^2 u}{\partial x\partial y}=\frac{3xy}{(x^2+y^2+z^2)^{\frac{5}{2}}}$$

$$\frac{\partial^2 u}{\partial y\partial z}=\frac{\partial^2 u}{\partial z\partial y}=\frac{3yz}{(x^2+y^2+z^2)^{\frac{5}{2}}}$$

$$\frac{\partial^2 u}{\partial x\partial z}=\frac{\partial^2 u}{\partial z\partial x}=\frac{3xz}{(x^2+y^2+z^2)^{\frac{5}{2}}}$$

由此可得

$$\frac{\partial^2 u}{\partial x^2}+\frac{\partial^2 u}{\partial y^2}+\frac{\partial^2 u}{\partial z^2}=\frac{2x^2-y^2-z^2+2y^2-x^2-z^2+2z^2-x^2-y^2}{(x^2+y^2+z^2)^{\frac{5}{2}}}=0$$

例 8　设 $u=e^{xyz}$，求$\frac{\partial^3 u}{\partial x\partial y\partial z}$。

解　因为 $\frac{\partial u}{\partial x}=yze^{xyz}$，而

$$\frac{\partial^2 u}{\partial x\partial y}=\frac{\partial}{\partial y}(yze^{xyz})=ze^{xyz}+yze^{xyz}\cdot xz$$

$$=z(1+xyz)e^{xyz}$$

所以

$$\frac{\partial^3 u}{\partial x\partial y\partial z}=\frac{\partial}{\partial z}\left(\frac{\partial^2 u}{\partial x\partial y}\right)=\frac{\partial}{\partial z}[z(1+xyz)e^{xyz}]$$

$$=(1+xyz)e^{xyz}+z\cdot xye^{xyz}+z(1+xyz)e^{xyz}\cdot xy$$

$$=(1+3xyz+x^2y^2z^2)e^{xyz}$$

四、全微分及其应用

1. 全微分的概念和计算

对于二元函数 $z=f(x,y)$，如果在点(x,y)处只给 x 的增量Δx，或只给 y 的增量Δy，则函数 z 对应的增量称为对 x 的偏增量或对 y 的偏增量，分别为

$$f(x+\Delta x,y)-f(x,y)\ \text{和}\ f(x,y+\Delta y)-f(x,y)$$

由一元函数微分学中增量与微分的关系，可得

$$f(x+\Delta x,y)-f(x,y)\approx f_x'(x,y)\cdot\Delta x$$

$$f(x,y+\Delta y)-f(x,y)\approx f_y'(x,y)\cdot\Delta y$$

上列两式的右端分别称为二元函数对 x 的偏微分和对 y 的偏微分(partial differential)。

如果函数 $z=f(x,y)$在点(x,y)处自变量 x,y 都得到增量，分别为 Δx 和 Δy，那么函数 z 对应的增量为

$$\Delta z = f(x+\Delta x, y+\Delta y) - f(x,y)$$

此时称 Δz 为函数在点(x,y)处关于自变量的增量 $\Delta x,\Delta y$ 的全增量(total increment)。

在实际问题中,求全增量通常是比较困难的,而有时也是不必要的,只需求出它的近似值。

定义 2 如果二元函数 $z=f(x,y)$在点(x,y)处的全增量 Δz 可表示为

$$\Delta z = A\cdot\Delta x + B\cdot\Delta y + o(\rho) \tag{8-11}$$

其中 A,B 不依赖于$\Delta x,\Delta y$,仅与 x,y 有关,$\rho=\sqrt{(\Delta x)^2+(\Delta y)^2}$,那么称 $A\cdot\Delta x+B\cdot\Delta y$ 为函数 $z=f(x,y)$在点(x,y)处的全微分(total differential),记为 dz,即

$$dz = A\cdot\Delta x + B\cdot\Delta y \tag{8-12}$$

此时又称函数 $z=f(x,y)$在点(x,y)处是可微的。

下面来确定 A 和 B。若 $z=f(x,y)$在点(x,y)处可微,则式(8-11)对于任意的 Δx,Δy 都成立,取 $\Delta y=0$,也必然成立,此时 $\Delta z=A\cdot\Delta x+o(\rho)$,并且 $\rho=|\Delta x|$,于是

$$\lim_{\Delta x\to 0}\frac{\Delta z}{\Delta x}=\lim_{\Delta x\to 0}\left[A+\frac{o(|\Delta x|)}{\Delta x}\right]=A$$

即 $A=\frac{\partial z}{\partial x}$。同理可证 $B=\frac{\partial z}{\partial y}$。

像一元函数一样,有 $\Delta x=dx,\Delta y=dy$,于是式(8-12)可写为

$$dz=\frac{\partial z}{\partial x}dx+\frac{\partial z}{\partial y}dy \tag{8-13}$$

可见二元函数的全微分等于它的两个偏微分之和,或者说二元函数的微分符合迭加原理。对于三元或更多元函数,全微分也等于各个偏微分之和。例如,如果三元函数 $u=f(x,y,z)$的全微分存在,则有

$$du=\frac{\partial u}{\partial x}dx+\frac{\partial u}{\partial y}dy+\frac{\partial u}{\partial z}dz$$

如果函数 $z=f(x,y)$在区域 D 内每一点处都可微。那么称该函数在区域 D 内是可微的。但必须注意,一元函数的可微与可导是一致的,而二元函数则不然,偏导数 $f'_x(x,y)$和 $f'_y(x,y)$的存在,只是全微分存在的必要条件而不是充分条件。可以证明,可微的充分条件是:如果函数 $z=f(x,y)$的偏导数$\frac{\partial z}{\partial x}$,$\frac{\partial z}{\partial y}$在点$(x,y)$不仅存在而且连续,那么函数在该点处可微。

例 9 求函数 $z=x^{3y}$的全微分 dz。

解 因为

$$\frac{\partial z}{\partial x}=3yx^{3y-1} \qquad \frac{\partial z}{\partial y}=3x^{3y}\ln x$$

所以

$$dz=3yx^{3y-1}dx+3x^{3y}\ln x\cdot dy$$

例 10 计算函数 $z=(x^2+y^2)e^y$ 在点(1,0),而 $\Delta x=0.03,\Delta y=0.02$ 时的全微分 dz。

解 因为

$$\frac{\partial z}{\partial x}=2xe^y \qquad \frac{\partial z}{\partial y}=2ye^y+(x^2+y^2)e^y$$

$$=(x^2+y^2+2y)e^y$$

所以

$$\left.\frac{\partial z}{\partial x}\right|_{\substack{x=1\\y=0}}=2\cdot1\cdot e^{0}=2 \qquad \left.\frac{\partial z}{\partial y}\right|_{\substack{x=1\\y=0}}=1^{2}\cdot e^{0}=1$$

故

$$dz=2\times0.03+1\times0.02=0.08$$

例 11　求函数 $u=x^{3}+\sin\frac{y}{3}+\operatorname{arctg}\frac{z}{y}$ 的全微分。

解　因为

$$\frac{\partial u}{\partial x}=3x^{2} \qquad \frac{\partial u}{\partial y}=\frac{1}{3}\cos\frac{y}{3}-\frac{z}{y^{2}+z^{2}} \qquad \frac{\partial u}{\partial z}=\frac{y}{y^{2}+z^{2}}$$

所以

$$du=3x^{2}dx+\left(\frac{1}{3}\cos\frac{y}{3}-\frac{z}{y^{2}+z^{2}}\right)dy+\frac{y}{y^{2}+z^{2}}dz$$

2. 全微分在近似计算中的应用

在实际问题中,若自变量的增量 $|\Delta x|$ 和 $|\Delta y|$ 都很小时,常用全微分 dz 近似地代替全增量,即

$$\Delta z\approx dz=f_{x}'(x,y)\Delta x+f_{y}'(x,y)\Delta y \tag{8-14}$$

或

$$f(x+\Delta x,y+\Delta y)\approx f(x,y)+f_{x}'(x,y)\Delta x+f_{y}'(x,y)\Delta y \tag{8-15}$$

例 12　求 $\sqrt[3]{(2.03)^{2}+(1.98)^{2}}$ 的近似值。

解　设 $z=f(x,y)=\sqrt[3]{x^{2}+y^{2}}$,由公式(8-15)得

$$\sqrt[3]{(x+\Delta x)^{2}+(y+\Delta y)^{2}}\approx\sqrt[3]{x^{2}+y^{2}}+\frac{1}{3}(x^{2}+y^{2})^{-\frac{2}{3}}\cdot2x\cdot\Delta x+\frac{1}{3}(x^{2}+y^{2})^{-\frac{2}{3}}\cdot2y\cdot\Delta y$$

令 $x=2,y=2,\Delta x=0.03,\Delta y=-0.02$,代入上式即得

$$\begin{aligned}\sqrt[3]{(2.03)^{2}+(1.98)^{2}}&\approx2+\frac{1}{3}\times\frac{1}{4}\times2\times2\times0.03+\frac{1}{3}\times\frac{1}{4}\times2\times2\times(-0.02)\\&\approx2.003\end{aligned}$$

例 13　设圆锥的底面半径 r 由 30 厘米增加到 30.1 厘米,高 h 由 60 厘米减少到 59.5 厘米,试求体积变化的近似值。

解　圆锥体积计算公式为

$$V=\frac{1}{3}\pi r^{2}h$$

取 $r_{0}=30,h_{0}=60$,则 $\Delta r=0.1,\Delta h=-0.5$

因为

$$\left.\frac{\partial V}{\partial r}\right|_{\substack{r=30\\h=60}}=\left.\frac{2}{3}\pi rh\right|_{\substack{r=30\\h=60}}=1200\pi$$

$$\left.\frac{\partial V}{\partial h}\right|_{\substack{r=30\\h=60}}=\left.\frac{1}{3}\pi r^{2}\right|_{\substack{r=30\\h=60}}=300\pi$$

由公式(8-15)得

$$\Delta V\approx1200\pi\times0.1+300\pi(-0.5)$$

$$= -30\pi(\text{厘米}^3) \approx -94.3\ \text{厘米}^3$$

即体积减少约 94.3 厘米^3。

例 14　计算$(1.05)^{2.03}$的近似值。

解　设函数 $z=f(x,y)=x^y$，由公式(8-15)得

$$(x+\Delta x)^{y+\Delta y} \approx x^y + yx^{y-1}\cdot\Delta x + x^y\ln x\cdot\Delta y$$

取 $x=1, y=2, \Delta x=0.05, \Delta y=0.03$

故

$$(1.05)^{2.03} \approx 1+2\times0.05+0\times0.03=1.10$$

习　题　8-3

1. 二元函数中，偏导数$\dfrac{\partial z}{\partial x}$是否是$\partial z$与$\partial x$之商，为什么？

2. 如果函数 $z=f(x,y)$在点(x_0,y_0)处偏导数存在，函数 z 在点(x_0,y_0)处一定连续吗？举例说明。

3. 如果函数 $z=f(x,y)$在点(x_0,y_0)处连续，函数 z 在点(x_0,y_0)处的偏导数存在吗？为什么？

4. 说明如下概念间的关系：

(1)偏导数存在且连续；

(2)可微；

(3)连续；

(4)偏导数存在。

5. 求下列函数的偏导数：

(1)$z=xy+\dfrac{x}{y}$；

(2)$z=e^{xy}$；

(3)$z=\operatorname{arctg}\dfrac{y}{x}$；

(4)$z=x^2\ln(x^2+y^2)$；

(5)$u=x^2+y^2+z^2+2xy+2yz$；

(6)$z=e^{\varphi-\theta}\cos(\varphi+\theta)$；

(7)$z=\sin(xy)+\cos(xy)$。

6. 求下列函数在指定点的偏导数值：

(1)$z=\dfrac{x}{x+y}$，$(2,-1)$；

(2)$z=\sin(2x+y)$，$\left(\pi,\dfrac{\pi}{6}\right)$；

(3)$f(x,y)=xe^y$，$(2,0)$；

(4)$f(x,y)=x^2y^2-2y$，$(2,3)$；

(5)$f(x,y,z)=\left[(x-1)^2+y^2+(z-2)^2\right]^{\frac{1}{2}}$，$(2,-2,-4)$；

(6) $f(x,y)=e^{-x}\sin(x+2y)$, $(0,\frac{\pi}{4})$。

7. 求下列各函数的高阶偏导数：

(1) 设 $z=x\sin(x+y)+y\cos(x+y)$，求它的各个二阶偏导数；

(2) 设 $u=\frac{xy}{z^2}$，求它的各个二阶偏导数；

(3) 设 $z=x\ln(x+y)$，求 $\frac{\partial^3 z}{\partial x^2\partial y}$。

8. 验证下列函数满足指定的偏微分方程：

(1) 函数 $z=\frac{1}{x^2+y^2}e^{x^2+y^2}$　满足 $y\frac{\partial z}{\partial x}=x\frac{\partial z}{\partial y}$；

(2) 函数 $z=\ln(\sqrt{x}+\sqrt{y})$　满足 $x\frac{\partial z}{\partial x}+y\frac{\partial z}{\partial y}=\frac{1}{2}$；

(3) 函数 $z=y^2+\mathrm{tg}(ye^{\frac{1}{x}})$　满足 $x^2\frac{\partial z}{\partial x}+y\frac{\partial z}{\partial y}=2y^2$；

(4) 函数 $z=e^x\cos y$　满足 $\frac{\partial^2 z}{\partial x^2}+\frac{\partial^2 z}{\partial y^2}=0$；

(5) 函数 $z=\frac{xy}{x+y}$　满足 $x^2\frac{\partial^2 z}{\partial x^2}+2xy\frac{\partial^2 z}{\partial x\partial y}+y^2\frac{\partial^2 z}{\partial y^2}=0$。

9. 求鞍形曲面 $z=\frac{x^2}{4}-\frac{y^2}{4}$ 与平面 $x=2$ 相交的曲线上的点 $(2,2,0.5)$ 的切线与 y 轴正向的夹角。

10. 求下列函数的全微分：

(1) $z=(x^3-2y)^2+xy$；

(2) $z=\frac{x^2}{y^2+\sin(xy)}$；

(3) $u=x^2\arcsin\frac{y}{z}+y^2\arccos\frac{z}{x}-z^2\mathrm{arctg}\frac{x}{y}$；

(4) $u=x^{yz}$。

11. 求函数 $z=\frac{y}{x}$ 在点 $(2,1)$ 处当 $\Delta x=0.1$，$\Delta y=-0.2$ 时的全增量与全微分。

12. 求下列算式的近似值：

(1) $\sqrt{(1.02)^3+(1.97)^3}$；

(2) $(1.97)^{1.05}$　$(\ln 2=0.693)$。

13. 有一圆柱体，它的半径由 20 厘米增大到 20.05 厘米，高度由 100 厘米减少到 99 厘米，求此圆柱体体积变化的近似值。

14. 已知边长 $x=6$ 米与 $y=8$ 米的矩形，如果 x 边增加 5 厘米，而 y 边减少 10 厘米，问这个矩形的对角线近似地变化了多少？

15. 已知曲面 $z=\frac{x-y}{x+y}$，如果在 $x=4$，$y=2$ 处 x 与 y 各增加 $\frac{1}{10}$，试求 z 变动的近似值。

第四节 多元复合函数与隐函数的微分法

一、多元复合函数的求导法则

在第二章第二节中，我们曾学过复合函数的求导法则。若 $y=f(u)$，而 $u=\varphi(t)$，则复合函数 $y=f[\varphi(t)]$对 t 的导数为

$$\frac{dy}{dt}=\frac{dy}{du}\cdot\frac{du}{dt}$$

也就是说，欲求复合函数 $y=f[\varphi(t)]$的导数$\frac{dy}{dt}$时，只需求出$\frac{dy}{du}$和$\frac{du}{dt}$，然后作乘积即可。多元复合函数也有类似的求导法则。

设函数 $z=f(u,v)$通过中间变量 $u=\varphi(x,y)$，$v=\psi(x,y)$而成为 x,y 的复合函数 $z=f[\varphi(x,y),\psi(x,y)]$。若已知$\frac{\partial z}{\partial u},\frac{\partial z}{\partial v}$及$\frac{\partial u}{\partial x},\frac{\partial u}{\partial y},\frac{\partial v}{\partial x},\frac{\partial v}{\partial y}$怎样来求$\frac{\partial z}{\partial x}$与$\frac{\partial z}{\partial y}$。解决这个问题可用下述定理。

定理 如果函数 $u=\varphi(x,y)$，$v=\psi(x,y)$在点(x,y)处有连续偏导数$\frac{\partial u}{\partial x}$、$\frac{\partial u}{\partial y}$及$\frac{\partial v}{\partial x}$、$\frac{\partial v}{\partial y}$，且函数 $z=f(u,v)$在对应点(u,v)处有连续偏导数$\frac{\partial z}{\partial u},\frac{\partial z}{\partial v}$，那么复合函数 $z=f[\varphi(x,y),\psi(x,y)]$在点$(x,y)$处有对 x 及对 y 的连续偏导数，并且有公式

$$\frac{\partial z}{\partial x}=\frac{\partial z}{\partial u}\cdot\frac{\partial u}{\partial x}+\frac{\partial z}{\partial v}\cdot\frac{\partial v}{\partial x} \tag{8-16}$$

$$\frac{\partial z}{\partial y}=\frac{\partial z}{\partial u}\cdot\frac{\partial u}{\partial y}+\frac{\partial z}{\partial v}\cdot\frac{\partial v}{\partial y} \tag{8-17}$$

证 若给 x 以增量Δx，相应的 u 有增量Δu，v 有增量Δv，根据拉格朗日中值定理，z 的增量为

$$\begin{aligned}\Delta z&=f(u+\Delta u,v+\Delta v)-f(u,v)\\&=[f(u+\Delta u,v+\Delta v)-f(u,v+\Delta v)]\\&\quad+[f(u,v+\Delta v)-f(u,v)]\\&=f_u'(\xi,v+\Delta v)\cdot\Delta u+f_v'(u,\eta)\cdot\Delta v\end{aligned}$$

其中 ξ 在 u 与 $u+\Delta u$ 之间，η 在 v 与 $v+\Delta v$ 之间。

由于 $f_u'(\xi,v+\Delta v)$和 $f_v'(u,\eta)$在点(u,v)连续，所以当 $\rho\to 0$ 时$(\rho=\sqrt{(\Delta u)^2+(\Delta v)^2})$，即当 $\Delta u\to 0$，$\Delta v\to 0$ 时，$\xi\to u$，$\eta\to v$，且

$$\lim_{\rho\to 0}f_u'(\xi,v+\Delta v)=f_u'(u,v)$$

$$\lim_{\rho\to 0}f_v'(u,\eta)=f_v'(u,v)$$

因此

$$f_u'(\xi,v+\Delta v)=f_u'(u,v)+\alpha_1$$

$$f_v'(u,\eta)=f_v'(u,v)+\alpha_2$$

其中 α_1, α_2 都是当 $\rho \to 0$ 时的无穷小量，于是

$$\Delta z = f_u'(u, v) \cdot \Delta u + f_v'(u, v) \cdot \Delta v + \alpha_1 \cdot \Delta u + \alpha_2 \cdot \Delta v$$

两边同除以 Δx，得

$$\frac{\Delta z}{\Delta x} = f_u'(u, v)\frac{\Delta u}{\Delta x} + f_v'(u, v)\frac{\Delta u}{\Delta x} + \alpha_1 \cdot \frac{\Delta u}{\Delta x} + \alpha_2 \cdot \frac{\Delta v}{\Delta x}$$

当 $\Delta x \to 0$ 时，有 $\Delta u \to 0, \Delta v \to 0$，取极限，得

$$\frac{\partial z}{\partial x} = \frac{\partial z}{\partial u} \cdot \frac{\partial u}{\partial x} + \frac{\partial z}{\partial v} \cdot \frac{\partial v}{\partial x}$$

同理可证

$$\frac{\partial z}{\partial y} = \frac{\partial z}{\partial u} \cdot \frac{\partial u}{\partial y} + \frac{\partial z}{\partial v} \cdot \frac{\partial v}{\partial y}$$

要掌握好多元复合函数的求导法则，就必须分清变量之间的关系。应用公式(8－16)和(8－17)时，可通过图 8－30 所表示的函数的复合关系和求导的运算路线。从 z 到 x 的路线有两条，表示 z 对 x 的偏导数包括两项；每条路线由两个箭头组成，它表示每项由两个偏导数相乘而得，其中每个箭头表示一个变量对某变量的偏导数，如 $z \to u$、而 $u \to x$ 分别表示 $\frac{\partial z}{\partial u}, \frac{\partial u}{\partial x}$。

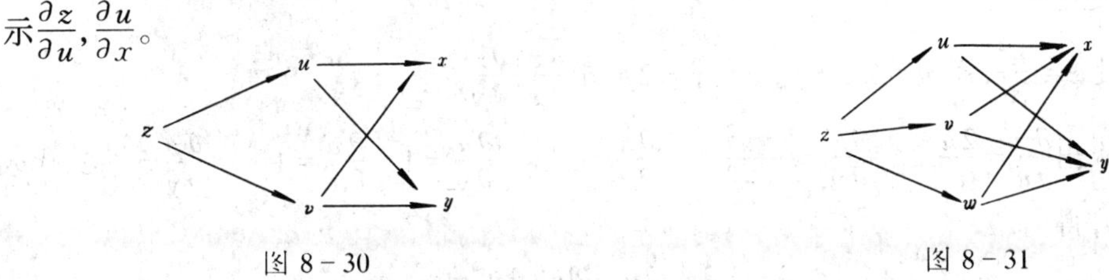

图 8－30　　　　图 8－31

上面定理可推广到两个以上的自变量或中间变量的情形。如图 8－31 所示，若函数 $z = f(u, v, w)$ 有连续偏导数存在，并且 $u = \varphi(x, y), v = \psi(x, y), w = \omega(x, y)$ 有偏导数，则复合函数 $z = f[\varphi(x, y), \psi(x, y), \omega(x, y)]$ 有偏导数，且

$$\frac{\partial z}{\partial x} = \frac{\partial z}{\partial u} \cdot \frac{\partial u}{\partial x} + \frac{\partial z}{\partial v} \cdot \frac{\partial v}{\partial x} + \frac{\partial z}{\partial w} \cdot \frac{\partial w}{\partial x}$$

$$\frac{\partial z}{\partial y} = \frac{\partial z}{\partial u} \cdot \frac{\partial u}{\partial y} + \frac{\partial z}{\partial v} \cdot \frac{\partial v}{\partial y} + \frac{\partial z}{\partial w} \cdot \frac{\partial w}{\partial y}$$

在一元函数中，用一阶微分形式的不变性计算复合函数的微分是很方便的。在多元函数中也同样有一阶微分形式的不变性，用它去计算多元复合函数的微分时，同样方便。

设 $z = f(u, v)$ 有连续偏导数，若 u 和 v 就是自变量 x 和 y 时，有

$$dz = \frac{\partial z}{\partial x}dx + \frac{\partial z}{\partial y}dy$$

若 u 和 v 为中间变量，即 $u = \varphi(x, y), v = \psi(x, y)$ 时，按全微分定理有

$$\begin{aligned} dz &= \frac{\partial z}{\partial x}dx + \frac{\partial z}{\partial y}dy \\ &= \left(\frac{\partial z}{\partial u} \cdot \frac{\partial u}{\partial x} + \frac{\partial z}{\partial v} \cdot \frac{\partial v}{\partial x}\right)dx + \left(\frac{\partial z}{\partial u} \cdot \frac{\partial u}{\partial y} + \frac{\partial z}{\partial v} \cdot \frac{\partial v}{\partial y}\right)dy \\ &= \frac{\partial z}{\partial u}\left(\frac{\partial u}{\partial x}dx + \frac{\partial u}{\partial y}dy\right) + \frac{\partial z}{\partial v}\left(\frac{\partial v}{\partial x}dx + \frac{\partial v}{\partial y}dy\right) \end{aligned}$$

$$= \frac{\partial z}{\partial u}du + \frac{\partial z}{\partial v}dv$$

故无论 u, v 是中间变量还是自变量，均有

$$dz = \frac{\partial z}{\partial u}du + \frac{\partial z}{\partial v}dv$$

这就是多元函数的一阶微分形式的不变性。

应特别注意的是，如果复合函数最终只有一个自变量 x 时，那么对 x 的导数称为全导数(total derivative)。比如 $z = f(u, v)$，而 $u = \varphi(x)$，$v = \psi(x)$，则有

$$\frac{dz}{dx} = \frac{\partial z}{\partial u} \cdot \frac{du}{dx} + \frac{\partial z}{\partial v} \cdot \frac{dv}{dx} \tag{8-18}$$

如果自变量为中间变量之一时，即 $z = f(u, t)$，而 $u = \varphi(t)$时，那么复合函数 $z = f[\varphi(t), t]$的全导数是

$$\frac{dz}{dt} = \frac{\partial z}{\partial u} \cdot \frac{du}{dt} + \frac{\partial z}{\partial t} \tag{8-19}$$

其中$\frac{\partial z}{\partial t}$在$f(u, t)$中是把 u 视为常量对t 的偏导数。所以，$\frac{dz}{dt}$是函数的全部变化率，而$\frac{\partial z}{\partial t}$是函数的部分变化率。

例 1　设 $z = \frac{u^2}{v}$，而 $u = 2x + y$，$v = x - 2y$，求$\frac{\partial z}{\partial x}, \frac{\partial z}{\partial y}$。

解　先求出$\frac{\partial z}{\partial u} = \frac{2u}{v}$　　$\frac{\partial z}{\partial v} = -\frac{u^2}{v^2}$　　$\frac{\partial u}{\partial x} = 2$　　$\frac{\partial u}{\partial y} = 1$　$\frac{\partial v}{\partial x} = 1$　　$\frac{\partial v}{\partial y} = -2$，代入公式(8－16)，得

$$\begin{aligned}\frac{\partial z}{\partial x} &= \frac{\partial z}{\partial u} \cdot \frac{\partial u}{\partial x} + \frac{\partial z}{\partial v} \cdot \frac{\partial v}{\partial x} \\ &= \frac{2u}{v} \cdot 2 + \left(-\frac{u^2}{v^2}\right) \cdot 1 \\ &= \frac{u}{v}\left(4 - \frac{u}{v}\right) \\ &= \frac{2x+y}{x-2y}\left(4 - \frac{2x+y}{x-2y}\right)\end{aligned}$$

由公式(8－17)得

$$\begin{aligned}\frac{\partial z}{\partial y} &= \frac{\partial z}{\partial u} \cdot \frac{\partial u}{\partial y} + \frac{\partial z}{\partial v} \cdot \frac{\partial v}{\partial y} \\ &= \frac{2u}{v} \cdot 1 + \left(-\frac{u^2}{v^2}\right) \cdot (-2) \\ &= \frac{2u}{v}\left(1 + \frac{u}{v}\right) \\ &= \frac{4x+2y}{x-2y}\left(1 + \frac{2x+y}{x-2y}\right)\end{aligned}$$

例 2　设 $z = f(x^2 - y^2, e^{xy})$，求$\frac{\partial z}{\partial x}, \frac{\partial z}{\partial y}$。

解　令 $z = f(u, v)$，$u = x^2 - y^2$，$v = e^{xy}$，由公式(8－16)、(8－17)分别得

$$\frac{\partial z}{\partial x} = \frac{\partial z}{\partial u} \cdot \frac{\partial u}{\partial x} + \frac{\partial z}{\partial v} \cdot \frac{\partial v}{\partial x}$$

$$= \frac{\partial z}{\partial u} \cdot 2x + \frac{\partial z}{\partial v} \cdot e^{xy} \cdot y$$

$$\frac{\partial z}{\partial y} = \frac{\partial z}{\partial u} \cdot \frac{\partial u}{\partial y} + \frac{\partial z}{\partial v} \cdot \frac{\partial v}{\partial y}$$

$$= \frac{\partial z}{\partial u} \cdot (-2y) + \frac{\partial z}{\partial v} \cdot e^{xy} \cdot x$$

例 3　设 $u = e^x(y - z) + xyz$，而 $x = t, y = \sin t, z = \cos t$，求导数$\frac{du}{dt}$。

解　由公式(8－18)得

$$\frac{du}{dt} = \frac{\partial u}{\partial x} \cdot \frac{dx}{dt} + \frac{\partial u}{\partial y} \cdot \frac{dy}{dt} + \frac{\partial u}{\partial z} \cdot \frac{dz}{dt}$$

$$= [e^x(y - z) + yz] \cdot 1 + [e^x \cdot 1 + xz]\cos t + [e^x(-1) + xy](-\sin t)$$

$$= e^x \sin t - e^x \cos t + \sin t \cos t + e^x \cos t + t\cos^2 t + e^x \sin t - t\sin^2 t$$

$$= 2e^x \sin t + \sin t \cdot \cos t + t\cos 2t$$

例 4　设 $z = \frac{y}{x}$，而 $y = \sqrt{1 - x^2}$，求全导数$\frac{dz}{dx}$。

解　由公式(8－19)得

$$\frac{dz}{dx} = \frac{\partial z}{\partial y} \cdot \frac{dy}{dx} + \frac{\partial z}{\partial x}$$

$$= \frac{1}{x}\left(-\frac{x}{\sqrt{1 - x^2}}\right) - \frac{y}{x^2}$$

$$= -\frac{1}{\sqrt{1 - x^2}} - \frac{\sqrt{1 - x^2}}{x^2}$$

$$= -\frac{1}{x^2\sqrt{1 - x^2}}$$

例 5　用一阶微分形式的不变性计算 $w = xe^{x^2 + y^2 + z^2}$ 的偏导数。

解　因为

$$dw = d(xe^{x^2 + y^2 + z^2})$$

$$= e^{x^2 + y^2 + z^2} \cdot dx + xde^{x^2 + y^2 + z^2}$$

$$= e^{x^2 + y^2 + z^2} \cdot dx + xe^{x^2 + y^2 + z^2} d(x^2 + y^2 + z^2)$$

$$= e^{x^2 + y^2 + z^2}[(1 + 2x^2)dx + 2xydy + 2xzdz]$$

而

$$dw = \frac{\partial w}{\partial x}dx + \frac{\partial w}{\partial y}dy + \frac{\partial w}{\partial z}dz$$

故

$$\frac{\partial w}{\partial x} = (1 + 2x^2)e^{x^2 + y^2 + z^2}$$

$$\frac{\partial w}{\partial y} = 2xye^{x^2 + y^2 + z^2}$$

$$\frac{\partial w}{\partial z} = 2xze^{x^2 + y^2 + z^2}$$

例 6 设 $z=f(x,y)$有连续偏导数,在极坐标 $x=r\cos\theta$, $y=r\sin\theta$ 变换下,证明

$$\left(\frac{\partial z}{\partial r}\right)^2+\frac{1}{r^2}\left(\frac{\partial z}{\partial \theta}\right)^2=\left(\frac{\partial z}{\partial x}\right)^2+\left(\frac{\partial z}{\partial y}\right)^2$$

证 因为

$$\frac{\partial z}{\partial r}=\frac{\partial z}{\partial x}\cdot\frac{\partial x}{\partial r}+\frac{\partial z}{\partial y}\cdot\frac{\partial y}{\partial r}=\frac{\partial z}{\partial x}\cos\theta+\frac{\partial z}{\partial y}\sin\theta$$

$$\frac{\partial z}{\partial \theta}=\frac{\partial z}{\partial x}\cdot\frac{\partial x}{\partial \theta}+\frac{\partial z}{\partial y}\cdot\frac{\partial y}{\partial \theta}=-\frac{\partial z}{\partial x}r\sin\theta+\frac{\partial z}{\partial y}r\cos\theta$$

所以

$$\begin{aligned}\left(\frac{\partial z}{\partial r}\right)^2+\frac{1}{r^2}\left(\frac{\partial z}{\partial \theta}\right)^2&=\left(\frac{\partial z}{\partial x}\cos\theta+\frac{\partial z}{\partial y}\sin\theta\right)^2+\frac{1}{r^2}\left(-\frac{\partial z}{\partial x}r\sin\theta+\frac{\partial z}{\partial y}r\cos\theta\right)^2\\&=\left(\frac{\partial z}{\partial x}\right)^2\cos^2\theta+2\frac{\partial z}{\partial x}\cdot\frac{\partial z}{\partial y}\cos\theta\sin\theta+\left(\frac{\partial z}{\partial y}\right)^2\sin^2\theta+\left(\frac{\partial z}{\partial x}\right)^2\sin^2\theta\\&\quad-2\frac{\partial z}{\partial x}\cdot\frac{\partial z}{\partial y}\sin\theta\cos\theta+\left(\frac{\partial z}{\partial y}\right)^2\cos^2\theta\\&=\left(\frac{\partial z}{\partial x}\right)^2+\left(\frac{\partial z}{\partial y}\right)^2\end{aligned}$$

例 7 若直圆锥的高以每秒 10 厘米的速度减少,底面半径以每秒 5 厘米的速度递增,求当高为 100 厘米、底半径为 50 厘米那一瞬时,圆锥体积的变化速率。

解 设在 t 时刻,圆锥的底面半径为 x 厘米,高为 y 厘米,则圆锥在 t 时刻的体积为

$$V=\frac{1}{3}\pi x^2y$$

圆锥体积的变化率为 V 对 t 的全导数,即

$$\frac{dV}{dt}=\frac{\partial V}{\partial x}\cdot\frac{dx}{dt}+\frac{\partial V}{\partial y}\cdot\frac{dy}{dt}=\frac{2}{3}\pi xy\cdot\frac{dx}{dt}+\frac{1}{3}\pi x^2\cdot\frac{dy}{dt}$$

而

$$\frac{dx}{dt}=5\qquad\frac{dy}{dt}=-10\qquad x=50\qquad y=100$$

所以

$$\begin{aligned}\frac{dV}{dt}&=\frac{2}{3}\pi\cdot50\cdot100\cdot5+\frac{1}{3}\pi\cdot(50)^2\cdot(-10)\\&=\frac{25000}{3}\pi\\&\approx26180(\text{厘米}^3/\text{秒})\end{aligned}$$

即当 $x=50$ 厘米, $y=100$ 厘米时,此圆锥体积以每秒 26180 厘米^3 的速度增加。

二、隐函数的求导公式

在一元函数中,介绍了隐函数的求导数方法,但没有给出一般求导公式。现可以通过多元复合函数的求导法则导出隐函数的求导公式。

1. 一元隐函数情形

设方程 $F(x,y)=0$ 确定出函数 $y=f(x)$,则将它代入方程变为恒等式

$$F[x,f(x)]\equiv 0$$

两边对 x 求导，得

$$\frac{\partial F}{\partial y}\cdot\frac{dy}{dx}+\frac{\partial F}{\partial x}=0$$

若$\frac{\partial F}{\partial y}\neq 0$，方程 $F(x,y)=0$ 所确定的隐函数的导数为

$$\frac{dy}{dx}=-\frac{\frac{\partial F}{\partial x}}{\frac{\partial F}{\partial y}} \tag{8-20}$$

例 8　求隐函数 $\cos y+e^{x}-x^{2}y^{3}=0$ 的导数。

解　令 $F(x,y)=\cos y+e^{x}-x^{2}y^{3}$，则

$$\frac{\partial F}{\partial x}=e^{x}-2xy^{3}\qquad \frac{\partial F}{\partial y}=-\sin y-3x^{2}y^{2}$$

故

$$\frac{dy}{dx}=-\frac{\frac{\partial F}{\partial x}}{\frac{\partial F}{\partial y}}=-\frac{e^{x}-2xy^{3}}{-(\sin y+3x^{2}y^{2})}=\frac{e^{x}-2xy^{3}}{\sin y+3x^{2}y^{2}}$$

2．二元隐函数情形

设方程 $F(x,y,z)=0$ 确定出函数 $z=f(x,y)$，则将它代入方程变为恒等式

$$F[x,y,f(x,y)]\equiv 0$$

两边分别对 x,y 求偏导，得

$$\frac{\partial F}{\partial z}\cdot\frac{\partial z}{\partial x}+\frac{\partial F}{\partial x}=0\qquad \frac{\partial F}{\partial z}\cdot\frac{\partial z}{\partial y}+\frac{\partial F}{\partial y}=0$$

若$\frac{\partial F}{\partial z}\neq 0$，得

$$\frac{\partial z}{\partial x}=-\frac{\frac{\partial F}{\partial x}}{\frac{\partial F}{\partial z}}\qquad \frac{\partial z}{\partial y}=-\frac{\frac{\partial F}{\partial y}}{\frac{\partial F}{\partial z}} \tag{8-21}$$

例 9　设 $e^{-xy}-6z+e^{z}=0$，求$\frac{\partial z}{\partial x}$，$\frac{\partial z}{\partial y}$。

解　令 $F(x,y,z)=e^{-xy}-6z+e^{z}$，则

$$\frac{\partial F}{\partial x}=-ye^{-xy}\qquad \frac{\partial F}{\partial y}=-xe^{-xy}\qquad \frac{\partial F}{\partial z}=-6+e^{z}$$

由公式(8-21)得

$$\frac{\partial z}{\partial x}=\frac{ye^{-xy}}{e^{z}-6}\qquad \frac{\partial z}{\partial y}=\frac{xe^{-xy}}{e^{z}-6}$$

例 10　求由方程 $\cos^{2}x+\cos^{2}y+\cos^{2}z=1$ 所确定的函数 $z=f(x,y)$的全微分 dz。

解　令 $F(x,y,z)=\cos^{2}x+\cos^{2}y+\cos^{2}z-1$，则

$$\frac{\partial F}{\partial x}=-2\cos x\sin x=-\sin 2x$$

$$\frac{\partial F}{\partial y}=-2\cos y\cdot\sin y=-\sin 2y$$

$$\frac{\partial F}{\partial z}=-2\cos z\cdot\sin z=-\sin 2z$$

由公式(8－21)得

$$\frac{\partial z}{\partial x}=-\frac{\sin 2x}{\sin 2z}\qquad \frac{\partial z}{\partial y}=-\frac{\sin 2y}{\sin 2z}$$

由公式(8－13)得

$$\begin{aligned}dz&=\frac{\partial z}{\partial x}dx+\frac{\partial z}{\partial y}dy\\&=-\frac{\sin 2x}{\sin 2z}dx-\frac{\sin 2y}{\sin 2z}dy\\&=-\frac{1}{\sin 2z}(\sin 2x\cdot dx+\sin 2y\cdot dy)\end{aligned}$$

习 题 8－4

1. 求多元复合函数的偏导数应注意什么?

2. 在多元函数的求导过程中,什么情况下用“∂”,什么情况下用“d”?

3. 怎样利用多元函数的一阶微分形式不变性计算偏导数?

4. 隐函数的求导方法有几种?

5. 求下列复合函数的偏导数$\frac{\partial z}{\partial x}$和$\frac{\partial z}{\partial y}$:

(1) $z=\ln(u+v)$,而 $u=e^{2(x+y^2)}$, $v=x^2+y$;

(2) $z=ue^v$,而 $u=x^2+y^2$, $v=e^{\left(\frac{x}{y}+\frac{y}{x}\right)}$;

(3) $z=u^2\ln v$,而 $u=\frac{x}{y}$, $v=3x-2y$;

(4) $z=xf(u,v)$,而 $u=x^2-y^2$, $v=xy$;

(5) $z=e^u\cos v$,而 $u=xy$, $v=2x-y$。

6. 设 $u=xy+yz+zx$,而 $x=\frac{1}{t}$, $y=e^t$, $z=e^{-t}$,求全导数$\frac{du}{dt}$。

7. 设 $z=f(u,v)\ln t$ 可微,而 $u=t^2$, $v=e^t$,求全导数$\frac{dz}{dt}$。

8. 将直径为 200 毫米、长为 600 毫米的圆钢放在加热炉里加热,直径增大的速度为 0.08(毫米/分),长度增大的速度为 0.25(毫米/分),问体积增大的速度是多少?

9. 直圆锥的高以 10 厘米/秒的速度减少,底面半径以 1 厘米/秒的速度增加,求当高为 100 厘米、底面半径为 50 厘米时,圆锥体积的变化率。

10. 求下列复合函数的全导数:

(1)设 $z=e^{x-2y}$,而 $x=\sin t$, $y=t^3$,求$\frac{dz}{dt}$;

(2)设 $z=\arcsin(x-y)$,而 $x=3t$, $y=4t^3$,求$\frac{dz}{dt}$;

(3)设 $z=\operatorname{arctg}(xy)$,而 $y=e^x$,求$\frac{dz}{dx}$;

(4)设 $u=\frac{e^{ax}(y-z)}{a^2+1}$,而 $y=a\sin x$, $z=\cos x$,求$\frac{du}{dt}$;

(5)设 $z=u^v$,而 $u=\sin 2x$, $v=\sqrt{x^2-1}$,求$\frac{dz}{dx}$。

11. 求下列各隐函数的全导数或偏导数:

(1)设 $xy+x+y=1$,求$\frac{dy}{dx}$;

(2)设 $y-x-\varepsilon\sin y=0$, $(0<\varepsilon<1)$,求$\frac{dy}{dx}$;

(3)设 $e^z=xyz$,求$\frac{\partial z}{\partial x}$,$\frac{\partial z}{\partial y}$,$\frac{\partial y}{\partial x}$;

(4)设 $x+2y+z=2\sqrt{xyz}$,求$\frac{\partial z}{\partial x}$,$\frac{\partial z}{\partial y}$;

(5)设 $F(x,y)=\frac{x^2}{a^2}-\frac{y^2}{b^2}-1=0$,求$\frac{dy}{dx}$;

(6)设 $F(x,y,z)=\frac{x^2}{a^2}+\frac{y^2}{b^2}+\frac{z^2}{c^2}-1$,求$\frac{\partial z}{\partial x}$,$\frac{\partial z}{\partial y}$。

12. 若 $z=xy+xf(u)$,而 $u=\frac{y}{x}$,其中 $f(u)$可微,证明 $x\frac{\partial z}{\partial x}+y\frac{\partial z}{\partial y}=z+xy$。

13. 若 $u=\ln r$, $r=\sqrt{x^2+y^2+z^2}$,证明$\frac{\partial^2 u}{\partial x^2}+\frac{\partial^2 u}{\partial y^2}+\frac{\partial^2 u}{\partial z^2}=\frac{1}{r^2}$。

14. 求由方程 $2xz-2xyz+\ln(xyz)=0$ 确定的函数 $z=f(x,y)$的全微分。

15. 设 $x^3+y^3+z^3+xyz=6$ 确定隐函数 $z=f(x,y)$,求$\left.\frac{\partial z}{\partial x}\right|_{(1,2,-1)}$及$\left.\frac{\partial z}{\partial y}\right|_{(1,2,-1)}$。

16. 求由方程$\frac{x^2}{a^2}+\frac{y^2}{b^2}=1$ 所确定的隐函数 $y=f(x)$的导数。

17. 求由方程 $x^2+y^2+z^2=R^2$ 所确定的隐函数 $z=f(x,y)$的偏导数$\frac{\partial z}{\partial x}$,$\frac{\partial z}{\partial y}$。

第五节　多元函数的极值

一、多元函数极值的概念和求法

函数的极值问题有着重要的实际意义。在一元函数中,曾经用导数求过极值。现在介绍怎样用偏导数去求多元函数的极值。以二元函数为例,首先介绍它的极值概念。

定义　设函数 $z=f(x,y)$在点 $p_0(x_0,y_0)$的某邻域内有定义,如果对于该邻域内异于 p_0 的一切点(x,y)都有

$$f(x,y)<f(x_0,y_0)\quad \text{或}\quad f(x,y)>f(x_0,y_0)$$

那么称 $f(x_0,y_0)$为函数 $f(x,y)$的极大值或极小值。例如:

(1)函数 $z=(x-1)^2+(y-2)^2-1$ 在点(1,2)有极小值 -1,因为在该点的周围函数值都比 -1 大,所以在点(1,2)取得极值为极小值(图 8-32);

(2)函数 $z=\sqrt{R^2-x^2-y^2}$在点(0,0)有极大值 R,因为在点(0,0)的周围函数值都比 R 要小,所以此函数所表示的上半球面的半径 R 为极大值(图 8-33)。

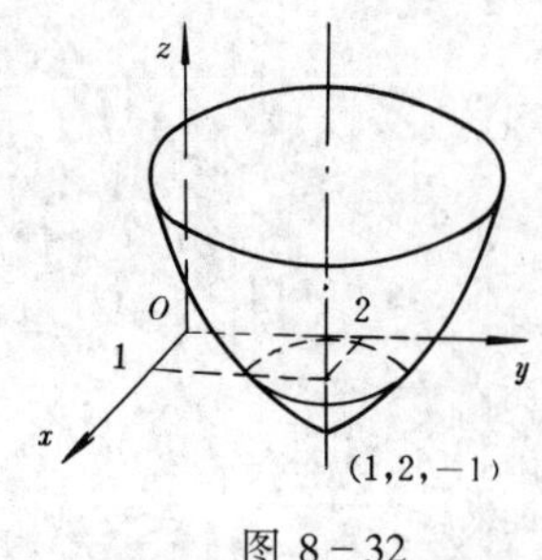

图 8－32

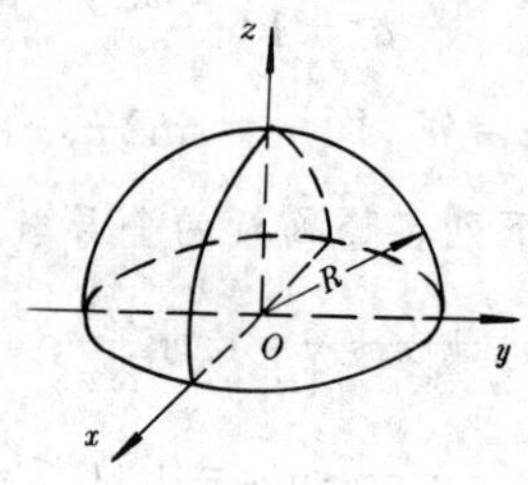

图 8－33

函数的极小值、极大值统称为函数的极值。使函数取得极值的点称为极值点。

二元函数究竟在什么条件下才能取得极值，有以下两个定理。

定理 1(极值的必要条件) 如果函数 $z=f(x,y)$在点(x_0,y_0)可微，且在点(x_0,y_0)处有极值，那么函数在该点的一阶偏导数必须 等于零，即

$$f_x'(x_0,y_0)=0,\quad f_y'(x_0,y_0)=0$$

证 设函数 $z=f(x,y)$在点(x_0,y_0)处有极小值，则在该点附近任取一点(x,y)，由极小值的定义可知，必有

$$f(x,y)>f(x_0,y_0)$$

特别是当在该点附近选取 $y=y_0$ 而 $x\neq x_0$ 的点时，也应有

$$f(x,y_0)>f(x_0,y_0)$$

上式显然表明 x 的一元可微函数$f(x,y_0)$在 $x=x_0$ 点有极小值，因此必有

$$\frac{d}{dx}f(x,y_0)\bigg|_{x=x_0}=0$$

即

$$f_x'(x_0,y_0)=0$$

同理可证

$$f_y'(x_0,y_0)=0$$

仿此也可以证明 $f(x,y)$在点(x_0,y_0)点取得极大值的情形。

二元函数有极值的必要条件可以推广到多于二元函数的情况。例如，三元函数 $u=f(x,y,z)$在点(x_0,y_0,z_0)可微，而在该点具有极值的必要条件为

$$f_x'(x_0,\quad y_0,\quad z_0)=0,f_y'(x_0,y_0,z_0)=0,f_z'(x_0,y_0,z_0)=0$$

使函数所有一阶偏导数都为零的点称该点为驻点(稳定点)。

由定理 1 可知，对于偏导数存在的二元函数，极值点必定是驻点，但驻点不一定是极值点。如：

(3)函数 $z=\sqrt{x^2+y^2}$的图形是半圆锥面(图 8－34)。显然，点(0,0)是函数的极小值点，但它不是驻点，因为它在该点的偏导数不存在。

(4)函数 $z=xy$ 在点(0,0)的两个一阶偏导数都等于零，但该函数在此点(驻点)并没有极值。因为它在点(0,0)的任一邻域内，总有函数值为正的点，也总有函数值为负的点，故点(0,0)是驻点却不是极值点，而原点(0,0,0)是鞍形曲面的顶点(图 8－35)。

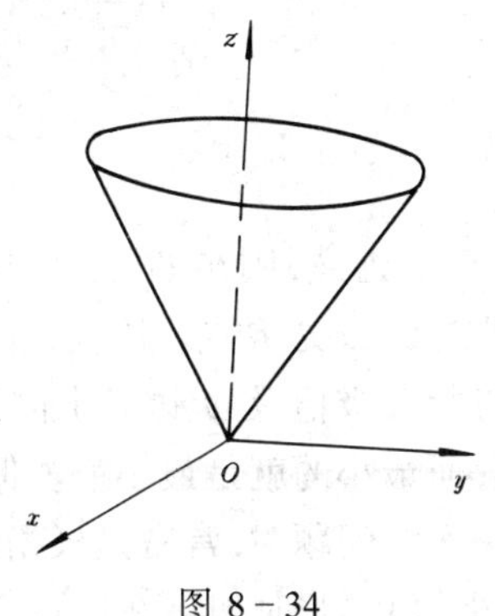

图 8-34

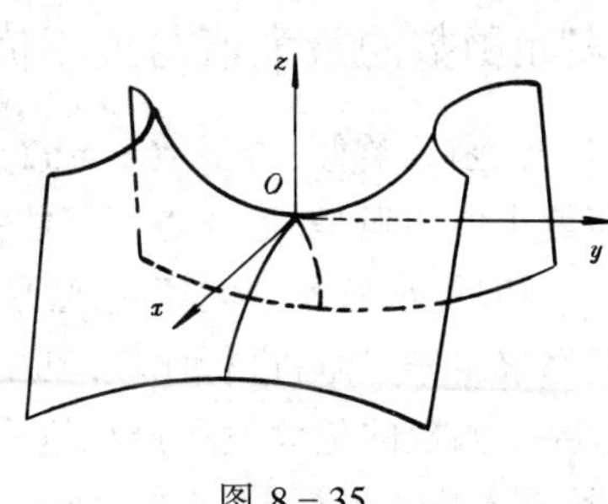

图 8-35

综合上述,极值点必定在驻点和偏导数不存在的点。因此,寻找极值点就只需找出驻点和偏导数不存在的点,然后再逐一加以判别。判别方法的依据是取极值的充分条件。对于二元函数,给出如下定理:

定理 2(极值的充分条件)　设 $z=f(x,y)$在点(x_0,y_0)的某个邻域内有连续的一阶和二阶偏导数,且 $f_x'(x_0,y_0)=0$, $f_y'(x_0,y_0)=0$。若令 $A=f_{xx}''(x_0,y_0)$, $B=f_{xy}''(x_0,y_0)$, $C=f_{yy}''(x_0,y_0)$, $\Delta=B^2-AC$,则:

(1)当 $\Delta<0$ 且 $A<0$ 时,$f(x_0,y_0)$是极大值;当 $\Delta<0$ 且 $A>0$ 时,$f(x_0,y_0)$是极小值;

(2)当 $\Delta>0$ 时,$f(x_0,y_0)$不是极值;

(3)当 $\Delta=0$ 时,函数 $f(x,y)$在点(x_0,y_0)可能有极值,也可能无极值,需另作讨论。

证明从略。

根据定理 1,2 可知,具有二阶连续偏导数的函数 $z=f(x,y)$的极值求法步骤如下:

(1)求偏导数 $f_x', f_y', f_{xx}'', f_{xy}'', f_{yy}''$;

(2)解方程组$\begin{cases} f_x'(x,y)=0 \\ f_y'(x,y)=0 \end{cases}$,求出驻点;

(3)对每一个驻点(x_0,y_0),求 $A=f_{xx}''(x_0,y_0)$, $B=f_{xy}''(x_0,y_0)$, $C=f_{yy}''(x_0,y_0)$的值及 $\Delta=B^2-AC$ 的符号,据此判定出极值点,并求出极值。

例 1　求函数 $f(x,y)=x^3+3x^2+3y^2-y^3-9x$ 的极值。

解　$f_x'=3x^2+6x-9$, $f_y'=6y-3y^2$, $f_{xx}''=6x+6$,

$f_{xy}''=0$, $f_{yy}''=6-6y$

解方程组

$$\begin{cases} 3x^2+6x-9=0 \\ 6y-3y^2=0 \end{cases}$$

求得驻点为(1,0)、(1,2)、(-3,0)、(-3,2),然后分别求出各驻点对应的 A,B,C 值。

在点(1,0), $\Delta=B^2-AC=-12\times6<0$,而 $A=12>0$,所以此函数在该点有极小值为 $f(1,0)=-5$;

在点(1,2), $\Delta=B^2-AC=-12\times(-6)>0$,所以此函数在该点无极值;

在点(-3,0), $\Delta=B^2-AC=-(-12)\times6>0$,所以此函数在该点亦无极值;

在点(-3,2), $\Delta=B^2-AC=-(-12)\times(-6)<0$,而 $A=-12<0$,所以此函数在点

$(-3,2)$有极大值为 $f(-3,2)=31$。

二、多元函数的最大值与最小值

与一元函数类似,若函数 $z=f(x,y)$在有界闭区域 D 上连续,则在 D 上一定能取得最大值和最小值。但是,极值点有可能是 D 的内点,也有可能是 D 边界点。因而,在求函数 $z=f(x,y)$的最小值和最大值时,要将函数在区域 D 内的所有极值及 D 边界上的最大值与最小值都求出来,然后进行比较,其中最大的就是最大值,而最小的就是最小值。但是,由于计算边界上函数的最大值和最小值非常麻烦,因此在解决实际问题时,常常是根据问题的性质,来断定函数 $z=f(x,y)$在区域 D 内有最大值(或最小值)。此时如果在区域 D 内仅有一个驻点,那么可以肯定该驻点的函数值就是该函数在 D 上的最大值(或最小值),不需要再与边界上的最大值(或最小值)进行比较,也不必用充分条件去判别。

例 2 有一块宽 24 厘米的铁板,把两边折起来做成一个断面为上宽下窄的等腰梯形的水槽,问怎样折法才能使断面的面积最大?

解 设折起的边长为 x 厘米,倾斜角为 α(图 8－36),则梯形断面的下底边长为 $24-2x$,上底长为$(24-2x)+2x\cos\alpha$,高为 $x\sin\alpha$,故断面的面积为

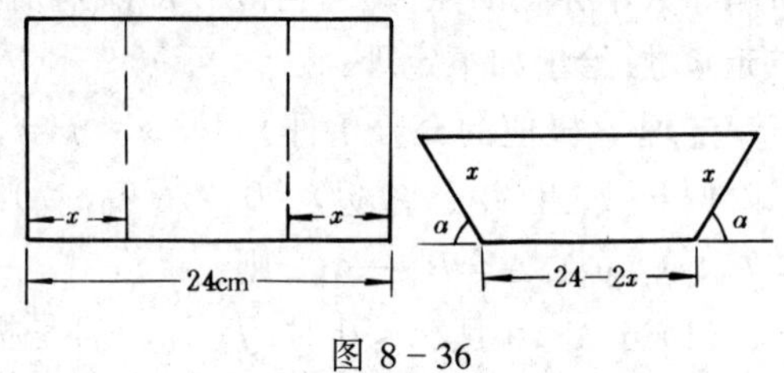

图 8－36

$$S=\frac{1}{2}(24-2x+24-2x+2x\cos\alpha)x\sin\alpha$$
$$=24x\sin\alpha-2x^2\sin\alpha+x^2\sin\alpha\cos\alpha$$

此函数的定义域为 $D\left(0<x<12,0<\alpha\leqslant\frac{\pi}{2}\right)$。

欲求 S 的最大值,根据极值的必要条件有

$$\begin{cases}\dfrac{\partial S}{\partial x}=24\sin\alpha-4x\sin\alpha+2x\sin\alpha\cos\alpha=0\\\dfrac{\partial S}{\partial \alpha}=24x\cos\alpha-2x^2\cos\alpha+x^2(\cos^2\alpha-\sin^2\alpha)=0\end{cases}$$

因为 $x\neq0,\alpha\neq0$,所以上面的方程组可化为

$$\begin{cases}12-2x+x\cos\alpha=0\\24x\cos\alpha-2x\cos\alpha+x(\cos^2\alpha-\sin^2\alpha)=0\end{cases}$$

由方程组解得

$$x=8,\alpha=\frac{\pi}{3}$$

由问题的实际意义可知,该断面的面积一定存在最大值,并且该函数在区域 D 内只有一个驻点$\left(8,\frac{\pi}{3}\right)$。从而可以断定,水槽断面的面积在 $x=8$ 厘米,$\alpha=\frac{\pi}{3}$时最大,最大值为 $S=48\sqrt{3}\approx83$ 厘米^2。

例 3 在平面 xOy 上求一点,使它到 $x=0,y=0$ 及 $x+2y-16=0$ 三直线的距离平方之和为最小。

解　设(x,y)为所求平面 xOy 上的一点，它到 $x=0$ 的距离为$|x|$，到 $y=0$ 的距离为$|y|$，到 $x+2y-16=0$ 的距离为

$$\frac{|x+2y-16|}{\sqrt{1^2+2^2}}=\frac{|x+2y-16|}{\sqrt{5}}$$

故目标函数是

$$u=x^2+y^2+\frac{1}{5}(x+2y-16)^2$$

因为

$$\frac{\partial u}{\partial x}=2x+\frac{2}{5}(x+2y-16)$$

$$\frac{\partial u}{\partial y}=2y+\frac{4}{5}(x+2y-16)$$

解方程组

$$\begin{cases}2x+\dfrac{2}{5}(x+2y-16)=0\\2y+\dfrac{4}{5}(x+2y-16)=0\end{cases}$$

得驻点坐标

$$x=\frac{8}{5},\quad y=\frac{16}{5}$$

由问题的性质可知最小值是存在的，故在该唯一的驻点处取得最小值，即所求点为$\left(\frac{8}{5},\frac{16}{5}\right)$。

习　题　8-5

1. 驻点是否一定是极值点？极值点是否一定是驻点？试举例说明。

2. 二元函数在哪些点上可能取得极值？

3. 求下列各函数的极值：

(1) $z=-x^2-y^2+x^3+2y^3$；

(2) $z=4(x-y)-x^2-y^2$；

(3) $z=e^{2x}(x^2+y^2+2y)$；

(4) $z=1-\sqrt{x^2+y^2}$。

4. 在 xoy 平面上找出一点，使它到三点 $M_1(0,0)$、$M_2(1,0)$、$M_3(0,1)$的距离的平方和为最小。

5. 将一个正数 a 拆成三个正数，使得它们的乘积为最大，求这三个数。

6. 要用铁皮制造一个体积为 2 米^3 的有盖长方体水箱，怎样选取它的长、宽、高才能使所用的材料最省？

7. 有一下部为圆柱形(底半径为 R，高为 H)、上部为圆锥形(高为 h)的帐篷，它的容积为一个常数 k，要使所用的布最少，试证明帐篷尺寸之间应有关系式：$R=\sqrt{5}H$，且 $h=2H$。

8. 一长方体的蓄水池，蓄水量为已知，要使蓄水池内表面积为最小，试求其长、宽、高的

比。

9. 将周长为 $2p$ 的矩形绕它的一边旋转而成一个圆柱体，问矩形的边长各为多少时才能使圆柱体的体积为最大？

10. 求一个圆内接最大面积的三角形。

11. 要建造一个容积为 18 米^3 的长方形蓄水池，已知侧面积与底面积的单位造价之比为 3:4，问水池的尺寸如何才能使费用最省？

12. 要制造一个无盖的长方体水槽，已知它的底部造价为 18 元/米^2，侧面造价均为 6 元/米^2，设计的总造价为 216 元，问如何选取它的尺寸，才能使水槽容积最大？

13. 设 $R=\dfrac{R_1R_2R_3}{R_1R_2+R_2R_3+R_3R_1}$，其中 $R_1>R_2>R_3>0$，问 R_1, R_2, R_3 中改变那一个对 R 的变化影响最大？并说明理由。

第六节 多元函数微分在医药学中的应用

前边已介绍过导数、定积分、微分方程在医药学中的应用。本节介绍多元函数微分在医药学中应用的两个实例。

例 1 今分别取甲、乙、丙三种药液配制成 a 升混合药液。由于度量误差，使混合药液出现了 δ 升的误差。求三种药液的度量误差各为多少时，才能使它们的平方和最小？

解 设甲、乙和丙三种药液的度量误差分别为 x, y 和 z，丙种药液的度量误差可表示为 $z=\delta-x-y$，于是问题就化为求函数

$$\begin{aligned} u &= x^2+y^2+(\delta-x-y)^2 \\ &= 2x^2+2y^2+2xy-2x\delta-2y\delta+\delta^2 \end{aligned}$$

的最小值。因为

$$\frac{\partial u}{\partial x}=4x+2y-2\delta \qquad \frac{\partial u}{\partial y}=4y+2x-2\delta$$

令$\dfrac{\partial u}{\partial x}=0, \dfrac{\partial u}{\partial y}=0$，得

$$\begin{cases} 2x+y-\delta=0 \\ x+2y-\delta=0 \end{cases}$$

解得 $x=y=\dfrac{\delta}{3}$。因此，仅有一个驻点$\left(\dfrac{\delta}{3}, \dfrac{\delta}{3}\right)$

又

$$z=\delta-x-y=\delta-\frac{\delta}{3}-\frac{\delta}{3}=\frac{\delta}{3}$$

所以，三种药液的度量误差均为$\dfrac{\delta}{3}$时，其平方和最小。

读者不难用取极值的充分条件判定$\left(\dfrac{\delta}{3}, \dfrac{\delta}{3}\right)$为 u 的极小值点。

例 2 研究机体对某种药物的反应时，设给药量为 x 单位，经过 t 小时后机体产生的某种反应为E(以适当的单位度量)，且有

$$E(x,t)=x^2(a-x)t^2e^{-t} \qquad (0<x<a, t>0)$$

其中 a 为常数,表示可允许给予的最大药量,求取得最大值(最大反应 E)的药量和时间。

解　因为

$$\frac{\partial E}{\partial x}=(2ax-3x^2)t^2e^{-t}$$

$$\frac{\partial E}{\partial t}=(ax^2-x^3)(2-t)te^{-t}$$

令$\frac{\partial E}{\partial x}=0,\frac{\partial E}{\partial t}=0$,得

$$\begin{cases}x(2a-3x)t^2e^{-t}=0\\x^2(a-x)(2-t)te^{-t}=0\end{cases}$$

解方程组,得

$$\begin{cases}x=0\\t=0\end{cases}(\text{舍去}),\begin{cases}x=\frac{2}{3}a\\t=2\end{cases}$$

符合题意的驻点$\left(\frac{2}{3}a,2\right)$仅有一个,故取药量为 $x=\frac{2a}{3}$单位,时间为 $t=2$ 小时时反应 E 最大。

习　题　8-6

1. 将 x 公斤盐溶于 y 公斤水中,求盐水的浓度;如果称盐时误差为 dx 公斤,称水时误差为 dy 公斤,求盐水浓度的误差。

2. 为了配制生理盐水,用 10000 毫升的蒸馏水和 85 克盐。对盐水浓度的要求为每 100 毫升水 0.85 克盐,现在已知水的误差不大于 20 毫升,盐的误差不大于 1 克,求浓度的误差。

3. 某药厂为了从水层逐次提取三次酸,将苯的总体积分为 x, y, z 三份,要使在苯的用量一定时得到完全的提取,应使

$$u=(a+Kx)(a+Ky)(a+Kz)\qquad(a,K\text{ 为常数})$$

为最大,试问 x, y, z 三者之间有怎样的关系,u 才能最大。

(杨继泰)

第九章　二　重　积　分

第一节　二重积分的概念和性质

一、二重积分的概念

在第五章中介绍定积分的概念时，我们已知道定积分是某种特定和式的极限。

$$\int_a^b f(x)dx = \lim_{\lambda \to 0} \sum_{i=1}^{n} f(\xi_i)\Delta x_i$$

其中 $y=f(x)$ 是闭区间 $[a,b]$ 上的连续函数。二重积分是另一类和式的极限，它的积分范围是一个平面区域，也可以说它是定积分的直接推广。下面以计算曲顶柱体的体积为例，引出二重积分的概念。

设有一立体，其底是 xoy 平面上的有界闭区域 D，侧面是以 D 的边界曲线为准线(directrix)，母线(generatrix)平行于 z 轴的柱面，顶是曲面 $z=f(x,y)$，这里设 $f(x,y)\geqslant 0$ 且在 D 上连续。这种立体称为 D 上的曲顶柱体(图 9-1)。下面求曲顶柱体的体积 V。

我们知道，平顶柱体的高是不变的，它的体积等于底面积乘高。对于曲顶柱体，由于它的顶是曲面，所以它的高 $f(x,y)$ 在 D 上是变量，因此就不能使用上面的计算方法来求它的体积。但是，我们可仿照求曲边梯形面积的方法，即用分割、近似代替、求和及取极限的方法，解决这个问题。具体作法如下：

(1)分割　将区域 D 任意分成 n 个小区域，称它为子域：$\Delta\sigma_1, \Delta\sigma_2 \cdots\cdots, \Delta\sigma_n$，并以 $\Delta\sigma_i$ ($i=1,2,\cdots\cdots,n$)表示第 i 个子域的面积(图 9-1)，然后对每个子域以它的边界曲线为准线，以平行于 z 轴的直线为母线作柱面，这样就把原曲顶柱体分成 n 个小曲顶柱体。用 ΔV_i 表示以 $\Delta\sigma_i$ ($i=1,2,\cdots,n$)为底的第 i 个小曲顶柱体的体积，就有

$$V = \sum_{i=1}^{n} \Delta V_i$$

(2)近似代替　在每个小曲顶柱体的底 $\Delta\sigma_i$ 上任取一点 (ξ_i, η_i) ($i=1,2,\cdots\cdots,n$)，用以 $f(\xi_i, \eta_i)$ 为高，$\Delta\sigma_i$ 为底的平顶柱体的体积 $f(\xi_i, \eta_i)\Delta\sigma_i$ 近似代替第 i 个小曲顶柱体的体积，即

$$\Delta V_i \approx f(\xi_i, \eta_i)\Delta\sigma_i$$

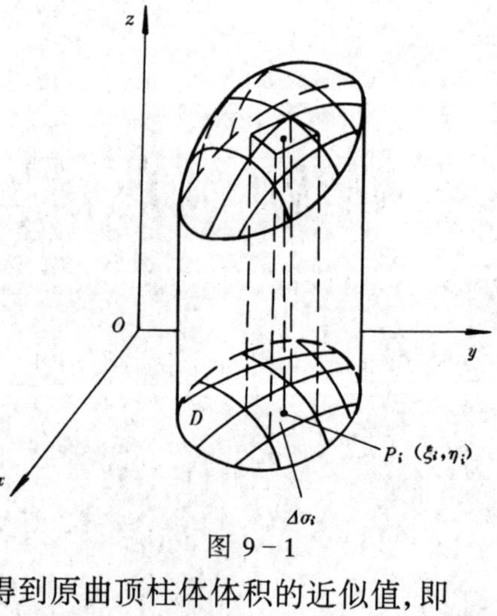

图 9-1

(3)求和　将这 n 个小平顶柱体的体积相加，就得到原曲顶柱体体积的近似值，即

$$V=\sum_{i=1}^{n}\Delta V_i\approx\sum_{i=1}^{n}f(\xi_i,\eta_i)\Delta\sigma_i$$

(4)取极限　分割越细，小区域 $\Delta\sigma_i$ 就越小，上式的近似程度就越高。因为小区域的个数是有限的，故上式总是近似的。为了使每个小平顶柱体的体积无限地接近于小曲顶柱体的体积，不仅要求小区域的个数 n 无限增多，而且要求每个小区域都无限地趋向于一个点，此时小平顶柱体的总和 $\sum_{i=1}^{n}f(\xi_i,\eta_i)\Delta\sigma_i$ 就越来越接近 V。

我们用 d_i 表示 $\Delta\sigma_i$ 内任意两点间距离的最大值，称它为该区域的直径，且令

$$d=\max\{d_i\}\qquad(i=1,2,\cdots,n)$$

当 $d\to0$ 时，可求得该曲顶柱体的体积 V，即

$$V=\lim_{d\to0}\sum_{i=1}^{n}f(\xi_i,\eta_i)\Delta\sigma_i$$

舍去解决上述问题的几何意义，就得到二重积分的定义。

定义 1　设函数 $z=f(x,y)$ 在有界闭区域 D 上有定义，将区域 D 任意分割成 n 个小区域 $\Delta\sigma_i(i=1,2,\cdots,n)$，并以 $\Delta\sigma_i$ 表示第 i 个区域的面积，在 $\Delta\sigma_i$ 上任取一点 (ξ_i,η_i)，作乘积 $f(\xi_i,\eta_i)\Delta\sigma_i$，并求和 $\sum_{i=1}^{n}f(\xi_i,\eta_i)\Delta\sigma_i$。如果当各个子域的直径中最大值 d 趋于零时该和式的极限存在且唯一，那么称此极限为函数 $f(x,y)$ 在区域 D 上的二重积分(double integral)，记为 $\iint_D f(x,y)d\sigma$，即

$$\iint_D f(x,y)d\sigma=\lim_{d\to0}\sum_{i=1}^{n}f(\xi_i,\eta_i)\Delta\sigma_i\qquad(9-1)$$

其中 $f(x,y)$ 称为被积函数(integrand)，x 和 y 称为积分变量(variable of integration)，D 称为积分区域(domain of integration)，$f(x,y)d\sigma$ 称为被积表达式，$d\sigma$ 称为面积微元(element of area)，“$\iint$”称为二重积分号。

由以上定义可知，曲顶柱体的体积就是 $f(x,y)$ 在区域 D 上的二重积分，即

$$V=\iint_D f(x,y)d\sigma$$

二重积分中的面积微元 $d\sigma$ 象征公式(9-1)中的 $\Delta\sigma_i$。由于区域 D 的划分是任意的，为了研究方便，在直角坐标系中，可用平行于 x 轴和 y 轴的直线段来分割区域 D，此时面积元素 $d\sigma$ 可以写成 $dxdy$，于是二重积分可记为

$$\iint_D f(x,y)dxdy$$

可以证明，如果函数 $f(x,y)$ 在闭区域 D 上连续，那么函数 $f(x,y)$ 在区域 D 上的二重积分一定存在。此时也称函数 $f(x,y)$ 在区域 D 上是可积的。

二重积分的几何意义：当 $f(x,y)\geqslant0$ 时，曲顶柱体位于 xoy 平面的上方，$\iint_D f(x,y)dxdy$ 为正，即为曲顶柱体的体积；当 $f(x,y)<0$ 时，柱体在 xoy 平面的下方，此时 $-\iint_D f(x,y)dxdy$ 才表示曲顶柱体的体积。当 $f(x,y)$ 在 D 上有正有负时，规定在 xoy 平

面上方的曲顶柱体体积取正值，在 xoy 平面下方的曲顶柱体体积取负值，则二重积分 $\iint_D f(x,y)dxdy$ 的值就是它们上、下方曲顶柱体体积的代数和。

二、二重积分的性质

二重积分和定积分有类似的性质。以下出现的各函数假设均可积。

性质 1 被积函数的常数因子可从积分号内提出，即

$$\iint_D Kf(x,y)d\sigma = K\iint_D f(x,y)d\sigma \quad (K \text{ 为常数})$$

性质 2 函数代数和的积分等于各个函数积分的代数和，即

$$\iint_D [f(x,y) \pm g(x,y)]d\sigma = \iint_D f(x,y)d\sigma \pm \iint_D g(x,y)d\sigma$$

性质 3 如果区域 D 被分成两个子区域 D_1 与 D_2，那么在 D 上的二重积分等于两个子区域 D_1, D_2 上的二重积分之和，即

$$\iint_D f(x,y)d\sigma = \iint_{D_1} f(x,y)d\sigma + \iint_{D_2} f(x,y)d\sigma$$

这个性质表明二重积分对于积分区域具有可加性。

性质 4 如果在区域 D 上 $f(x,y)=1$，σ 为 D 的面积，那么

$$\sigma = \iint_D 1\cdot d\sigma = \iint_D d\sigma$$

它表示高为 1 的平顶柱体的体积在数值上就等于该柱体的底面积。

性质 5 如果在 D 上 $f(x,y) \leqslant g(x,y)$，那么

$$\iint_D f(x,y)d\sigma \leqslant \iint_D g(x,y)d\sigma$$

特殊情况，由于

$$-|f(x,y)| \leqslant f(x,y) \leqslant |f(x,y)|$$

故有

$$\left|\iint_D f(x,y)d\sigma\right| \leqslant \iint_D |f(x,y)|d\sigma$$

性质 6 设 m 和 M 分别是 $f(x,y)$ 在 D 上的最小值和最大值，σ 是 D 的面积，则

$$m\sigma \leqslant \iint_D f(x,y)d\sigma \leqslant M\sigma$$

性质 7(二重积分中值定理) 如果函数 $f(x,y)$ 在 D 上连续，那么在 D 上至少存在一点 (ξ,η)，使得下式成立：

$$\iint_D f(x,y)d\sigma = f(\xi,\eta)\sigma$$

其中 σ 为 D 的面积。

证 用 σ 去除性质 6 中的不等式，得

$$m \leqslant \frac{1}{\sigma}\iint_D f(x,y)d\sigma \leqslant M$$

根据有界闭区域 D 上连续函数的介值定理，则在 D 上至少存在一点 (ξ,η)，使得

$$\frac{1}{\sigma}\iint_D f(x,y)d\sigma=f(\xi,\eta)$$

所以

$$\iint_D f(x,y)d\sigma=f(\xi,\eta)\sigma$$

中值定理的几何意义是：在区域 D 上以曲面 $f(x,y)$ 为顶的曲顶柱体的体积，等于以区域 D 上某一点 (ξ,η) 的函数值 $f(\xi,\eta)$ 为高的平顶柱体的体积。

习　题　9-1

1. 在二重积分定义中，可否用 $n\to\infty$ 来代替 $d\to0$?

2. 用定义证明二重积分的性质 2 和性质 5。

3. 二重积分 $\iint_D \ln\frac{x}{y}dxdy$ 与 $\iint_D \ln\frac{x^2}{y^2}dxdy$ 的关系如何?

4. 利用二重积分的几何意义说明下列两个积分的关系：

$$\iint_D (x^2+y^2)^3d\sigma,\ D_1 \text{ 为矩形域 } -1\leqslant x\leqslant1,\ -2\leqslant y\leqslant2;$$

$$\iint_D (x^2+y^2)^3d\sigma,\ D_2 \text{ 为矩形域 } 0\leqslant x\leqslant1, 0\leqslant y\leqslant2。$$

5. 利用二重积分的几何意义，不经计算直接给出下列二重积分的值。

(1) $\iint_D d\sigma,\quad D:x^2+y^2\leqslant1$;

(2) $\iint_D \sqrt{R^2-x^2-y^2}d\sigma,\quad D:x^2+y^2\leqslant R^2$。

6. 试用二重积分表达下列曲顶柱体的体积，并用不等式组表示曲顶柱体在 xoy 坐标面上的底。

(1)由平面 $\frac{x}{2}+\frac{y}{3}+\frac{z}{4}=1,\ x=0,\ y=0,\ z=0$ 所围成的立体；

(2)由椭圆抛物面 $z=2x^2+y^2$，抛物柱面 $y=x^2$ 及平面 $y=4,\ z=0$ 所围成的立体；

(3)由椭圆抛物面 $z=2-(4x^2+y^2)$ 及平面 $z=0$ 所围成的立体；

(4)由上半球面 $z=\sqrt{4-x^2-y^2}$ 和圆柱面 $x^2+y^2=1$ 及平面 $z=0$ 所围成的立体。

7. 设闭区域 D 关于 y 轴对称（即，若 $(x,y)\in D$，则有 $(-x,y)\in D$），$f(x,y)$ 在 D 上连续，且对 D 上的任意点满足：

(1) $f(x,y)=-f(-x,y)$，求 $\iint_D f(x,y)d\sigma$；

(2) $f(x,y)=f(-x,y)$，求 $\iint_{D_1} f(x,y)d\sigma$。

其中 D_1 为由 y 轴分割 D 所得到的一半区域。

8. 利用二重积分表示半球 $z=\sqrt{1-x^2-y^2}$ 的体积，并对这个积分找出中值定理中的一点 (ξ,η)。

第二节 二重积分的计算

一、在直角坐标系中计算二重积分

根据二重积分的定义直接去计算显然是很困难的，甚至行不通，因此需要找出一种切实可行的计算方法。借助二重积分的几何意义，从讨论曲顶柱体的体积便可导出二重积分的计算法则，法则的关键是将二重积分化为二次单积分(single integral)。

为了讨论方便，设函数 $f(x,y)\geqslant 0$ 在闭区域 D 上连续，从而二重积分 $\iint\limits_D f(x,y)d\sigma$ 的值便等于以 D 为底、以曲面 $z=f(x,y)$ 为顶的曲顶柱体的体积。

首先考虑积分区域 D 的边界与平行 x 轴或 y 轴的直线相交不多于两点的情况。

设积分区域 D 可用不等式组表示为

$$\begin{cases}\varphi_1(x)\leqslant y\leqslant \varphi_2(x)\\ a\leqslant x\leqslant b\end{cases}$$

其中 $\varphi_1(x)$ 和 $\varphi_2(x)$ 在 $[a,b]$ 上连续(图 9-2)。

用平行于 yoz 平面的平面 $x=x_0$ 去截曲顶柱体，所得截面是一个以区间 $[\varphi_1(x_0),\varphi_2(x_0)]$ 为底、以曲线 $z=f(x_0,y)$ 为曲边的曲边梯形(图 9-3 中阴影部分)，因此该截面的面积为

$$A(x_0)=\int_{\varphi_1(x_0)}^{\varphi_2(x_0)} f(x_0,y)dy$$

一般地讲，用过区间 $[a,b]$ 上任一点 x 且平行于 yoz 的平面去截曲顶柱体所得截面面积为

$$A(x)=\int_{\varphi_1(x)}^{\varphi_2(x)} f(x,y)dy$$

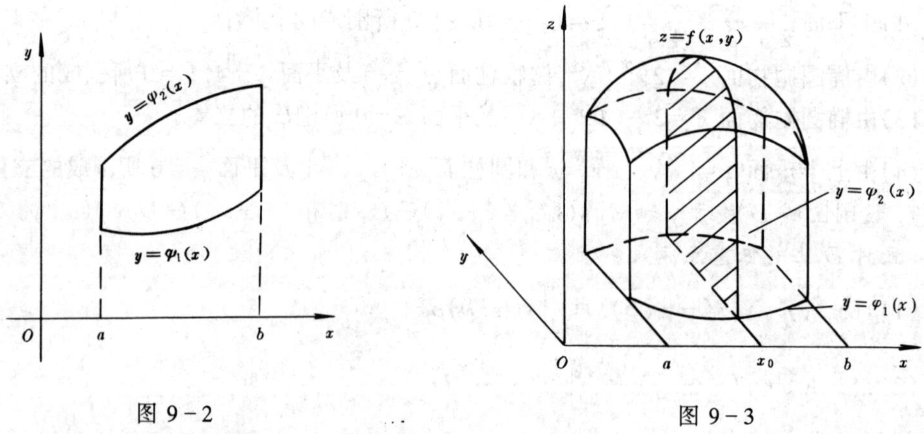

图 9-2　　图 9-3

利用微元法，得体积微元 $dV=A(x)dx$，由定积分知识可知，曲顶柱体的体积为

$$V=\int_a^b A(x)dx=\int_a^b\left[\int_{\varphi_1(x)}^{\varphi_2(x)} f(x,y)dy\right]dx$$

该体积就是所求的二重积分，故得

$$\iint_D f(x,y)dxdy=\int_a^b\left[\int_{\varphi_1(x)}^{\varphi_2(x)} f(x,y)dy\right]dx \tag{9-2}$$

公式(9－2)右端为先对 y、后对 x 的二次积分。先对 y 积分时把 x 视为常数，此时 $f(x,y)$只视为是 y 的函数，并对 y 计算从 $\varphi_1(x)$到 $\varphi_2(x)$的定积分；然后把第一次积分的结果(它是 x 的函数)，再对 x 计算从 a 到 b 的定积分。把这种先对一个变量积分，然后再对另一个变量积分的方法，称为累次积分法。公式(9－2)就是先对 y 后对 x 的累次积分公式。通常可将其写成

$$\int_a^b\left[\int_{\varphi_1(x)}^{\varphi_2(x)} f(x\ y)dy\right]dx=\int_a^b dx\int_{\varphi_1(x)}^{\varphi_2(x)} f(x,y)dy$$

在上述讨论中，我们假设 $f(x,y)\geqslant 0$，实际上对 $f(x,y)$不作限制时，公式(9－2)也仍然成立。

同理，如果积分区域 D 可用不等式组表示为

$$\begin{cases}\psi_1(y)\leqslant x\leqslant \psi_2(y)\\ c\leqslant y\leqslant d\end{cases}$$

其中 $\psi_1(y)$和 $\psi_2(y)$在区间$[c,d]$上连续(图 9－4)，则可得

$$\iint_D f(x,y)dxdy=\int_c^d\left[\int_{\psi_1(y)}^{\psi_2(y)} f(x,y)dx\right]dy \tag{9-3}$$

它是把二重积分化为先对 x 后对 y 的二次积分公式。计算二重积分时是用公式(9－2)还是用公式(9－3)，视具体问题而定。

若平行于坐标轴的直线与区域 D 的边界相交多于两点(图 9－5)，则可将区域 D 分成几个子区域，使每个子区域的边界与平行于坐标轴的直线相交不多于两点。求出函数在各子域的二重积分，再相加便得到函数在整个区域 D 上的二重积分。

由以上讨论可知，二重积分可按累次积分来计算；计算时根据给出的积分区域 D 定出积分上下限是一个关键，为此需要画出积分区域 D 的图形，并加以分析，以确定积分限。

如果积分域 D 是矩形域(图 9－6)，即域 D 可表示为

$$D:\begin{cases}a\leqslant x\leqslant b\\ c\leqslant y\leqslant d\end{cases}$$

时，有

$$\begin{aligned}\iint_D f(x,y)dxdy&=\int_a^b dx\int_c^d f(x,y)dy\\&=\int_c^d dy\int_a^b f(x,y)dx\end{aligned}$$

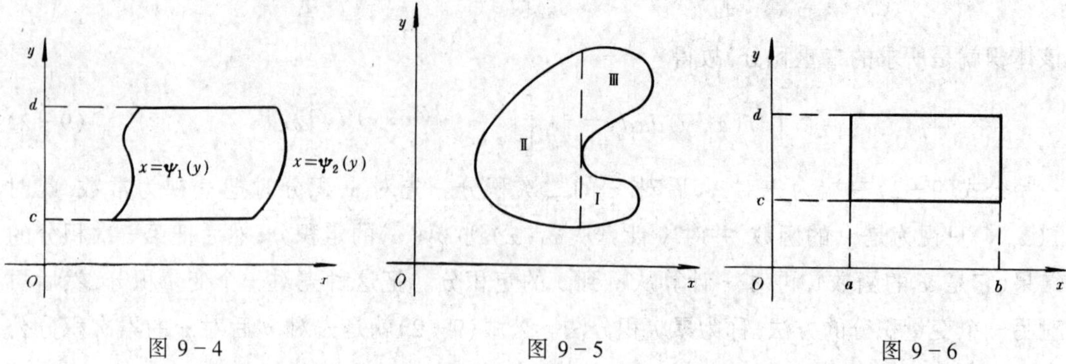

图 9-4 图 9-5 图 9-6

上式表明,若边界分别与 x 轴、y 轴平行的矩形域上的二次积分,其积分限都是常数,则二次积分与积分的先后次序无关。

若被积函数 $f(x,y)$ 是两个一元函数 $F(x)$ 和 $\Phi(y)$ 的乘积,则在矩形区域 $D(a\leqslant x\leqslant b, c\leqslant y\leqslant d)$ 上的二重积分等于该二函数的定积分的乘积,即

$$\iint_D f(x,y)dxdy=\int_a^b F(x)dx\int_c^d \Phi(y)dy \tag{9-4}$$

这是因为

$$\iint_D f(x,y)dxdy=\int_a^b dx\int_c^d F(x)\cdot\Phi(y)dy$$

在对 y 积分时,$F(x)$ 可视为常数,把它提到积分号外,而对 x 积分时 $\int_c^d \Phi(y)dy$ 也可作为常数提到积分号外,这样便得到公式(9-4)。

例 1 求函数 $z=1-\frac{x}{3}-\frac{y}{4}$ 在矩形域 D:$-1\leqslant x\leqslant 1$, $-2\leqslant y\leqslant 2$ 上的二重积分。

解 先对 x 后对 y 求二次积分,得

$$\begin{aligned}\iint_D\left(1-\frac{x}{3}-\frac{y}{4}\right)dxdy&=\int_{-2}^2 dy\int_{-1}^1\left(1-\frac{x}{3}-\frac{y}{4}\right)dx\\&=\int_{-2}^2\left[x-\frac{x^2}{6}-\frac{xy}{4}\right]_{-1}^1 dy\\&=\int_{-2}^2\left(2-\frac{y}{2}\right)dy\\&=\left[2y-\frac{y^2}{4}\right]_{-2}^2=8\end{aligned}$$

若先对 y、后对 x 积分,则可得相同的结果,即

$$\begin{aligned}\iint_D\left(1-\frac{x}{3}-\frac{y}{4}\right)dxdy&=\int_{-1}^1 dx\int_{-2}^2\left(1-\frac{x}{3}-\frac{y}{4}\right)dy\\&=\int_{-1}^1\left[y-\frac{xy}{3}-\frac{y^2}{8}\right]_{-2}^2 dx\\&=\int_{-1}^1\left(4-\frac{4}{3}x\right)dx\end{aligned}$$

$$=4\cdot\left[x-\frac{x^2}{6}\right]_{-1}^{1}=8$$

从几何上来讲,此二重积分是以矩形 D 为底,顶为平面 $\frac{x}{3}+\frac{y}{4}+z=1$ 所截的四角棱柱体的体积(图 9－7)。

例 2　计算二重积分 $\iint\limits_D(2x-y)dxdy$,其中 D 是由直线 $y=1$、$2x-y+3=0$ 与 $x+y-3=0$ 所围成的图形(图 9－8,D 为阴影部分)。

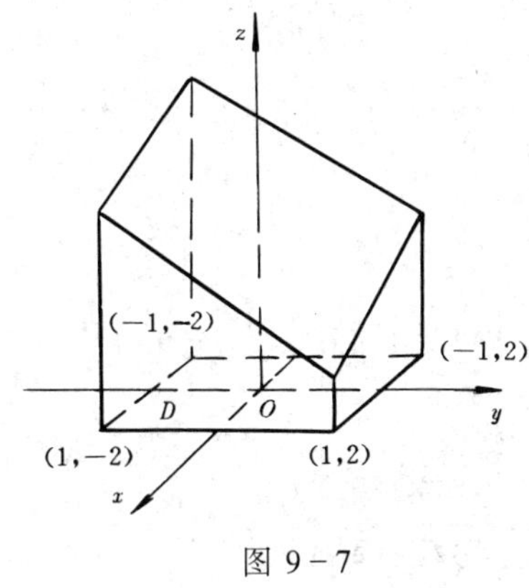

图 9－7

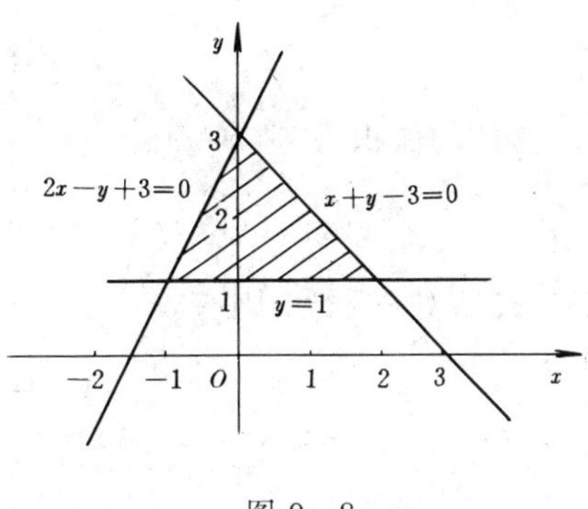

图 9－8

解　可先对 x、后对 y 直接在 D 上作两次积分,由公式(9－3)得

$$\begin{aligned}\iint\limits_D(2x-y)dxdy&=\int_1^3dy\int_{\frac{y-3}{2}}^{3-y}(2x-y)dx\\&=\int_1^3\left[x^2-xy\right]_{\frac{y-3}{2}}^{3-y}dy\\&=\int_1^3\frac{9}{4}(y^2-4y+3)dy\\&=\frac{9}{4}\left[\frac{y^3}{3}-4\cdot\frac{y^2}{2}+3y\right]_1^3\\&=-3\end{aligned}$$

若先对 y、后对 x 积分,则需将 D 分成两部分 D_1 和 D_2。此时要计算两个二重积分,即

$$\begin{aligned}\iint\limits_D(2x-y)dxdy&=\iint\limits_{D_1}(2x-y)dxdy+\iint\limits_{D_2}(2x-y)dxdy\\&=\int_{-1}^0dx\int_1^{2x+3}(2x-y)dy+\int_0^2dx\int_1^{3-x}(2x-y)dy\\&=-3\end{aligned}$$

显然后一个计算量大。

例 3　求两个半径相等的圆柱面 $x^2+y^2=R^2$ 与 $x^2+z^2=R^2$ 相交所形成的立体体积。

解　利用立体关于坐标面的对称性,只需计算它在第 I 卦限部分的体积 V_1,再乘以 8 即得所求的体积。由图 9－9(a)可看出,该立体在第 I 卦限部分是一个曲顶柱体,它的顶是柱面 $z=\sqrt{R^2-x^2}$,其底为 xoy 平面上 $x^2+y^2=R^2$ 的四分之一圆域 D[图 9－9(b)]:

$$0\leqslant y\leqslant\sqrt{R^2-x^2}\qquad 0\leqslant x\leqslant R$$

由公式(9-2),先对 y 积分,得

$$\begin{aligned}V_1&=\iint_D\sqrt{R^2-x^2}\,dxdy\\&=\int_0^R dx\int_0^{\sqrt{R^2-x^2}}\sqrt{R^2-x^2}\,dy\\&=\int_0^R\sqrt{R^2-x^2}\,[y]_0^{\sqrt{R^2-x^2}}\,dx\\&=\int_0^R(R^2-x^2)\,dx\\&=\frac{2}{3}R^3\end{aligned}$$

故所求立体的体积为

$$V=8V_1=\frac{16}{3}R^3$$

若先对 x,后对 y 积分,则有

$$\begin{aligned}V_1&=\iint_D\sqrt{R^2-x^2}\,dxdy\\&=\int_0^R dy\int_0^{\sqrt{R^2-y^2}}\sqrt{R^2-x^2}\,dx\end{aligned}$$

显然,此积分计算起来要比前面复杂得多,因而选择先对 y 后对 x 的积分,而不选择先对 x 后对 y 的积分。

例 4 计算 $I=\iint_D x^2e^{-y^2}d\sigma$,其中 D 是由 $y=x$, $y=1$ 和 $x=0$ 所围成的区域(图 9-10)。

解 若用公式(9-2),得

$$I=\int_0^1x^2dx\int_x^1e^{-y^2}dy$$

由于 e^{-y^2} 对 y 积分,它的原函数不是初等函数,因此第一次积分就无法积分,所以只能采取先对 x 后对 y 的次序进行计算,则有

$$\begin{aligned}I&=\int_0^1e^{-y^2}dy\int_0^yx^2dx\\&=\frac{1}{3}\int_0^1y^3e^{-y^2}dy\\&=-\frac{1}{6}\int_0^1y^2d(e^{-y^2})\\&=\left[-\frac{1}{6}y^2e^{-y^2}\right]_0^1+\frac{1}{6}\int_0^1e^{-y^2}dy^2\\&=-\frac{1}{6e}-\frac{1}{6e}+\frac{1}{6}\\&=\frac{1}{6}(1-2e^{-1})\end{aligned}$$

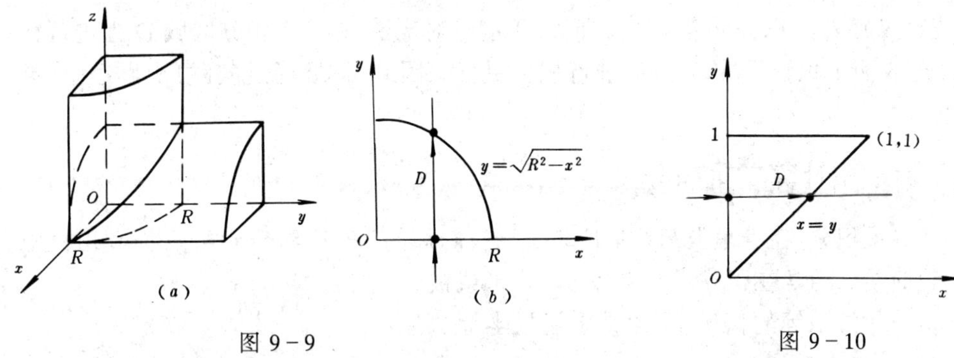

图 9－9　　图 9－10

综上所述，积分次序的选择十分重要。选择时不仅要看积分区域的特征，而且还要考虑，被积函数的特点。原则是，既要使计算能进行，又要尽可能使计算简便。

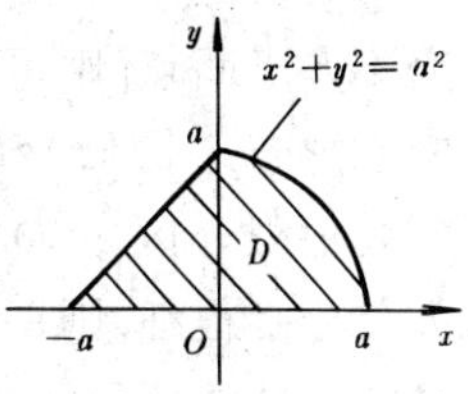

例 5　计算二重积分 $\iint\limits_D \frac{1}{\sqrt{a^2-x^2}}d\sigma$　$(a>0)$，其中 D 是由直线 $y=x+a$，　$y=0$ 及 $x^2+y^2=a^2$（第一象限部分）所围成的区域（图 9－11）。

图 9－11

解　若先对 x 积分，只有一个累次积分式

$$\begin{aligned}
\iint\limits_D \frac{1}{\sqrt{a^2-x^2}}d\sigma &= \int_0^a dy\int_{y-a}^{\sqrt{a^2-y^2}}\frac{1}{\sqrt{a^2-x^2}}dx \\
&= \int_0^a\left[\arcsin\frac{\sqrt{a^2-y^2}}{a}-\arcsin\frac{y-a}{a}\right]dy \\
&= \left[y\arcsin\frac{\sqrt{a^2-y^2}}{a}\right]_0^a+\int_0^a\frac{y}{\sqrt{a^2-x^2}}dy \\
&\quad -\left[y\arcsin\frac{y-a}{a}\right]_0^a+\int_0^a\frac{y}{\sqrt{a^2-(y-a)^2}}dy \\
&= 0-\left[\sqrt{a^2-y^2}\right]_0^a-0-\left[\sqrt{a^2-(y-a)^2}\right]_0^a+\left[\arcsin\frac{y-a}{a}\right]_0^a \\
&= \frac{\pi}{2}a
\end{aligned}$$

若先对 y 积分，则有两个累次积分式

$$\begin{aligned}
\iint\limits_D \frac{1}{\sqrt{a^2-x^2}}d\sigma &= \int_{-a}^0 dx\int_0^{x+a}\frac{1}{\sqrt{a^2-x^2}}dy+\int_0^a dx\int_0^{\sqrt{a^2-x^2}}\frac{1}{\sqrt{a^2-x^2}}dy \\
&= \int_{-a}^0\frac{x+a}{\sqrt{a^2-x^2}}dx+\int_0^a\frac{\sqrt{a^2-x^2}}{\sqrt{a^2-x^2}}dx \\
&= \left[-\sqrt{a^2-x^2}+a\arcsin\frac{x}{a}\right]_{-a}^0+\int_0^a dx \\
&= -a-a\left(-\frac{\pi}{2}\right)+a
\end{aligned}$$

$$=\frac{\pi}{2}a$$

显然,先对 y 后对 x 积分计算简便。所以,不能绝对地说,在一个积分区域 D 上进行积分要比把 D 分成两个积分子域 D_1, D_2 进行积分更好。因此,需要通过实践,积累经验,灵活运用。

二、在极坐标系中计算二重积分

对于某些二重积分,在直角坐标系中计算是比较麻烦的,甚至得不到结果,而利用极坐标计算却比较简便。通常在积分区域为圆形、扇形或被积函数为 $f(x^2+y^2)$ 型等的情况下,通常采用极坐标法计算二重积分。

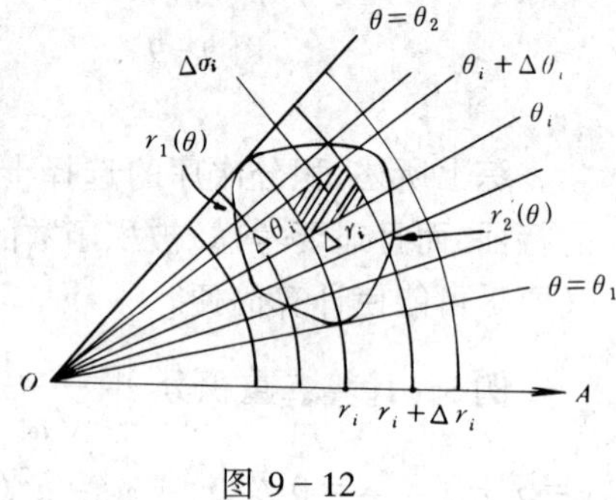

图 9-12

假设由极点 O 出发的射线与积分区域 D 的边界相交不多于两点,则可用两组曲线:$r=$ 常数(以极点 O 为中心的同心圆族)和 $\theta=$ 常数(从极点 O 出发的射线族),把积分区域 D 分割成若干个小区域(图 9-12)。如果分割很细,则每一个小区域可近似地看作矩形,第 i 个小区域的面积即为 $\Delta\sigma_i=r_i\cdot\Delta\theta_i.\Delta r_i$,于是面积微元为

$$d\sigma=rdrd\theta$$

直角坐标与极坐标之间的关系式

$$x=r\cos\theta,\quad y=r\sin\theta$$

可把被积函数 $f(x,y)$ 化为 r 与 θ 的函数,即

$$\begin{aligned}f(x,y)&=f(r\cos\theta,r\sin\theta)\\&=F(r,\theta)\end{aligned}$$

因此

$$\begin{aligned}\iint_D f(x,y)d\sigma&=\iint_D f(r\cos\theta,r\sin\theta)rdrd\theta\\&=\iint_D F(r,\theta)rdrd\theta\end{aligned}\tag{9-5}$$

这就是把直角坐标系中的二重积分化为极坐标系中的二重积分公式,其中 $rdrd\theta$ 为极坐标的面积微元。

关于极坐标二重积分的计算方法,与以前讨论的直角坐标二重积分的方法相类似,仍然是用二次积分来计算,不过此时积分变量为 r 和 θ。下面讨论如何确定两次积分的上下限。根据给出的积分区域 D 的不同特点,分以下三种情况而定:

(1)极点 O 在积分区域 D 的外部(图 9-13)。此时,过极点 O 作区域 D 的两条切线 OA、OB,并设它们与极轴的夹角分别为 α,β,点 A 和 B 把 D 的边界分成 $\overset{\frown}{AFB}$ 和 $\overset{\frown}{AEB}$ 两部分,其方程分别为 $r=r_1(\theta)$, $r=r_2(\theta)$,而积分区域 D 可表示为

$$\alpha\leqslant\theta\leqslant\beta\qquad r_1(\theta)\leqslant r\leqslant r_2(\theta)$$

于是有

$$\iint_D f(x,y)d\sigma=\iint_D F(r,\theta)rdrd\theta$$

$$= \int_{\alpha}^{\beta} d\theta \int_{r_1(\theta)}^{r_2(\theta)} F(r,\theta)) r dr \qquad (9-6)$$

一种特殊情况是，当 $F(r,\theta)=1$ 时，极坐标的二重积分在数值上等于区域 D 的面积 σ。于是，由公式(9－6)得

$$\sigma = \iint_D r dr d\theta$$

$$= \int_{\alpha}^{\beta} d\theta \int_{r_1(\theta)}^{r_2(\theta)} r dr$$

$$= \frac{1}{2}\int_{\alpha}^{\beta} [r_2^2(\theta) - r_1^2(\theta)] d\theta$$

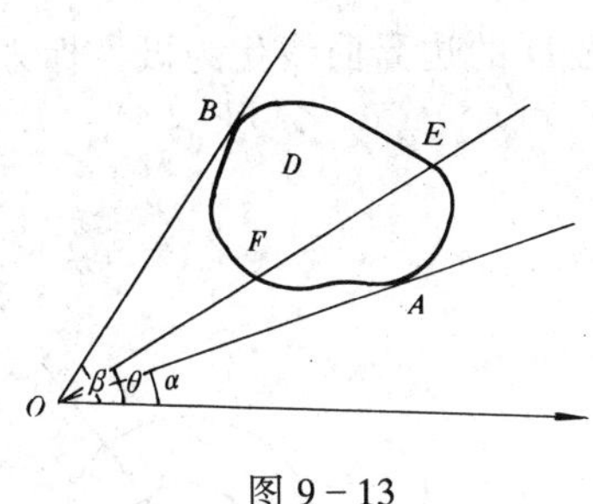

图 9－13

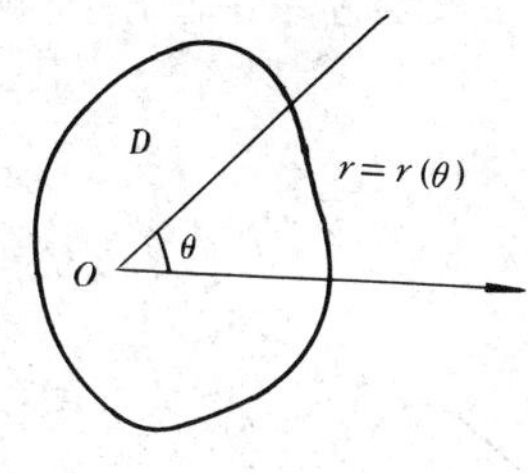

图 9－14

(2)极点 O 在积分区域 D 的内部(图 9－14)。此时，设区域 D 的边界方程为 $r=r(\theta)$，而区域 D 可用不等式

$$0 \leqslant r \leqslant r(\theta) \qquad 0 \leqslant \theta \leqslant 2\pi$$

表示。当在区间 $[0,2\pi]$ 上固定 θ 时，区域 D 上的点的极径便从 0 变到 $r(\theta)$，因而得计算公式

$$\iint_D f(x,y) d\sigma = \iint_D F(r,\theta) r dr d\theta$$

$$= \int_0^{2\pi} d\theta \int_0^{r(\theta)} F(r,\theta) r dr \qquad (9-7)$$

(3)极点 O 在积分区域 D 的边界曲线上(图 9－15)。此时，设边界曲线方程为 $r=r(\theta)$，则区域 D 可表示为

$$0 \leqslant r \leqslant r(\theta) \qquad \alpha \leqslant \theta \leqslant \beta$$

于是，得

$$\iint_D f(x,y) d\sigma = \iint_D F(r,\theta) r dr d\theta$$

$$= \int_{\alpha}^{\beta} d\theta \int_0^{r(\theta)} F(r,\theta) r dr \qquad (9-8)$$

例 6　计算 $\iint_D e^{-x^2-y^2} d\sigma$，其中 D 为圆域 $x^2+y^2 \leqslant a^2$。

解　在极坐标系中，区域 D 的边界曲线方程为 $r=a$，由公式(9－7)得

$$\iint_D e^{-x^2-y^2} d\sigma = \iint_D e^{-x^2-y^2} dx dy$$

$$= \int_0^{2\pi} d\theta \int_0^a e^{-r^2} r dr$$

$$= [\theta]_0^{2\pi} \cdot \left[-\frac{1}{2} e^{-r^2} \right]_0^a$$

$$= \pi(1 - e^{-a^2})$$

如果不用极坐标而用直角坐标计算,则由于 $\int e^{-x^2} dx$ 不能用初等函数表示,所以这个二重积分用直角坐标就不能计算。

例 7 在极坐标系中,计算 $\iint\limits_D \sqrt{x^2 + y^2} dxdy$, D 是由 $x^2 + y^2 = R_1^2$ 和 $x^2 + y^2 = R_2^2$($R_1 < R_2$)所围成的环形区域在第 I 象限的部分。

解 在极坐标系中画出区域 D[图 9-16(a)],并把 D 的边界曲线化为极坐标方程,即为

$$r = R_1, \quad r = R_2$$

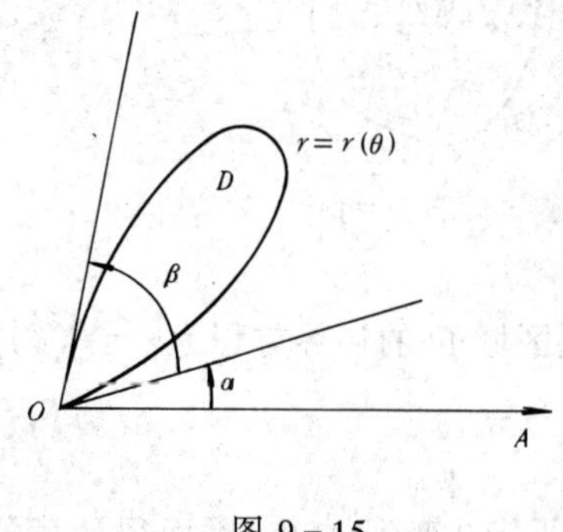

图 9-15

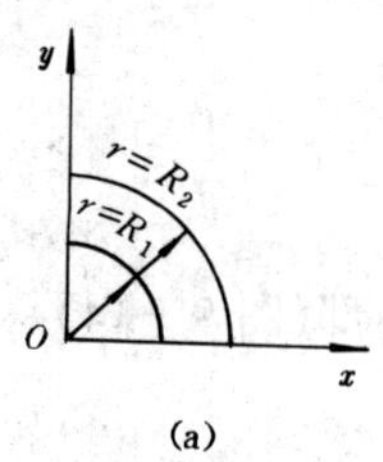

(a)

(b)

图 9-16

作两条射线 $\theta = 0$ 与 $\theta = \frac{\pi}{2}$ 夹紧积分区域 D。于是有

$$\iint\limits_D \sqrt{x^2 + y^2} dxdy = \int_0^{\frac{\pi}{2}} d\theta \int_{R_1}^{R_2} r^2 dr$$

$$= \left[\theta \right]_0^{\frac{\pi}{2}} \cdot \left[\frac{r^3}{3} \right]_{R_1}^{R_2}$$

$$= \frac{\pi}{2} \cdot \frac{1}{3} (R_2^3 - R_1^3)$$

$$= \frac{\pi}{6} (R_2^3 - R_1^3)$$

若积分域 D 为整个环形[图 9-16(b)],显然有

$$\iint\limits_D \sqrt{x^2 + y^2} dxdy = \int_0^{2\pi} d\theta \int_{R_1}^{R_2} r^2 dr$$

$$= \left[\theta \right]_0^{2\pi} \left[\frac{r^3}{3} \right]_{R_1}^{R_2}$$

$$= \frac{2\pi}{3} (R_2^3 - R_1^3)$$

例 8　求由球面 $x^2+y^2+z^2=a^2$ 与圆柱面 $x^2+y^2=ax$ 所围成立体的体积(指含在圆柱体内的部分)如图 9－17(a)所示。

解　由图 9－17(a) 可知,所求球面与圆柱面所围成的立体关于 xoy 平面,xoz 平面对称,故其体积为

$$V=4\iint_D \sqrt{a^2-x^2-y^2}\,dxdy$$

其中 D 为第 I 象限的半圆 $y=\sqrt{ax-x^2}$ 及 x 轴所围成的区域。在极坐标系中[图 9－17(b)],D 可表示为

$$0\leqslant r\leqslant a\cos\theta \qquad 0\leqslant\theta\leqslant\frac{\pi}{2}$$

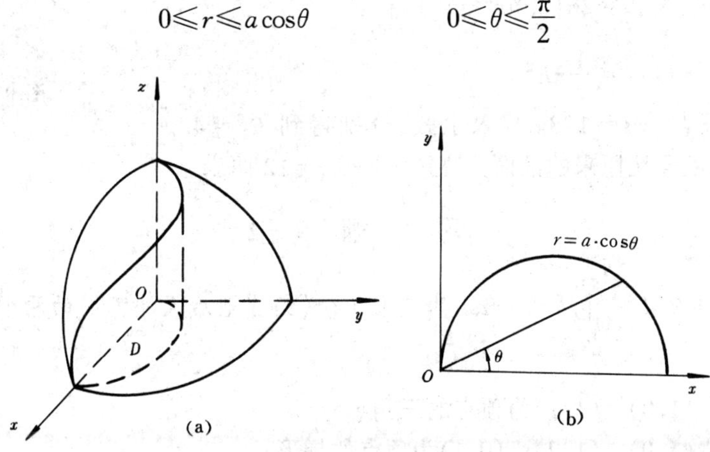

图 9－17

由公式(9－8)得

$$\begin{aligned}V&=4\iint_D \sqrt{a^2-x^2-y^2}\,dxdy\\&=4\iint_D \sqrt{a^2-r^2}\,rdrd\theta\\&=4\int_0^{\frac{\pi}{2}}d\theta\int_0^{a\cos\theta}\sqrt{a^2-r^2}\,rdr\\&=4\int_0^{\frac{\pi}{2}}\left[-\frac{1}{3}(a^2-r^2)^{\frac{3}{2}}\right]_0^{a\cos\theta}d\theta\\&=\frac{4}{3}\int_0^{\frac{\pi}{2}}a^3(1-\sin^3\theta)\,d\theta\\&=\frac{2}{3}a^3\left(\pi-\frac{4}{3}\right)\end{aligned}$$

例 9　在一个形如旋转抛物面 $z=x^2+y^2$ 的容器(图 9－18)内,盛有 8π 厘米^3 的溶液,现又倒进 120π 厘米^3 的溶液,问液面升高多少厘米?

解　首先求出容器内的容量与液面高度的函数关系式。设液面高度为 h,则由 $z_1=x^2+y^2$,$z_2=h$ 所围成的立体体积为

$$V=\iint_D z_2 d\sigma-\iint_D z_1 d\sigma=\iint_D (z_2-z_1)d\sigma$$

在极坐标系中,积分域 D 的边界方程为 $r=\sqrt{h}$,$0\leqslant r\leqslant\sqrt{h}$,$0\leqslant\theta\leqslant 2\pi$。所以,容量 V 与高度 h 之间的关系为

$$\begin{aligned}V&=\iint_D (z_2-z_1)d\sigma\\&=\int_0^{2\pi}d\theta\int_0^{\sqrt{h}}(h-r^2)rdr\\&=2\pi\left[\frac{1}{2}hr^2-\frac{1}{4}r^4\right]_0^{\sqrt{h}}\\&=\frac{1}{2}\pi h^2\end{aligned}$$

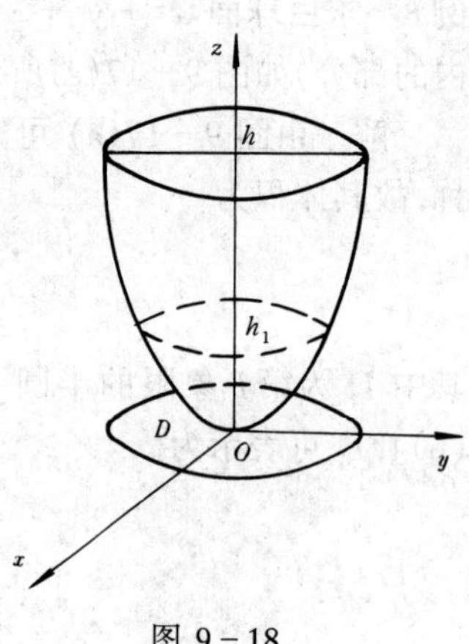

图 9-18

把 $V_1=8\pi$ 与 $V_2=128\pi$ 代入上式,分别得到 $h_1=4$,$h_2=16$,故所求液面比原来的液面升高了 $h_2-h_1=12$ 厘米。

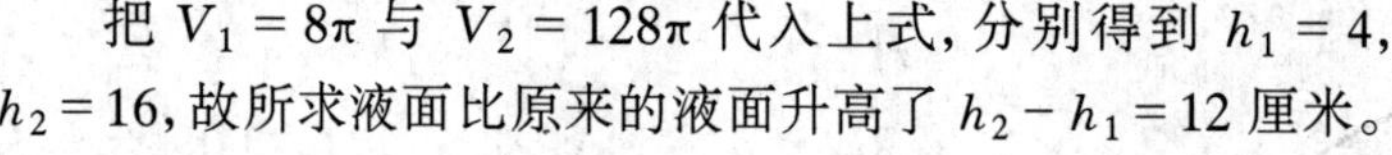

习 题 9-2

1. 化二重积分 $I=\iint_D f(x,y)d\sigma$ 为二次积分(变量先后次序不同的两个二次积分),其中积分域 D 是:

(1)(0,0)、(1,0)、(1,1)为顶点的三角形;

(2)(0,0)、(1,0)、(1,2)、(0,1)为顶点的梯形;

(3)圆 $x^2+y^2\leqslant 1$;

(4)圆 $x^2+y^2-y=0$;

(5)圆环 $1\leqslant x^2+y^2\leqslant 4$。

2. 计算下列二重积分:

(1) $\iint_D (2x^2-y)dxdy$, $D:0\leqslant x\leqslant 1, 2\leqslant y\leqslant 3$;

(2) $\iint_D xydxdy$, $D:1\leqslant x\leqslant 3, -3\leqslant y\leqslant 2$;

(3) $\iint_D (x^2+y)dxdy$, $D:y=x^2, y^2=x$ 围成的区域;

(4) $\iint_D x^3y^2dxdy$, $D:x^2+y^2\leqslant 4, x\geqslant 0, y\geqslant 0$;

(5) $\iint_D (4-2x-3y)dxdy$, $D:x^2+y^2\leqslant 9$。

3. 改变下列积分的次序:

(1) $\int_0^2 dx\int_x^{2x}f(x,y)dy$;

(2) $\int_{-5}^1 dx\int_{\frac{x^2-1}{4}}^{1-x}f(x,y)dy$;

(3) $\int_1^2 dx\int_{2-x}^{\sqrt{2x-x^2}}f(x,y)dy$;

(4) $\int_0^2 dy \int_{y^2}^{2y} f(x,y)dx$；

(5) $\int_0^4 dy \int_{-\sqrt{4-y}}^{\frac{1}{2}(y-4)} f(x,y)dx$；

(6) $\int_0^1 dy \int_0^{2y} f(x,y)dx + \int_1^3 dy \int_0^{3-y} f(x,y)dy$。

4. 画出下列二重积分的积分域并计算之。

(1) $\iint\limits_D x\sin y dxdy$,　$D: 1\leqslant x\leqslant 2, 0\leqslant y\leqslant \frac{\pi}{2}$；

(2) $\iint\limits_D (x^2+y^2)dxdy$,　$D: y=x, y=x+2, x=6$ 和 $x=0$ 的四边形；

(3) $\iint\limits_D \sin(x+2y)dxdy, D: x=0$,　$y=\pi, y=x$ 所围成的区域；

(4) $\iint\limits_D \frac{x^2}{y^2}dxdy$,　$D: x=2, y=x, xy=1$ 所围成的区域；

(5) $\iint\limits_D (x^2+y^2-2xy)dxdy$,　$D: y=2, y=x, y=2x$ 所围成的区域；

(6) $\iint\limits_D 5dxdy$,　$D: y=2, y=\ln x, x=0$ 所围成的区域。

5. 利用二重积分计算下列曲线所围成区域的面积：

(1) $y^2=4x, y=2x$；

(2) $xy=4, xy=8, y=x, y=2x$；

(3) $y=x, y=5x, x=1$；

(4) $y^2=\frac{b^2}{a}x, y=\frac{b}{a}x$。

6. 求椭圆抛物面 $z=1-4x^2-y^2$ 与 xoy 平面所围成的体积(图 9-19)。

7. 二重积分在什么情况下选择极坐标系去进行计算？

8. 怎样将二重积分化为极坐标系中的二次积分？极坐标系中的 $d\sigma$ 等于什么？

9. 将二重积分 $\iint\limits_D f(x,y)dxdy$ 化为极坐标形式的二次积分，并画出积分域 D：

(1) $x^2+y^2\leqslant 2x$；

(2) $x^2\leqslant y\leqslant 1$,　$-1\leqslant x\leqslant 1$；

(3) $x^2+y^2=2Ry$；

(4) $a^2\leqslant x^2+y^2\leqslant b^2$；

(5) $0\leqslant x\leqslant 1$,　$0\leqslant y\leqslant 1-x$。

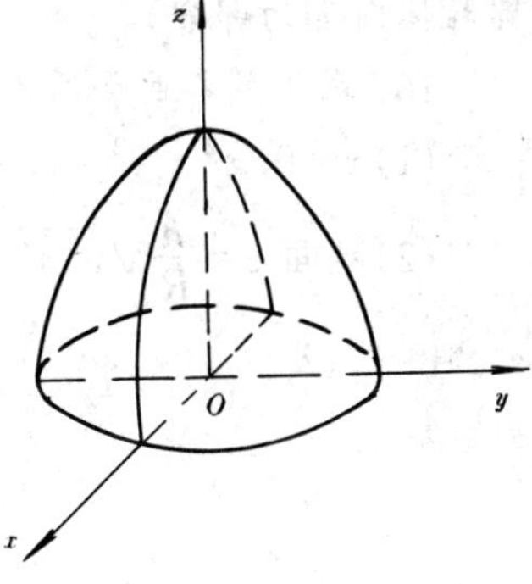

图 9-19

10. 画出下列二次积分域的图形，并化为极坐标形式的二次积分：

(1) $\int_0^a dx \int_0^{\sqrt{a^2-x^2}} f(x,y)dy$；

(2) $\int_0^2 dx \int_0^{\sqrt{3}x} f(x^2+y^2)dy$;

(3) $\int_0^{\frac{R}{\sqrt{1+R^2}}} dx \int_0^{Rx} f\left(\frac{y}{x}\right)dy + \int_{\frac{R}{\sqrt{1+R^2}}}^{R} dx \int_0^{\sqrt{R^2-x^2}} f\left(\frac{y}{x}\right)dy$。

11. 试证明区域 $D=\left\{(r,\theta)\,\middle|\,\alpha\leqslant\theta\leqslant\beta, r_1(\theta)\leqslant r\leqslant r_2(\theta)\right\}$的面积为

$$\sigma=\frac{1}{2}\int_\alpha^\beta [r_2^2(\theta)-r_1^2\theta)]d\theta。$$

12. 利用极坐标计算下列积分:

(1) $\iint\limits_D \sqrt{x^2+y^2}dxdy$, $D: x^2+y^2\leqslant 9$;

(2) $\iint\limits_D \cos\sqrt{x^2+y^2}dxdy$, $D: \pi^2\leqslant x^2+y^2\leqslant 4\pi^2$;

(3) $\iint\limits_D \ln(1+x^2+y^2)dxdy$, $D: x^2+y^2\leqslant 1$;

(4) $\iint\limits_D \sqrt{R^2-x^2-y^2}dxdy$, $D: x^2+y^2\leqslant Rx, x\geqslant 0$;

(5) $\iint\limits_D \operatorname{arctg}\frac{y}{x}dxdy$, $D: x^2+y^2=4, x^2+y^2=1$ 所围成的环域;

(6) $\iint\limits_D \sqrt{\frac{1-x^2-y^2}{1+x^2+y^2}}dxdy$, $D: x^2+y^2\leqslant 1, x\geqslant 0, y\geqslant 0$。

13. 求在圆 $r=3\cos\theta$ 内及圆 $r=\frac{3}{2}$以外的面积。

14. 求心形线 $r=a(1-\cos\theta)$所围成的面积。

15. 求由球面 $x^2+y^2+z^2=4a^2$ 与圆柱面 $x^2+y^2=2ay$ 所围成的立体的体积(指含在圆柱体内部的部分)。

16. 求下列各曲面所围成的体积:

(1) $z=0, x^2+y^2=1, x+y+z=2$;

(2)锥面 $z=\frac{h}{R}\sqrt{x^2+y^2}$,平面 $z=0$ 及圆柱面 $x^2+y^2=R^2$。

第三节 二重积分在物理学中的应用

一、平面薄板的质量

设有一平面薄板,它在 xoy 平面上占有区域D。若薄板的密度是均匀的,即密度是一个常数,则该薄板的质量 M 等于它的密度ρ 与区域D 的面积的乘积:$M=\rho D$;若薄板的密度不是均匀的,而是点(x,y)的一个连续函数,则它在不同的点就有不同的密度 $\rho=P(x,y)$。这时,求薄板的质量,就得把薄板(相当于区域 D)分成 n 个小块$\Delta\sigma_i(i=1,2,\cdots,n)$图(9-20),并在每小块上任意取一点$(\xi_i,\eta_i)$,该点的密度为 $\rho(\xi_i,\eta_i)$,则每小块 $\Delta\sigma_i$ 的质量就近

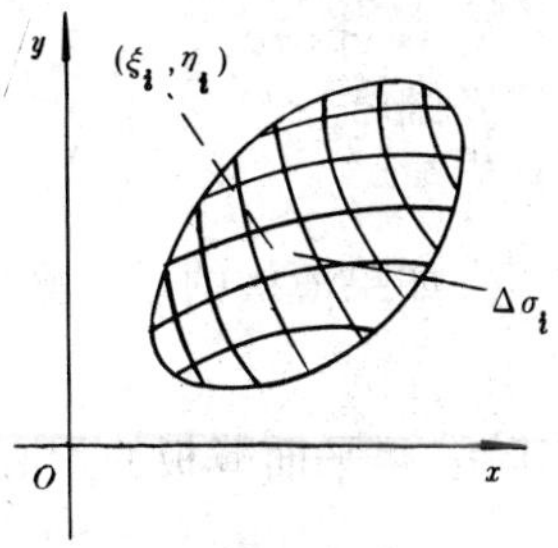

似地等于 $\rho(\xi_i, \eta_i)\Delta\sigma_i$，而整个薄板的质量 M 就可以用和式 $\sum\limits_{i=1}^{n}\rho(\xi_i, \eta_i)\Delta\sigma_i$ 来近似地表示，即

$$M \approx \sum_{i=1}^{n}\rho(\xi_i, \eta_i)\Delta\sigma_i$$

显然，如果把薄板无限细分，即当 n 个小块的直径中的最大值 d 趋于零时，那么上式的极限就是所求薄板的质量，即

$$M = \lim_{d\to 0}\sum_{i=1}^{n}\rho(\xi_i, \eta_i)\Delta\sigma_i$$

图 9-20

根据二重积分的定义，便得

$$M = \iint_D \rho(x, y)\,dxdy \qquad (9-9)$$

例 1　由螺线 $r=2\theta$ 与直线 $\theta=\frac{\pi}{2}$ 所围成的平面薄板（图 9-21），其面密度为 $\rho(x, y) = x^2+y^2$，求它的质量。

解　由公式(9-9)，得

$$M = \iint_D (x^2+y^2)\,dxdy = \iint_D r^2\cdot r\,dr\,d\theta$$

选取先对 r，后对 θ 积分，则积分域 D 可表示为 $0\leqslant r\leqslant 2\theta, 0\leqslant\theta\leqslant\frac{\pi}{2}$，所以

$$M = \int_0^{\frac{\pi}{2}}d\theta\int_0^{2\theta}r^3dr = 4\int_0^{\frac{\pi}{2}}\theta^4 d\theta = \frac{\pi^5}{40}$$

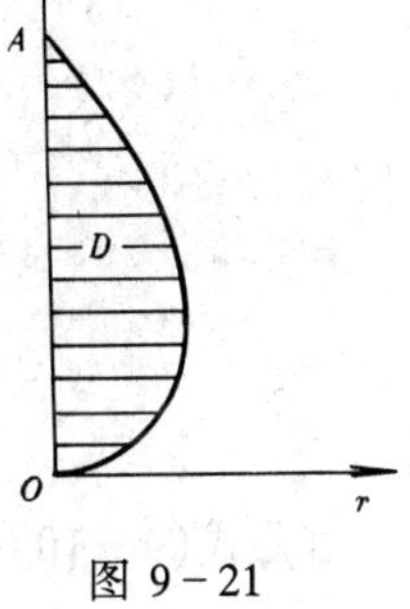

图 9-21

二、平面薄板的重心

设有一平面薄板，占有 xoy 平面上的区域 D，其面密度 $\rho(x, y)$ 为 D 上的连续函数。在区域 D 上任取一个小区域 $d\sigma$，又在 $d\sigma$ 中任取一点 (x, y)，则该小区域 $d\sigma$ 的质量近似等于 $\rho(x, y)d\sigma$。于是，整个薄板的质量

$$M = \iint_D \rho(x, y)\,d\sigma = \iint_D \rho(x, y)\,dxdy$$

在力学上规定，质点对于一轴的静力矩等于该点的质量与它到轴的距离的乘积。质点系对一轴的静力矩等于该系中各点对同轴的静力矩的和。例如，一质量为 m 的质点 P 对轴 l 的静力矩为 $M_l = ms$，其中 s 是质点 P 到轴 l 的距离。

下面来求整个薄板对 x 轴和 y 轴的静力矩。

因为小区域 $d\sigma$ 的质量近似等于 $\rho(x, y)d\sigma$，所以它对 x 轴的静力矩(即 M_x 的微元)。

$$dM_x = y\rho(x, y)\,d\sigma$$

它对 y 轴的静力矩(即 M_y 的微元)

$$dM_y = x\rho(x, y)\,d\sigma$$

在区域 D 上对以上二式分别积分，便得到整个薄板对 x 轴、y 轴的静力矩

$$M_x = \iint_D y\rho(x,y)\,d\sigma = \iint_D y\rho(x,y)\,dxdy$$

$$M_y = \iint_D x\rho(x,y)\,d\sigma = \iint_D x\rho(x,y)\,dxdy \tag{9-10}$$

如果薄板的重心坐标为$(\overline{x},\overline{y})$,则可认为该薄 板的质量集中在重心$(\overline{x},\overline{y})$处,因此

$$M\,\overline{x} = M_y,\ M\,\overline{y} = M_x$$

于是,得平面薄板的重心公式为

$$\overline{x} = \frac{M_y}{M} = \frac{\iint\limits_D x\rho(x,y)\,dxdy}{\iint\limits_D \rho(x,y)\,dxdy},\quad \overline{y} = \frac{M_x}{M} = \frac{\iint\limits_D y\rho(x,y)\,dxdy}{\iint\limits_D \rho(x,y)\,dxdy} \tag{9-11}$$

如果平面薄板的密度是均匀的,那么 $\rho(x,y)$为常数。此时,公式(9－11)为

$$\overline{x} = \frac{\iint\limits_D x\,dxdy}{\iint\limits_D dxdy},\qquad \overline{y} = \frac{\iint\limits_D y\,dxdy}{\iint\limits_D dxdy} \tag{9-12}$$

例 2　设密度函数为 $\rho(x,y) = x^2 + y^2$,求由 $y=0$, $y=x$, $x=1$ 所围成的三角形薄板的重心。

解　如图 9－22 所示,由公式(9－9)得

$$\begin{aligned}M &= \iint_D \rho(x,y)\,dxdy \\ &= \int_0^1 dx\int_0^x (x^2+y^2)\,dy \\ &= \int_0^1 \left[x^2y + \frac{1}{3}y^3\right]_0^x dx \\ &= \int_0^1 \left(x^3 + \frac{1}{3}x^3\right)dx \\ &= \int_0^1 \left(\frac{4}{3}x^3\right)dx = \frac{1}{3}\end{aligned}$$

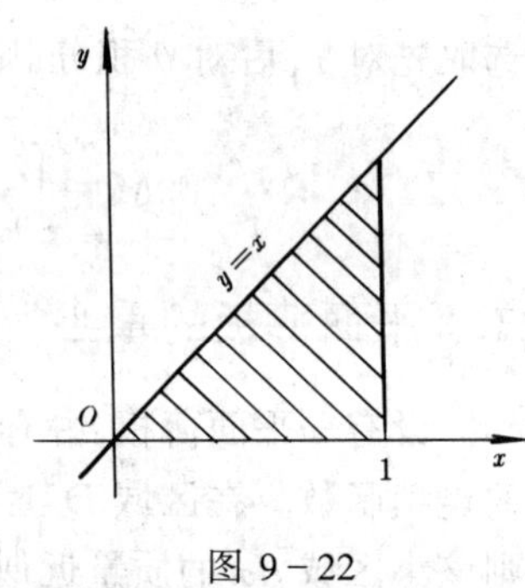

图 9－22

由公式(9－10)得

$$\begin{aligned}M_x &= \iint_D y\rho(x,y)\,dxdy = \iint_D y(x^2+y^2)\,dxdy \\ &= \int_0^1 dx\int_0^x (x^2y+y^3)\,dy = \int_0^1 \left[\frac{x^2y^2}{2} + \frac{y^4}{4}\right]_0^x dx \\ &= \frac{3}{4}\int_0^1 x^4\,dx = \frac{3}{4}\left[\frac{1}{5}x^5\right]_0^1 = \frac{3}{20}\end{aligned}$$

$$\begin{aligned}M_y &= \iint_D x\rho(x,y)\,dxdy \\ &= \iint_D x(x^2+y^2)\,dxdy \\ &= \int_0^1 dx\int_0^x (x^3+xy^2)\,dx\end{aligned}$$

$$=\frac{4}{3}\int_0^1 x^4dx$$

$$=\frac{4}{3}\left[\frac{1}{5}x^5\right]_0^1$$

$$=\frac{4}{15}$$

因而得

$$\overline{x}=\frac{M_y}{M}=\frac{\frac{4}{15}}{\frac{1}{3}}=\frac{4}{5},\ \overline{y}=\frac{M_x}{M}=\frac{\frac{3}{20}}{\frac{1}{3}}=\frac{9}{20}$$

故$(\overline{x},\overline{y})=\left(\frac{4}{5},\frac{9}{20}\right)$为所求的三角形薄板的重心。

例 3　设均匀薄板的密度 $\rho=1$,求它的四分之一圆 $x^2+y^2\leqslant a^2, x\geqslant 0, y\geqslant 0$ 部分的重心。

解　因为

$$M_x=\iint\limits_D ydxdy=\iint\limits_D r^2\sin\theta drd\theta$$

$$=\int_0^{\frac{\pi}{2}}\sin\theta d\theta\int_0^a r^2dr=\frac{a^3}{3}$$

$$M_y=\iint\limits_D xdxdy=\iint\limits_D r^2\cos\theta drd\theta$$

$$=\int_0^{\frac{\pi}{2}}\cos\theta d\theta\int_0^a r^2dr$$

$$=\frac{a^3}{3}$$

而

$$M=\iint\limits_D dxdy=\iint\limits_D rdrd\theta$$

$$=\int_0^{\frac{\pi}{2}}d\theta\int_0^a rdr=\frac{a^2}{4}\pi$$

所以

$$\overline{x}=\frac{M_y}{M}=\frac{\frac{a^3}{3}}{\frac{a^2}{4}\pi}=\frac{4a}{3\pi}$$

$$\overline{y}=\frac{M_x}{M}=\frac{4a}{3\pi}$$

故$(\overline{x},\overline{y})=\left(\frac{4a}{3\pi},\frac{4a}{3\pi}\right)$为所求的四分之一圆的重心。

三、平面薄板的转动惯量

由物理学知道,质点对某轴的转动惯量,是该质点的质量与它到该轴距离的平方的乘积;质点系对某一轴的转动惯量,是该系统各质点对该轴的转动惯量的和。根据这一定义与求重心相同的步骤,便可求得区域 D 的面密度为 $\rho(x,y)$ 的平面薄板对 x 轴的转动惯量 I_x 及对 y 轴的转动惯量 I_y 为

$$I_x=\iint_D y^2\rho(x,y)dxdy,\quad I_y=\iint_D x^2\rho(x,y)dxdy \tag{9-13}$$

因为平面薄板上一点到原点的距离的平方等于该点到两坐标轴的距离的平方和,所以可得该平面薄板对坐标原点的转动惯量 I_0 为

$$I_0\iint_D (x^2+y^2)\rho(x,y)dxdy=I_x+I_y \tag{9-14}$$

例 4 求由半立方抛物线 $y^2=x^3$ 与直线 $y=x$ 所围成的图形对 x 轴、对 y 轴的转动惯量 I_x, I_y,面密度函数 $\rho(x,y)=1$。

解 如图 9-23 所示,由公式(9-13)得

$$I_x=\rho\iint_D y^2dxdy=\int_0^1dx\int_{\sqrt{x^3}}^{x}y^2dy$$
$$=\frac{1}{3}\int_0^1(x^3-x^{\frac{9}{2}})dx=\frac{1}{44}$$
$$I_y=\rho\iint_D x^2dxdy=\int_0^1x^2dx\int_{\sqrt{x^3}}^{x}dy$$
$$=\int_0^1(x^3-x^{\frac{7}{2}})dx=\frac{1}{36}$$

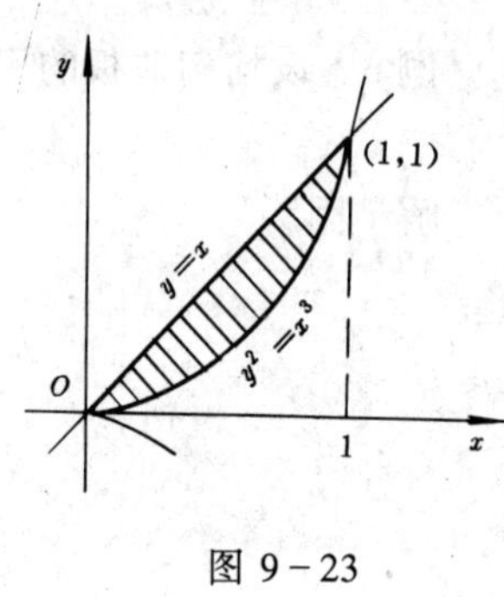

图 9-23

例 5 求由抛物线 $y^2=\frac{9}{2}x$ 与直线 $x=2$ 所围成的图形对 x 轴、对 y 轴、对原点及对 $y=-3$ 的转动惯量 I_x、I_y、I_0、及 $I_{y=-3}$,面密度函数 $\rho(x,y)=1$。

解 如图 9-24 所示, $y=\pm\sqrt{\frac{9}{2}x}=\pm\frac{3}{2}\sqrt{2x}$

由公式(9-13) 得

$$I_x=\iint_D y^2\rho(x,y)dxdy=\iint_D y^2dxdy$$
$$=\int_0^2dx\int_{-\frac{3}{2}\sqrt{2x}}^{\frac{3}{2}\sqrt{2x}}y^2dy$$
$$=\int_0^2\left[\frac{y^3}{3}\right]_{-\frac{3}{2}\sqrt{2x}}^{\frac{3}{2}\sqrt{2x}}dx$$
$$=\frac{9}{\sqrt{2}}\int_0^2x^{3/2}dx$$
$$=\frac{9}{\sqrt{2}}\left[\frac{2}{5}x^{5/2}\right]_0^2=\frac{72}{5}$$
$$I_y=\iint_D x^2\rho(x,y)dxdy=\iint_D x^2dxdy$$
$$=\int_0^2x^2dx\int_{-\frac{3}{2}\sqrt{2x}}^{\frac{3}{2}\sqrt{2x}}dy$$

$$= \int_0^2 x^2 \Big[y \Big]_{-\frac{3}{2}\sqrt{2x}}^{\frac{3}{2}\sqrt{2x}} dx$$

$$= \int_0^2 \frac{6}{\sqrt{2}} x^{\frac{5}{2}} \ dx$$

$$= \frac{6}{\sqrt{2}} \Big[\frac{2}{7} x^{\frac{7}{2}} \ \Big]_0^2 = \frac{96}{7}$$

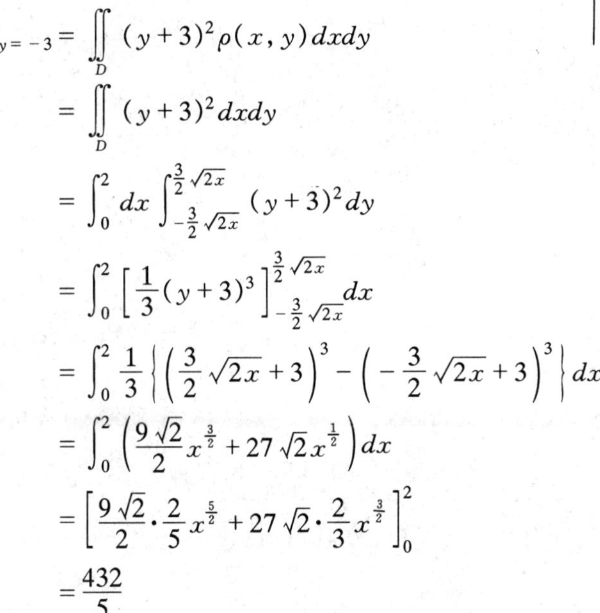

图 9-24

由公式(9-14)得

$$I_0 = I_x + I_y = \frac{72}{5} + \frac{96}{7} = \frac{984}{35}$$

由公式(9-13)得

$$I_{y=-3} = \iint_D (y+3)^2 \rho(x,y) dxdy$$

$$= \iint_D (y+3)^2 dxdy$$

$$= \int_0^2 dx \int_{-\frac{3}{2}\sqrt{2x}}^{\frac{3}{2}\sqrt{2x}} (y+3)^2 dy$$

$$= \int_0^2 \Big[\frac{1}{3}(y+3)^3 \Big]_{-\frac{3}{2}\sqrt{2x}}^{\frac{3}{2}\sqrt{2x}} dx$$

$$= \int_0^2 \frac{1}{3} \left\{ \left(\frac{3}{2}\sqrt{2x} + 3 \right)^3 - \left(-\frac{3}{2}\sqrt{2x} + 3 \right)^3 \right\} dx$$

$$= \int_0^2 \left(\frac{9\sqrt{2}}{2} x^{\frac{3}{2}} + 27\sqrt{2} x^{\frac{1}{2}} \right) dx$$

$$= \left[\frac{9\sqrt{2}}{2} \cdot \frac{2}{5} x^{\frac{5}{2}} + 27\sqrt{2} \cdot \frac{2}{3} x^{\frac{3}{2}} \right]_0^2$$

$$= \frac{432}{5}$$

习　　题　9-3

1. 等腰直角三角形薄板上任一点的密度与该点到两腰距离的乘积成正比，求其质量。

2. 由 $y^2 = 2x$ 及 $x = \frac{1}{2}$ 所围成的抛物线弓形薄板，其面密度为 $\rho(x,y) = xy^2$，求其质量。

3. 设平面薄板所占的区域 D 是由直线 $x+y=2$，$y=x$ 及 x 轴所围成，它的面密度 $\rho(x,y) = x^2 + y^2$，求薄板的质量。

4. 求位于两圆 $r = 2\sin\theta$ 和 $r = 4\sin\theta$ 之间的均匀薄板的重心。

5. 求由抛物线 $y^2 = 4ax$，直线 $y = 2a$ 及 y 轴所围成的均匀薄板的重心。

6. 在均匀半圆形薄板的直径上，接上一个边与直径等长的同样均匀的矩形薄板，为了使整个均匀薄板的重心在圆心上，求矩形另一边长。

7. 求一质量为 M、半径为 R 的均匀薄圆板，绕通过圆心且与圆板垂直的轴旋转的转动惯量。

8. 一直角三角形，两直角边分别为 a 和 b，计算这三角形对其中一直角边的转动惯量

(密度 $\rho(x,y)=1$)。

9. 设均匀薄板(面密度 $\rho(x,y)=1$)所占的区域如下,求指定的转动惯量:

(1) $D: a^2\leqslant x^2+y^2\leqslant b^2$,求 I_0;

(2) $D: \dfrac{x^2}{a^2}+\dfrac{y^2}{b^2}\leqslant 1$,求 I_y;

(3) D 由抛物线 $y^2=4x$ 与直线 $x=2$ 围成,求 I_y;

(4) D 由 $y=x^2-1$ 和直线 $y=1$ 围成,求它关于 $y=-1$ 的转动惯量。

(杨继泰)

自 测 题 （六）

1．选择题

(1)函数 $u=\sqrt{x^2}+\sqrt{y^2}+\sqrt{z^2}$的定义域是____。

(A)一定存在；　　(B)整个平面；

(C)第一卦限；　　(D)第一、三卦限。

(2)设 $f(x+y,x-y)=xy+y^2$，则 $f(x,y)=$____。

(A)$x(x-y)$；(B)$\dfrac{2}{x(x-y)}$；(C)$\dfrac{x}{2}(x-y)$；(D)x^2-xy^2。

(3)如果函数 $z=f(x,y)$在点(x,y)可微，那么偏导数$\dfrac{\partial z}{\partial x},\dfrac{\partial z}{\partial y}$是____。

(A)一定存在；　　(B)不一定存在；

(C)存在且相等；　　(D)都不存在。

(4)$z=\sqrt{2xy+y^2}$在点$(0,1)$的$\dfrac{\partial^2 z}{\partial x\partial y}=$____。

(A)$\dfrac{1}{\sqrt{2}}$；　(B)-5；　(C)7；　(D)0。

(5)过三点 $A(1,2,3)$，$B(3,4,5)$和 $C(-2,-4,-5)$的平面方程是____。

(A)$2x-5y+3z-1=0$　　(B)$x-5y+3z-1=0$；

(C)$2x-y+3z-1=0$；　　(D)$2x-5y+z-1=0$。

2．填空题

(1)函数 $z=\dfrac{5x}{y^2-3x}$在____处间断，这些点组成____。

(2)$\lim\limits_{\substack{x\to 0\\ y\to 0}}\dfrac{2-\sqrt{xy+4}}{xy}=$____。

(3)设 $z=e^{3x+2y}$，$x=\cos t$，$y=t^2$，则$\dfrac{dz}{dt}=$____。

(4)改变积分次序：$\int_0^1 dx\int_0^x f(x,y)dy+\int_1^2 dx\int_0^{2-x} f(x,y)dy=$____。

(5)两平面的垂直条件为____；两平面的平行条件为____。

3．计算题

(1)已知$\overrightarrow{OA}=\boldsymbol{i}+3\boldsymbol{k}$，$\overrightarrow{OB}=\boldsymbol{j}+3\boldsymbol{k}$，求$\triangle OAB$ 的面积。

(2)计算二重积分 $\iint\limits_D xydxdy$，其中 D 是由 $y=2x$，$x\geqslant 1$ 及抛物线 $y=x^2$ 所围的区域(作图)。

(3)求由平面 $z=1+x+y$，$z=0$，$x+y=1$，$x=0$，$y=0$ 所围成的体积。

4．证明函数 $z=x^n f\left(\dfrac{y}{x^2}\right)$(其中 f 为任意的可微函数)满足方程 $x\dfrac{\partial z}{\partial x}+2y\dfrac{\partial z}{\partial y}=nz$。

5. 应用题

(1)有一用水泥做成的开顶长方形水池，它的外形长 5 米、宽 4 米、高 3 米，又它的四壁及底的厚度为 20 厘米，试求所需水泥量的近似值和精确值。

(2)设有一平面薄板，占有 xoy 平面中的区域 D，而 D 是由 $x^2+y^2=4a^2$，$(x-a)^2+y^2=a^2$ 和 $x=0$ $(y\geqslant 0)$所围成，假设薄板密度均匀，求薄板的重心。

(3)有一 $y=\ln x$、x 轴及 $x=e$ 所围成的均匀薄板，其密度 $\rho(x,y)=1$，求此薄板绕 $x=t$ 旋转的转动惯量 $I(t)$，并问 t 为何值时 $I(t)$最小。

(杨继泰)

附　　录

附录一　初等数学常用公式

(一)代数

1. 指数和对数运算

$a^x \cdot a^y = a^{x+y}$　　　$\dfrac{a^x}{a^y} = a^{x-y}$

$(a^x)^y = a^{xy}$　　　$\sqrt[y]{a^x} = a^{\frac{x}{y}}$

$\log_{10} N = \lg N$　　　$\log_e N = \ln N$

$\log_a 1 = 0$　　　$\log_a a = 1$

$\log_a (N_1 \cdot N_2) = \log_a N_1 + \log_a N_2$　　　$\log_a \dfrac{N_1}{N_2} = \log_a N_1 - \log_a N_2$

$\log_a N^n = n \log_a N$　　　$\log_a \sqrt[n]{N} = \dfrac{1}{n} \log_a N$

$\log_b N = \dfrac{\log_a N}{\log_a b}$

$e \approx 2.7183$，　$\lg e \approx 0.4343$，　$\ln 10 \approx 2.3026$

2. 有限项数列级数

(1)$1 + 2 + 3 + \cdots + (n-1) + n = \dfrac{n(n+1)}{2}$

(2)$1 + 3 + 5 + \cdots + (2n-3) + (2n-1) = n^2$

(3)$2 + 4 + 6 + \cdots + (2n-2) + 2n = n(n+1)$

(4)$1^2 + 2^2 + 3^2 + \cdots + (n-1)^2 + n^2 = \dfrac{n(n+1)(2n+1)}{6}$

(5)$1^3 + 2^3 + 3^3 + \cdots + (n-1)^3 + n^3 = \dfrac{n^2(n+1)^2}{4}$

3. 牛顿公式(二项式定理)

$$(a+b)^n = a^n + na^{n-1}b + \frac{n(n-1)}{2!}a^{n-2}b^2 + \frac{n(n-1)(n-2)}{3!}a^{n-3}b^3 + \cdots + \frac{n(n-1)\cdots(n-m+1)}{m!}a^{n-m}b^m + \cdots + nab^{n-1} + b^n$$

4. 因式分解公式

$$(x \pm y)^2 = x^2 \pm 2xy + y^2$$

$$(x + y + z)^2 = x^2 + y^2 + z^2 + 2xy + 2xz + 2yz$$

$$(x \pm y)^3 = x^3 \pm 3x^2y + 3xy^2 \pm y^3$$

$$(x + y)(x - y) = x^2 - y^2$$

$$\frac{x^n - y^n}{x - y} = x^{n-1} + x^{n-2}y + x^{n-3}y^2 + \cdots + xy^{n-2} + y^{n-1}$$

(二)三角

1. 基本公式

$$\sin^2\alpha + \cos^2\alpha = 1 \qquad \frac{\sin\alpha}{\cos\alpha} = \mathrm{tg}\alpha$$

$$\frac{\cos\alpha}{\sin\alpha} = \cot\alpha \qquad \csc\alpha = \frac{1}{\sin\alpha}$$

$$\sec\alpha = \frac{1}{\cos\alpha} \qquad \cot\alpha = \frac{1}{\mathrm{tg}\alpha}$$

$$1 + \mathrm{tg}^2\alpha = \sec^2\alpha \qquad 1 + \cot^2\alpha = \csc^2\alpha$$

2. 诱导公式

函数	$\beta = \frac{\pi}{2} \pm \alpha$	$\beta = \pi \pm \alpha$	$\beta = \frac{3}{2}\pi \pm \alpha$	$\beta = 2\pi - \alpha$
$\sin\beta$	$+\cos\alpha$	$\mp\sin\alpha$	$-\cos\alpha$	$-\sin\alpha$
$\cos\beta$	$\mp\sin\alpha$	$-\cos\alpha$	$\pm\sin\alpha$	$+\cos\alpha$
$\mathrm{tg}\beta$	$\mp\cot\alpha$	$\pm\mathrm{tg}\alpha$	$\mp\cot\alpha$	$-\mathrm{tg}\alpha$
$\cot\beta$	$\mp\mathrm{tg}\alpha$	$\cot\alpha$	$\mp\mathrm{tg}\alpha$	$-\cot\alpha$

3. 和差公式

$$\sin(\alpha \pm \beta) = \sin\alpha \cdot \cos\beta \pm \cos\alpha \cdot \sin\beta$$

$$\cos(\alpha \pm \beta) = \cos\alpha \cdot \cos\beta \mp \sin\alpha\sin\beta$$

$$\mathrm{tg}(\alpha \pm \beta) = \frac{\mathrm{tg}\alpha \pm \mathrm{tg}\beta}{1 \mp \mathrm{tg}\alpha \cdot \mathrm{tg}\beta}$$

$$\cot(\alpha \pm \beta) = \frac{\cot\alpha \cdot \cot\beta \mp 1}{\cot\beta \pm \cot\alpha}$$

$$\sin\alpha + \sin\beta = 2\sin\frac{\alpha+\beta}{2}\cos\frac{\alpha-\beta}{2}$$

$$\sin\alpha - \sin\beta = 2\cos\frac{\alpha+\beta}{2}\sin\frac{\alpha-\beta}{2}$$

$$\cos\alpha + \cos\beta = 2\cos\frac{\alpha+\beta}{2}\cos\frac{\alpha-\beta}{2}$$

$$\cos\alpha - \cos\beta = -2\sin\frac{\alpha+\beta}{2} \cdot \sin\frac{\alpha-\beta}{2}$$

$$\cos A \cdot \cos B = \frac{1}{2}[\cos(A-B)+\cos(A+B)]$$

$$\sin A \cdot \sin B = \frac{1}{2}[\cos(A-B)-\cos(A+B)]$$

$$\sin A \cdot \cos B = \frac{1}{2}[\sin(A-B)+\sin(A+B)]$$

4. 倍角和半角公式

$$\sin 2\alpha = 2\sin\alpha \cdot \cos\alpha \qquad \cos 2\alpha = \cos^2\alpha - \sin^2\alpha$$

$$\mathrm{tg}2\alpha = \frac{2\mathrm{tg}\alpha}{1-\mathrm{tg}^2\alpha} \qquad \cot 2\alpha = \frac{\cot^2\alpha - 1}{2\cot\alpha}$$

$$\sin\frac{\alpha}{2} = \pm\sqrt{\frac{1-\cos\alpha}{2}} \qquad \cos\frac{\alpha}{2} = \pm\sqrt{\frac{1+\cos\alpha}{2}}$$

$$\mathrm{tg}\frac{\alpha}{2} = \pm\sqrt{\frac{1-\cos\alpha}{1+\cos\alpha}} \qquad \mathrm{ctg}\frac{\alpha}{2} = \pm\sqrt{\frac{1+\cos\alpha}{1-\cos\alpha}}$$

5. 三角形基本关系

正弦定理　$\frac{a}{\sin A} = \frac{b}{\sin B} = \frac{c}{\sin C}$

余弦定理　$a^2 = b^2 + c^2 - 2bc\cos A$

正切定理　$\frac{a+b}{a-b} = \frac{\mathrm{tg}\frac{1}{2}(A+B)}{\mathrm{tg}\frac{1}{2}(A-B)}$

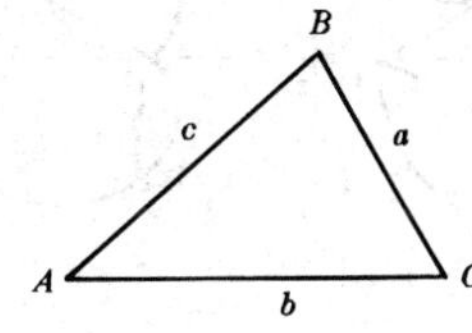

面积公式

$$S = \frac{1}{2}ab\sin C$$

$$S = \sqrt{p(p-a)(p-b)(p-c)}$$

$$p = \frac{1}{2}(a+b+c)$$

附录二　希腊字母表

字母	读音	字母	读音	字母	读音
A　α	alpha	I　ι	iota	P　ρ	rho
B　β	beta	K　κ	kappa	Σ　σ	sigma
Γ　γ	gamma	Λ　λ	lambda	T　τ	tau
Δ　δ	delta	M　μ	mu	Υ　υ	upsilon
E　ϵ	epsilon	N　ν	nu	Φ　φ	phi
Z　ζ	zeta	Ξ　ξ	xi	X　χ	chi
H　η	eta	O　o	omicron	Ψ　ψ	psi
Θ　θ	theta	Π　π	pi	Ω　ω	omega

附录三　平面常用曲线及其方程

1．笛卡儿叶形线

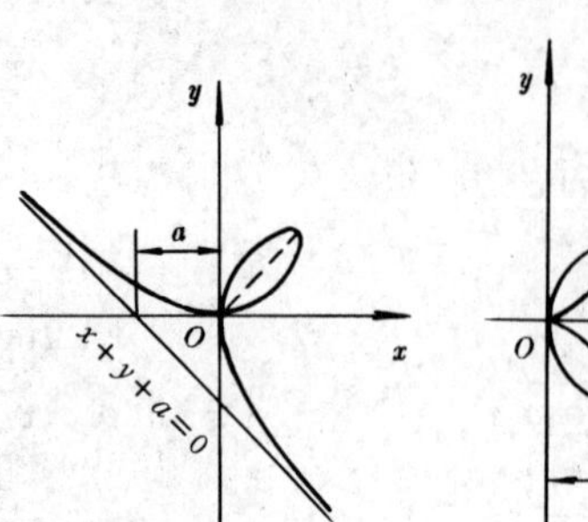

$x^3+y^3-3axy=0$

或 $x=\dfrac{3at}{1+t^3},\ y=\dfrac{3at^2}{1+t^3}$

2．蔓叶线　　3．抛物线

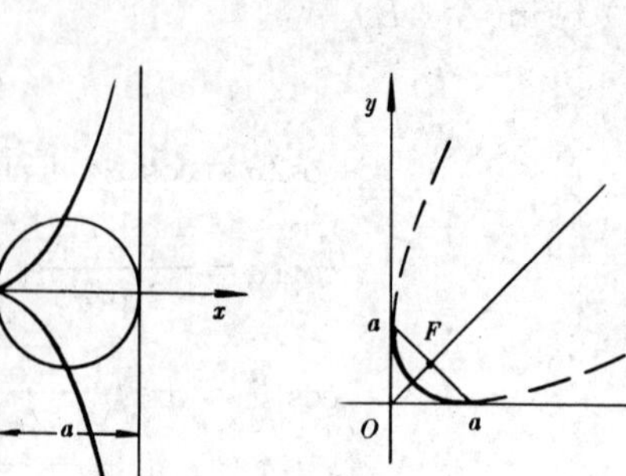

2．蔓叶线

$y^2=\dfrac{x^3}{a-x}$

或 $x=\dfrac{at^2}{1+t^2},\ y=\dfrac{at^3}{1+t^2}$

3．抛物线

$x^{\frac{1}{2}}+y^{\frac{1}{2}}=a^{\frac{1}{2}}$

4．环索线

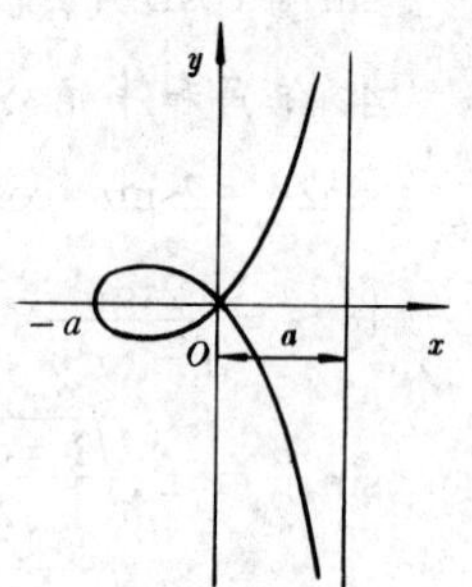

$y^2=x^2\dfrac{a+x}{a-x}$

5．伯努利双纽线

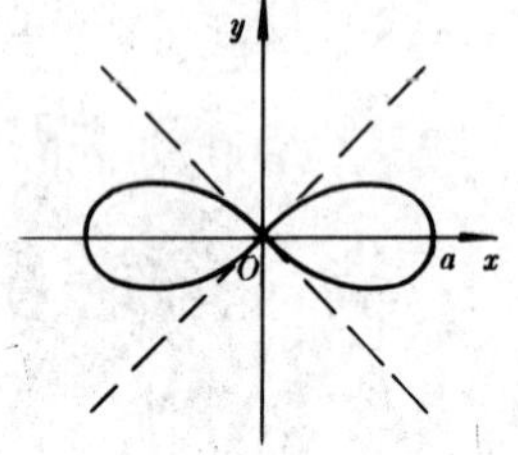

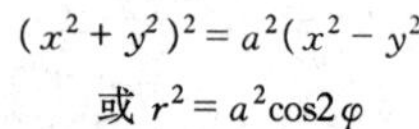

$(x^2+y^2)^2=a^2(x^2-y^2)$

或 $r^2=a^2\cos 2\varphi$

6．摆线

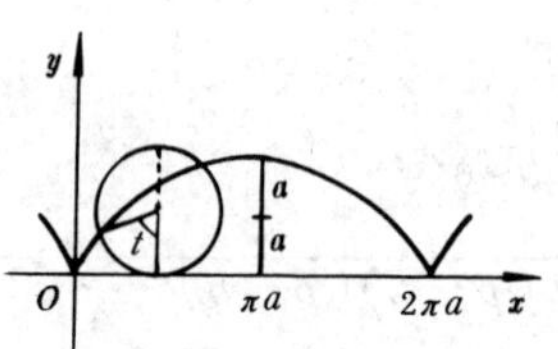

$\begin{cases}x=a(t-\sin t)\\ y=a(1-\cos t)\end{cases}$

7．内摆线(星形线)

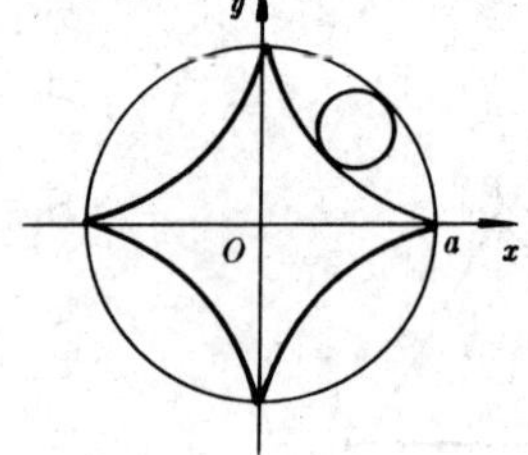

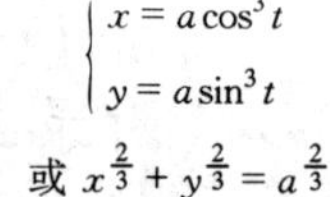

$\begin{cases}x=a\cos^3 t\\ y=a\sin^3 t\end{cases}$

或 $x^{\frac{2}{3}}+y^{\frac{2}{3}}=a^{\frac{2}{3}}$

8．心脏形线

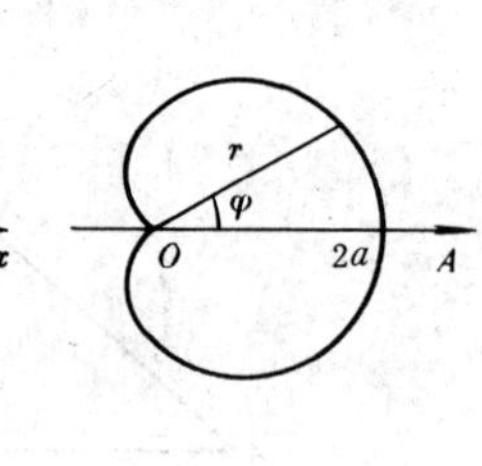

$r=a(1+\cos\varphi)$

9．圆的渐伸线(渐开线)

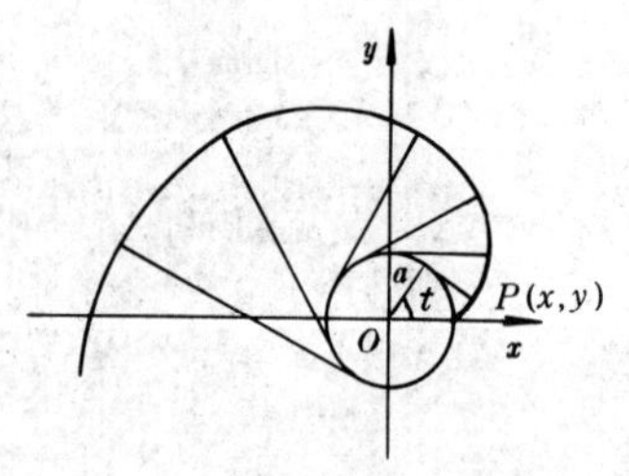

$\begin{cases}x=a(\cos t+t\sin t)\\ y=a(\sin t-t\cos t)\end{cases}$

10．阿基米德螺线

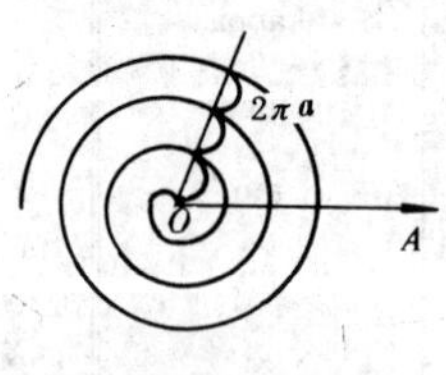

$r=a\varphi\quad(r\geqslant 0)$

11．双曲螺线

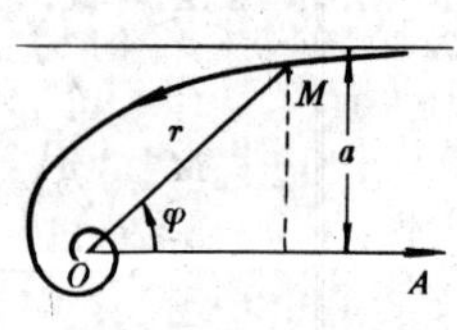

$r=\dfrac{a}{\varphi}\quad(r>0)$

12．对数螺线

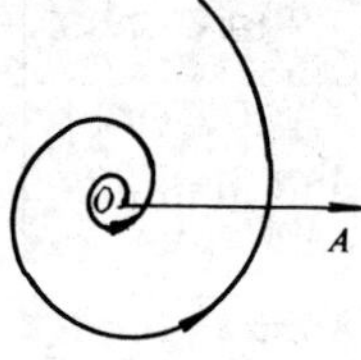

$r=e^{a\varphi}$

13. 三叶玫瑰线

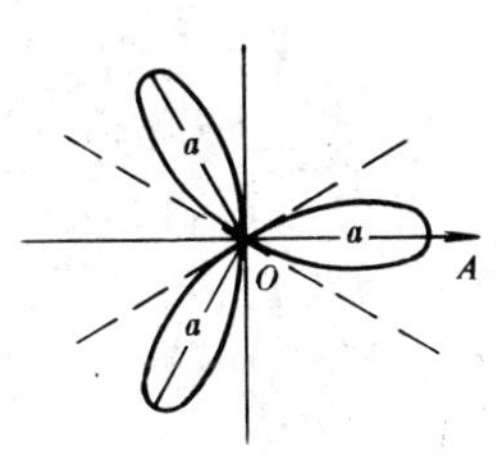

$r = a\cos 3\varphi$

14. 三叶玫瑰线

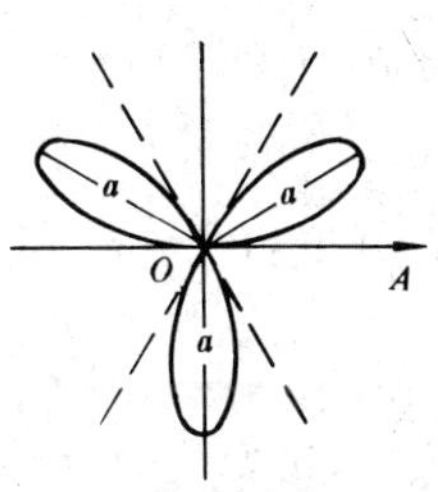

$r = a\sin 3\varphi$

15. 四叶玫瑰线

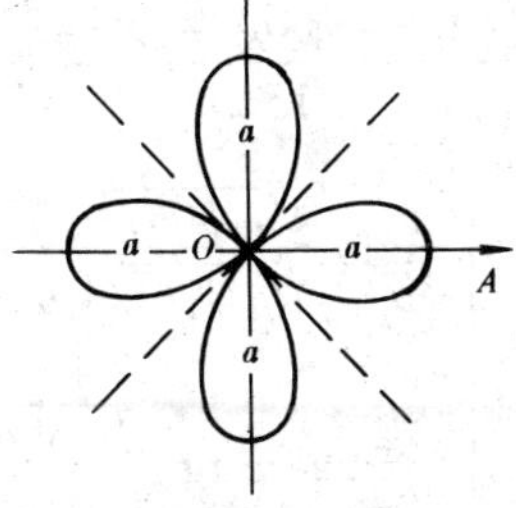

$r = a\cos 2\varphi$

16. 四叶玫瑰线

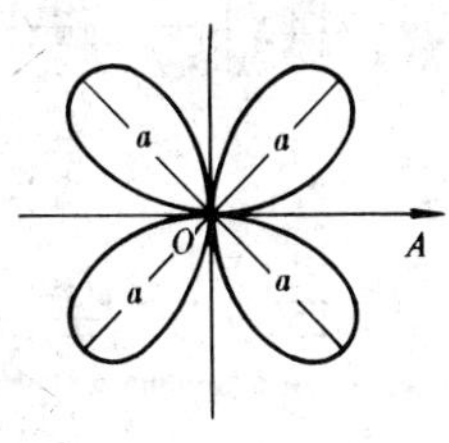

$r = a\sin 2\varphi$

附录四　不定积分表

(一)含有 $a+bx$ 的积分

1. $\int \frac{dx}{a+bx} = \frac{1}{b}\ln(a+bx)+C$

2. $\int (a+bx)^{\mu}dx = \frac{(a+bx)^{\mu+1}}{b(\mu+1)}+C \quad (\mu \neq -1)$

3. $\int \frac{xdx}{a+bx} = \frac{1}{b^2}[a+bx-a\ln(a+bx)]+C$

4. $\int \frac{x^2dx}{a+bx} = \frac{1}{b^3}\left[\frac{1}{2}(a+bx)^2-2a(a+bx)+a^2\ln(a+bx)\right]+C$

5. $\int \frac{dx}{x(a+bx)} = -\frac{1}{a}\ln\frac{a+bx}{x}+C$

6. $\int \frac{dx}{x^2(a+bx)} = -\frac{1}{ax}+\frac{b}{a^2}\ln\frac{a+bx}{x}+C$

7. $\int \frac{xdx}{(a+bx)^2} = \frac{1}{b^2}\left[\ln(a+bx)+\frac{a}{a+bx}\right]+C$

8. $\int \frac{x^2dx}{(a+bx)^2} = \frac{1}{b^3}\left[a+bx-2a\ln(a+bx)-\frac{a^2}{a+bx}\right]+C$

9. $\int \frac{dx}{x(a+bx)^2} = \frac{1}{a(a+bx)}-\frac{1}{a^2}\ln\frac{a+bx}{x}+C$

(二)含有 $\sqrt{a+bx}$ 的积分

10. $\int \sqrt{a+bx}dx = \frac{2}{3b}\sqrt{(a+bx)^3}+C$

11. $\int x\sqrt{a+bx}dx = -\frac{2(2a-3bx)\sqrt{(a+bx)^3}}{15b^2}+C$

12. $\int x^2\sqrt{a+bx}dx = \frac{2(8a^2-12abx+15b^2x^2)\sqrt{(a+bx)^3}}{105b^3}+C$

13. $\int \frac{xdx}{\sqrt{a+bx}} = -\frac{2(2a-bx)}{3b^2}\sqrt{a+bx} + C$

14. $\int \frac{x^2dx}{\sqrt{a+bx}} = \frac{2(8a^2-4abx+3b^2x^2)}{15b^3}\sqrt{a+bx} + C$

15. $\int \frac{dx}{x\sqrt{a+bx}} = \begin{cases} \frac{1}{\sqrt{a}}\ln\frac{\sqrt{a+bx}-\sqrt{a}}{\sqrt{a+bx}+\sqrt{a}} + C & (a>0) \\ \frac{2}{\sqrt{-a}}\operatorname{arc\,tg}\sqrt{\frac{a+bx}{-a}} + C & (a<0) \end{cases}$

16. $\int \frac{dx}{x^2\sqrt{a+bx}} = -\frac{\sqrt{a+bx}}{ax} - \frac{b}{2a}\int\frac{dx}{x\sqrt{a+bx}}$

17. $\int \frac{\sqrt{a+bx}dx}{x} = 2\sqrt{a+bx} + a\int\frac{dx}{x\sqrt{a+bx}}$

(三)含有 $a^2 \pm x^2$ 的积分

18. $\int \frac{dx}{a^2+x^2} = \frac{1}{a}\operatorname{arctg}\frac{x}{a} + C$

19. $\int \frac{dx}{(x^2+a^2)^n} = \frac{x}{2(n-1)a^2(x^2+a^2)^{n-1}} + \frac{2n-3}{2(n-1)a^2}\int\frac{dx}{(x^2+a^2)^{n-1}}$

20. $\int \frac{dx}{a^2-x^2} = \frac{1}{2a}\ln\frac{a+x}{a-x} + C \quad (|x|<a)$

21. $\int \frac{dx}{x^2-a^2} = \frac{1}{2a}\ln\frac{x-a}{x+a} + C \quad (|x|>a)$

(四)含有 $a \pm bx^2$ 的积分

22. $\int \frac{dx}{a+bx^2} = \frac{1}{\sqrt{ab}}\operatorname{arctg}\sqrt{\frac{b}{a}}x + C \quad (a>0, b>0)$

23. $\int \frac{dx}{a-bx^2} = \frac{1}{2\sqrt{ab}}\ln\frac{\sqrt{a}+\sqrt{b}x}{\sqrt{a}-\sqrt{b}x} + C$

24. $\int \frac{xdx}{a+bx^2} = \frac{1}{2b}\ln(a+bx^2) + C$

25. $\int \frac{x^2dx}{a+bx^2} = \frac{x}{b} - \frac{a}{b}\int\frac{dx}{a+bx^2}$

26. $\int \frac{dx}{x(a+bx^2)} = \frac{1}{2a}\ln\frac{x^2}{a+bx^2} + C$

27. $\int \frac{dx}{x^2(a+bx^2)} = -\frac{1}{ax} - \frac{b}{a}\int\frac{dx}{a+bx^2}$

28. $\int \frac{dx}{(a+bx^2)^2} = \frac{x}{2a(a+bx^2)} + \frac{1}{2a}\int\frac{dx}{a+bx^2}$

(五)含有 $\sqrt{x^2+a^2}$ 的积分

29. $\int \sqrt{x^2+a^2}\,dx = \frac{x}{2}\sqrt{x^2+a^2} + \frac{a^2}{2}\ln(x+\sqrt{x^2+a^2}) + C$

30. $\int \sqrt{(x^2+a^2)^3}\,dx = \frac{x}{8}(2x^2+5a^2)\sqrt{x^2+a^2} + \frac{3a^4}{8}\ln(x+\sqrt{x^2+a^2}) + C$

31. $\int x\sqrt{x^2+a^2}\,dx = \frac{\sqrt{(x^2+a^2)^3}}{3} + C$

32. $\int x^2\sqrt{x^2+a^2}\,dx = \frac{x}{8}(2x^2+a^2)\sqrt{x^2+a^2} - \frac{a^4}{8}\ln(x+\sqrt{x^2+a^2}) + C$

33. $\int \frac{dx}{\sqrt{x^2+a^2}} = \ln(x+\sqrt{x^2+a^2}) + C_1 = \operatorname{arsh}\frac{x}{a} + C$

34. $\int \frac{dx}{\sqrt{(x^2+a^2)^3}} = \frac{x}{a^2\sqrt{x^2+a^2}} + C$

35. $\int \frac{xdx}{\sqrt{x^2+a^2}} = \sqrt{x^2+a^2} + C$

36. $\int \frac{x^2dx}{\sqrt{x^2+a^2}} = \frac{x}{2}\sqrt{x^2+a^2} - \frac{a^2}{2}\ln(x+\sqrt{x^2+a^2}) + C$

37. $\int \frac{x^2dx}{\sqrt{(x^2+a^2)^3}} = -\frac{x}{\sqrt{x^2+a^2}} + \ln(x+\sqrt{x^2+a^2}) + C$

38. $\int \frac{dx}{x\sqrt{x^2+a^2}} = \frac{1}{a}\ln\frac{x}{a+\sqrt{x^2+a^2}} + C$

39. $\int \frac{dx}{x^2\sqrt{x^2+a^2}} = -\frac{\sqrt{x^2+a^2}}{a^2x} + C$

40. $\int \frac{\sqrt{x^2+a^2}\,dx}{x} = \sqrt{x^2+a^2} - a\ln\frac{a+\sqrt{x^2+a^2}}{x} + C$

41. $\int \frac{\sqrt{x^2+a^2}\,dx}{x^2} = -\frac{\sqrt{x^2+a^2}}{x} + \ln(x+\sqrt{x^2+a^2}) + C$

(六)含有$\sqrt{x^2-a^2}$的积分

42. $\int \frac{dx}{\sqrt{x^2-a^2}} = \ln(x+\sqrt{x^2-a^2}) + C_1 = \operatorname{arch}\frac{x}{a} + C$

43. $\int \frac{dx}{\sqrt{(x^2-a^2)^3}} = -\frac{x}{a^2\sqrt{x^2-a^2}} + C$

44. $\int \frac{xdx}{\sqrt{x^2-a^2}} = \sqrt{x^2-a^2} + C$

45. $\int \sqrt{x^2-a^2}\,dx = \frac{x}{2}\sqrt{x^2-a^2} - \frac{a^2}{2}\ln(x+\sqrt{x^2-a^2}) + C$

46. $\int \sqrt{(x^2-a^2)^3}\,dx = \frac{x}{8}(2x^2-5a^2)\sqrt{x^2-a^2} + \frac{3a^4}{8}\ln(x+\sqrt{x^2-a^2}) + C$

47. $\int x\sqrt{x^2-a^2}dx=\frac{\sqrt{(x^2-a^2)^3}}{3}+C$

48. $\int x\sqrt{(x^2-a^2)^3}dx=\frac{\sqrt{(x^2-a^2)^5}}{5}+C$

49. $\int x^2\sqrt{x^2-a^2}dx=\frac{x}{8}(2x^2-a^2)\sqrt{x^2-a^2}-\frac{a^4}{8}\ln(x+\sqrt{x^2-a^2})+C$

50. $\int\frac{x^2dx}{\sqrt{x^2-a^2}}=\frac{x}{2}\sqrt{x^2-a^2}+\frac{a^2}{2}\ln(x+\sqrt{x^2-a^2})+C$

51. $\int\frac{x^2dx}{\sqrt{(x^2-a^2)^3}}=-\frac{x}{\sqrt{x^2-a^2}}+\ln(x+\sqrt{x^2-a^2})+C$

52. $\int\frac{dx}{x\sqrt{x^2-a^2}}=\frac{1}{a}\arccos\frac{a}{x}+C$

53. $\int\frac{dx}{x^2\sqrt{x^2-a^2}}=\frac{\sqrt{x^2-a^2}}{a^2x}+C$

54. $\int\frac{\sqrt{x^2-a^2}}{x}dx=\sqrt{x^2-a^2}-a\arccos\frac{a}{x}+C$

55. $\int\frac{\sqrt{x^2-a^2}}{x^2}dx=-\frac{\sqrt{x^2-a^2}}{x}+\ln(x+\sqrt{x^2-a^2})+C$

(七)含有$\sqrt{a^2-x^2}$的积分

56. $\int\frac{dx}{\sqrt{a^2-x^2}}=\arcsin\frac{x}{a}+C$

57. $\int\frac{dx}{\sqrt{(a^2-x^2)^3}}=\frac{x}{a^2\sqrt{a^2-x^2}}+C$

58. $\int\frac{xdx}{\sqrt{a^2-x^2}}=-\sqrt{a^2-x^2}+C$

59. $\int\frac{xdx}{\sqrt{(a^2-x^2)^3}}=\frac{1}{\sqrt{a^2-x^2}}+C$

60. $\int\frac{x^2dx}{\sqrt{a^2-x^2}}=-\frac{x}{2}\sqrt{a^2-x^2}+\frac{a^2}{2}\arcsin\frac{x}{a}+C$

61. $\int\sqrt{a^2-x^2}dx=\frac{x}{2}\sqrt{a^2-x^2}+\frac{a^2}{2}\arcsin\frac{x}{a}+C$

62. $\int\sqrt{(a^2-x^2)^3}dx=\frac{x}{8}(5a^2-2x^2)\sqrt{a^2-x^2}+\frac{3a^4}{8}\arcsin\frac{x}{a}+C$

63. $\int x\sqrt{a^2-x^2}dx=-\frac{\sqrt{(a^2-x^2)^3}}{3}+C$

64. $\int x\sqrt{(a^2-x^2)^3}dx=-\frac{\sqrt{(a^2-x^2)^5}}{5}+C$

65. $\int x^2 \sqrt{a^2-x^2}dx = \frac{x}{8}(2x^2-a^2)\sqrt{a^2-x^2} + \frac{a^4}{8}\arcsin\frac{x}{a} + C$

66. $\int \frac{x^2dx}{\sqrt{(a^2-x^2)^3}} = \frac{x}{\sqrt{a^2-x^2}} - \arcsin\frac{x}{a} + C$

67. $\int \frac{dx}{x\sqrt{a^2-x^2}} = \frac{1}{a}\ln\frac{x}{a+\sqrt{a^2-x^2}} + C$

68. $\int \frac{dx}{x^2\sqrt{a^2-x^2}} = -\frac{\sqrt{a^2-x^2}}{a^2x} + C$

69. $\int \frac{\sqrt{a^2-x^2}}{x}dx = \sqrt{a^2-x^2} - a\ln\frac{a+\sqrt{a^2-x^2}}{x} + C$

70. $\int \frac{\sqrt{a^2-x^2}}{x^2}dx = -\frac{\sqrt{a^2-x^2}}{x} - \arcsin\frac{x}{a} + C$

(八)含有 $a+bx\pm cx^2(c>0)$ 的积分

71. $\int \frac{dx}{a+bx-cx^2} = \frac{1}{\sqrt{b^2+4ac}}\ln\frac{\sqrt{b^2+4ac}+2cx-b}{\sqrt{b^2+4ac}-2cx+b} + C$

72. $$\int \frac{dx}{a+bx+cx^2} = \begin{cases} \frac{2}{\sqrt{4ac-b^2}}\mathrm{arctg}\frac{2cx+b}{\sqrt{4ac-b^2}} + C & (b^2<4ac) \\ \frac{1}{\sqrt{b^2-4ac}}\ln\frac{2cx+b-\sqrt{b^2-4ac}}{2cx+b+\sqrt{b^2-4ac}} + C & (b^2>4ac) \end{cases}$$

(九)含有 $\sqrt{a+bx\pm cx^2}(c>0)$ 的积分

73. $\int \frac{dx}{\sqrt{a+bx+cx^2}} = \frac{1}{\sqrt{c}}\ln(2cx+b+2\sqrt{c}\sqrt{a+bx+cx^2}) + C$

74. $\int \sqrt{a+bx+cx^2}dx = \frac{2cx+b}{4c}\sqrt{a+bx+cx^2}$

$-\frac{b^2-4ac}{8\sqrt{c^3}}\ln(2cx+b+2\sqrt{c}\sqrt{a+bx+cx^2}) + C$

75. $\int \frac{xdx}{\sqrt{a+bx+cx^2}} = \frac{\sqrt{a+bx+cx^2}}{c} - \frac{b}{2\sqrt{c^3}}\ln(2cx+b+2\sqrt{c}\sqrt{a+bx+cx^2}) + C$

76. $\int \frac{dx}{\sqrt{a+bx-cx^2}} = \frac{1}{\sqrt{c}}\arcsin\frac{2cx-b}{\sqrt{b^2+4ac}} + C$

77. $\int \sqrt{a+bx-cx^2}dx = \frac{2cx-b}{4c}\sqrt{a+bx-cx^2}$

$+\frac{b^2+4ac}{8\sqrt{c^3}}\arcsin\frac{2cx-b}{\sqrt{b^2+4ac}} + C$

78. $\int \frac{xdx}{\sqrt{a+bx-cx^2}} = -\frac{\sqrt{a+bx-cx^2}}{c} + \frac{b}{2\sqrt{c^3}}\arcsin\frac{2cx-b}{\sqrt{b^2+4ac}} + C$

(十)含有$\sqrt{\frac{a \pm x}{b \pm x}}$的积分、含有$\sqrt{(x-a)(b-x)}$的积分

79. $\int \sqrt{\frac{a+x}{b+x}} dx = \sqrt{(a+x)(b+x)} + (a-b)\ln(\sqrt{a+x} + \sqrt{b+x}) + C$

80. $\int \sqrt{\frac{a-x}{b+x}} dx = \sqrt{(a-x)(b+x)} + (a+b)\arcsin\sqrt{\frac{x+b}{a+b}} + C$

81. $\int \sqrt{\frac{a+x}{b-x}} dx = -\sqrt{(a+x)(b-x)} - (a+b)\arcsin\sqrt{\frac{b-x}{a+b}} + C$

82. $\int \frac{dx}{\sqrt{(x-a)(b-x)}} = 2\arcsin\sqrt{\frac{x-a}{b-a}} + C$

(十一)含有三角函数的积分

83. $\int \sin x dx = -\cos x + C$

84. $\int \cos x dx = \sin x + C$

85. $\int \operatorname{tg} x dx = -\ln \cos x + C$

86. $\int \operatorname{ctg} x dx = \ln \sin x + C$

87. $\int \sec x dx = \ln(\sec x + \operatorname{tg} x) + C = \ln \operatorname{tg}\left(\frac{\pi}{4} + \frac{x}{2}\right) + C$

88. $\int \csc x dx = \ln(\csc x - \cot x) + C = \ln \operatorname{tg} \frac{x}{2} + C$

89. $\int \sec^2 x dx = \operatorname{tg} x + C$

90. $\int \csc^2 x dx = -\cot x + C$

91. $\int \sec x \operatorname{tg} x dx = \sec x + C$

92. $\int \csc x \operatorname{ctg} x dx = -\csc x + C$

93. $\int \sin^2 x dx = \frac{x}{2} - \frac{1}{4}\sin 2x + C$

94. $\int \cos^2 x dx = \frac{x}{2} + \frac{1}{4}\sin 2x + C$

95. $\int \sin^n x dx = -\frac{\sin^{n-1} x \cos x}{n} + \frac{n-1}{n}\int \sin^{n-2} x dx$

96. $\int \cos^n x dx = \frac{\cos^{n-1} x \sin x}{n} + \frac{n-1}{n}\int \cos^{n-2} x dx$

97. $\int \frac{dx}{\sin^n x} = -\frac{1}{n-1}\frac{\cos x}{\sin^{n-1} x} + \frac{n-2}{n-1}\int \frac{dx}{\sin^{n-2} x}$

98. $\int \frac{dx}{\cos^n x} = \frac{1}{n-1}\frac{\sin x}{\cos^{n-1} x} + \frac{n-2}{n-1}\int \frac{dx}{\cos^{n-2} x}$

99. $\int \cos^m x \sin^n x dx = \frac{\cos^{m-1} x \sin^{n+1} x}{m+n} + \frac{m-1}{m+n}\int \cos^{m-2} x \sin^n x dx$

$= -\frac{\sin^{n-1} x \cos^{m+1} x}{m+n} + \frac{n-1}{m+n}\int \cos^m x \sin^{n-2} x dx$

100. $\int \sin mx \cos nx dx$

$= -\frac{\cos(m+n)x}{2(m+n)} - \frac{\cos(m-n)x}{2(m-n)} + C$

101. $\int \sin mx \sin nx dx$

$= -\frac{\sin(m+n)x}{2(m+n)} + \frac{\sin(m-n)x}{2(m-n)} + C$

102. $\int \cos mx \cos nx dx$

$= \frac{\sin(m+n)x}{2(m+n)} + \frac{\sin(m-n)x}{2(m-n)} + C$

（100–102：$m \neq n$）

103. $\int \frac{dx}{a+b\sin x} = \frac{2}{a}\sqrt{\frac{a^2}{a^2-b^2}}\,\mathrm{arctg}\left[\sqrt{\frac{a^2}{a^2-b^2}}\cdot\left(\mathrm{tg}\frac{x}{2}+\frac{b}{a}\right)\right] + C \quad (a^2>b^2)$

104. $\int \frac{dx}{a+b\sin x} = \frac{1}{a}\sqrt{\frac{a^2}{b^2-a^2}}\ln\frac{\mathrm{tg}\frac{x}{2}+\frac{b}{a}-\sqrt{\frac{b^2-a^2}{a^2}}}{\mathrm{tg}\frac{x}{2}+\frac{b}{a}+\sqrt{\frac{b^2-a^2}{a^2}}} + C \quad (a^2<b^2)$

105. $\int \frac{dx}{a+b\cos x} = \frac{2}{a-b}\sqrt{\frac{a-b}{a+b}}\,\mathrm{arctg}\left(\sqrt{\frac{a-b}{a+b}}\,\mathrm{tg}\frac{x}{2}\right) + C \quad (a^2>b^2)$

106. $\int \frac{dx}{a+b\cos x} = \frac{1}{b-a}\sqrt{\frac{b-a}{b+a}}\ln\frac{\mathrm{tg}\frac{x}{2}+\sqrt{\frac{b+a}{b-a}}}{\mathrm{tg}\frac{x}{2}-\sqrt{\frac{b+a}{b-a}}} + C \quad (a^2<b^2)$

107. $\int \frac{dx}{a^2\cos^2 x + b^2\sin^2 x} = \frac{1}{ab}\,\mathrm{arctg}\left(\frac{b\,\mathrm{tg}x}{a}\right) + C$

108. $\int \frac{dx}{a^2\cos^2 x - b^2\sin^2 x} = \frac{1}{2ab}\ln\frac{b\,\mathrm{tg}x + a}{b\,\mathrm{tg}x - a} + C$

109. $\int x\sin ax dx = \frac{1}{a^2}\sin ax - \frac{1}{a}x\cos ax + C$

110. $\int x^2\sin ax dx = -\frac{1}{a}x^2\cos ax + \frac{2}{a^2}x\sin ax + \frac{2}{a^3}\cos ax + C$

111. $\int x\cos ax dx = \frac{1}{a^2}\cos ax + \frac{1}{a}x\sin ax + C$

112. $\int x^2\cos ax dx=\frac{1}{a}x^2\sin ax+\frac{2}{a^2}x\cos ax-\frac{2}{a^3}\sin ax+C$

(十二)含有反三角函数的积分

113. $\int \arcsin\frac{x}{a}dx=x\arcsin\frac{x}{a}+\sqrt{a^2-x^2}+C$

114. $\int x\arcsin\frac{x}{a}dx=\left(\frac{x^2}{2}-\frac{a^2}{4}\right)\arcsin\frac{x}{a}+\frac{x}{4}\sqrt{a^2-x^2}+C$

115. $\int x^2\arcsin\frac{x}{a}dx=\frac{x^3}{3}\arcsin\frac{x}{a}+\frac{1}{9}(x^2+2a^2)\cdot\sqrt{a^2-x^2}+C$

116. $\int \arccos\frac{x}{a}dx=x\arccos\frac{x}{a}-\sqrt{a^2-x^2}+C$

117. $\int x\arccos\frac{x}{a}dx=\left(\frac{x^2}{2}-\frac{a^2}{4}\right)\arccos\frac{x}{a}-\frac{x}{4}\sqrt{a^2-x^2}+C$

118. $\int x^2\arccos\frac{x}{a}dx=\frac{x^3}{3}\arccos\frac{x}{a}-\frac{1}{9}(x^2+2a^2)\sqrt{a^2-x^2}+C$

119. $\int \mathrm{arctg}\frac{x}{a}dx=x\,\mathrm{arctg}\frac{x}{a}-\frac{a}{2}\ln(a^2+x^2)+C$

120. $\int x\,\mathrm{arctg}\frac{x}{a}dx=\frac{1}{2}(x^2+a^2)\mathrm{arctg}\frac{x}{a}-\frac{ax}{2}+C$

121. $\int x^2\mathrm{arctg}\frac{x}{a}dx=\frac{x^3}{3}\mathrm{arctg}\frac{x}{a}-\frac{ax^2}{6}+\frac{a^3}{6}\ln(a^2+x^2)+C$

(十三)含有指数函数的积分

122. $\int a^x dx=\frac{a^x}{\ln a}+C$

123. $\int e^{ax}dx=\frac{e^{ax}}{a}+C$

124. $\int e^{ax}\sin bx dx=\frac{e^{ax}(a\sin bx-b\cos bx)}{a^2+b^2}+C$

125. $\int e^{ax}\cos bx dx=\frac{e^{ax}(b\sin bx+a\cos bx)}{a^2+b^2}+C$

126. $\int xe^{ax}dx=\frac{e^{ax}}{a^2}(ax-1)+C$

127. $\int x^n e^{ax}dx=\frac{x^n e^{ax}}{a}-\frac{n}{a}\int x^{n-1}e^{ax}dx$

128. $\int xa^{mx}dx=\frac{xa^{mx}}{m\ln a}-\frac{a^{mx}}{(m\ln a)^2}+C$

129. $\int x^n a^{mx}dx=\frac{a^{mx}x^n}{m\ln a}-\frac{n}{m\ln a}\int x^{n-1}a^{mx}dx$

130. $\int e^{ax}\sin^n bx dx=\frac{e^{ax}\sin^{n-1}bx}{a^2+b^2n^2}(a\sin bx-nb\cos bx)$

$$+\frac{n(n-1)}{a^2+b^2n^2}b^2\int e^{ax}\sin^{n-2}bxdx$$

131. $\int e^{ax}\cos^n bxdx=\frac{e^{ax}\cos^{n-1}bx}{a^2+b^2n^2}(a\cos bx+nb\sin bx)$

$$+\frac{n(n-1)}{a^2+b^2n^2}b^2\int e^{ax}\cos^{n-2}bxdx$$

(十四)含有对数函数的积分

132. $\int \ln xdx=x\ln x-x+C$

133. $\int \frac{dx}{x\ln x}=\ln(\ln x)+C$

134. $\int x^n\ln xdx=x^{n+1}\left[\frac{\ln x}{n+1}-\frac{1}{(n+1)^2}\right]+C$

135. $\int \ln^n xdx=x\ln^n x-n\int \ln^{n-1}xdx$

136. $\int x^m\ln^n xdx=\frac{x^{m+1}}{m+1}\ln^n x-\frac{n}{m+1}\int x^m\ln^{n-1}xdx$

附录五　拉普拉斯变换简表

序号	$f(t)$	$F(s)$	序号	$f(t)$	$F(s)$
1	1	$\frac{1}{s}$	13	$e^{-bt}\sin(at+c)$	$\frac{(s+b)\sin c+a\cos c}{(s+b)^2+a^2}$
2	e^{at}	$\frac{1}{s-a}$	14	$\sin^2 at$	$\frac{2a^2}{s(s^2+4a^2)}$
3	t^m(m 为自然数)	$\frac{m!}{s^{m+1}}$	15	$\cos^2 at$	$\frac{s^2+2a^2}{s(s^2+4a^2)}$
4	$t^m e^{at}$(m 为自然数)	$\frac{m!}{(s-a)^{m+1}}$	16	$\frac{e^{bt}-e^{at}}{t}$	$\ln\frac{s-a}{s-b}$
5	$\sin at$	$\frac{a}{s^2+a^2}$	17	$\frac{1}{a^2}(1-\cos at)$	$\frac{1}{s(s^2+a^2)}$
6	$\cos at$	$\frac{s}{s^2+a^2}$	18	$\frac{1}{a^3}(at-\sin at)$	$\frac{1}{s^2(s^2+a^2)}$
7	$\mathrm{sh}at$	$\frac{a}{s^2-a^2}$	19	$\frac{t}{2a}\sin at$	$\frac{s}{(s^2+a^2)^2}$
8	$\mathrm{ch}at$	$\frac{s}{s^2-a^2}$	20	$\frac{1}{a}(1-e^{-at})$	$\frac{1}{s(s+a)}$
9	$t\sin at$	$\frac{2as}{(s^2+a^2)^2}$	21	$(1-at)e^{-at}$	$\frac{1}{(s+a)^2}$
10	$t\cos at$	$\frac{s^2-a^2}{(s^2+a^2)^2}$	22	$\frac{1}{\sqrt{\pi t}}$	$\frac{1}{\sqrt{s}}$
11	$e^{-bt}\sin at$	$\frac{a}{(s+b)^2+a^2}$	23	$2\sqrt{\frac{t}{\pi}}$	$\frac{1}{s\sqrt{s}}$
12	$e^{-bt}\cos at$	$\frac{s+b}{(s+b)^2+a^2}$	24	$\frac{1}{2\sqrt{\pi t^3}}(e^{bt}-e^{at})$	$\sqrt{s-a}-\sqrt{s-b}$

附录六 几个常用的立体图形

1. 由平面 $x=0, y=0, z=0, \frac{x}{a}+\frac{y}{b}+\frac{z}{c}=1(a>0, b>0, c>0)$所围成的立体图形：

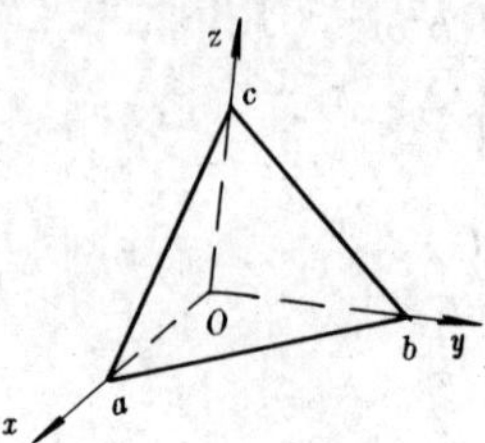

2. 由平面 $x=0, x=d, y=0, y=e, z=0, \frac{x}{a}+\frac{y}{b}+\frac{z}{c}=1(a>d>0, b>e>0, c>0)$ 所围成的立体图形：

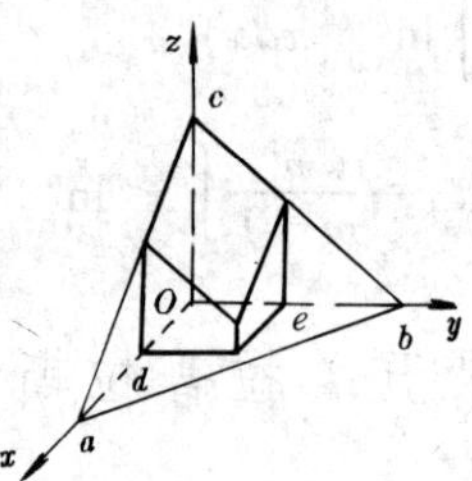

3. 由平面 $y=0, z=0, x+y+z=a, bx+y=a, cx+y=a(a>0, b>c>1)$所围成的立体图形：

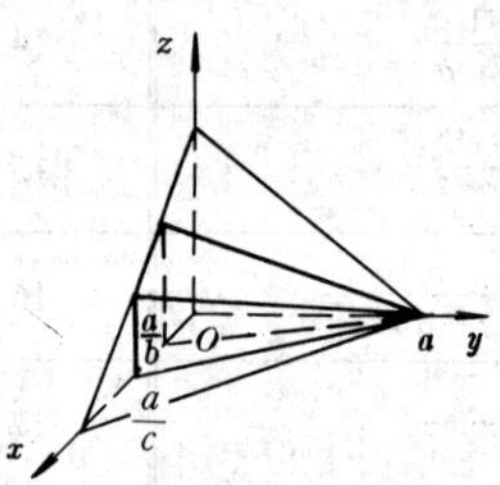

4. 由曲面 $y^2=2px, z=0, \frac{x}{a}+\frac{y}{b}+\frac{z}{c}=1(p>0, a>0, b>0, c>0)$所围成的立体图形：

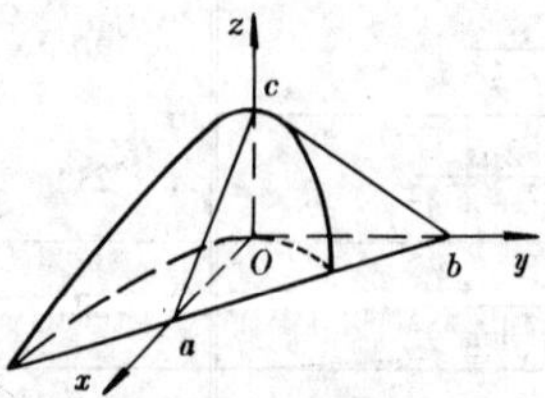

5．由曲面 $x^2+y^2=R^2$, $x^2+z^2=R^2$, $x=0$, $y=0$, $z=0$ 所围成的立体图形(第一卦限部分)：

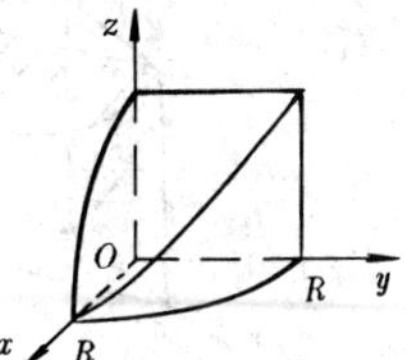

6．由曲面 $x=\sqrt{y-z^2}$, $\frac{1}{a}\sqrt{y}=x$, $y=b$, $z=0$, $x=0(a>1, b>0)$所围成的立体图形：

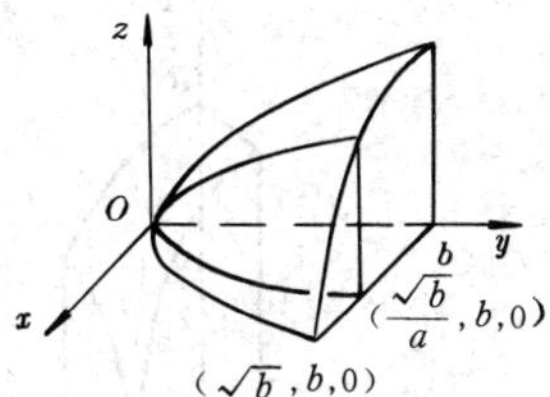

7．由曲面 $ax^2+by^2=z$, $z=c-x^2(a>0, b>0, c>0)$所围成的立体图形：

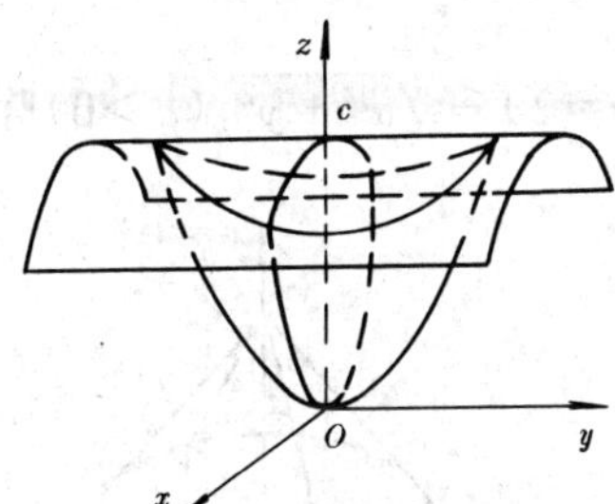

8．由曲面 $x^2+y^2+z^2=R^2$, $\left(x-\frac{R}{2}\right)^2+y^2=\frac{R^2}{4}$, $z=0$ 所围成的立体图形：

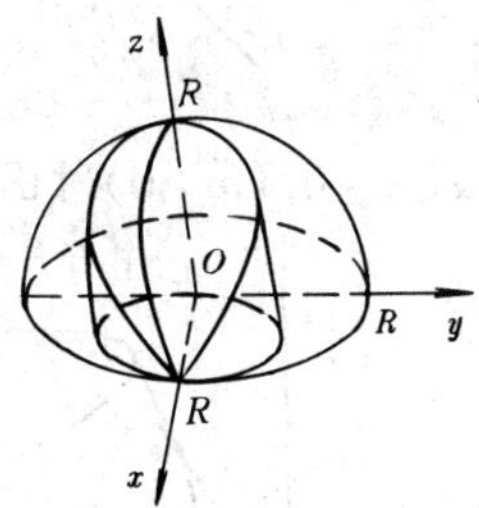

9．由曲面 $z=x^2+y^2$, $x+y=a$, $x=0$, $y=0$, $z=0$, $(a>0)$所围成的立体图形：

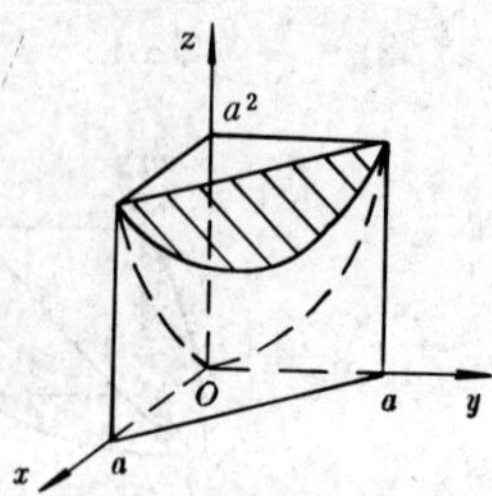

10．由曲面 $z=R^2-(x^2+y^2)$, $z=ky$, $x=a$, $y=b$, $(k>0, R>a>0, R>b>0)$所围成的立体图形：

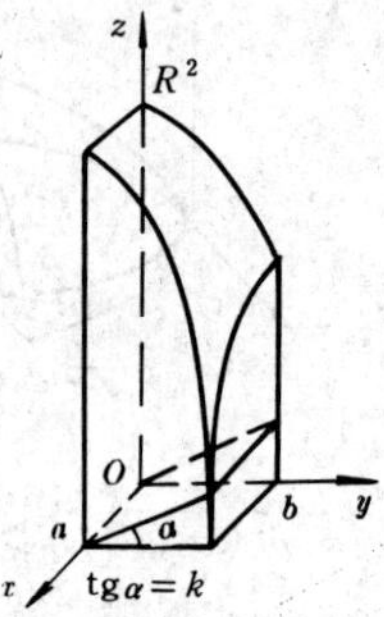

11．由曲面 x^2+y^2-az, $z=2u-\sqrt{x^2+y^2}$, $(a>0)$所围成的立体的图形：

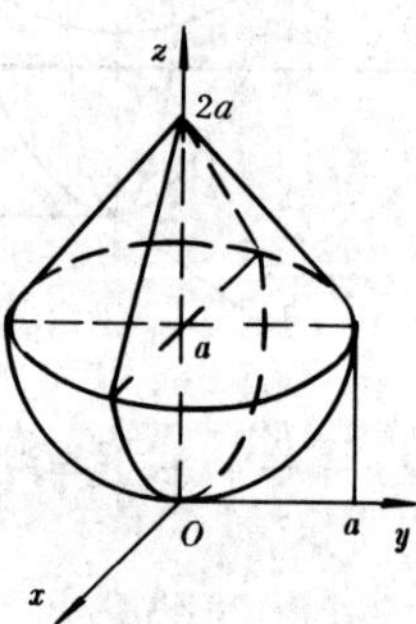

12．由曲面 $z=xy$, $x+y=a$, $z=0$, $(a>0)$所围成的立体图形：

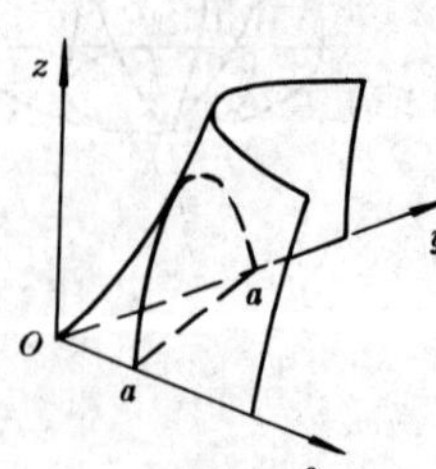

附录七　二阶、三阶行列式的计算

(一)二阶行列式

设二元线性方程组为

$$\begin{cases} a_1x + b_1y = c_1 & ① \\ a_2x + b_2y = c_2 & ② \end{cases} \tag{1}$$

用加、减消元法解这个方程组：

①$\times b_2 -$②$\times b_1$ 得　$(a_1b_2 - a_2b_1)x = c_1b_2 - c_2b_1$

②$\times a_1 -$①$\times a_2$ 得　$(a_1b_2 - a_2b_1)y = a_1c_2 - a_2c_1$

如果 $a_1b_2 - a_2b_1 \neq 0$，那么方程组的解为

$$\begin{cases} x = \dfrac{c_1b_2 - c_2b_1}{a_1b_2 - a_2b_1} \\ y = \dfrac{a_1c_2 - a_2c_1}{a_1b_2 - a_2b_1} \end{cases} \tag{2}$$

为了便于记忆，把 $a_1b_2 - a_2b_1$ 记为

$$\begin{vmatrix} a_1 & b_1 \\ a_2 & b_2 \end{vmatrix}$$

即

$$\begin{vmatrix} a_1 & b_1 \\ a_2 & b_2 \end{vmatrix} = a_1b_2 - a_2b_1 \tag{3}$$

式(3)的左端称为二阶行列式，右端称为二阶行列式的展开式。a_1, b_1, a_2, b_2 称为行列式的元素，横排的称为行，竖排的称为列，二阶行列式含有两行两列。

二阶行列式的值是两项的代数和：一个是在从左上角到右下角的对角线(又叫行列式的主对角线)上两元素的乘积，取正号；另一个是在从右上角到左下角的对角线(又叫行列式的次对角线)上两元素的乘积，取负号。例如，行列式

$$\begin{vmatrix} 1 & -2 \\ 3 & 5 \end{vmatrix} = 1\times5 - (-2\times3) = 11$$

根据定义，可把式(2)中两个分子分别写成

$$c_1b_2 - c_2b_1 = \begin{vmatrix} c_1 & b_1 \\ c_2 & b_2 \end{vmatrix}, \quad a_1c_2 - a_2c_1 = \begin{vmatrix} a_1 & c_1 \\ a_2 & c_2 \end{vmatrix}$$

通常用 D、D_x、D_y 分别表示作为分母与分子的行列式，即

$$D = \begin{vmatrix} a_1 & b_1 \\ a_2 & b_2 \end{vmatrix}, \quad D_x = \begin{vmatrix} c_1 & b_1 \\ c_2 & b_2 \end{vmatrix}, \quad D_y = \begin{vmatrix} a_1 & c_1 \\ a_2 & c_2 \end{vmatrix}$$

于是方程组(1)的唯一解式(2)就可以写成

$$x=\frac{D_x}{D}=\frac{\begin{vmatrix}c_1 & b_1\\ c_2 & b_2\end{vmatrix}}{\begin{vmatrix}a_1 & b_1\\ a_2 & b_2\end{vmatrix}},\quad y=\frac{D_y}{D}=\frac{\begin{vmatrix}a_1 & c_1\\ a_2 & c_2\end{vmatrix}}{\begin{vmatrix}a_1 & b_1\\ a_2 & b_2\end{vmatrix}}$$

其中 D 称为方程组(1)的系数行列式,D_x 和 D_y 是以 c_1, c_2 分别替换行列式 D 中的第一列、第二列的元素所得到的两个二阶行列式。利用行列式解二元线性方程组的方法称为二元线性方程组的克莱姆(Cramer)法则。

例 1 解方程组

$$\begin{cases}2x-y-10=0\\ x+3y-5=0\end{cases}$$

解 原方程即为

$$\begin{cases}2x-y=10\\ x+3y=5\end{cases}$$

因为

$$D=\begin{vmatrix}2 & -1\\ 1 & 3\end{vmatrix}=7,\quad D_x=\begin{vmatrix}10 & -1\\ 5 & 3\end{vmatrix}=35,\quad D_y=\begin{vmatrix}2 & 10\\ 1 & 5\end{vmatrix}=0$$

所以

$$x=\frac{D_x}{D}=\frac{35}{7}=5,\quad y=\frac{D_y}{D}=\frac{0}{7}=0$$

故该方程组的解为

$$\begin{cases}x=5\\ y=0\end{cases}$$

(二)三阶行列式

设三元一次方程组为

$$\begin{cases}a_1x+b_1y+c_1z=d_1\\ a_2x+b_2y+c_2z=d_2\\ a_3x+b_3y+c_3z=d_3\end{cases}\tag{4}$$

用消元法可得到

$$\begin{aligned}&(a_1b_2c_3+a_2b_3c_1+b_1c_2a_3-c_1b_2a_3-c_2b_3a_1-b_1a_2c_3)x\\ &=(d_1b_2c_3+d_2b_3c_1+d_3b_1c_2-d_3b_2c_1-d_1b_3c_2-d_2b_1c_3)\end{aligned}$$

为了便于记忆和讨论,我们把上式中 x 的系数记为

$$\begin{vmatrix}a_1 & b_1 & c_1\\ a_2 & b_2 & c_2\\ a_3 & b_3 & c_3\end{vmatrix}$$

即

$$\begin{vmatrix} a_1 & b_1 & c_1 \\ a_2 & b_2 & c_2 \\ a_3 & b_3 & c_3 \end{vmatrix} = a_1b_2c_3 + a_2b_3c_1 + b_1c_2a_3 - c_1b_2a_3 - c_2b_3a_1 - b_1a_2c_3$$

上式左端称为三阶行式，其中 $a_i, b_i, c_i(i=1,2,3)$称为行列式的元素，横排称为行，竖排称为列。三阶行列式含有三行三列。上式右端称为三阶行列式的展开式，它是 6 个项的代数和。这 6 个项我们这样来记忆：在下表中，实线上三个元素的乘积构成的三项都取正号，虚线上三个元素的乘积构成的三项都取负号。

记忆方法

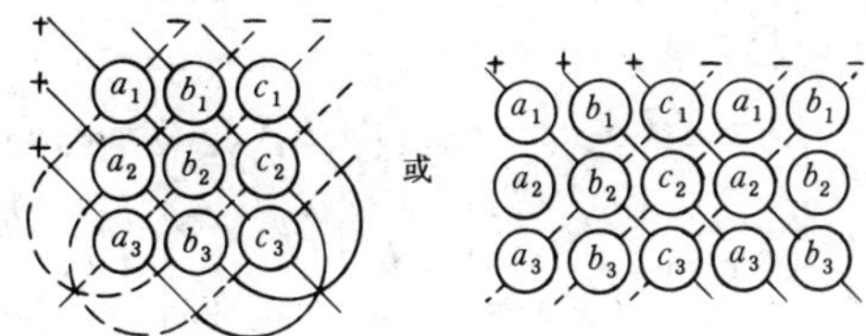

行列式的值，等于各实线上元素乘积之和减去各虚线上元素乘积之和。

因而，三元一次方程组的解，可用三阶行列式表示。当 $D\neq0$ 时，有

$$x=\frac{D_x}{D},\quad y=\frac{D_y}{D},\quad z=\frac{D_z}{D} \tag{5}$$

其中 $D=\begin{vmatrix} a_1 & b_1 & c_1 \\ a_2 & b_2 & c_2 \\ a_3 & b_3 & c_3 \end{vmatrix}$ 称为方程组(4)的系数行列式，而 D_x, D_y 和 D_z 是以 d_1, d_2, d_3 分别替换行列式 D 中第 1,2,3 列的元素所得到的三个三阶行列式。利用行列式解三元线性方程组的方法，称为三元线性方程组的克莱姆法则。

例 2　计算行列式

$$D=\begin{vmatrix} 3 & -1 & -2 \\ 3 & 4 & 1 \\ 1 & 6 & 2 \end{vmatrix}$$

解　$D=[3\cdot4\cdot2+3\cdot6\cdot(-2)+1\cdot1\cdot(-1)]-[(-2)\cdot4\cdot1+1\cdot6\cdot3+2\cdot3\cdot(-1)]$
$=-17$。

例 3　用行列式解方程组

$$\begin{cases} 2x-y+z=0 \\ 3x+2y-5z=1 \\ x+3y-2z=4 \end{cases}$$

解　因为

$$D=\begin{vmatrix} 2 & -1 & 1 \\ 3 & 2 & -5 \\ 1 & 3 & -2 \end{vmatrix}=28\neq0$$

$$D_x=\begin{vmatrix}0&-1&1\\1&2&-5\\4&3&-2\end{vmatrix}=13\quad D_y=\begin{vmatrix}2&0&1\\3&1&-5\\1&4&-2\end{vmatrix}=47\quad D_z=\begin{vmatrix}2&-1&0\\3&2&1\\1&3&4\end{vmatrix}=21$$

故得方程组的解为

$$x=\frac{D_x}{D}=\frac{13}{28}\quad y=\frac{D_y}{D}=\frac{47}{28}\quad z=\frac{D_z}{D}=\frac{3}{4}$$

根据行列式的定义,可以把三阶行列式降为二阶行列式来计算:

$$D=\begin{vmatrix}a_1&b_1&c_1\\a_2&b_2&c_2\\a_3&b_3&c_3\end{vmatrix}=a_1b_2c_3+a_2b_3c_1+a_3b_1c_2-c_1b_2a_3-c_2b_3a_1-c_3b_1a_2$$

$$=a_1(b_2c_3-b_3c_2)+b_1(c_2a_3-c_3a_2)+c_1(a_2b_3-b_2a_3)$$

$$=a_1\begin{vmatrix}b_2&c_2\\b_3&c_3\end{vmatrix}-b_1\begin{vmatrix}a_2&c_2\\a_3&c_3\end{vmatrix}+c_1\begin{vmatrix}a_2&b_2\\a_3&b_3\end{vmatrix}$$

上式右边的三个二阶行列式,可分别视为是去掉原三阶行列式中 a_1,b_1,c_1 元素所在的同行和同列各元素得到的。

把行列式中元素 a_1,b_1,c_1 所在的同行和同列划去,剩下的元素组成的行列式称为相应元素的余子式。

设某元素 a_{ij}所在的行为第 i 行,所在的列为第 j 列,则有下面的定义:

元素 a_{ij}的余子式乘以$(-1)^{i+j}$所得的式子称为元素 a_{ij}的代数余子式。因此行列式的值等于任一行(或任一列)中各元素与它们各自的代数余子式的乘积的和。

例 4 用降阶法计算例 1 中的行列式

$$D=\begin{vmatrix}3&-1&-2\\3&4&1\\1&6&2\end{vmatrix}$$

解

$$D=\begin{vmatrix}3&-1&-2\\3&4&1\\1&6&2\end{vmatrix}$$

$$=3\times(-1)^{i+j}\begin{vmatrix}4&1\\6&2\end{vmatrix}+3(-1)^{i+j}\begin{vmatrix}-1&-2\\6&2\end{vmatrix}+1\cdot(-1)^{i+j}\begin{vmatrix}-1&-2\\4&1\end{vmatrix}$$

$$=3(8-6)-3(-2+12)+(-1+8)$$

$$=6-30+7=-17$$

结果与例 1 计算结果相同。

(三)行列式的性质

将一个三阶行列式 D 的行与列依次互换,所得到的行列式称为行列式 D 的转置行列式,记为 D',即行列式

$$D=\begin{vmatrix} a_1 & b_1 & c_1 \\ a_2 & b_2 & c_2 \\ a_3 & b_3 & c_3 \end{vmatrix}$$

的转置行列式为

$$D'=\begin{vmatrix} a_1 & a_2 & a_3 \\ b_1 & b_2 & b_3 \\ c_1 & c_2 & c_3 \end{vmatrix}$$

性质 1　行列式 D 与它的转置行列式 D' 的值相等，即

$$\begin{vmatrix} a_1 & b_1 & c_1 \\ a_2 & b_2 & c_2 \\ a_3 & b_3 & c_3 \end{vmatrix}=\begin{vmatrix} a_1 & a_2 & a_3 \\ b_1 & b_2 & b_3 \\ c_1 & c_2 & c_3 \end{vmatrix}$$

性质 2　如果行列式的某一列(行)的每一个元素都是二项式，那么此行列式等于把这些二项式各取一项作成相应列，而其余的列不变的两个行列式的和。例如行列式的第一列的每一个元素都是二项式的情形为

$$\begin{vmatrix} a_1+d_1 & b_1 & c_1 \\ a_2+d_2 & b_2 & c_2 \\ a_3+d_3 & b_3 & c_3 \end{vmatrix}=\begin{vmatrix} a_1 & b_1 & c_1 \\ a_2 & b_2 & c_2 \\ a_3 & b_3 & c_3 \end{vmatrix}+\begin{vmatrix} d_1 & b_1 & c_1 \\ d_2 & b_2 & c_2 \\ d_3 & b_3 & c_3 \end{vmatrix}$$

性质 3　如果行列式 D 的某一列(行)的每一个元素同乘以一个常数 k，那么行列式的值等于 kD。例如 D 的第三列乘以常数 k，则

$$\begin{vmatrix} a_1 & b_1 & kc_1 \\ a_2 & b_2 & kc_2 \\ a_3 & b_3 & kc_3 \end{vmatrix}=k\begin{vmatrix} a_1 & b_1 & c_1 \\ a_2 & b_2 & c_2 \\ a_3 & b_3 & c_3 \end{vmatrix}$$

性质 4　如果互换行列式的两列(行)，那么行列式只变符号。例如 D 中第一列与第三列互换就得到

$$\begin{vmatrix} a_1 & b_1 & c_1 \\ a_2 & b_2 & c_2 \\ a_3 & b_3 & c_3 \end{vmatrix}=-\begin{vmatrix} c_1 & b_1 & a_1 \\ c_2 & b_2 & a_2 \\ c_3 & b_3 & a_3 \end{vmatrix}$$

习 题 答 案

第 一 章

习题 1－1

1.(1)$[-1,3)$,2,0;(2)$f(x)$;(3)$(2k\pi,(2k+1)\pi)\ k\in z$;(4)$1-x$;(5)$y=\log_2(x-1)$。

2.(1)B;(2)D;(3)A;(4)D;(5)B;(6)B;(7)C;(8)C。

3.(1)×;(2)√;(3)×;(4)×;(5)×。

4.(1)①$(-\infty,-1)\cup\left(\frac{3}{2},+\infty\right)$;②$(-3,6]$;③$[-3,-2]\cup[3,4]$;④$\left(2k\pi,2k\pi+\frac{\pi}{2}\right]$,($k=0,\pm1,\pm2\cdots\cdots$)。

(2)x^2+2x+3;x^2+3;x^4+2;x^4+4x^2+4。

(3)①$y=\pm\sqrt{x^2-1}$;②$y=10^{x-1}-2$。

(4)①$y=u^2$, $u=\sin x$;②$y=u^{\frac{3}{2}}$, $u=4+3x$;③$y=\ln u$, $u=\mathrm{tg}t$, $t=\frac{x}{2}$;④$y=u^3$, $u=\ln t$, $t=x^2$;⑤$y=\mathrm{arctg}u$, $u=e^t$, $t=x^2$;⑥$y=\arccos u$, $u=t^2$, $t=\frac{x}{a}+1$;⑦$y=3^u$, $u=\cos x$;⑧$y=\lg u$, $u=\frac{x-1}{x+1}$。

6.(1)$V(x)=\pi r^2x$, $\in[0,h]$。

(2)$F=1.8C+32$。

习题 1－2

1.(1)数列,通项;(2)见第二节定义2;(3)收敛的,发散的;(4)有界的;(5)$\left[\frac{9}{25\varepsilon}-\frac{2}{5}\right]+1$;(6)见第二节定义6;(7)见第二节定义4;(8)ε。

2.(1)(C);(2)(C);(3)(B);(4)(D);(5)(C);(6)(D)。

3.(1)√;(2)√;(3)√;(4)×;(5)√;(6)√;(7)×。

习题 1－3

2.(1)无穷小量;(2)0;(3)A;(4)∞,0。

3.(1)C;(2)B;(3)D;(4)A。

4.(1)×;(2)×;(3)√;(4)×;(5)×;(6)√;(7)√;(8)√。

习题 1－4

1.(1)$\frac{1}{2}$;(2)7;(3)0;(4)∞;(5)0;(6)$\frac{1}{2}$;(7)0;(8)∞;(9)$\frac{1}{2}$;(10)0;(11)0;(12)1;(13)0;(14)1。

2.(1)$\frac{1}{3}$;(2)$\frac{1}{4}$;(3)$\frac{2}{5}$;(4)2;(5)0;(6)$\cos a$;(7)e^4;(8)e;(9)e;(10)e^{-4}。

3.$a=-4, b=-2$。

4.$a=2, b=-8$。

5.$a=-\ln 2$。

6.高→低,$x^2, \sin x, \sqrt[3]{x}$。

7.$D_{ss}=\frac{D_0 e^{-kt}}{1-e^{-k\tau}}$。

8.$\lim\limits_{n\to\infty} C_{\max}=\frac{a}{1-r}, \lim\limits_{n\to\infty} C_{\min}=\frac{ar}{1-r}, a=\alpha-\beta, T=\frac{1}{K}\ln\frac{\alpha}{\beta}$。

习题 1－5

1.(1)右连续;(2)连续区间;(4)1;(5)$\frac{1}{2}$。

2.(1)B;(2)C;(3)D;(4)C;(5)A;(6)B;(7)C;(8)D。

3.(1)×;(2)√;(3)×;(4)√;(5)√;(6)×;(7)√;(8)×。

4.(1)①$x=\pm1$为第二类间断点;②$x=0$为可去间断点,补充定义$f(0)=1$,$x=K\pi(K=\pm1,\pm2\cdots\cdots)$为第二类间断点;③$x=1$为可去间断点,补充定义$f(1)=2$,$x=2$为第二类间断点;④$x=0$为可去间断点,补充定义$f(0)=0$。

(2)$f(x)$在$(-\infty,-2)$和$(-2,+\infty)$上连续。

第 二 章

习题 2－1

2.$y-y_0=f'(x_0)(x-x_0)$。

4. $f'(-1)=-2$。

5. $y'=a$。

6. $v=\dfrac{dS}{dt}=3t^2$，$v|_{t=2}=12$ 米/秒。

7. (1) $4x^3$；(2) $\dfrac{2}{3}x^{-\frac{1}{3}}$；(3) $1.6x^{0.6}$；(4) $-\dfrac{1}{2}x^{-\frac{3}{2}}$；(5) $\dfrac{16}{5}x^{\frac{11}{5}}$；(6) $-2x^{-3}$；(7) $\dfrac{1}{6}x^{-\frac{5}{6}}$。

8. $\left.\dfrac{dy}{dx}\right|_{x=0}=1$，$\left.\dfrac{dy}{dx}\right|_{x=\frac{\pi}{2}}=0$。

9. $f'(1)=1$，$f'(2)=\dfrac{1}{2}$。

10. $y=x+1$。

11. 点$(1,1)$，点$(-1,-1)$。

12. $y=4x-4$ 或 $y=8x-16$。

13. (1) $\rho=x^2(0\leqslant x\leqslant 20)$；(2) $\dfrac{dp}{dx}=2x$。

14. (1) $f'(x_0)$；(2) $f'(x_0)$；(3) $-f'(x_0)$。

习题 2-2

1. (1) $0,\dfrac{2}{(x+1)^2}$；(2) $1,\dfrac{x\cos x-\sin x}{x^2}$。

2. (1)×；(2)×；(3)√；(4)×；(5)√；(6)×；(7)√。

4. (1) $6x+\dfrac{4}{x^3}$；(2) $4x+\dfrac{5}{2}x^{\frac{3}{2}}$；(3) $2e^x(\cos x-\sin x)$；(4) $\dfrac{\sin\varphi}{2\sqrt{\varphi}}+\sqrt{\varphi}\cos\varphi$；(5) $x-3+\dfrac{1}{x}+2x\ln x-3\ln x$；(6) $xe^x(x+2)$；(7) $-\dfrac{1+2x}{(1+x+x^2)^2}$；(8) $\dfrac{2}{(x+1)^2}$；(9) $\dfrac{2\cos t}{(1-\sin t)^2}$；(10) $\dfrac{1-\ln x}{x^2}$；(11) $\sec^2x+\sec x\,\mathrm{tg}x$；(12) $x\sin 2x+x^2\cos 2x$。

5. (1) $y'|_{x=\frac{\pi}{6}}=\dfrac{-1+\sqrt{3}}{2}$，$y'|_{x=\frac{\pi}{3}}=\dfrac{1+\sqrt{3}}{2}$；(2) $\left.\dfrac{d\rho}{d\varphi}\right|_{\varphi=\frac{\pi}{4}}=\dfrac{\sqrt{2}}{4}+\dfrac{\sqrt{2}}{8}\pi$；(3) $f'(4)=-\dfrac{1}{18}$；(4) $f'(0)=\dfrac{3}{25}$，$f'(2)=\dfrac{17}{15}$。

6. (1) $y=2x$；(2) $y=2(x-1)$，$y=2(x+1)$。

7. $v=3-g$。

8. 点$(0,4)$，点$(2,0)$。

9. (1) $8(2x+5)^3$；(2) $3\sin(4-3x)$；(3) $\sin 2x$；(4) $\dfrac{2x}{1+x^2}$；(5) $-2xe^{-x^2}$；(6) $2\sec^2 2x$；(7) $-\dfrac{x}{\sqrt{a^2-x^2}}$；(8) $-\mathrm{tg}x$；(9) $-\dfrac{1}{1+x^2}$；(10) $2^x\ln 2\cos(2^x)$；(11) $\dfrac{2x+1}{(x^2+x+1)\ln a}$；(12)

$\frac{2\arcsin x}{\sqrt{1-x^2}}$;(13)$\frac{1}{2\sqrt{x-x^2}}$;(14)$\frac{x}{\sqrt{(1-x^2)^3}}$;(15)$\frac{a^x\ln a}{3\sqrt[3]{(1+a^x)^2}}$;(16)$\frac{1}{\sqrt{(x^2+a^2)}}$;(17)$-\frac{1}{2}e^{-\frac{x}{2}}\cos 3x-3e^{-\frac{x}{2}}\sin 3x$;(18)$\frac{2x\cos 2x-\sin 2x}{x^2}$;(19)$\sec x$;(20)$\csc x$;(21)$\frac{1}{\sin x}$;(22)$\frac{1}{2\sqrt{x}(1+x)}e^{\operatorname{arctg}\sqrt{x}}$;(23)$\frac{1}{x\ln x\ln\ln x}$;(24)$\frac{3\operatorname{tg}^2 x\sec^2 x}{2\sqrt{1+\operatorname{tg}^3 x}}$;(25)$\frac{1}{x^2}\cos\frac{1}{x}e^{-\sin\frac{1}{x}}$;(26)$-6(2\sin 2x+3\cos 3x)(\cos 2x-\sin 3x)^5$。

10.(1)$\frac{y}{y-x}$;(2)$-\frac{y}{x+e^y}$;(3)$-\frac{e^{x+y}-y}{x-e^{x+y}}$;(4)$-\frac{e^y}{1+xe^y}$。

11.(1)$\frac{2}{3}\left(\frac{1}{x-5}-\frac{4x}{x^2+4}\right)\sqrt[3]{\frac{(x-5)^2}{(x^2+4)^4}}$;

(2)$\left[\frac{1}{2(x+2)}-\frac{4}{3-x}-\frac{5}{x+1}\right]\frac{\sqrt{(x+2)(3-x)^4}}{(x+1)^5}$;(3)$\left(\cos x\ln x+\frac{\sin x}{x}\right)x^{\sin x}$;(4)$\left[\ln(1+3x)+\frac{3x}{1+3x}\right](1+3x)^x$。

12.$\sqrt{3}x+4y-8\sqrt{3}=0$。

13.表面积的增加速度为 8π 厘米^2/米,体积的增加速度为 40π 厘米^3/秒。

14.144π 米^2/秒。

15.0.64 厘米/秒。

习题 2-3

1.(1)$20x^3-36x^2$;(2)e^x+e^{-x};(3)$-\frac{2(1+x^2)}{(1-x^2)^2}$;(4)$2\sec^2(3-x)\operatorname{tg}(3-x)$。

2.(1)$y''|_{x=\frac{\pi}{4}}=-4$;(2)$f''(0)=2$。

3.$a=\frac{d^2s}{dt^2}=-A\omega^2\sin\omega t$。

5.$f'''(x)=6$, $f^{(4)}(x)=0$。

习题 2-4

4.$\frac{\cos t-\sin t}{\cos t+\sin t}$。

5.(1)$-2(x-1)e^{-x^2+2x}dx$;(2)$\left(\frac{1}{1+x}-\frac{1}{x^2}\right)dx$;(3)$(\sin 2x+2x\cos 2x)dx$;(4)$\frac{x}{\sqrt{x^2-1}}dx$;(5)$6\operatorname{tg}3x\sec^2 3x dx$;(6)$-20(1-2x)^9dx$;(7)$-\frac{2dx}{(1+x)^2}$;(8)$-\frac{dx}{\sqrt{(x^2+1)^3}}$;(9)$-\frac{2\ln(1-x)dx}{1-x}$;(10)$-\frac{2xdx}{1+x^4}$。

6. $-\frac{y^2dx}{xy+1}$。

7. (1)$\frac{x^3}{3}+C$;(2)$5x+c$;(3)$2\sqrt{x}+c$;(4)$\frac{1}{3}\ln(1+3x)+C$;(5)$-\frac{1}{2}\cos2x+C$;(6)$-\frac{1}{4}e^{-4x}+C$;(7)$2\text{tg}\frac{x}{2}+C$;(8)$x-\frac{x^3}{3}+C$。

8. 约为1.16(克)。

9. (1)2.7455;(2)0.99。

第 三 章

习题 3-1

4. (1)$\frac{8}{9}$;(2)1;(3)$\frac{a}{b}$;(4)2;(5)$\cos a$;(6)ma^{m-1};(7)1;(8)$\frac{3}{2}$;(9)1;(10)0;(11)$-\frac{1}{2}$;(12)0;(13)$\frac{1}{2}$;(14)-1;(15)0;(16)$\frac{1}{2}$;(17)1;(18)1。

习题 3-2

4. (1)×;(2)×;(3)×;(4)×;(5)×;(6)×;(7)×。

5. (1)在$(-\infty,1]$内单调减少,在$[1,+\infty)$内单调增加,极小值$y(1)=2$;

(2)$(-\infty,-1]$内单调增加,$[-1,3]$上单调减少,$[3,+\infty]$内单调增加,极大值$y(-1)=10$,极小值$y(3)=-22$;

(3)在$(-\infty,+\infty)$内单调减少,无极值;

(4)在$\left(-\infty,\frac{3}{2}\right]$内单调减少,在$\left[\frac{3}{2},+\infty\right)$内单调增加,极小值$y\left(\frac{3}{2}\right)=-\frac{27}{16}$;

(5)在$(-\infty,0]$内单调增加,$[0,1]$上单调减少,$[1,+\infty)$内单调增加,极大值$y(0)=0$,极小值$y(1)=-1$;

(6)在$(-\infty,-1]$内单调增加,$[-1,3]$上单调减少,$[3,+\infty)$内单调增加,极大值$y(-1)=17$,极小值$y(3)=-47$;

(7)在$(0,2]$内单调减少,$[2,+\infty)$内单调增加,极小值$y(2)=8$;

(8)在$(-\infty,1]$内单调增加,$[1,+\infty)$内单调减少,极大值$y(1)=2$。

6. (1)最大值$y(4)=80$,最小值$y(-1)=-5$;

(2)最大值$y(3)=11$,最小值$y(2)=-14$。

7. $x=1$时,函数有最小值-2。

8. $x=\frac{1}{5}$时，函数有最大值$\frac{1}{5}$。

9. 两个数均为 8。

10. 长与宽相等（即为正方形），均为周长的$\frac{1}{4}$。

11. 二直角边相等（即为等腰直角三角形）。

12. 点$\left(\frac{11}{5},0\right)$。

13. 长为 10 米，宽为 5 米。

习题 3－3

5.（1）是凸的；（2）是凹的。

6. （1）拐点$\left(\frac{5}{3},\frac{20}{27}\right)$，在$\left(-\infty,\frac{5}{3}\right]$内是凸的，在$\left[\frac{5}{3},+\infty\right)$内是凹的；

（2）拐点$\left(2,\frac{2}{e^2}\right)$，在$(-\infty,2]$内是凸的，在$[2,+\infty)$内是凹的；

（3）拐点$(-1,\ln2)$，$(1,\ln2)$，在$(-\infty,-1]$，$[1,+\infty)$内是凸的，在$[-1,1]$上是凹的；

（4）拐点$\left(-\frac{1}{2},20\frac{1}{2}\right)$，在$\left(-\infty,-\frac{1}{2}\right)$内是凸的，$\left[-\frac{1}{2},+\infty\right)$内是凹的。

习题 3－5

1. $x=1.682$。

2. 最高血药浓度为 28.944，达到最高血药浓度的时间为 1.163。

3. 当 $t=16.5747$ 时，y 最大为 0.3030。

4. 50000 个单位。

第 四 章

习题 4－1

1.（1）√；（2）√；（3）×；（4）×。

2.（1）（B）；（2）（C）；（3）（D）；（4）（B）；（5）（B）。

4. （1）$\frac{1}{3}x^3-\frac{3}{2}x^2+2x+C$；

（2）$\frac{2}{7}x^{\frac{7}{2}}+C$；

（3）$2e^x+3\ln|x|+C$；

(4)$2x-\frac{5\left(\frac{2}{3}\right)^x}{\ln2-\ln3}+C$；

(5)$e^x-2\sqrt{x}+C$；

(6)$\frac{2^x}{\ln2}+3\arcsin x+C$；

(7)$\ln|x|-\ln|x+1|+C$；

(8)$\frac{1}{3}x^3-x+\mathrm{arctg}x+C$；

(9)$\frac{1}{2}e^{2x}-e^x+x+C$；

(10)$-\frac{1}{2\ln5}\left(\frac{1}{5}\right)^x+\frac{1}{5\ln2}\left(\frac{1}{2}\right)^x+C$；

(11)$\mathrm{tg}x+\sec x+C$；

(12)$\frac{1}{2}(x-\sin x)+C$；

(13)$\mathrm{tg}x+x+C$；

(14)$\sin x-\cos x+C$；

(15)$\frac{a^2}{2\ln b}b^{2x}-\frac{2ab}{\ln(ab)}a^xb^x+\frac{b^2}{2\ln a}a^{2x}+C$；

(16)$\frac{4(x^2+7)}{7\sqrt[4]{x}}+C$。

5. $y=\frac{1}{2}x^2-2$。

6. $y=x^2+x+1$。

7. (1)$s=16$米；(2)$t=50$秒。

8. $f(t)=\frac{1}{2}at^2+bt$。

习题 4－2

1. (1)√；(2)√；(3)×；(4)√；(5)√。

2. (1)(B)；(2)(A)；(3)(D)；(4)(B)；(5)(B)。

3. (1)$-e^{-x}+C$；

(2)$\frac{a^{2x}}{2\ln a}+C$；

(3)$\frac{1}{2}\ln(1+x^2)+C$；

(4)$\frac{1}{3}\ln|3x+2|+C$；

(5) $-\frac{(1-2x)^{51}}{102}+C$;

(6) $\frac{1}{2}\sqrt{2x^2+3}+C$;

(7) $-\frac{1}{3}\cdot\frac{1}{4+x^3}+C$;

(8) $-\cos e^x+C$;

(9) $e^x+e^{-x}+C$;

(10) $\frac{2}{3}(1+\ln x)^{\frac{3}{2}}+C$;

(11) $-\frac{1}{\ln a}a^{\frac{1}{x}}+C$;

(12) $-\frac{1}{3\ln 10}\cdot 10^{-3x+2}+C$;

(13) $\frac{1}{3}(\mathrm{arctg}x)^3+C$;

(14) $\frac{2}{3}(\arcsin x)^{\frac{3}{2}}+C$;

(15) $2\sqrt{1+\mathrm{tg}x}+C$;

(16) $\frac{1}{14}\sin 7x+\frac{1}{2}\sin x+C$;

(17) $\frac{1}{3}\arcsin\frac{3x}{2}+C$;

(18) $\frac{1}{5}\ln(5x+\sqrt{25x^2+9})+C$;

(19) $\frac{1}{2}\ln\left|2x+\sqrt{4x^2+9}\right|+C$;

(20) $2(\sqrt{x}-\ln|1+\sqrt{x}|)+C$;

(21) $\frac{3}{2}\sqrt[3]{(x+2)^2}-3\sqrt[3]{x+2}+3\ln\left|1+\sqrt[3]{x+2}\right|+C$;

(22) $6(\sqrt[6]{x}-\mathrm{arctg}\sqrt[6]{x})+C$;

(23) $\sqrt{2x-1}+2\sqrt[4]{2x-1}+2\ln|\sqrt[4]{2x-1}-1|+C$;

(24) $x-2\sqrt{1+x}+2\ln(1+\sqrt{1+x})+C$;

(25) $\sqrt{x^2+2x+2}-\ln\left|\sqrt{(x+1)^2-1}+x+1\right|+C$;

(26) $\frac{1}{\sqrt{5}}\mathrm{arctg}\frac{3x-1}{\sqrt{5}}+C$;

(27) $\arcsin\frac{2x-1}{\sqrt{5}}+C$;

(28) $\ln|3x^2+7x+11|+C$;

(29) $\frac{1}{3}\operatorname{arctg}\frac{x+1}{3}+C$;

(30) $\ln\left|\frac{\sqrt{1+e^x}-1}{\sqrt{1+e^x}+1}\right|+C$。

习题 4 - 3

1. (1)(A);(2)(A);(3)(B);(4)(C);(5)(D)。

2. (1) $-x\cos x+\sin x+C$;

(2) $-e^{-x}(x+1)+C$;

(3) $\frac{x}{\ln 3}\cdot 3^x-\frac{3^x}{\ln^2 3}+C$;

(4) $\frac{x}{2}\sin 2x+\frac{1}{4}\cos 2x+C$;

(5) $\frac{(x-1)^2}{2}\ln x-\frac{1}{4}x^2+x-\frac{1}{2}\ln x+C$;

(6) $x\log_3(x+1)-\frac{x}{\ln 3}+\frac{\ln(x+1)}{\ln 3}+C$;

(7) $x\operatorname{arctg}x-\frac{1}{2}\ln(1+x^2)+C$;

(8) $x\operatorname{tg}x+\ln|\cos x|+C$;

(9) $e^x(x^2-2x+2)+C$;

(10) $x\ln(x^2+1)-2x+2\operatorname{arctg}x+C$;

(11) $x\ln^2 x-2x\ln x+2x+C$;

(12) $-2\sqrt{x}\cos\sqrt{x}+2\sin\sqrt{x}+C$;

(13) $2\sqrt{x}\ln x-4\sqrt{x}+C$;

(14) $3e^{\sqrt[3]{x}}(\sqrt[3]{x^2}-2\sqrt[3]{x}+2)+C$;

(15) $\frac{1}{2}x[\sin(\ln x)-\cos(\ln x)]+C$;

(16) $-\frac{1}{4}x\cos 2x+\frac{1}{8}\sin 2x+C$;

(17) $\ln x[\ln(\ln x)-1]+C$;

(18) $-\sqrt{1-x^2}\arcsin x+x+C$;

(19) $-\frac{1}{2x^2}\left[\lg x+\frac{1}{2\ln 10}\right]+C$;

(20) $\frac{1}{6}\sqrt{2+4x}(x-1)+C$;

(21) $\operatorname{tg}x\ln\cos x+\operatorname{tg}x-x+C$;

(22) $\frac{x^{n+1}}{n+1}\left(\ln x-\frac{1}{n+1}\right)+C$。

3. (1) $\operatorname{arctg} e^{x}+C$;

(2) $-\frac{\ln x}{x}-\frac{1}{x}+C$;

(3) $\frac{1}{6a^{3}}\ln\frac{a^{3}+x^{3}}{a^{3}-x^{3}}+C$;

(4) $\ln(x+\sin x)+C$;

(5) $2\sqrt{x-1}-2\operatorname{arctg}\sqrt{x-1}+C$;

(6) $\frac{1}{3}\operatorname{tg}^{3}x+C$;

(7) $e^{x}\ln x+C$;

(8) $\frac{1}{3}e^{3x}\left(x^{2}-\frac{2}{3}x+\frac{2}{9}\right)+C$;

(9) $\frac{1}{13}e^{3x}(3\cos 2x+2\sin 2x)+C$;

(10) $(4-2x)\cos\sqrt{x}+4\sqrt{x}\sin\sqrt{x}+C$;

(11) $2\sqrt{x}\operatorname{arctg}\sqrt{x}-\ln|1+x|+C$;

(12) $\frac{1}{2}\operatorname{tg}^{2}x+\ln|\operatorname{tg}x|+C$;

(13) $-\sqrt{1-x^{4}}-\frac{1}{2}\arcsin x^{2}+C$;

(14) $2\arcsin\frac{x}{2}-\frac{1}{2}x\sqrt{4-x^{2}}+C$;

(15) $\frac{1}{2}\operatorname{arctg}\frac{x+1}{2}+C$;

(16) $-2\sqrt{\frac{1+x}{x}}-\ln\left[x\left(\sqrt{\frac{1+x}{x}}-1\right)^{2}\right]+C$;

(17) $\frac{1}{3}x^{3}-\frac{3}{2}x^{2}+9x-27\ln(x+3)+C$;

(18) $\frac{x}{2}+\frac{1}{2}\sqrt{x}\sin 2\sqrt{x}+\frac{1}{4}\cos 2\sqrt{x}+C$;

(19) $\frac{1}{2}f(2x)+C$;

(20) $\frac{2}{\sqrt{3}}\operatorname{arctg}\left(\frac{\operatorname{tg}\frac{x}{2}}{\sqrt{3}}\right)+C$。

习题 4-4

(1) $-\frac{3-x}{3}\sqrt{3+2x}+C$;

(2) $\frac{x}{2}\sqrt{2x^2+9}+\frac{9\sqrt{2}}{4}\ln(\sqrt{2}x+\sqrt{2x^2+9})+C$；

(3) $\frac{x}{8}(2x^2-25)\sqrt{25-x^2}+\frac{625}{8}\arcsin\frac{x}{5}+C$；

(4) $\frac{x}{18(9+x^2)}+\frac{1}{54}\text{arctg}\,\frac{x}{3}+C$；

(5) $\frac{1}{\sqrt{3}}\ln\left|6x+2+2\sqrt{3}\sqrt{1+2x+3x^2}\right|+C$；

(6) $\arccos\frac{1}{x}+C$；

(7) $\frac{e^{2x}}{5}(\sin x+2\cos x)+C$；

(8) $\left(\frac{x^2}{2}-1\right)\arcsin\frac{x}{2}+\frac{x}{4}\sqrt{4-x^2}+C$；

(9) $-\frac{\sin 8x}{16}+\frac{\sin 2x}{4}+C$；

(10) $-\frac{1}{2}\frac{\cos x}{\sin^2 x}+\frac{1}{2}\ln\text{tg}\,\frac{x}{2}+C$；

(11) $\frac{x^4}{4}\ln^2 x-\frac{x^4}{8}\ln x-\frac{x^4}{32}+C$；

(12) $x\ln^3 x-3x\ln^2 x+6x\ln x-6x+C$；

(13) $\sqrt{(1-x)(1+x)}+2\arcsin\sqrt{\frac{x+1}{2}}+C$；

(14) $\frac{1}{\sqrt{21}}\ln\frac{\sqrt{3}\,\text{tg}\,\frac{x}{2}+\sqrt{7}}{\sqrt{3}\,\text{tg}\,\frac{x}{2}-\sqrt{7}}+C$。

第 五 章

习题 5－1

7. (1)(D)；(2)(C)；(3)(C)；(4)(B)；(5)(C)。

8. (1) $\int_0^1 x^2dx>\int_0^1 x^3dx$；

(2) $\int_1^2 \ln x dx>\int_1^2 \ln^2 x dx$；

(3) $\int_0^1 e^x dx>\int_0^1 (1+x)dx$；

(4) $\int_0^{\frac{\pi}{2}} xdx>\int_0^{\frac{\pi}{2}} \sin x dx$。

9. (1)$\frac{2}{5} \leqslant \int_1^2 \frac{x}{x^2+1} dx \leqslant \frac{1}{2}$;

(2)$e^{-\frac{1}{2}} \leqslant \int_0^1 e^{-\frac{x^2}{2}} dx \leqslant 1$;

(3)$\frac{1}{2} \leqslant \int_{\frac{\pi}{4}}^{\frac{\pi}{2}} \frac{\sin x}{x} dx \leqslant \frac{\sqrt{2}}{2}$;

(4)$\frac{\pi}{9} \leqslant \int_{\frac{1}{\sqrt{3}}}^{\sqrt{3}} x \operatorname{arctg} x dx \leqslant \frac{2}{3}\pi$。

习题 5－2

1. (1)×;(2)√;(3)√;(4)×;(5)√。

2. (1)(C);(2)(A);(3)(B);(4)(D)。

3. (1)$\sin(x^2)$;(2)$-\frac{1}{\sqrt{1+x^2}}$;(3)$-e^{-x^2}+2xe^{-x^4}$;(4) $\cot t$。

4.(1)$\frac{1}{2}$;(2)1。

5.$\Phi'(0)=0$;$\Phi'\left(\frac{\pi}{4}\right)=\frac{\sqrt{2}}{2}$。

6.(1)$3\sqrt[3]{4}-\frac{3}{4}$;(2)$\frac{4}{3}$;(3)2;(4)$\frac{\pi}{3}-2$;(5)$\frac{\pi}{4}+1$;(6)$1-\frac{\pi}{4}$;(7)$\frac{\pi}{6}-\frac{\sqrt{3}}{8}$;(8)1;(9)$\frac{20}{3}$;(10)$2(\sqrt{2}-1)$。

8. 最大值 $\Phi(0)=0$;最小值 $\Phi(4)=-\frac{32}{3}$。

9. $\frac{43}{6}$。

10. $C=-\frac{1}{4}$。

习题 5－3

1. (1)√;(2)×;(3)√;(4)√。

2. (1)(C);(2)(B);(3)(C);(4)(D)。

3. (1)$1\quad 2\ln 2$;(2)$2+2\ln\frac{2}{3}$;(3)$1-\frac{\pi}{4}$;(4)$\frac{\pi}{2}$;(5)$\frac{3}{16}$;(6)$e-\sqrt{e}$;(7)$\operatorname{arctg} e-\frac{\pi}{4}$;(8)$1-e^{-\frac{1}{2}}$;(9)$\frac{1}{6}$;(10)$\pi-\frac{4}{3}$。

4. (1)0;(2)0;(3)$\frac{16}{15}$;(4)$\frac{35}{128}\pi$;(5)$\frac{\pi^3}{324}$;(6)0。

8.(1)$\frac{1}{4}(e^2+1)$;(2)$\frac{1}{4}(e^2+1)$;(3)$\frac{\pi}{4}$;(4)$\left(\frac{1}{4}-\frac{\sqrt{3}}{9}\right)\pi+\frac{1}{2}\ln\frac{3}{2}$;(5)$\frac{1}{5}(e^\pi-2)$;(6)$\frac{\pi^2}{72}+\frac{\sqrt{3}}{6}\pi-1$

-2。

习题 5－4

1.0.946。

2.145.6 米^2。

3.154.4 微克·小时/摩尔。

习题 5－5

1. (1)(C);(2)(C);(3)(A);(4)(B)。

2. (1)$\frac{1}{2}$;(2)2;(3)π;(4)发散;(5)发散;(6)$\frac{2\ln2}{3}$;(7)$\frac{1}{2}$;(8)$\frac{\pi}{2}$。

3. $\frac{FD}{KV}$。

4. $\frac{1}{K^2}$。

第 六 章

习题 6－1

(1)×;(2)√;(3)×。

习题 6－2

2. (1)(D);(2)(C);(3)(A);(4)(A);(5)(C);(6)(B);(7)(C)。

3.(1)$\frac{3}{2}-\ln2$; (2)$2\pi+\frac{4}{3}$;(3)$\frac{4}{3}$。

4. $\frac{9}{4}$。

5. $a_1=-2, a_2=4$。

6. $t_1=\frac{1}{2}, t_2=1$。

7.(1)16π;(2)$\frac{27}{2}\pi$;(3)$\frac{5}{4}\pi-2$。

8. $2\left(\frac{4}{3}\pi-\sqrt{3}\right)$。

9. $\frac{3}{4}\left(\frac{5}{6}\pi-\sqrt{3}\right)a^2$。

10. (1)$\frac{128}{7}\pi, \frac{64}{5}\pi$;(2)$\frac{3}{10}\pi$;(3)$160\pi^2$;(4)$12\pi$;(5)$\frac{8}{3}\pi a^2 b$;(6)$\frac{64}{105}\pi a^3$。

11. $\pi H^2\left(R-\frac{H}{3}\right)$。

12. $c=\frac{5}{4}a$。

13. $\frac{1225}{3}\pi\times10^6$ 毫米^3。

14. $2\pi a^3\left(\frac{2}{3}-\frac{11\sqrt{2}}{30}\right)$。

15. $\lim\limits_{\xi\to\infty}V(\xi)=\frac{\pi}{2}$。

习题 6-3

1. (1) $\frac{3}{2}\sqrt{10}-\frac{1}{2}\ln\left|3+\sqrt{10}\right|$。(2) 36。(3) $8a$。

2. $1-\frac{3}{e^2}$。

3. 12 米/秒。

习题 6-4

1. (2) 1.4 米;(3) 1.225 牛顿·米;(4) $\frac{\pi}{4}r^4$ 牛顿·米。

2. $-\frac{27}{7}kca^2\sqrt[3]{\frac{a}{c}}$。

3. 5.86×10^7 牛顿·米。

4. 1.22×10^4 牛顿·米。

5. $\frac{4}{3}\pi R^4$。

6. $\frac{4}{3}\pi R^4$。

7. $7840\ln2\pi$ 焦耳。

8. 0.414 厘米。

9. 2.54×10^4 牛顿。

10. 23.96 牛顿。

11. (1) $\frac{a}{6}h^2$;(2) $\frac{1}{3}ah^2$,压力比(1)的增大一倍;(3) $\frac{5}{12}ah^2$。

习题 6-5

1. 1.0125。

2. $N_t=\frac{c}{k}(1-e^{-kt})$;$t\to\infty$ 时,$N_\infty=\frac{c}{k}$。

第 七 章

习题 7－1

3. $y=2x^2$。

4. $yy'+x=0$。

习题 7－2

1. (1) $1+y^2=Ce^{-\frac{1}{x}}$；

(2) $y=\frac{1}{5}x^3+\frac{1}{2}x^2+C$；

(3) $\arcsin y=\arcsin x+C$；

(4) $\frac{1+y^2}{1-x^2}=C$；

(5) $\operatorname{arctg} y=x+\frac{1}{2}x^2+C$；

(6) $C\cos y=\cos x$；

(7) $y=\frac{x}{1-C\sqrt{x}}$；

(8) $2xy-y^2=C$；

(9) $\cos\frac{y}{x}+\ln(Cx)=0$；

(10) $y^2=x^2(C+\ln x^2)$；

(11) $e^{\frac{y}{x}}=\ln(Cx^2)$；

(12) $y=xe^{-x}+C_1x+C_2$；

(13) $y=\frac{1}{6}x^3-\sin x+C_1x+C_2$。

2. (1) $y=\ln(e^x+1)$；

(2) $x^2y=4$；

(3) $2y^3=3t^2-6\cos t+22$；

(4) $y^3=y^2-x^2$；

(5) $y=xe^{2x}$。

3. (1) $y=(x+C)e^{-x}$；

(2) $y=Ce^{2x}-\frac{1}{2}x-\frac{5}{4}$；

(3) $y=(x+C)e^{-\sin x}$;

(4) $y=\frac{1}{x}\sin x-\cos x+\frac{C}{x}$;

(5) $y=\frac{C}{\ln x}+x$;

(6) $y^2-2x=Cy^3$;

(7) $x=Ce^y-\frac{1}{2}(\sin y+\cos y)$;

(8) $(x-y)^2=-2x+C$;

(9) $y=C_1e^x-\frac{1}{2}x^2-x+C_2$。

4. (1) $y=\frac{2}{3}(4-e^{-3x})$;

(2) $y=\frac{1}{x}(e^x+2e)$;

(3) $2y=x^3-x^3e^{\frac{1}{x^2}-1}$;

(4) $x=-\frac{1}{3}+\frac{(t+2)^3}{24}$;

(5) $x=\frac{1}{2}y^2(y+1)$。

5. $x^2+y^2=C$。

6. $V(t)=V_0e^{\lambda t}$。

7. $1+499e^{-0.01t}$。

8. $K=K_0e^{E(T-T_0)/RTT_0}$。

9. $y=2(e^x-x-1)$。

习题 7－3

1. (1);(3);(4);(6);线性无关。

3. $y=C_1\cos wx+C_2\sin wx$。

4. $y=C_1e^x+C_2e^{-x}$, $y=-\frac{1}{2}e^x+\frac{3}{2}e^{-x}$。

5. (1) $y=C_1e^{-3x}+C_2e^{-5x}$;

(2) $y=C_1+C_2e^{-5x}$;

(3) $y=C_1e^{-3x}+C_2e^{3x}$;

(4) $y=(C_1+C_2x)e^{-5x}$;

(5) $y=(C_1+C_2x)e^{-\frac{3}{2}x}$；

(6) $y=C_1e^{2x}+C_2e^{-\frac{4}{3}x}$；

(7) $x=e^t\left(C_1\cos\frac{1}{2}t+C_2\sin\frac{1}{2}t\right)$；

(8) $y=(C_1+C_2x)e^{-\frac{1}{4}x}$；

(9) $y=e^{-x}(C_1\cos2x+C_2\sin2x)$；

(10) $x=C_1\cos4t+C_2\sin4t$。

6. (1) $y=\frac{1}{2}e^{2x}$；

(2) $y=2\cos\sqrt{3}x+3\sin\sqrt{3}x$；

(3) $y=(2-4x)e^{-\frac{x}{2}}$；

(4) $x=\frac{\sqrt{3}}{3}e^{\frac{1}{2}t}\sin\frac{\sqrt{3}}{2}t$。

7. $y=\cos3x-\frac{1}{3}\sin3x$。

8. $x=x_0\cos\sqrt{\frac{K}{m}}t+\sqrt{\frac{m}{K}}V_0\sin\sqrt{\frac{K}{m}}t$。

习题 7－4

1. (1) $F(s)=\frac{2}{4s^2+1}$；

(2) $F(s)=\frac{m!}{s^{m+1}}$；

(3) $F(s)=\frac{1}{s}(3-4e^{-2s}+e^{-4s})$；

(4) $F(s)=\frac{3}{s}(1-e^{-\frac{\pi}{2}s})-\frac{1}{s^2+1}e^{-\frac{\pi}{2}s}$；

(5) $F(s)=\frac{6}{s^4}+\frac{2}{s^3}+\frac{2}{s^2}+\frac{1}{s}$；

(6) $F(s)=\frac{10-3s}{s^2+4}$；

(7) $F(s)=\frac{s}{(s^2+a^2)^2}$；

(8) $F(s)=\frac{s^2-4s+5}{(s-1)^3}$；

(9) $F(s)=\frac{A}{(s+k_1)(s+k_2)}$；

(10) $F(s)=\frac{s^2-2s}{(s^2-2s+2)^2}$。

2. (1) $f(t)=\frac{1}{2}t^2$;

(2) $f(t)=\cos2t+\frac{1}{2}\sin2t$;

(3) $f(t)=1-e^{-t}$;

(4) $f(t)=te^{2t}$;

(5) $f(t)=\frac{1}{3}\sin t-\frac{1}{6}\sin2t$;

(6) $f(t)=\frac{1}{9}\left(\sin\frac{2}{3}t+\cos\frac{2}{3}t\right)e^{-\frac{t}{3}}$;

(7) $f(t)=\frac{1}{3}e^{-t}(2-2\cos\sqrt{3}t+\sqrt{3}\sin\sqrt{3}t)$;

(8) $f(t)=3+4e^{-2t}-6e^{-5t}$;

(9) $f(t)=-e^t\left(7+4t+\frac{1}{2}t^2\right)$;

(10) $f(t)=1+e^t(t-1)$。

3. (1) $y(t)=e^{2t}-e^{-t}$;

(2) $y(t)=\frac{1}{5}e^{3t}-\frac{1}{5}e^{-2t}$;

(3) $y(t)=\sin t$;

(4) $y(t)=te^t\sin t$;

(5) $y(t)=e^t+1$;

(6) $x(t)=y(t)=e^t$;

(7) $x(t)=y(t)=-\sin t$。

习题 7-5

1. $t=\frac{\ln^2}{k}$。

2. $P=\frac{b}{1+ce^{-abV}}$。

3. $C=C_s(1-e^{-DAt})$。

4. $y=\frac{a}{a+b}[1-e^{-(a+b)t}]$。

5. $s=(s_0+p_0)\frac{s_0e^{-k(s_0+p_0)t}}{p_0+s_0e^{-k(s_0+p_0)t}}$。

第 八 章

习题 8－1

1．点 A,B,C,D,E,F 分别在第一卦限；第二卦限；yoz 平面；第三卦限；第七卦限；y 轴上。

2．700 米。

4．$\overrightarrow{AB}=\{5,-1,0\}$，$-3\overrightarrow{AB}=\{-15,3,0\}$，单位向量分别为$\frac{5}{\sqrt{26}}\boldsymbol{i}-\frac{1}{\sqrt{26}}\boldsymbol{j}$，$\frac{-5}{\sqrt{26}}\boldsymbol{i}+\frac{1}{\sqrt{26}}\boldsymbol{j}$。

5．$m=-4$，$m=5$。

6．(1)$\boldsymbol{a}\times\mathbf{b}=\{3,-7,-5\}$；(2)$2\boldsymbol{a}\times7\boldsymbol{b}=\{42,-98,-70\}$；(3)$\boldsymbol{a}\times\mathbf{i}=\{0,-1,-2\}$；(4)$\boldsymbol{k}\times\mathbf{b}=\{1,1,0\}$。

7．$F=-6i-3k$ 或 $3\sqrt{5}$。

8．$W=20$。

9．$(1,2,2)$。

10．$\frac{x+1}{8}=\frac{y}{5}=\frac{z-4}{-4}$。

11．(1)球心$(2,-1,-3)$，$R=2$；(2)球心$(-\frac{1}{4},1,0)$，$R=\frac{\sqrt{15}}{4}$。

12．$\triangle ABC$ 的面积$=22.5$。

13．$C(1,0,5)$，$D(0,5,-3)$。

14．$2\sqrt{22}$。

15．$(\boldsymbol{a}\times\mathbf{b})\cdot\mathbf{c}=\pm27$。

16．$\frac{x-1}{2}=\frac{y-2}{1}=\frac{z-3}{-1}$。

18．$\boldsymbol{q}=\pm\frac{1}{3}(2\boldsymbol{i}+\mathbf{j}-2\boldsymbol{k})$。

19．$\frac{x-5}{5}=\frac{y+2}{-1}=\frac{z+4}{-1}$。

习题 8－2

1．$V=8xy\sqrt{a^2-x^2-y^2}$；题的具体情况：$0<x<a$，$0<y<a$；函数式 $0\leqslant x<a$，$0\leqslant y<a$。

2. (1) $\begin{cases} -\infty < x < +\infty, \\ 0 \leqslant y < +\infty; \end{cases}$

(2) $\begin{cases} x \geqslant 0, \\ x^2 + y^2 \neq 0; \end{cases}$

(3) $1 \leqslant x^2 + y^2 \leqslant 4$;

(4) $x + y < 0$;

(5) $x - y + 1 \geqslant 0$;

(6) $1 - \frac{x^2}{4} - \frac{y^2}{9} \geqslant 0$;

(7) $\begin{cases} y - x > 0 \\ 2x - y > 0 \end{cases}$ 即 $x < y \leqslant 2x$。

3. (1) $z|_{(0,1)} = 1,\ z|_{(2,4)} = \frac{3}{\sqrt{5}}$;

(2) $f\left(\frac{\pi}{2}, 0\right) = 1,\ f\left(\pi, \frac{\pi}{2}\right) = -3 + \frac{1}{\sqrt{2\pi}}$。

4. $\Delta x - 2y \cdot \Delta y - (\Delta y)^2$。

5. $(2\alpha)^{\alpha\beta} + (\alpha\beta)^{2\alpha}$。

6. (1)1;(2) −4;(3)0。

9. (1)直线 $y = x$;(2)点(a, b, c);(3)抛物线 $y^2 = 2x$。

10. $f(x, y) = \frac{x^2(1-y)}{1+y}$,提示:设 $x + y = u,\ \frac{y}{x} = v$。

习题 8 − 3

5. (1) $\frac{\partial z}{\partial x} = y + \frac{1}{y},\ \frac{\partial z}{\partial y} = x\left(1 - \frac{1}{y^2}\right)$;

(2) $\frac{\partial z}{\partial x} = ye^{xy},\ \frac{\partial z}{\partial y} = xe^{xy}$;

(3) $\frac{\partial z}{\partial x} = -\frac{y}{x^2 + y^2},\ \frac{\partial z}{\partial y} = \frac{x}{x^2 + y^2}$;

(4) $\frac{\partial z}{\partial x} = 2x\ln(x^2 + y^2) + \frac{2x^3}{x^2 + y^2},\ \frac{\partial z}{\partial y} = \frac{2x^2 y}{x^2 + y^2}$;

(5) $\frac{\partial u}{\partial x} = 2(x + y),\ \frac{\partial u}{\partial y} = 2(x + y + z),\ \frac{\partial u}{\partial z} = 2(y + z)$;

(6) $\frac{\partial z}{\partial \varphi} = e^{\varphi - \theta}[\cos(\varphi + \theta) - \sin(\varphi + \theta)],\ \frac{\partial z}{\partial \theta} = -e^{\varphi - \theta}[\cos(\varphi + \theta) + \sin(\varphi + \theta)]$;

(7) $\frac{\partial z}{\partial x} = y\cos(xy) - y\sin(xy),\ \frac{\partial z}{\partial y} = x\cos(xy) - x\sin(xy)$。

6. (1) $\left.\frac{\partial z}{\partial x}\right|_{\substack{x=2\\y=-1}}=-1, \left.\frac{\partial z}{\partial y}\right|_{\substack{x=2\\y=-1}}=-2$;

(2) $\left.\frac{\partial z}{\partial x}\right|_{\substack{x=\pi\\y=\frac{\pi}{6}}}=\sqrt{3}, \left.\frac{\partial z}{\partial x}\right|_{\substack{x=\pi\\y=\frac{\pi}{6}}}=\frac{\sqrt{3}}{2}$;

(3) $f_x^1(2,0)=1, f_y^1(2,0)=2$;

(4) $f_x^1(2,3)=36, f_y^1(2,3)=22$;

(5) $f_x^1(2,-2,-4)=\frac{1}{3}, f_y^1(2,-2,-4)=-\frac{2}{3}, f_z^1(2,-2,-4)=-\frac{2}{3}$;

(6) $z_x^1(0,\frac{\pi}{4})=-1, z_y^1(0,\frac{\pi}{4})=0$。

7. (1) $\frac{\partial^2 z}{\partial x^2}=(2-y)\cos(x+y)-x\sin(x+y), \frac{\partial^2 z}{\partial y^2}=-(2-x)\sin(x+y)-y\cos(x+y), \frac{\partial^2 z}{\partial x\partial y}=-(1+x)\sin(x+y)+(1-y)\cos(x+y)=\frac{\partial^2 z}{\partial y\partial x}$;

(2) $\frac{\partial^2 u}{\partial x^2}=\frac{\partial^2 u}{\partial y^2}=0, \frac{\partial^2 u}{\partial z^2}=6\frac{xy}{z^4}, \frac{\partial^2 u}{\partial x\partial y}=\frac{1}{z^2}=\frac{\partial^2 u}{\partial y\partial x}, \frac{\partial^2 u}{\partial x\partial z}=-\frac{2y}{z^3}=\frac{\partial^2 u}{\partial z\partial x}, \frac{\partial^2 u}{\partial y\partial z}=-\frac{2x}{z^3}=\frac{\partial^2 u}{\partial x\partial y}$;

(3) $\frac{\partial^3 z}{\partial x^2\partial y}=-\frac{2y}{(x+y)^3}$。

9. $(\hat{t,y})=\frac{3\pi}{4}$。

10. (1) $dz=[6x^2(x^3-2y)+y]dx+[x-4(x^3-2y)]dy$;

(2) $dz=\frac{[2x(y^2-\sin(x,y)-x^2y\cos(x,y)]dx-[2x^2y+x^3\cos(x,y)]dy}{[y^2+\sin(x,y)]^2}$;

(3) $du=\left[2x\arcsin\frac{y}{z}+\frac{y^2z}{x\sqrt{x^2-z^2}}-\frac{z^2y}{y^2+x^2}\right]dx+\left[\frac{x^2}{\sqrt{z^2-y^2}}+2y\arccos\frac{z}{x}+\frac{xz^2}{y^2+x^2}\right]dy-\left[\frac{yx^2}{z\sqrt{z^2-y^2}}+\frac{y^2}{\sqrt{x^2-z^2}}+2\mathrm{arctg}\frac{x}{y}\right]dz$;

(4) $yzx^{yz-1}dx+zx^{yz}\ln x dy+yx^{yz}\ln x dz$。

11. $\Delta z=-0.119, dz=-0.125$。

12. (1) 2.95, (2) 2.0393。

13. $\Delta v=-200\pi$ 厘米^3。

14. -5 厘米。

15. $\Delta z\approx-0.011$。

习题 8-4

5. (1) $\frac{\partial z}{\partial x}=\frac{2(e^{2(x+y^2)}+x)}{e^{2(x+y^2)}+x^2+y}, \frac{\partial z}{\partial y}=\frac{4ye^{2(x+y^2)}+1}{e^{2(x+y^2)}+x^2+y}$;

(2) $\frac{\partial z}{\partial x}=e^{e^{\left(\frac{x}{y}+\frac{y}{x}\right)}}\left(2x+\frac{x^4-y^4}{yx^2}e^{\left(\frac{x}{y}+\frac{y}{x}\right)}\right), \frac{\partial z}{\partial y}=e^{e^{\left(\frac{x}{y}+\frac{y}{x}\right)}}\left(2y+\frac{y^4-x^4}{xy^2}e^{\left(\frac{x}{y}+\frac{y}{x}\right)}\right)$;

(3) $\frac{\partial z}{\partial x}=\frac{2x}{y^2}\ln(3x-2y)+\frac{3x^2}{(3x-2y)y^2}, \frac{\partial z}{\partial y}=-\frac{2x^2}{y^3}\ln(3x-2y)-\frac{2x^2}{(3x-2y)y^2}$;

(4) $\frac{\partial z}{\partial x}=2x\cdot\frac{\partial f}{\mu u}+xy\frac{\partial f}{\partial v}+f(x^2-y^2, xy), \frac{\partial z}{\partial y}=-2xy\frac{\partial f}{\partial u}+x^2\frac{\partial f}{\partial v}$;

(5) $\frac{\partial z}{\partial x}=e^{xy}[y\cos(2x-y)-2\sin(2x-y)], \frac{\partial z}{\partial y}=e^{xy}[x\cos(2x-y)+\sin(2x-y)]$。

6. $\frac{du}{dt}=\frac{e^t(t-1)-e^{-t}(t+1)}{t^2}$。

7. $\frac{dz}{dt}=\ln t\left(2t\frac{\partial f}{\partial u}+e^t\frac{\partial f}{\partial v}\right)+\frac{1}{t}f(t^2, e^t)$。

8. $7300\pi\approx2.29$ 升/分。

9. $-5000\pi\approx-15.708$ 升/分。

10. (1) $\frac{dz}{dt}=e^{\sin t-2t^3}(\cos t-6t^2)$;

(2) $\frac{dz}{dt}=\frac{3-12t^2}{\sqrt{1-(3t-4t^3)^2}}$;

(3) $\frac{dz}{dx}=\frac{e^x(1+x)}{1+x^2e^{2x}}$;

(4) $\frac{du}{dx}=e^{ax}\sin x$;

(5) $\frac{dz}{dx}=(\sin2x)^{\sqrt{x^2-1}}(2\sqrt{x^2-1}\operatorname{ctg}2x+\frac{x\ln\sin2x}{\sqrt{x^2-1}}$。

11. (1) $\frac{dy}{dx}=-\frac{y+1}{x+1}$;

(2) $\frac{dy}{dx}=\frac{1}{1-\varepsilon\cos y}$;

(3) $\frac{\partial z}{\partial x}=\frac{yz}{e^x-xy}, \frac{\partial z}{\partial y}=\frac{xz}{e^x-xy}, \frac{\partial y}{\partial x}=-\frac{y}{x}$;

(4) $\frac{\partial z}{\partial x}=\frac{yz-\sqrt{xyz}}{\sqrt{xyz}-xy}, \frac{\partial z}{\partial y}=\frac{xz-2\sqrt{xyz}}{\sqrt{xyz}-xy}$;

(5) $\frac{dy}{dx}=\frac{b^2}{a^2}\cdot\frac{x}{y}$;

(6) $\frac{\partial z}{\partial x}=-\frac{c^2x}{a^2z}, \frac{\partial z}{\partial y}=-\frac{c^2y}{b^2z}$。

14. $dz=-\frac{z}{x}dx+\frac{(2xyz-1)z}{[2xz(1-y)+1]y}dy$。

15. $\left.\frac{\partial z}{\partial x}\right|_{(1,2,-1)}=-\frac{1}{5}, \left.\frac{\partial z}{\partial y}\right|_{(1,2,-1)}=-\frac{11}{5}$。

16. $\frac{dy}{dx}=-\frac{b^2}{a^2}\cdot\frac{x}{y}$。

17. $\frac{\partial z}{\partial x}=-\frac{x}{z},\frac{\partial z}{\partial y}=-\frac{y}{z}$。

习题 8－5

3. (1)极大值 $f(0,0)=0$,极小值 $f\left(\frac{2}{3},\frac{1}{3}\right)=-\frac{5}{27}$;

(2)极大值 $f(2,-2)=8$;

(3)极小值 $f\left(\frac{-1+\sqrt{5}}{2},-1\right)=e^{-1+\sqrt{5}}\left(\frac{1}{2}-\frac{1}{2}\sqrt{5}\right)$;

(4)极大值 $f(0,0)=1$。

4. 点 $M\left(\frac{1}{3},\frac{1}{3}\right)$到三点 M_1,M_2,M_3 距离的平方和为最小。

5. 三个数都等于$\frac{a}{3}$时,其乘积最大,最大的乘积为$\left(\frac{a}{3}\right)^3=\frac{a^3}{27}$。

6. 长＝宽＝高＝$\sqrt[3]{2}$时材料最省。

8. 长:宽:高＝$1:1:\frac{1}{2}$。

9. 当矩形的边长为$\frac{2p}{3}$及$\frac{p}{3}$时,绕矩形边旋转所得圆柱体的体积为最大。

10. 当圆内接一等边三角形时面积最大,最大面积为$\frac{\sqrt{3}}{4}R^2$(面积单位)。

11. 长为 3 米、宽为 3 米、深为 2 米时造价最省。

12. 长为 2 米、宽为 2 米、深为 3 米时,水槽的容积最大。

习题 8－6

1. $|dz|\leqslant\frac{|ydx|+|xdy|}{(x+y)^2}$。

2. $|dz|\leqslant 1.15\times10^{-4}$。

3. 当 $x=y=z=\frac{V}{3}$时,u 才能取得最大值。

第 九 章

习题 9－1

3. $2\iint\limits_D \ln\frac{x}{y}dxdy=\iint\limits_D \ln\frac{x^2}{y^2}dxdy$。

4. $\iint\limits_D (x^2+y^2)^3 d\sigma = 4\iint\limits_D (x^2+y^2)^3 d\sigma$。

5. (1) π；(2) $\frac{2}{3}\pi R^3$。

6. (1) $V=\iint\limits_D 4\left(1-\frac{x}{2}-\frac{y}{3}\right)d\sigma, D:0\leqslant x\leqslant 2, 0\leqslant y\leqslant 3\left(1-\frac{x}{2}\right)$；

(2) $V=\iint\limits_D (2x^2+y^2)d\sigma, D:-2\leqslant x\leqslant 2, x^2\leqslant y\leqslant 4$；

(3) $V=\iint\limits_D (2-4x^2-y^2)d\sigma, D:-\frac{\sqrt{2}}{2}\leqslant x\leqslant\frac{\sqrt{2}}{2}, -\sqrt{2-4x^2}\leqslant y\leqslant\sqrt{2-4x^2}$；

(4) $V=\iint\limits_D \sqrt{4-x^2-y^2}\,d\sigma, D:-1\leqslant x\leqslant 1, -\sqrt{1-x^2}\leqslant y\leqslant\sqrt{1-x^2}$。

7. (1) 0；(2) $\iint\limits_{D_1} f(x,y)d\sigma=\frac{1}{2}\iint\limits_D f(x,y)d\sigma$。

8. $V=\iint\limits_D \sqrt{1-x^2-y^2}\,d\sigma$, D: $x^2+y^2=1$, 在中值定理中：$\iint\limits_D \sqrt{1-x^2-y^2}\,d\sigma=\sqrt{1-\xi^2-\eta^2}\cdot\sigma$ 可取一点(ξ,η)为$\left(\frac{1}{3},\frac{2}{3}\right)$、$\left(\frac{1}{4},\frac{3}{4}\right)$等。

习题 9-2

1. (1) $\int_0^1 dx\int_0^x f(x,y)dy$ 或 $\int_0^1 dy\int_y^1 f(x,y)dx$；

(2) $\int_0^1 dx\int_0^{x+1} f(x,y)dy$ 或 $\int_0^1 dy\int_0^1 f(x,y)dx+\int_0^2 dy\int_y^1 f(x,y)dx$；

(3) $\int_{-1}^1 dx\int_{-\sqrt{1-x^2}}^{\sqrt{1-x^2}} f(x,y)dy$ 或 $\int_{-1}^1 dy\int_{-\sqrt{1-y^2}}^{\sqrt{1-y^2}} f(x,y)dx$；

(4) $\int_{-\frac{1}{2}}^{\frac{1}{2}} dx\int_{\frac{1}{2}-\sqrt{\frac{1}{4}-x^2}}^{\frac{1}{2}+\sqrt{\frac{1}{4}-x^2}} f(x,y)dy$ 或 $\int_0^1 dy\int_{-\sqrt{y-y^2}}^{\sqrt{y-y^2}} f(x,y)dx$；

(5) $\int_1^2 dx\int_{-\sqrt{4-x^2}}^{\sqrt{4-x^2}} f(x,y)dy+\int_{-1}^1 dx\int_{\sqrt{1-x^2}}^{\sqrt{4-x^2}} f(x,y)dy+\int_{-2}^{-1} dx\int_{\sqrt{4-x^2}}^{\sqrt{4-x^2}} f(x,y)dy+\int_{-1}^1 dy\int_{-\sqrt{4-x^2}}^{-\sqrt{1-x^2}} f(x,y)dy$

或 $\int_1^2 dy\int_{-\sqrt{4-y^2}}^{\sqrt{4-y^2}} f(x,y)dx+\int_{-1}^1 dy\int_{\sqrt{1-y^2}}^{\sqrt{4-y^2}} f(x,y)dx+\int_{-1}^1 dy\int_{-\sqrt{4-y^2}}^{-\sqrt{1-y^2}} f(x,y)dx+\int_{-2}^1 dy\int_{-\sqrt{4-y^2}}^{\sqrt{4-y^2}} f(x,y)dx$。

2. (1) $-\frac{11}{6}$；(2) -10；(3) $\frac{33}{140}$；(4) $\frac{256}{105}$；(5) 36π。

3. (1) $\int_0^2 dy \int_{\frac{y}{2}}^{y} f(x,y)dx + \int_2^4 dy \int_{\frac{y}{2}}^{2} f(x,y)dx$;

(2) $\int_{-\frac{1}{4}}^{0} dy \int_{-\sqrt{4y+1}}^{\sqrt{4y+1}} f(x,y)dx + \int_0^6 dy \int_{-\sqrt{4y+1}}^{1-y} f(x,y)dx$;

(3) $\int_0^1 dy \int_{2-y}^{1+\sqrt{1-y^2}} f(x,y)dx$;

(4) $\int_0^4 dx \int_{\frac{x}{2}}^{\sqrt{x}} f(x,y)dy$;

(5) $\int_{-2}^{0} dx \int_{2x+4}^{4-x^2} f(x,y)dy$;

(6) $\int_0^2 dx \int_{\frac{x}{2}}^{3-x} f(x,y)dy$。

4.(1)$\frac{3}{2}$;(2)376;(3)0;(4)$\frac{9}{4}$;(5)$\frac{1}{6}$;(6)$5(e^2-1)$。

5.(1)$\frac{1}{3}$;(2)2ln2;(3)2;(4)$\frac{1}{6}ab$。

6. $\frac{\pi}{4}$。

9.(1) $\int_{-\frac{\pi}{2}}^{\frac{\pi}{2}} d\theta \int_0^{2\cos\theta} f(r\cos\theta, r\sin\theta) rdr$;

(2) $\int_0^{\frac{\pi}{2}} d\theta \int_0^{\mathrm{tg}\theta\sec\theta} f(r\cos\theta, r\sin\theta) rdr + \int_{\frac{\pi}{4}}^{\frac{3\pi}{4}} d\theta \int_0^{\csc\theta} f(r\cos\theta, r\sin\theta) rdr +$

$\int_{\frac{3\pi}{4}}^{\pi} d\theta \int_0^{\mathrm{tg}\theta\sec\theta} f(r\cos\theta, r\sin\theta) rdr$;

(3) $\int_0^{\pi} d\theta \int_0^{2R\sin\theta} f(r\cos\theta, r\sin\theta) rdr$;

(4) $\int_0^{2\pi} d\theta \int_a^b f(r\cos\theta, r\sin\theta) rdr$;

(5) $\int_0^{\frac{\pi}{2}} d\theta \int_0^{(\sin\theta+\cos\theta)^{-1}} f(r\cos\theta, r\sin\theta) rdr$。

10. (1) $\int_0^{\frac{\pi}{2}} d\theta \int_0^a f(r\cos\theta, r\sin\theta) rdr$;

(2) $\int_{\frac{\pi}{4}}^{\frac{\pi}{3}} d\theta \int_0^{2\sec\theta} f(r^2) rdr$;

(3) $\int_0^{\mathrm{arctg}R} d\theta \int_0^R f(\mathrm{tg}\theta) rdr$。

12. (1)18π;(2)4π;(3)$\frac{\pi}{4}(2\ln2-1)$;(4)$\frac{R^3}{3}\left(\pi-\frac{4}{3}\right)$;(5)$3\pi^2$;(6)$\frac{\pi}{4}\left(\frac{\pi}{2}-1\right)$。

13. $\dfrac{3}{4}\pi+\dfrac{9\sqrt{3}}{8}$。

14. $\dfrac{3}{2}\pi a^2$。

15. $V=\dfrac{32}{3}\left(\dfrac{\pi}{2}-\dfrac{2}{3}\right)a^2$。

16. (1) $V=2\pi$；(2) $V=\dfrac{2}{3}\pi R^2 h$。

习题 9－3

1. $M=\dfrac{k}{24}$。

2. $M=\dfrac{1}{21}$。

3. $m=\dfrac{4}{3}$。

4. $(\bar{x},\bar{y})=\left(0,\dfrac{7}{3}\right)$。

5. $(\bar{x},\bar{y})=\left(\dfrac{3}{10}a,\dfrac{3}{2}a\right)$。

6. $h=\sqrt{\dfrac{2}{3}}R$。

7. $I=\dfrac{MR^2}{2}$。

8. $I=\dfrac{ab^3}{12}$。

9. (1) $I_0=\dfrac{\rho\pi}{2}(b^4-a^4)$；(2) $I_y=\dfrac{\pi a^3 b}{4}$；(3) $I_y=\dfrac{64\sqrt{2}}{7}\rho$；(4) $I_{y=-1}=\dfrac{32\sqrt{2}}{7}\rho$。

主 要 参 考 书 目

[1] 盛祥耀、潘鹊屏等，高等数学，第一版，北京，高等教育出版社，1992 年。

[2] 同济大学数学教研室，高等数学，第二版，北京，高等教育出版社，1982 年。

[3] 胡纪湘等，医用高等数学，第一版，北京，人民卫生出版社，1987 年。

[4] 方积乾等，微积分初步与生物医学应用，第一版，北京，北京医科大学、中国协和医科大学出版社，1990 年。

[5] 上海市高等专科学校《高等数学》编写组，高等数学，第一版，上海，上海科学技术出版社，1985 年。

[6] 杨万禄等，高等数学，第一版，天津，天津大学出版社，1992 年。

[7] 邹善卿、赵立胜等，高等数学，第一版，北京，中国医药科技出版社，1988 年。

[8] 郭必贵等，医药应用数学，第一版，重庆，科学技术文献出版社重庆分社，1990 年。

[9] 周怀悟等，医药应用高等数学，第一版，杭州，杭州人民出版社，1993 年。

[10] 孙伟民等，医用高等数学，第一版，上海，上海科学技术文献出版社，1993 年。

[11] 中国人民大学数学教研室编，微积分，第一版，北京，中国人民大学出版社。

[12] 赵树嫄主编，经济应用数学基础（一） 微积分，第一版，北京，中国人民大学出版社，1988 年 5 月。

[13] 董镇喜等，高等数学，第一版，北京，化学工业出版社，1982 年。

[14] 周怀悟等，临床药学的数学原理和方法，第一版，重庆，科技出版社重庆分社，1987 年。

[15] 高立仁等，高等数学解题方法，第一版，天津，天津科学技术出版社，1988 年。

[16] 同济大学高等数学教研室编，高等数学例题与习题，第一版，上海，同济大学出版社，1990 年。

[17] 蒋友等，高等数学，第一版，南京，东南大学出版社，1993 年。

[18] 邓树海等，药物动力学与生物药剂学，第一版，天津，天津科技翻译出版社，1992 年。

[19] 北京医学院等，物理化学，第一版，北京，人民卫生出版社，1979 年。

[20] 王树禾等，高等数学自学指南，第一版，合肥，中国科学技术出版社，1992 年。

普通高等专科教育
药学类规划教材目录

1.《高等数学》 张德舜主编 石中陆主审
2.《应用数理统计》 林士美主编 姚金华主审
3.《无机化学》 侯新初主编 汤启昭主审
4.《有机化学》 马祥志主编 岳保珍主审
5.《人体解剖生理学》 张尚俭主编 王启华主审
6.《微生物学》 唐珊熙主编 牟家琬主审
7.《分析化学》 张其河主编 高文兰主审
8.《生物化学》 赖炳森主编 王淑如主审
9.《物理化学》 侯新朴主编 金祖德主审
10.《药理学》 张大禄主编 李新芳主审
11.《药物化学》 孙常晟主编 李仁利主审
12.《药剂学》 邹立家主编 陆 彬主审
13.《药物分析》 蔡美芳主编 刘文英主审
14.《天然药物化学》 杨其蒀主编 徐绥绪主审
15.《药用植物学》 许文渊主编 沈联德主审
16.《生药学》 罗集鹏主编 金蓉鸾主审
17.《物理学》 潘百年主编 张学贤主审

内 容 提 要

本书是国家医药管理局科教司、普通高等学校药学类专科教材建设委员会组织编写的统编教材。

本书主要内容包括：函数与极限、导数与微分、导数的应用、不定积分、定积分、定积分的应用、微分方程、多元函数微分学以及二重积分。书后附有常用的初等数学公式、希腊字母表、不定积分表、拉氏变换简表、平面与空间图形和二阶、三阶行列式的计算、习题答案及主要参考书目。为便于学生复习、自检，附在每节后留有练习题外，还在一些章后安排了自测题。

本书可供普通高等学校药学类专科师生使用。

图书在版编目（CIP）数据

高等数学/张德舜主编．—北京：中国医药科技出版社，1996.6
普通高等专科教育药学类规划教材　供药学专业用
ISBN 978 - 7 - 5067 - 1493 - 8

Ⅰ.高...　Ⅱ.张...　Ⅲ.高等数学 - 高等学校 - 教材　Ⅳ.013

中国版本图书馆 CIP 数据核字（95）第 19119 号

出版　中国医药科技出版社
地址　北京市海淀区文慧园北路甲 22 号
邮编　100082
电话　发行：010 - 62227427　邮购：010 - 62236938
网址　www. cmstp. com
规格　787 × 1092mm 1/16
印张　23 ½
字数　557 千字
版次　1996 年 6 月第 1 版
印次　2024 年 7 月第 28 次印刷
印刷　大厂回族自治县彩虹印刷有限公司
经销　全国各地新华书店
书号　ISBN 978 - 7 - 5067 - 1493 - 8
定价　59. 00 元